2025

招标采购人员

专业能力评价辅导教材

招标采购专业实务

中国招标投标协会　编著

《招标采购专业实务》是招标采购人员专业能力评价的核心科目。本科目辅导教材立足提升招标采购人员专业实务能力水平，按照测评大纲要求，通过系统融合解析招标采购基础理论、法律制度与最新政策要求、技术标准、示范文本和实践案例分析，系统介绍了策划与管控招标采购项目需求方案、编制招标采购文件、设置投标资格能力条件、评标办法与要素标准，组织开标、评标、定标、订立履行合同等交易全过程实务操作要领；深度讲解了电子招标投标全流程交易规则特点和数字化发展趋势；介绍了非招标的采购方式和企业集中采购组织形式；阐述了行政执法监督制度与违法责任，争议解决途径方式；简述了政府采购和外资项目招标采购交易制度规则。期望本教材能够适应各行业招标采购岗位人员学习研究、实践操作和响应测评的热切需要，有效提升招标采购专业实务能力水平。

图书在版编目（CIP）数据

招标采购专业实务 / 中国招标投标协会编著.
北京 ：机械工业出版社，2025. 5. -- ISBN 978 - 7 - 111 - 78308 - 4

Ⅰ. F284

中国国家版本馆 CIP 数据核字第 2025H5Z928 号

机械工业出版社（北京市百万庄大街 22 号　邮政编码 100037）
策划编辑：李　浩　　　　　责任编辑：李　浩　章承林
责任校对：郑　婕　张　薇　责任印制：常天培
北京联兴盛业印刷股份有限公司印刷
2025 年 6 月第 1 版第 1 次印刷
184mm×260mm · 26.5 印张 · 1 插页 · 618 千字
标准书号：ISBN 978-7-111-78308-4
定价：95.00 元

电话服务　　　　　　　　　网络服务
客服电话：010-88361066　机　工　官　网：www.cmpbook.com
　　　　　010-88379833　机　工　官　博：weibo.com/cmp1952
　　　　　010-68326294　金　书　网：www.golden-book.com
封底无防伪标均为盗版　机工教育服务网：www.cmpedu.com

《招标采购专业实务》

参编人员

主　　　编： 李小林

副　主　编： 张启龙　曹　森　岳小川　张汪洋

主要编写人员：（按姓氏笔画排序）

王腾飞　卢海强　吕冰瑶　刘卫红
李小林　李佳奇　李　强　李　蔚
李德华　张志军　张利江　张作智
张汪洋　张启龙　张新芳　陈　琦
邵小淳　林春强　尚晓玥　岳小川
金永祥　袁政慧　袁　静　倪剑龙
曹　森

审　核　人　员：（按姓氏笔画排序）

王志源　王彦芳　卢海强　任树本
李　强　张志军　余国平　杨飞雪
杨　晶　庞铖铖　胡安喜　袁炳玉
徐致远　倪剑龙　梁庆锋　塔　拉
焦洪宝

前　言

2022年9月，人力资源和社会保障部会同有关部门联合发布《中华人民共和国职业分类大典（2022年版）》（以下简称《大典》）。其中，第二大类专业技术人员首次列入招标采购专业人员，明确界定了招标采购人员（以下简称招采人员）属于经济系列专业技术职业。依据《大典》对招采人员的职业定位与专业能力要求，结合招标采购体制机制改革发展趋势，中国招标投标协会（以下简称中招协）组织研究制定了包含初、中、高三个等级的招采人员专业能力评价制度，编写了《招标采购人员专业能力测评大纲》。为了鼓励和帮助广大招采人员系统提升专业能力水平并积极响应评价，中招协组织行业专家编写了招采人员专业能力评价辅导教材。

招采人员专业能力评价辅导教材对于全面提升招采人员专业能力水平、帮助招采人员响应专业能力测评、助力创新规范招标采购制度体系，有着以下三个方面的积极作用。

首先，进一步完善招采人员的专业知识能力结构体系。专业知识能力结构是提升招采人员专业水平的重要基础，2007年，国家发展改革委和人事部启动实施招标采购职业水平评价制度。中招协组织行业专家，根据招标采购职业服务能力价值定位，综合市场经济、项目与合同管理、采购技术、经济理论和法律制度基础，研究构建了招采人员专业知识能力结构体系，制定了全国招标师职业水平评价考试大纲，先后编写出版了2009年版和2012年版全国招标师职业水平考试辅导教材。2015年招标师职业水平制度向职业资格制度转轨，中招协又组织编写了2015年版全国招标师职业资格考试大纲与考试辅导教材。经过招标采购行业理论与实践工作者10多年协同研究和持续实践，初步构建形成了以招标采购理论与法律基础、项目管理、合同管理和招标采购实务为主干框架的招采人员专业知识能力结构体系。

近年来，随着国家进一步深化要素市场化改革、建设全国统一大市场和高标准市场体系，招标采购领域的一系列创新政策制度与标准规范相继制定实施，网络化、数字化、智能化技术迅猛发展并深度融合，促进招标采购交易体系全面转向“数智化、专业化、标准化、绿色化、协同化和规范化”发展。由此，迫切要求招采人员加快更新、优化完善专业知识能力结构。本套评价辅导教材旨在帮助广大招采人员实现这个基本要求。

其次，有效提升招采人员的专业实务能力。按照《大典》的职业定位要求，招采人员能够综合应用相关基础理论、专业技术和法律知识，应用电子交易工具，分析理解并按照采购需求目标，完成招标采购工作任务，包括研究策划招标采购方案，编制招标采购文件，协同组织和管控发标、开标、评标、定标、公示、签订和履行合同全过程，以及咨询解答和研究处理相应交易问题的专业实务能力。按照招采人员的职业定位要求，需要清晰定义和匹配适应招标采购不同专业类别和初、中、高三个层级的专业实务能力需求。为此，本套评价辅导教材有望助力优化招标采购行业服务分专业和分层级的职业队伍结构，有效提升招采人员的招标采购专业实务能力。

再次，创新和完善招标采购职业价值理念。秉承依法诚信、廉洁公正、精准专业、创造价值的服务理念，坚持探索招标采购理论引导创新完善制度和分类分层监督体系，规范多元采购方式和组织形式实践；坚持招标采购社会公共属性和自然专业属性的双重价值目标，坚守依法公平竞争的交易程序，兼顾专业个性采购绩效，坚持科学评估和提高项目专业质量、效率与全生命周期成本效益目标；坚持全面融合数智化技术，助力创新完善招标采购交易体制机制；坚持统分结合原则，建立和遵守公共招标采购交易基本共性制度规则，分类适应和精准定制不同主体、不同客体和不同应用场景的专业交易规则和个性需求；协同建设和完善招标采购法律政策制度与标准体系。本套评价辅导教材为普及招标采购职业价值理念有望发挥积极作用。

招采人员专业能力评价辅导教材共分四册，分别为《招标采购专业理论与法律基础》《招标采购项目管理》《招标采购合同管理》《招标采购专业实务》。

《招标采购专业理论与法律基础》是招采人员专业知识能力结构的基础理论课程，系统介绍了招采人员需要具备的经济学、管理学基础理论和法律基础知识，以及招标采购相关主要法律法规。其中，经济学基础理论主要包括市场结构与定价原理、博弈论、委托代理理论、交易成本理论、公共选择理论等。管理学基础理论主要包括战略管理、需求与计划管理、供应链管理等，特别对绿色供应链采购做了专题介绍。法律基础知识包括招标采购法律制度体系，以及与招标采购相关的法律法规。

《招标采购项目管理》是招采人员专业知识能力结构中的管理技术课程，系统介绍了项目管理的基本原理、任务及工具，以及工程建设项目管理、货物项目管理和服务项目管理的主要内容，同时以招标采购活动为项目管理对象，系统阐述了招标采购项目管理的特点、管理流程、风险控制，以及绩效评价。

《招标采购合同管理》是招采人员专业知识能力结构中的商务法律课程，阐述了招标采购合同的法律基础，介绍了建设工程合同、国内外买卖合同、服务合同以及其他相关示范合同文本的主要内容订立和履行管控合同的要素，以及合同风险防范和争议解决等要义。

《招标采购专业实务》是招采人员专业知识能力结构中的核心实务课程，系统阐述招标采购法律制度的基本规则，结合招标采购交易最新政策要求、规范标准、示范文本、案例实务分析，介绍了项目采购需求分析管理，策划编制招标采购方案与招标采购文件，组织发标、投标、开标、评标、定标、公示、签约和履行合同等全过程实务操作、创新实践和监管要点；全面介绍了电子招标采购全流程交易规则特点；非招标方式采购和集中采购组织形式的采购交易流程规则；简述了政府采购和外资项目招标采购相关政策要求和交易规则，期望帮助招采人员提升专业实务操作能力。

招标采购人员专业能力评价四类辅导教材的撰写与出版，得到了国家发展改革委和国务院有关部门的精心指导，得到了相关省市招标投标协会、高等院校、招标采购单位、招标代理机构、行业有关专家学者的大力支持与帮助，在此一并表示衷心感谢！

受作者水平局限，该评价辅导教材难免存在疏漏和不足，真诚希望广大读者给予批评指正，以便我们进一步补充更正和完善。

联系方式：

邮箱：ctba2005@163.com

电话：010-88653342

可扫描下载招采人员评价APP，查询招采人员能力评价辅导教材、测评资讯等信息。

中国招标投标协会

目　　录

前言

第 1 章 招标采购概述

本章介绍了招标采购的相关概念和原则，以及公共招标采购法律制度、电子招标采购，明确了招标采购参与主体和分类，以及招标采购发展趋势。

1.1 招标采购的相关概念和原则

1.1.1 招标采购的相关概念

对招标采购相关概念的内涵、外延以及相互关系做如下介绍。

1）“采购”通常是指采用招标、询比、谈判、竞价、直接采购等采购交易方式完成市场寻源和购买活动的全过程。

2）“招标采购”是专用复合词，其中，“招标”是指广义的市场竞争交易方式；“采购”是指市场寻源与购买活动。“招标采购”是指采用招标、询比、谈判、竞价等竞争交易方式完成寻源与购买活动的全过程。

3）“招标方式”专指依法“招标投标”的市场竞争交易方式，包括公开招标与邀请招标、国内招标与国际招标、两阶段招标、使用权出让招标等市场竞争采购（发包）或出让（出售）的交易方式。

4）“非招标方式”专指除公开招标与邀请招标之外的询比、谈判、竞价和直接采购等采购（发包）或出让（出售）的交易方式。

5）直接采购是指供需双方通过一对一商议、订单等非竞争交易方式完成购买活动的全过程。

1.1.2 招标采购的原则

招标采购活动应当遵循公开、公平、公正，诚实信用和竞争择优的原则，这些也是公共招标采购活动的核心价值。

（1）公开、公平、公正

1）公开。招标采购活动应当开放透明。招标采购需求、竞争交易程序、供应商（承包人，下同）资格条件、评审方法和标准、评审结果、成交签约等交易信息应通过规定的招标采购媒介和交易平台公开，保证潜在供应商能够获取无差别的交易信息，并获得竞争交易的机会。同时，招标采购活动的公开也为相关当事人、监管机关和社会公众履行有效监督提供了必要条件。招标采购活动的公开是实现公平竞争交易和公正监督的基础。

2）公平。公平原则体现为两方面。一是保障市场要素充分开放流动和具有均等竞争交易机会。招标采购交易活动应保障符合采购项目资格能力要求的潜在供应商获得参与竞争交易的平等机会，并享有相应的权利和义务。政府监管机构不得制造区域和行业的市场分割保护壁垒，不得非法干预市场交易行为；采购人不得设置非履约必需的资格能力条件，对潜在供应商不得使用不同的资格审查或者评审标准，限制和排斥潜在供应商参与公平竞争。严禁规避招标、虚假招标、串标围标、封闭保护、弄虚作假、违法转包等非法交易行为。例如，政府监管部门不得强制使用固定的招标采购文件以及资格评审标准与办法，不得限定可参与竞争交易的潜在投标人范围；采购人不得限定与项目履约能力无关的特定供应商范围。二是采购供应双方的权利义务平等，即采购人与供应商之间的权利义务和责任分配应当合理平等。采购人不得利用优势地位设定不平等的交易和合同条件。

3）公正。采购人应当按照法律法规的要求，制定和实施招标采购文件以及竞争交易程序，并按照设置的评审标准与方法，客观科学地评审并择优选择匹配的成交供应商；监督机构应当依法公平、客观地判断和维护相关交易各方的权利义务和责任。

（2）诚实信用

诚实信用是社会主义市场经济的基石，也是招标采购等一切民事活动应当遵循的基本原则。招标采购活动各方当事人应当秉持依法诚实守信的市场自律意识和行为规范，严格按照法律法规和招标采购文件规定的竞争交易程序和标准，组织实施和响应招标采购活动，依法维护市场竞争交易秩序和交易各方权益以及社会公共利益。杜绝强买强卖、名不符实、诺不兑现、恶意竞争、阴阳合同、拖延支付等违约失信行为。

（3）竞争择优

竞争择优原则主要体现在以下两个方面：

1）招标采购活动应当建立潜在供应商之间的竞争机制。唯有使潜在供应商充分竞争，才能激励潜在供应商优化资源要素配置方案。招标采购活动如果不能实现充分竞争，响应供应商往往不能体现自身真实能力并优化资源配置方案，由此选择的交易对象和供应方案，既不能满足采购需求，又损害采购人的利益，无法实现公平竞争制度的价值目标。因此，《中华人民共和国招标投标法》（以下简称《招标投标法》）规定，招标项目参与竞争的投标人最少应为3家，否则应当重新招标；《中华人民共和国政府采购法》（以下简称《政府采购法》）要求，政府采购项目采用公开招标、邀请招标、竞争性谈判、竞争性磋商以及询价采购方式，响应竞争的供应商至少应为3家；国家标准《电子采购交易规范 非招标方式》（GB/T 43711—2024）规定，框架协议采购至少应该进行一次价格竞争，且通过价格竞争淘汰的供应商数量宜不少于50%。

2）招标采购活动是一种公正评价和优选机制。招标采购活动唯有建立专业科学和客观公正的评价和优选机制，才能激励潜在市场交易主体优化技术、经济、管理等资源配置方案，采购人才能选择项目价格、质量、进度、安全、绿色等要素达到综合最优匹配采购项目需求的响应方案，而不是选择最高标准的资源要素。为此，招标采购活动杜绝直接采用抽签、摇号、抓阄等博彩机制选择确定中标成交人。

1.2　公共招标采购法律制度概要

我国公共招标采购法律制度体系是指由法律、行政法规、国务院规范文件、政府部门规章、地方性法规与政府规章、政府部门规范性文件，以及国家行业标准规范等，所构成的政府、事业单位、国有企业等招标采购主体的工程建设项目、货物、服务等各类项目招标采购的分类分层制度体系。

1.2.1　招标投标法律制度体系

招标投标法律制度体系由国家法律法规、政策文件、部门规章、规范性文件和标准规范等构成，详见附录。

(1) 法律法规

第九届全国人民代表大会常务委员会第十一次会议 1999 年 8 月 30 日通过，2017 年修正的《招标投标法》和国务院 2019 年 3 月 2 日公布的《中华人民共和国招标投标法实施条例》（以下简称《招标投标法实施条例》）是招标投标的基本法律制度，与《中华人民共和国民法典》（以下简称《民法典》）、《中华人民共和国建筑法》（以下简称《建筑法》）、《政府投资条例》等相关法律法规和政策文件及国家标准规范，共同构成了我国公共招标采购法律制度体系。《招标投标法》明确了招标投标活动应当坚持公开、公平、公正和诚实信用的基本原则，并追求项目投资、质量、进度、安全和廉洁的综合价值目标；制定了依法必须进行招标的工程建设项目的范围和规模标准；确立了公平竞争交易的基本程序以及相关主体的行为规则要求。该法律禁止排斥公平竞争的地方保护、部门分割和行政非法干预，并界定了违反招标投标法规则的法律责任。

为了有效贯彻执行招标投标的法律法规，指导全国招标投标的实践活动，国务院相继批准和印发了一系列政策文件，主要包括：

1）《国务院办公厅印发国务院有关部门实施招标投标活动行政监督的职责分工意见的通知》（国办发〔2000〕34 号）。

2）《必须招标的工程项目规定》（国家发展改革委〔2018〕令第 16 号）。

3）《国务院办公厅关于创新完善体制机制推动招标投标市场规范健康发展的意见》（国办发〔2024〕21 号）。

(2) 综合类部门规章和规范性文件

国家发展和改革委员会（以下简称国家发展改革委）会同国务院有关部门制定印发了有关招标投标的综合类部门规章，构成了招标投标制度的基本规则。综合类部门规章和规范性文件主要包括：

1）《必须招标的基础设施和公用事业项目范围规定》。

2）《招标公告和公示信息发布管理办法》。

3）《电子招标投标办法》。

4）《评标委员会和评标方法暂行规定》。

5）《评标专家和评标专家库管理办法》。

6）《工程建设项目招标投标活动投诉处理办法》。

7）《公共资源交易平台管理暂行办法》。

8）《国家发展改革委等部门关于严格执行招标投标法规制度进一步规范招标投标主体行为的若干意见》。

9）《国家发展改革委等部门关于完善招标投标交易担保制度进一步降低招标投标交易成本的通知》。

10）《工业和信息化部　国家发展改革委　国务院国资委关于支持首台（套）重大技术装备平等参与企业招标投标活动的指导意见》。

11）《招标投标领域公平竞争审查规则》。

12）《关于规范中央企业采购管理工作的指导意见》。

13）工程建设项目勘察设计、施工和材料设备等招标投标办法。

（3）专业类部门规章和规范性文件

国务院有关监管部门印发有关房屋市政、交通、水利、工业与通信等专业工程建设项目的勘察设计、监理、施工、货物、进口机电产品以及矿产资源与土地使用权、国有资产、特许经营权等招标投标交易办法。

（4）地方性法规、政府规章和规范性文件

各地方根据国家法律法规和部门规章的统一分类要求，结合本区域实际情况，可以制定细化完善和创新优化招标采购的规定，但是，这些规定必须符合建设统一大市场的要求，既不能限制市场要素的流动和竞争，设置市场分割和保护壁垒，也不能损害市场交易主体的合法权益。

1.2.2 招标采购标准体系

招标采购标准是招标采购制度体系的重要组成部分，必须符合法律法规和政策要求，按照效力范围可以分为国家标准、行业标准、团体标准以及企业标准，按照效力可以分为强制性标准和推荐性标准。除了法律法规的强制性要求，招标采购人应用招标采购标准，可以结合招标采购项目的个性特点和要求，制定企业或项目招标采购标准。

（1）国家标准文件

国家发展改革委、财政部、建设部（现住房和城乡建设部）、交通部（现交通运输部）、铁道部（现国家铁路局）、信息产业部（现工业和信息化部）、水利部、商务部、中国民用航空总局（现中国民用航空局）、国家广播电影电视总局（现国家广播电视总局）联合印发实施相关招标采购标准文件。

1）《中华人民共和国标准施工招标资格预审文件》（2007 年版）、《中华人民共和国标准施工招标文件》（2007 年版）。

2）《中华人民共和国简明标准施工招标文件》（2012 年版）、《中华人民共和国标准设计施工总承包招标文件》（2012 年版）。

3）《中华人民共和国标准设备采购招标文件》（2017 年版）、《中华人民共和国标准材料采购招标文件》（2017 年版）、《中华人民共和国标准勘察招标文件》（2017 年版）、《中华人民共和国标准设计招标文件》（2017 年版）、《中华人民共和国标准监理招标文件》（2017 年版）。

（2）电子招标投标系统技术规范

国家发展改革委会同有关部门发布《电子招标投标办法》和《电子招标投标系统技术规范》，规定了电子招标投标系统的架构、基本功能、信息交换体系和技术保障的要求，包括电子交易平台、公共服务平台和行政监督平台的技术规范。

（3）电子采购交易规范

《电子采购交易规范 非招标方式》（GB/T 43711—2024）属于推荐性国家标准。其规范定义了询比采购、谈判采购、竞价采购、直接采购四种非招标方式采购的内涵外延、适用情形、交易网络、交易程序以及监督管理，定义了战略采购、集中采购、框架协议采购、电子商城采购以及分散采购五种采购组织形式及其主要适用情形。该标准系统总结提升了电子采购交易实践的通行规则、方法和成功的经验成果，融合了现代网络信息技术，顺应了公共招标采购交易数智化发展趋势以及实现了采购专业化、集约化、柔性化、协同化和规范化的目标要求。

（4）招标代理服务规范

《招标代理服务规范》（GB/T 38357—2019）属于国家推荐性标准，为规范招标采购代理全过程服务行为提供了依据。

（5）行业部门示范文本

国家相关部门依据招标投标法律和通用管理规则，结合行业管理特点，编制印发了各类招标采购的示范文本。

（6）地方部门示范文本

地方政府有关部门结合地方实际需要，制定了各类招标采购示范文本。

1.2.3　政府采购法律制度体系

（1）法律法规

《中华人民共和国政府采购法》和《中华人民共和国政府采购法实施条例》适用于我国境内国家机关、事业单位和团体组织的使用财政性资金采购项目，其中包括集中采购目录以内或者采购限额标准以上的货物、工程和服务采购程序规则，以及相关的鼓励和扶持政策。政府投资工程建设项目的工程及其货物与服务招标投标适用《招标投标法》制度体系。

（2）规章和规范性文件

政府采购规章和规范性文件主要包括：

1）《政府采购货物和服务招标投标管理办法》。

2）《政府采购非招标采购方式管理办法》。

3）《政府采购框架协议采购方式管理暂行办法》。

4）《政府采购质疑和投诉办法》。

5）《政府采购信息发布管理办法》。

6）《政府采购竞争性磋商采购方式管理暂行办法》。

7）《政府采购合作创新采购方式管理暂行办法》。

8）《政府采购需求管理办法》。

9）《政府采购促进中小企业发展管理办法》。

10）《政府采购评审专家管理办法》。

1.2.4 招标采购相关法律制度

招标采购相关法律包括实体法和程序法，主要包括：

1）《中华人民共和国民法典》（以下简称《民法典》）。其中，“合同编”调整平等主体的自然人、法人、非法人组织之间通过协议合同设立、变更、终止民事权利义务关系。招标投标实质是民事主体通过规范竞争要约和承诺程序形成交易合同。因此，招标投标交易活动除了接受招标投标法的特别规制外，还应当遵循《民法典》的基本通用规则。

2）《中华人民共和国民事诉讼法》（以下简称《民事诉讼法》）、《中华人民共和国仲裁法》（简称《仲裁法》）。招标投标相关主体发生交易和合同争议，可以约定选择按照《民事诉讼法》的司法诉讼方式，或者按照《仲裁法》的民事仲裁方式解决争议纠纷。

3）《中华人民共和国刑法》（以下简称《刑法》）、《中华人民共和国刑事诉讼法》（简称《刑事诉讼法》）。招标投标活动发生串通投标、行贿受贿等违法犯罪行为，应当按照《刑法》规定的法律责任和《刑事诉讼法》规定的法律程序追究法律责任。

4）《中华人民共和国行政处罚法》（以下简称《行政处罚法》）、《中华人民共和国行政强制法》（以下简称《行政强制法》）、《中华人民共和国行政诉讼法》。招标投标活动交易主体行为违反了相关法律法规，相关行政监督机构应当依据《招标投标法》以及《行政处罚法》《行政强制法》规定的法律责任和处罚程序，惩戒处罚相关责任主体。

5）《建筑法》。工程建设项目招标投标活动应当符合《建筑法》有关工程建设管理以及工程勘察设计、施工发包承包的管理规定。

6）《中华人民共和国对外贸易法》（以下简称《对外贸易法》）。我国境内机电产品国际招标投标活动应当同时符合《对外贸易法》以及有关国际贸易规则标准的要求。

7）《政府投资条例》。政府投资项目的招标投标活动应当符合《政府投资条例》有关工程投资管理的规定。

1.3 电子招标采购概述

1.3.1 电子招标采购的概念

电子招标采购是指采购人依托电子招标采购交易网络，以数据电文形式完成招标采购策划、招标采购公告、投标响应、开标或开启响应文件、评标、定标成交公示、合同订立与履行等全过程交易和监督活动。

1.3.2 电子招标采购交易网络

电子招标采购交易网络是政府、企业和市场第三方，遵循招标采购交易分类统一技术标准，按照各自市场职能定位，分工建设电子交易平台、专业交易工具、交易监管平台以及其他信息服务平台，通过公共服务平台实现互联协同和信息共享的电子招标采购交易网络体系。市场交易主体依托电子交易平台并使用专业交易工具，完成招标采购全过程交易活动；监管部门依托监督平台实现网络数字化协同监督。由此实现招标采购交易专业化、数字化、协同化、透明化和规范化。电子招标采购网络体系如图 1-1 所示。

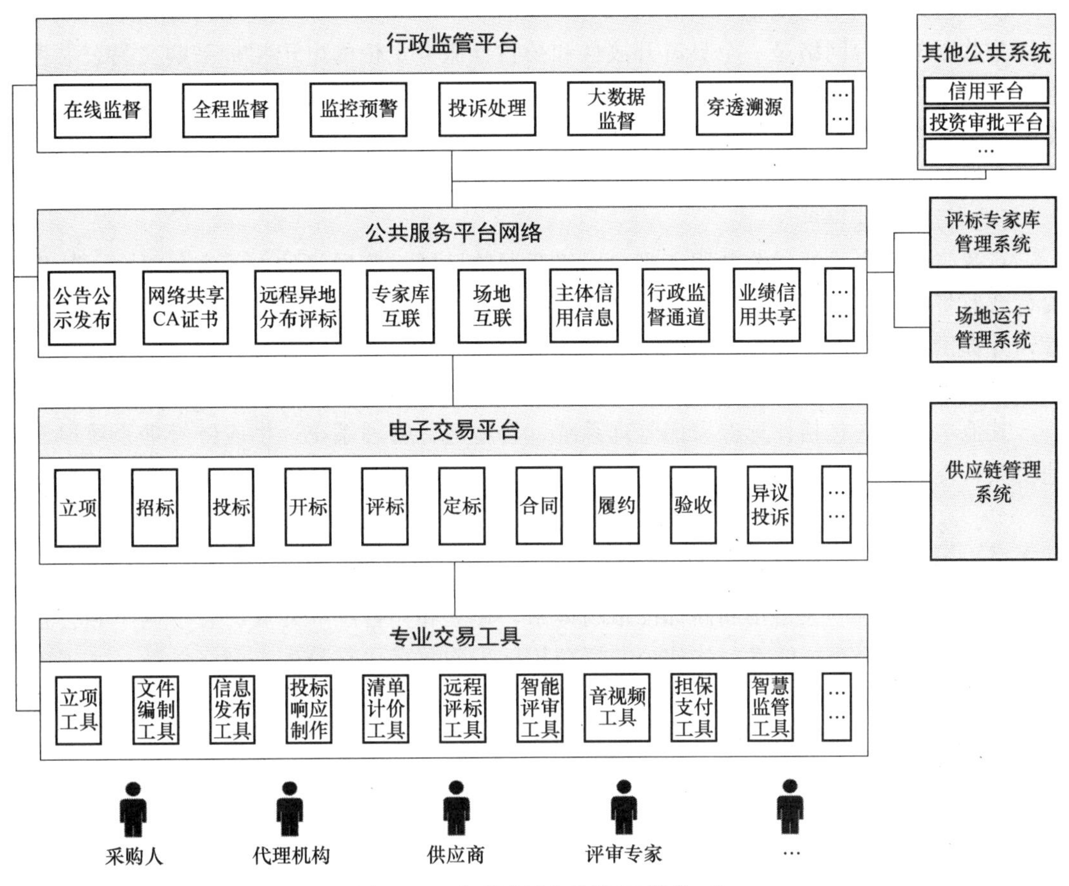

图 1-1　电子招标采购网络体系

(1) 电子交易平台

电子交易平台是通过互联集成专业交易工具，提供记录存储、归集管控、交互接口、展示发布、检测验证交易数据等电子交易全流程服务功能和安全技术保障，并通过公共服务平台对接监管平台和外部相关信息系统，支持市场交易主体在线完成招标采购交易全流程的电子交易信息系统。

电子交易平台应当遵循市场化、专业化、集约化和规范化发展方向，可通过自建自用、共建共享、租赁使用等多种模式建设运营。根据平台建设运营主体可以分为政府交易平台（交易中心）、企业电子交易平台、市场第三方电子交易平台等。

(2) 专业交易工具

专业交易工具是为市场交易主体提供制作、交互、检测、查询分析交易数据等特定交易服务功能的专业化、产品化和标准化工具软件。专业交易工具应独立部署于市场交易主体用户端，互联集成于电子交易平台，同时按其服务功能需要，可互联公共服务平台、交易监管平台等，提供相关交易服务功能，主要包括招标采购需求分类管理、采购项目立项、文件编制、清单计价、展示发布、网络异地评审、智能评审、专家库互联、音视频会议、智慧检测监管、供应商管理、合同履约等。

(3) 公共服务平台网络

公共服务平台网络是一个具有开放性和公益性服务定位的电子招标采购交易公共服务网络体系，主要为电子交易平台、专业交易工具、交易监督平台以及相关主体提供跨平台交易数据交互、查验分析、公告公示共享，并实现跨区域异地评标、协同监督等技术协同的平台枢纽。公共服务平台应与电子交易平台、交易监督平台分离部署运行。

(4) 行政监管平台

行政监管平台是通过公共服务平台网络联通跨区域、跨层级的电子交易平台，协助相关行政监督机构依法履行监管职责，对项目招标采购交易全流程进行立体协同数字化监管，并提供智能检测、查验分析等服务功能的信息系统。

(5) 其他功能系统

其他功能系统包括评标专家库管理系统、场地运行管理系统、供应链管理系统以及其他公共系统等。

1.3.3 电子招标采购技术标准体系

为建设全国统一大市场和高标准市场体系，建立和完善统一开放、公平竞争和公正监管的招标采购交易市场体系，构建公共资源招标采购数字化交易生态网络体系，实现电子交易平台市场化、集约化，交易工具专业化、标准化，网络信息一体化共享，交易服务精准化、智能化，监督主体协同化、规范化的高标准目标，同时适应招标采购交易主体跨区域、跨行业选择匹配的标准化电子交易平台和专业化交易工具，国家发展改革委组织部署制定电子招标采购交易全流程技术标准体系，包括电子招标公告、投标、开标评标、定标公示、签约履约等交易全流程服务规范、技术规范和数据规范。电子招标采购全流程交易技术标准是构建招标采购数字化交易网络体系的技术基础，也是推进招标采购法律制度与数字技术融合的基本路径。

按照技术标准体系规划，招标采购交易基础通用标准包括招标公告公示发布、网络远程投标与开标、网络互联共享评标专家库、远程异地网络分布评标、网络移动 CA 数字证书、市场主体资格业绩与信用信息管理、电子交易档案、网络数字行政监督等；招标采购分类专业交易标准包括招标采购需求方案、招标文件与项目清单制作、投标文件与报价制作、投标文件分析比较、交易项目签约与履约等，以及电子交易平台与专业交易工具运营检测、人工智能分类模型、区块链技术应用、交易编码系统、数据安全管理等。随着电子招标采购交易专业化、精细化和智能化发展，技术标准类别也会大幅度增加和快速更新。

1.4 招标采购参与主体

1.4.1 招标采购当事人和相关主体

本书中的招标采购当事人是指采购人、招标采购代理机构、供应商（承包人）。招标采购相关主体是指在招标采购交易活动中涉及的各类主体，包括评审专家、电子交易平台

(交易场所)运营机构、电子交易公共服务平台运营机构、监督平台服务机构。

(1) 招标采购当事人

1)采购人。采购人是指提出项目并实施招标采购活动的法人或非法人组织。按照招标采购人的基本性质分类,可以分为政府机构、事业单位、国有企业和民营企业,本书提到的采购人不包括自然人。市场交易主体的相对权利义务是平等的,但是不同性质的招标采购主体由于承担的社会责任、市场功能定位和价值标准不同,以及主体治理结构和自律约束机制不同,所以对其交易权利、义务、责任和交易成效,应当采用不同的监督管理约束机制。采购人在不同场景有不同的称谓。例如,工程建设项目招标采购人通常也称为项目业主、发包人、买方、需方等;使用招标方式采购时,采购人通常也称为招标人。应当依法确立和维护采购人对招标采购交易活动的全过程承担首要权利责任的地位。

2)招标采购代理机构。招标采购代理机构是接受采购人的授权委托,以采购人的名义组织实施招标采购活动的专业化机构。需要注意的是,招标采购代理机构应当在采购人委托范围内,依法组织实施代理活动,其行为所产生的法律后果由采购人承担。招标采购代理机构如果不履行职责,或者与相对人恶意串通或实施违法代理行为等,必须承担相应的法律责任。

3)供应商(承包人)。供应商是指向采购人提供工程、货物或者服务的法人、非法人组织或者自然人。供应商是对采购响应人的一般称谓。针对不同行业和特定交易活动,供应商还有一些其他名称:招标投标交易过程中的供应商通常称被为潜在投标人或投标人;工程及其货物、服务项目的供应商通常被称为承包人、卖方、供方;专业工程、货物和服务项目的供应商通常被称为分包商、制造商、经销商、代理商。根据《招标投标法》的规定,项目承包人应当就分包项目向发包采购人负责,分包人应当就分包项目对发包采购人承担连带责任;委托人应当就授权委托代理范围事项承担全部责任,代理人承担相应连带责任。

(2) 招标采购相关主体

1)评审专家。评审专家是指受采购人聘请,参加采购项目评审的专业人员。评审专家就评审项目向采购人承担个人责任。依法必须进行招标的项目和政府采购项目的评审专家,应当从依法组建的专家库中随机抽取,特殊项目可以指定选聘。

2)电子交易平台(交易场所)运营机构。电子交易平台(交易场所)运营机构为市场交易主体提供电子交易全流程数据记录、存储、归集和交互服务,包括政府组建的交易中心以及市场化运营服务机构。

3)电子交易公共服务平台运营机构。电子交易公共服务平台运营机构是为电子交易平台、专业交易工具和行政监督平台提供网络交易技术和交易数据互联共享的服务机构。

4)监督平台服务机构。监督平台服务机构是政府建设运行或通过购买服务等方式设立,为相关行政监督部门依托网络在线依法履行监督职责,提供技术和数据支撑的服务机构。

1.4.2 招标采购交易监管部门

招标采购交易监管部门包括招标投标指导协调部门、招标投标行政监督部门、政府采购监管部门、公共资源交易监管部门、其他监管部门、企业采购监管部门等。应当深化和完善改革招标投标交易市场监管体制,按照“放得活、管得住”以及综合和行业协同监管的原则，创新网络化、数字化、智能化监管方式，转变和取消行政监管机构对招标采购交易活动的事前审批标准以及现场管控方式。

（1）招标投标指导协调部门

我国对招标投标活动监督管理实行指导协调、综合监管和行业监管相结合的监管机制。国务院发展改革部门负责指导和协调全国招标投标工作，对国家重大建设项目的工程招标投标活动实施监督检查。各级政府发展改革部门是招标投标活动的指导协调部门。

（2）招标投标行政监督部门

《招标投标法实施条例》规定，国务院工业和信息化、住房城乡建设、交通运输、铁道、水利、商务等部门，按照规定的职责分工对有关招标投标活动实施监督，包括核准备案招标采购和组织实施方案，以及备案招标投标定标报告；受理投诉、调查和惩戒处罚违法交易行为。国家尚未明确监管职能部门的招标投标活动，应按照“谁主管、谁监管”的原则，界定相关招标投标活动的行政监督部门职责。

（3）政府采购监管部门

根据《政府采购法》，各级人民政府财政部门负责除工程招标投标活动以外的政府采购活动的监督管理，包括监督执行政府采购政策、采购预算、采购支付、采购程序以及处理投诉等。

（4）公共资源交易监管部门

地方政府大多数设立了公共资源交易监管部门，对依法必须招标的工程建设项目、政府采购项目、国有土地使用权出让、矿产资源出让、国有资产转让、药品采购等全部或者部分公共资源交易项目履行综合协调指导和监督管理职责。

（5）其他监管部门

审计、纪检监察、市场监督管理和公安等部门根据各自职能分工，依法对招标采购交易活动实施相关监督管理职责。

（6）企业采购监管部门

企业通常会依据决策、管理、实施和监督相分离的原则设置相应监管机构，对本企业采购活动实施自律监督管理。

1.4.3 行业自律组织

随着市场经济结构多元化和招标采购交易复杂化，单一行政监督管理体制已难以满足有效监督规范和维护动态复杂的招标采购市场秩序，招标采购行业自律机制成为维护和规范招标采购市场公平竞争秩序不可或缺的组成部分。行业自律组织主要通过制定行业自律章程与公约、协调解决会员争议诉求等方式，对潜在招标采购交易单位和个人实施主动性、针对性的培训教育、行为引导、激励告诫、交流协调等自律规范。

1.5 招标采购分类

招标采购可以按采购组织形式、采购方式、采购项目和交易特征分类。

1.5.1　按采购组织形式分类

采购组织形式可以分为战略采购、集中采购、框架协议采购、电子商城采购和分散采购。

(1) 战略采购

战略采购是指采购人基于生产经营、战略发展需要和市场供应趋势，对维护供应链安全稳定所必需匹配的原材料、组部件、装备、技术或服务等，采用长期采供协议或合资、合作等方式建立相对稳定的战略采购供应关系。

(2) 集中采购

集中采购是指采购人集中各采购需求人一定时期内所需的工程、货物或服务，按照分类分级集中采购目录清单，授权或委托采购实施人统一实施采购。

集中采购的特点是采购规模大、合同金额大，可以吸引更多优质供应商参与竞争，并减少采购频次和优化合同管理，从而降低企业采购成本、提高采购质量和效率。没有相互隶属关系的单位可以自愿组织联合采购。联合采购也可以达到集中采购的效果。

(3) 框架协议采购

框架协议采购是指采购人归集一定时期内具有相同属性特征，但无法一次确定采购项目时间、地点、数量的采购需求要素，采用竞争方式并分阶段选择入围供应商和确定成交供应商，签订和实施采购合同或订单。框架协议采购第一阶段选择入围供应商，第二阶段确定成交供应商。

(4) 电子商城采购

电子商城采购是指采购人归集各采购需求人一定时期内计划采购的商品与服务，通过规范有效的组织实施和竞争交易方式，对所选市场电子商城汇聚的商品与服务进行比较、遴选，并协商确定供应商品的范围及其相应技术规格、质量标准、价格等交易要素，约定供应服务期内价格调整与风险分担等交易规则，并通过采购人归集平台铺货上架展示。采购需求人按照实际需求，分别从采购人归集平台上直接选择采购所需商品。

(5) 分散采购

分散采购是指采购人自行组织实施本单位的采购活动。分散采购是采购活动的最初级实施形式。

1.5.2　按采购方式分类

采购是指所有寻源交易方式以及购买活动全过程，招标方式交易包括公开招标和邀请招标两种竞争交易方式，非招标方式采购包括询比采购、谈判采购、竞价采购和直接采购等四类采购交易方式，直接采购属于非竞争性采购方式。招标采购是指采购人采用竞争性交易方式完成采购交易活动全过程。

(1) 招标方式交易

招标方式即招标投标交易活动，适用于一次性定制项目优化配置实施方案，应当遵循《招标投标法》的规制约束。根据《招标投标法》可知，招标方式包括公开招标和邀请招标两种竞争交易方式。公开招标是指招标人以招标公告的方式邀请不特定的法人或者其他组织投标。邀请招标是指招标人以投标邀请书的方式邀请 3 个以上特定的法人或者其他组织投标。

对于技术复杂或者无法精确拟定技术规格的项目，招标人可以实施两阶段招标。第一阶段，投标人按照招标公告或者投标邀请书的要求提交不带报价的技术建议方案，招标人根据投标人提交的技术建议方案，通过研究论证选择确定技术标准和要求，并据此编制招标文件。第二阶段，招标人向在第一阶段提交技术建议的投标人提供招标文件，投标人按照招标文件的要求提交包括最终技术方案和投标报价的投标文件。

（2）非招标方式采购

非招标方式采购主要适用于政府和企事业单位依法招标项目和政府采购项目以外的项目。根据国家标准《电子采购交易规范 非招标方式》（GB/T 43711—2024），非招标方式采购包括询比采购、谈判采购、竞价采购和直接采购。

1）询比采购。询比采购是指采购人邀请 3 家以上特定或不特定供应商一次性递交响应文件，择优确定匹配需求的成交供应商的竞争采购交易方式。

2）谈判采购。谈判采购是指采购人邀请 2 家以上特定或不特定供应商进行竞争性商谈，择优确定匹配需求的成交供应商的竞争采购交易方式，包括竞争谈判和合作谈判。

3）竞价采购。竞价采购是指采购人邀请 3 家以上特定或不特定合格供应商参与多轮次公开竞争报价，并根据价格要素匹配成交供应商的竞争采购和出让交易方式。

4）直接采购。直接采购是指采购人因客观条件限制，与单一来源或特定的供应商进行协商并签订合同的非竞争性采购交易方式。

市场交易主体组织非招标方式采购，可采用上述四类采购方式组织实施采购，也可以结合主体自身需求特点和管理要求，按照四类采购方式的基本规范要求，优化调整和细化制定具体的采购办法、程序和标准。

2024 年 8 月，国务院国有资产监督管理委员会和国家发展改革委联合印发的《关于规范中央企业采购管理工作的指导意见》规定，中央国有企业应当按照程序并依照有关国家标准制订采购计划、编制采购文件、发布采购公告或邀请书、发送采购文件、组织采购评审、确定成交供应商、签订合同。

《政府采购法》规定的非招标方式包括竞争性谈判、竞争性磋商、询价、单一来源采购、框架协议采购和合作创新采购等。

1.5.3 按采购标的分类

按采购项目可以分为工程招标采购、货物招标采购和服务招标采购。

（1）工程招标采购

工程是指工程施工承包或工程总承包，包括建筑物、构筑物、设备管道工程的新建、改建、扩建及其相关的装修、拆除、修缮施工及其相关的货物与服务。工程一次性定制并固定建设，资源要素流动配置是工程建设项目的基本技术特征，也是招标采购方式的适用项目基本特征。工程建设项目的勘察、设计、施工、监理，以及与工程有关的设备、材料货物等，属于国有资金投资和涉及公共利益安全并达到一定规模标准的项目必须进行招标。采用招标投标竞争交易方式，选择确定工程承包人、确定合同承包价格、质量、工期、安全等要素条件和实施方案、签订和履行工程施工承包或工程总承包合同。

(2) 货物招标采购

货物是指具有一定使用功能，并可进入市场交易的有形物品，从招标采购法律调整规范交易的维度，货物采购分为工程建设的货物采购以及与工程建设无关的一般货物采购。

1）工程建设的货物招标采购。依据《招标投标法实施条例》，工程建设的货物是指构成工程不可分割的组成部分，且为实现工程基本功能所必需的材料、设备，例如建筑工程相关的电梯、防火消防设备、建筑门窗、建筑石材等。工程建设的货物采购，如果采购单项金额达到了强制招标的规模标准，应当依法采用招标方式采购。

2）一般货物招标采购。一般货物的种类很多，如企业正常生产经营所需的原料与燃料，维持生产和管理所需的办公用品、劳保用品、工业通用品，生产和实验仪器设备等，根据货物的需求特征，可分为一次性定制（非标）货物、通用或专业标准性货物。一般货物的招标采购应根据标的物特点和市场供给结构情况，分别选择招标方式或非招标方式采购。

(3) 服务招标采购

服务是为需求对象提供智力或体力服务的行为过程或形成智力服务成果的活动。服务可以分为工程建设的服务，如工程咨询、勘察、设计、监理、招标代理、项目管理等，以及与工程建设无直接关系的其他服务，如科技研发、课题研究、资产租赁、使用权、经营权、物流等服务。

1）工程建设服务招标采购。依据《招标投标法实施条例》，工程建设项目的勘察、设计、监理等服务，如果满足强制招标的条件，达到了强制招标的规模标准，必须采用招标方式进行采购。

2）其他服务招标采购。其他服务的采购方式选择需考虑采购服务的类别和采购需求特征，既可以采用公开招标和邀请招标方式，也可以按照《电子采购交易规范 非招标方式》选择谈判、询比、竞价和直接采购等非招标方式。

1.5.4　按交易特征分类

招标采购按照交易特征可以分为采购标的和售让标的。

(1) 采购标的

采购人通过购买、租赁、委托和雇用等合同方式获取工程、货物和服务的行为。采购标的交易方式包括招标、谈判、询比、竞价、直接采购等。

(2) 售让标的

市场主体以出售、出租、出让等合同方式售让工程、货物等有形资产，专利、商标、技术、数字资产等无形资产，土地使用权、矿业权、林权、股权、土地承包权、特许经营权、排放权、固定资产使用权等权利，以及各种服务的行为。招标、谈判、询比、竞价等采购方式也可以用于售让标的交易。

1.6 招标采购发展趋势

随着深入建设全国统一大市场和高标准市场体系，公共招标采购交易制度对于建设开放统一、公平竞争、诚信交易，优化资源配置和规范交易监督的市场交易秩序，发挥了举足轻重的促进和规范作用。同时，招标采购交易模式伴随网络技术和人工智能的快速融合和优化改造，正向网络化、数字化、智能化和专业化、集约化和协同化转型发展。

1.6.1 交易体系数智化

招标采购数字化转型与升级是行业发展的主流趋势，不仅促进了招标采购交易的专业化、精准化和规范化转变并有效提高了交易效率，降低了制度性交易成本。电子招标采购交易平台已被广泛采用，基本覆盖招标采购的全流程，逐步整合了供应链管理、金融服务等多元化服务。大数据、人工智能等技术在招标采购中发挥越来越重要的作用；智能评标系统与自动化流程的应用，正显著提升招标采购的效能；通过构建相关业务数据模型，有利于采购人作出更精准和科学的决策，促进供应链的高效协同。

1.6.2 交易需求个性化

市场充分竞争与业务个性化的提升，使传统招标采购模式显得难以适应市场发展，招标采购的专业化精细分类已成为行业发展的必然趋势，要求招标采购人员精准把握采购专业化、个性化需求和市场竞争情况，进而优化资源配置。招标采购的专业化分类管理要求对招标采购的供应结构和各项要素实施精准且细致的分类与管控，其内容是从需求分析、采购文件的精心编制、供应商的严格筛选、合同的规范签订，到履约情况的全面评价以及供应商的科学分类管理。这不仅需要组建一支具备专业采购知识和技能的团队，还需要熟练运用各种专业交易工具和技巧，以确保招标采购活动能够高效且精准地完成。

1.6.3 交易模式多元化

招标采购专业化、个性化需求决定交易模式的多元化，唯有多元化交易模式才可满足采购人柔性化、个性化的需求。采购人根据采购项目需求特点、市场结构状况和供应链管理要求，合理使用相应的组织形式，如战略采购、集中采购、框架协议采购、电子商城采购、分散采购等。同时，合理选择招标方式以及询比、谈判、竞价、直接采购等非招标方式采购，以此实现交易与采购需求以及市场结构的有效衔接和高效匹配，进而规范交易流程并提升交易效率。

1.6.4 供应链采购绿色化

在可持续发展和全球化的背景下，绿色采购与供应链安全已成为企业和组织当前面临的重要课题，涉及经济和社会的高质量发展乃至国家安全。采购决策要考虑环境保护、节能低碳和可持续性发展等因素。要对供应商产品的环保性能、生命周期等进行全面评估，需要建立完善的绿色采购标准和评价体系，积极向绿色、低碳、循环的发展方向转型。同时，在地缘政治风险、贸易摩擦等不确定因素的影响下，供应链的安全稳定尤其重要，货物产品和技术服务的稳定持续供应和变量控制以及风险的预防和管理，都直接关系到企业的生产效率和成本控制，因而招标采购是建立和保障绿色供应链稳定的关键环节。

1.6.5　交易数据规范化

随着招标采购交易数字化、网络化转型，既要依法公开市场交易数据以保障市场开放和公平竞争，又要坚持规范维护交易数据的持有、加工、经营等权益，依法规范共享和安全应用市场交易。当前，数据已成为新质生产力要素资源。交易数据往往包含了交易企业的独有技术和商业秘密，并直接关系到企业的核心竞争力。同时招标采购涉及个人隐私、商业秘密信息，因而必须高度重视数据安全和隐私保护。通过建立完善的数据保护机制，采用先进的数据加密技术，严格规范数据使用权限，确保交易数据不被违法泄露、篡改或滥用，营造安全、可信的招标采购交易市场环境。

综上所述，随着构建全国统一大市场和数字化转型发展，招标采购机制在市场资源配置中的重要性日益提升，并通过逐步向数字化、专业化、集约化、协同化方向转型，有效建立招标采购开放统一、依法公正、公平竞争、专业高效、精准择优和健康发展的高标准市场体系。

第 2 章　招标采购策划

本章介绍了采购需求与管理、采购规划、采购方案和采购一般程序。

2.1　采购需求与管理

2.1.1　需求的类别和要素

需求指的是采购人为达成项目既定使用功能目标而产生的具体采购需求，涵盖拟采购标的物的各项关键要素，也包括所需满足的技术规格、功能特性、性能指标、质量标准、数量要求、应用场景，以及价格条件、支付方式、交付时间与地点、售后服务等一系列详细的需求标准。

（1）需求的类别

从需求的功能用途角度分析，可分为以下三类：

1）一次性定制类。此类项目技术需求具有个性化、定制化的特点，且缺少重复性和连续性，更加关注一次性招标采购的性能价格比，主要为建设工程类、专有技术类以及非标设备等。

2）通用性消耗类。此类项目技术需求通用性强，且具有消耗性、重复性、连续性、低价值的特点，单次采购金额较小，市场竞争性较强，主要为通用工业品、办公用品、劳保用品等。

3）专业连续生产类。此类项目技术需求专业性强，且具有连续性、系统性、配套性、稳定性的要求，需要考虑供应链安全性、全生命周期成本合理性、竞争性是否与行业特点具有关联性，主要为供应链主链的产品等。

（2）需求的要素

采购人明确需求，主要有以下要素：

1）需求规模。需求规模是指根据采购人项目建设或生产经营需求，需要进行购买的材料、设备的数量或施工、服务的规模。需求规模对采购人的采购资源组织分配产生影响，通过整合需求扩大采购规模，发挥规模优势，可以在一定程度上激活竞争，降低采购成本。

2）需求时间。确定需求时间要重点考虑：一是满足项目实际需要的交货期、工期、服务期等，需要充分考虑寻源、谈判、签订合同、生产制造、物流运输等环节需要的时间，并据此选择合适的采购组织形式和采购方式。二是需求的频次与重复性，频次高意味着采购人需要更多的资金周转和人力资源来满足采购需求，这会对采购人的运营和财务状况产生影响。三是需求的不确定性和偶然性，企业在生产建设中往往由于市场变化、应急抢修等因素，产生突发性需求，这些需求比较急，需要快速响应满足。因此，采购人可以通过集中采购、框架协议采购等组织形式来减少采购时间和降低风险。

3）系统。除考虑通过采购需要实现的主要目的外，还要考虑采购有无配套性要求、需求中的哪些部分需要特定供应商、适用哪些采购方式，以及后期扩建、迭代、更新、升级、维修、保养等后续因素。

4）需求场景。需求场景主要包括三方面：一是对需求的用途进行分析，例如，是用于基建期、生产运营期，还是计划采购、紧急采购等；根据不同的应用场景，制定不同的采购规划。二是对需求的具体应用环境进行分析，如项目的地理位置、地质情况、交通运输、人文环境以及生产系统等；根据这些因素，确定采用何种施工方案、技术路线、物流方式等。三是供给环境，分析供应资源分布及供求态势情况、潜在供应商情况、政策导向情况、需求产品价格及成本情况等；根据这些分析，确定采购数量、买点以及供应商选择方式。

5）金额。金额既包括采购人为满足采购需求所准备的资金，也包括采购标的的市场价格情况。一些领域的价格波动较大，需要结合供应链上下游供需情况进行分析，对未来价格进行预判，从而选择合适的采购时机。

6）技术要求。需求的技术要求是指对采购标的的功能和质量要求，包括名称、规格型号、技术参数等要素，需要根据生产经营、工程建设实际需要以及市场供给、资金配备等情况，以及国家、行业等的相关标准，提出准确的技术标准。如果技术标准不准确，包括需求规格参数描述不清、性能要求不明、质量等级含糊等，往往会导致采购人和供应商都处于被动应付状态，造成错购、误购，从而增加采购成本；技术要求要与实际需要相匹配，防止技术要求过高而导致产品质量过剩，加大采购成本。

7）商务要求。商务要求是指取得采购标的的时间、地点、财务和服务要求，包括交付（实施）的时间（期限）和地点（范围）、付款条件（进度和方式）、包装和运输、售后服务、保险等。商务要求应与实际需求相匹配，符合法律法规、行业规范、惯例以及社会公允要求。

2.1.2 需求分析

需求分析主要是为了科学合理地制定采购的具体方案，包括组织形式、采购方式等，即通过对内外环境的分析，弄清楚“买什么”，从而确定“怎么买”。通过充分的需求分析，可以在满足采购人基本的需要后，进一步为采购人降低采购成本、提升采购效率、提高采购质量。若需求分析不全面、不准确，采购人也许将不能及时得到想要的工程、货物或服务，影响原本预期工作的开展，甚至加大采购成本。

（1）需求侧分析

围绕企业生产经营战略和工作目标，聚焦需求构成要素，分析企业内部影响需求产生的生产经营、质量效益、资源结构、内部业务流程、管理绩效等要素。

（2）供给侧分析

1）竞争结构。根据潜在供应商情况，对市场的竞争性进行分析，识别是买方市场或是卖方市场等情况，为采购规划的制定提供参考。采购方与供应商的合作关系是否处于可控状态，是否对采购供应链安全稳定运行具有较大影响。

2）供应链。对采购标的上游原材料的价格、供应商数量等市场情况进行分析，评估供应链质量和供应风险。市场供求形势千变万化，并且采购方总是要与供应商讨价还价，千方百计地降低采购价格。这种竞争博弈性质决定了博弈结果具有很大的不确定性，也是影响采购与需求实现无缝连接的重要因素。如果采购方没有很好地集合需求并汇集优秀供应商，进而建立稳定的合作关系，则在市场价格剧烈波动的情况下，采购方和供应商之间的连接就可能中断。

3）技术要求。对采购标的行业普遍的规格、技术参数、技术标准进行分析，如国家产品或技术的强制性要求、国家或行业出台的标准规范等，提前了解哪些技术要求为强制性国家标准、哪些为行业普遍标准、哪些为项目定制化需求，并据此提出科学合理的技术要求。

4）供应商。根据采购标的，对潜在供应商的数量、价格、分布、行业排名、技术水平，以及生产加工能力、经营管理水平、财务资金状况、商业信誉等进行分析。一方面，根据供应商情况确定标包的划分，如果不同设备由同类供应商生产可划分至同一标包，反之则不适宜合并划分至同一标包；另一方面，如果采购方能够有效集合本企业需求资源，以及汇集优秀供应商，并与之建立长期稳定的合作关系乃至战略合作关系，可提升采购供应链的稳定性。

5）采购政策。分析法律法规、政策导向情况，在确保采购依法合规的基础上，维护自身合法权益。充分利用国家税收减免、资源优先配置等鼓励性政策，降低采购成本；用好国家关于首台（套）重大技术装备、首批次重点新材料、首版次高端软件等创新产品采购政策，推进技术进步；落实国家绿色低碳、支持中小企业、政策性采购要求等政策，履行社会责任。

（3）供需匹配

通过对需求侧和供给侧的分析，围绕需求要素要求，结合供给侧分析结果就资源、技术、能力等方面进行综合平衡，实现供需科学匹配。

2.1.3 需求管理

（1）需求管理的定义

需求管理是指对产品、项目或服务的需求进行规划、收集、分析、确认、跟踪和控制的一种系统性过程。它的目的是确保项目或产品、服务的需求清晰明确、完整一致、可追溯、有跟踪和有效控制，并能满足利益相关方的需求和期望。

需求管理是采购供应链构建和平稳运行的基础。采购供应链的构建，是典型的需求导向型的技术经济活动。构建采购供应链应把需求管理列为首要任务。如果需求分散在企业内部各个单位且得不到有效集合，或需求产生随机性太强而又缺乏预测、调控措施，或需求的标准化程度太低（不高）等，都会对构建采购供应链造成巨大障碍。因此，有效的需求管理，能够帮助采购人清晰地了解自身的采购需求，进行合理的采购预算和计划，有效地指导后续的采购工作。现代需求管理往往借助信息化技术手段，开展对需求的信息收集、分析、预测和管理控制，提高需求管理的科学性。

（2）需求管理的内容

1）需求分析。需求分析详见本章 2.1.2 的内容。

2）计划管理。计划管理是在完成需求分析的基础上，经过平衡利库，对计划期内物料采购管理活动所做的预见性的安排和部署，其重点是对不同的需求进行统筹安排，从而确定采购组织形式、采购方式、标包划分等，例如，同类项目的需求可以打捆合并为同一标包，重复性较高的需求可以组织开展框架协议采购等。同时，可以根据以往的需求计划，判断物料消耗规律，提前预判某一采购标的的采购需求；通过提前采购，确保供应及时满足需求。

3）风险评估。从需求侧角度出发，充分考虑采购过程中可能发生的异常情况，对资金、质量、未及时供应等情况进行分析，提前预判风险程度，并有针对性地采取预防措施。同时，要从选择的采购组织形式、方式等方面分析是否有合规性风险。从供应侧角度出发，对设备、施工、服务质量，采购供应商履约能力，上游原材料供应或技术来源是否稳定、安全、可持续和抗风险能力等方面进行分析，提前预判风险程度，并有针对性地采取预防措施。

（3）需求管理的责任主体

采购人对需求管理负有主体责任。采购人应当按照“谁采购、谁负责”的原则，切实履行采购人对需求管理的主体责任，建立健全需求管理制度，开展需求分析、计划管理、风险评估等工作。

2.1.4 需求工作程序

需求工作一般包括以下步骤：

（1）明确采购需求

采购人明确采购需求，包括明确需求类别、需求主要因素分析、市场关系分析、政策环境分析等。

（2）形成成果

根据需求分析情况，提出明确的需求规模、资金预算、需求时间、需求地点、技术要求和商务要求等，如设计图纸（料表）、询价书、技术规范书、发包人要求、监理要求、需求说明书等。

（3）审核决策

由需求提出单位和采购管理机构共同对需求进行审核。根据不同单位的管理要求，可能还需要由采购人将需求向上级管理机构逐级汇报审核。

（4）结果评估

定期对需求执行结果进行评估，包括对需求的准确性、科学性、及时性、稳定性，以及采购形式和方式的选择、成本控制、质量控制等方面评估分析，以辅助下一次的决策。

2.2 采购规划

采购规划是指采购人根据组织战略目标和生产建设需求，通过分析外部环境和内部需求特点而编制的采购工作规划，用来对采购工作进行指导和约束，以提高采购效率、规范采购行为、控制采购成本。采购规划是制定具体采购方案的重要依据。

2.2.1 采购规划的意义

采购规划有以下意义：

（1）规范采购操作

采购规划对采购工作进行了整体规划，厘清了采购工作思路，界定了工作界面，明确了各环节的工作要求，使采购工作更加有条理、流程更加顺畅、操作更加规范，实现采购过程受控。

（2）提高工作效率

采购规划对采购工作流程进行了规划设计，明确了实施主体职责分工，对采购异常及风险设计了应对措施，避免采购工作出现重大失误。按照采购规划统一指导实施采购，能有效提高采购效率。

（3）控制采购成本

采购规划提出针对性的成本控制措施，使采购实施更有工作成效，能有效控制采购成本。

（4）保证采购质量

采购规划明确了采购质量标准和质量控制措施，确保采购实施过程风险受控、采购产品符合质量要求。

（5）提高采购绩效

采购规划明确了各项工作目标，并有系统的目标控制措施及改进措施。采购规划管理有助于采购人识别潜在风险、推进绩效改进，从而提高整体的采购绩效。

2.2.2 采购规划的分类

（1）品类管理规划

品类是“具有相似属性的相关商品、产品或服务的组”。采购品类管理是指在对以往消耗分析、未来需求评估和供应市场分析的基础上，将采购需求进行整合分类，根据品类的重要程度、需求特点，制定相应策略，实施分类分级管理，提高采购整体效能。

四象限法是品类管理的常用方法。根据品类的供应风险水平（风险）和对采购组织的价值或影响（价值），使用组合分析将品类定位到卡拉杰克（Kraljic）矩阵中的四个象限之一，所处的象限定义了最合适的品类策略，如图2-1所示。

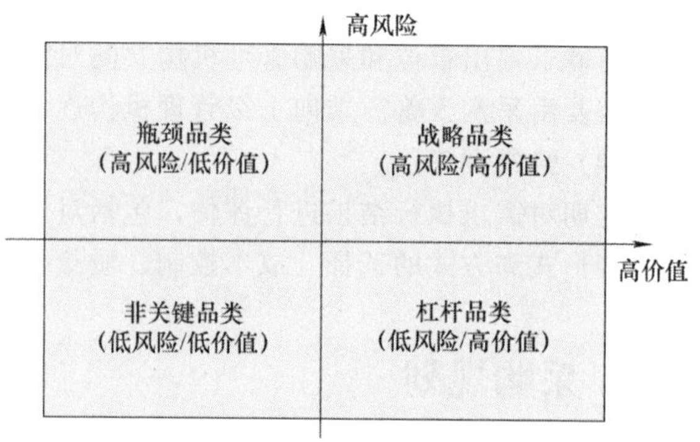

图2-1 四象限法

1）战略品类（高风险/高价值）：采购价值较高，且供应安全风险较高的品类。此品类宜实施战略采购，与供应商建立战略伙伴关系。

2）杠杆品类（低风险/高价值）：采购价值较高，但供应安全风险较低的品类。此品类宜实施竞争性采购，通过充分激活竞争降低采购成本。

3）瓶颈品类（高风险/低价值）：采购价值较低，但供应风险较高的品类。此品类宜以确保供应链安全为首选，适当扩充合格供应商数量，确保供应连续性。

4）非关键品类（低风险/低价值）：采购价值较低，且供应安全风险较低的品类。此品类宜简化和自动化寻源流程，如实施电商采购。

（2）采购组织规划

采购组织规划是指根据需求特性以及市场供给状况制定的组织实施采购的规划，通常包括战略采购规划、集中采购规划、框架协议采购规划、电子商城采购规划和分散采购规划。

1）战略采购规划。它是指采购人基于生产经营、战略发展需要和市场供应趋势，对维护供应链安全稳定所必需匹配的原材料、组部件、装备、技术或服务等，采用长期采供协议或合资、合作等方式建立相对稳定的战略采购供应关系。

2）集中采购规划。它是指集中各采购需求人的通用和共性的需求，委托实施单位统一对外采购，发挥规模优势，提高市场议价能力和资源掌控能力。

3）框架协议采购规划。它是指采购人归集一定时期内具有相同属性特征，但无法一次确定采购项目时间、地点、数量的采购需求要素，采用竞争方式并分阶段选择入围供应商和确定成交供应商，签订和实施采购合同或订单。框架协议采购集合了未来一定时期的需求、提前锁定了资源，提高了资源掌控能力，避免了一单一采购简单重复的操作，能有效提高采购效率。

4）电子商城采购规划。它是聚焦市场供应充足、无需定制化技术方案的标准工业品、低值易耗品及服务。这些物品或服务具有高频次、可快速响应的采购特点，且其用途、质量性能、技术规格及价格均能被直观描述、易于识别与比较。采购人归集各采购需求人一定时期内的采购需求，依托电子商城汇聚供应商品，通过规范有效的竞争采购交易方式和组织形式，比较、遴选、协商确定采购供应商品的范围及其相应的技术规格、质量标准、商品价格等交易要素，约定供应服务期内价格调整与风险分担办法等交易规则，并在采购人归集的平台上展示。采购需求人按照实际需求，分别从采购人归集的平台上直接选择采购所需商品。

5）分散采购规划。它是指各单位专用、性能特殊且响应周期紧急的采购需求，且集中各采购需求单位的采购力量，利用其贴近现场、专业知识熟悉的优势，自主灵活地实施采购活动。

（3）供应商关系策略

供应商关系策略是指搜寻、选用和管理供应商的策略，根据与供应商的关系，又可以细分为以下几个策略：

1）竞争与合作。竞合关系是基于合作与竞争结合的经营战略，由商业竞争者合作工作能够受益的思想衍生而来。竞合商业模型建立在博弈论之上，是一种通过特殊设计的游戏来理解不同战略和结果的科学。传统经营哲学转换成博弈论，就是零和游戏，胜利者将拥有所有，失败者将空手而归；竞合的支持者主张引领一种正和游戏，所有游戏者获得的收益总和大于游戏者投入游戏的总和，实现“双赢”。竞合理论应用到供应商关系管理中，就是要求企业确立一种在培育与供应商合作关系的同时又能获得竞争性价格、资源优势的采购模式，实现“双赢采购”。

2）紧密与松散。企业对供应商进行分类分级管理，对供应商群体按照合作关系紧密程度进行分类，制定相应的管理策略。对于合作紧密的供应商，宜实施重点管理，以合作为主，建立和维持合作伙伴关系；对于合作关系没那么紧密的供应商，以竞争为主，实施一般管理，获取最大竞争利益。

3）普遍与特殊。按照普遍性与特殊性相结合、个体与整体相结合的原则，供应商关系管理策略既要按照供应商关系管理的普遍标准对供应商实施管理，也要聚焦重点供应商、特殊供应商群体制定差异化的管理标准，实施差异化管理，实现企业整体战略目标。

4）长期与短期。根据企业生产经营情况，设定供应商关系管理长期目标和短期目标，既要确保企业的长期可持续性发展，又要获取企业生产经营的当前效益。依据竞合原则，以合作为主，维持与供应商群体的长期合作关系，稳定供应链。同时，也要聚焦供应链效率，通过竞争，获取短期利益，满足资源和价格要求。

5）内部与外部。一些大型企业集团，存在大量的内部供应商，供应商关系管理策略要实现内外兼顾，按照集团利益最大化的原则，既要满足内部供应商的生存发展需要，给予内部供应商一定的市场份额，又要通过引入外部竞争，促使内部供应商持续给予内部和外部供应商同等待遇，降低生产成本，提高市场竞争力。

（4）合同管控策略

1）价格控制策略。它是采购规划的核心内容。采购人要根据价格管理目标，科学制定价格控制策略。常用的价格控制策略有成本优先策略、质量优先策略、资源优先策略等，根据不同的价格目标选择不同的采购方式。

2）质量控制策略。采购规划应根据采购人及采购项目质量管理目标，制定相应的质量控制策略，对采购标的实施全生命周期质量管控，确保满足生产建设质量要求。

3）进度控制策略。采购规划应根据企业生产建设进度目标要求，明确项目采购进度，并制定进度控制策略，对采购项目进度进行全过程管控，确保项目按期交付。

2.2.3 采购规划的内容

（1）采购组织形式

采购组织形式是采购人根据采购组织战略所确定的获取标的物的组织方法和模式。采购组织形式包括战略采购、集中采购、框架协议采购、电子商城采购和分散采购五种。采购人在制定采购规划时，应根据自身采购管理体系和战略目标要求，选择合适的采购组织形式，明确采购实施责任主体和组织方式，确保采购高效有序。

（2）采购方式

采购方式主要有招标和非招标两大方式，其中招标又分为公开招标和邀请招标；非招标方式包括询比采购、谈判采购、竞价采购和直接采购。国家相关法律法规以及标准对各类采购方式的适用范围、业务场景都进行了界定。采购人在制定采购规划时，应确保在依法合规的情况下，根据各需求品类的特点、市场态势选用合理的采购方式，实现项目采购目标。

（3）供应商关系

采购人在制定采购规划时，应依据组织采购战略目标，根据需求特点、供应商分布状况、市场竞争特性等，制定供应商选择策略。明确供应商搜寻、开发、选择以及管理策略及要求。

(4) 合同管控

采购人制定采购规划要依据采购需求目标，明确合同价格、质量、进度、安全及环境等的管理目标和制定清晰策略，以确保合同的管控目标与采购目标一致。

2.2.4　采购规划的制定过程

采购规划的制定过程一般包括以下步骤：

1）需求分析。明确采购需求，包括标的、规模、技术要求、商务要求等，以及与其他部门的沟通与协调。

2）市场调研。调研供应市场，了解供应商的情况、市场价格趋势、竞争状况等，为制定采购规划提供基础数据和信息。

3）确定采购目标。根据需求和市场情况，确定采购目标，例如降低采购成本、提高质量水平、确保供应稳定性等。

4）设计采购规划。根据需求和目标，科学选择采购组织形式和采购方式，结合实际情况制定资源管控、供应商关系管理、价格控制、质量控制、进度控制等具体的实施策略。

5）实施与监控。按照采购规划实施采购活动，监控采购人执行落实采购规划的情况、采购结果执行情况，特别是供应商履约情况，确保按时交货、质量符合要求，并及时处理可能出现的问题和变动。

6）评估和改进。定期对采购规划的执行效果进行评估，包括成本控制、供应稳定性、质量满意度等方面的评估，并根据评估结果进行必要的改进和调整。

2.3　采购方案

2.3.1　采购方案概述

采购方案是指采购人依据采购需求和采购规划，充分考虑法律法规、管理制度、规范标准、技术要求等要素，结合市场竞争行情、类似项目经验等，针对项目采购的组织实施工作所编制的实施方案，是科学、规范、有效地组织实施采购活动的必要基础和纲领文件。

(1) 采购方案的分类

按照采购方式分类，采购方案可分为招标方案和非招标方式采购方案。招标方案即通过招标方式实施采购活动的采购方案，具有明确的法律规定和刚性边界，其编制依据包括法律法规、规范标准等，应当满足相关法律规定。非招标方式采购方案即通过非招标方式实施采购活动的采购方案，一般根据规范标准、管理制度和行业惯例等进行编制，包括询比采购方案、谈判采购方案、竞价采购方案、直接采购方案等，应当满足规范标准和企业管理制度要求。

按照采购标的分类，采购方案可分为工程采购方案、货物采购方案和服务采购方案。

(2) 采购方案与项目管理方案和合同规划的关系

1）项目管理方案是按照项目管理的目标定位和要求，以某一项目为对象进行整体管理的方案，包括组成该整体项目管理的各个采购项目，以项目化组织实施采购工作引导全过程系统管理。项目采购方案是针对一个采购项目的采购工作的总体规划，工作对象是一次采购活动，以项目管理的思路和方法，对采购工作进行质量、进度和成本控制的管理方案。

2）项目是采购方案的构成内容，项目采购方案和项目管理方案互为体用、互有关联。项目管理包括多项内容，其中一项内容为采购管理；采购项目管理则是一个完整的项目管理活动，包括采购方案编制、采购公告编制发布、采购文件编制发布、投标/响应、开标/开启、评标/评审、中标/成交、合同签订、履约评价等。因此，采购方案是项目管理方案的重要组成部分之一，采购方案本身则是一个采购项目的完整管理方案。

3）项目合同规划项目是采购方案的构成内容，是根据项目的特点、技术标准、管理需求等，按照合同管理的原则、方法和要求，对项目合同标段结构、合同类型、目标要素、标准条件等的规划。项目采购方案是对一个采购项目的一次采购活动进行组织实施的总体策划，包括该采购项目中的合同标段/标包划分、合同质量、进度计划和价格控制目标、双方责任和风险分配、合同要素拟定等合同规划的内容。

项目采购方案和项目合同规划互有交叉、互有整合。项目合同规划应从项目采购方案开始策划，包括标段/标包划分、合同类型与目标质量、进度计划、价格调整、价格结算等管控类型与方法等，并且应在采购方案中进行体现，并在合同规划中进行调整、补充和细化。采购方案作为采购项目的总体策划，应当保证采购项目的实施效果，从采购活动开始，涵盖合同签订、合同履行、合同验收、支付结算等核心合同条件。

（3）项目采购方案的构成要素

项目采购方案作为一次性项目采购活动的预演方案，是考虑项目特点和项目需求的具象化方案，是实现采购目标和管理意图的实操性方案，应当细化各项构成要素，从而有效指导和管理后续的采购活动。

项目采购方案的构成要素通常如下，应当根据采购项目的具体特征和采购需求，对构成要素进行适当的组合选用：

①采购方案编制依据。

②采购项目概况。

③采购项目所需的实施条件。

④采购项目特征与需求分析。

⑤标段/标包划分。

⑥采购范围和内容。

⑦项目质量、进度、价格等目标和要求。

⑧采购组织形式、采购方式、采购程序。

⑨最高限价编制依据、方法和标准。

⑩供应商资格条件。

⑪报价要求。

⑫评审方法和标准。

⑬确定中标或成交的方法和程序。

⑭合同签订程序和要求。

⑮合同与合同质量、进度和价格、目标管控标准和双方权利责任风险体现。

⑯合同履约管理要求。

⑰采购工作目标、采购资源安排等。

⑱采购工作计划、采购工作分解方案。

⑲采购工作进度和质量保证措施。

⑳采购项目风险及应对措施。

㉑需要采购人提供的配合条件。

㉒其他需要说明的事项。

(4) 采购方案的编制依据

采购方案是科学、规范、有效地组织实施招标采购工作的必要基础，应当依据项目基本情况、相关法律法规、管理规定制度，综合考虑项目管理需求，并充分结合市场竞争行情、类似项目经验等进行针对性的编制，从而满足采购规划和采购需求。

1）项目基本情况。项目基本情况是采购方案编制的首要依据，保证了采购方案的针对性和适用性。采购人应收集、整理和调研采购项目的基本情况，如立项批复文件、规划批复方案、项目工作内容、现场环境状况和项目投资金额等。这些因素决定项目是否具备采购的实施条件，直接影响标段/标包划分、招标范围设置，项目质量、进度、价格目标要求等。

2）相关法律法规。相关法律法规是采购方案编制的主要依据，符合法律规定是采购工作的基本原则。编制采购方案时，应分析采购项目涉及的相关法律法规，在现行法律法规的框架下进行策划研究，保证采购方案符合法律规定。例如，供应商资格条件、招标采购计划、招标采购文件异议、最高投标限价、投标保证金、投标响应文件否决情形等，均须满足法律规定的最低条件。

3）管理规定制度。政府机关、行业部门发布的规范性文件或者采购人制定的管理制度，是采购方案的编制依据之一。编制采购方案时，应与政府机关、行业部门和采购人相应职能部门进行沟通，满足政府机关、行业部门、采购人本级或上级企业等发布实施的管理规定制度等。例如，评审委员会的组成要求、评审方法和标准、最高限价审核程序和标准等，并应评估管理规定制度对于采购活动的影响，尽可能发现潜在问题并采取相应的防范措施。

4）项目管理需求。项目管理需求是指对采购项目进行管理的目标、原则、需求和要求等，是采购方案的编制依据之一。例如，项目承包模式、标段/标包划分、工作周期和节点安排、成果文件要求、人员投入情况等，应在依法合规的基础上，合理策划并尽力满足采购需求。

5）市场竞争行情。市场竞争行情是采购方案的编制依据之一，关系到采购方式、最高限价、竞价要求等。采购人应对采购项目的供应商或潜在投标人进行调研，充分了解市场竞争行情，如具备资格条件的供应商数量、相互关系、分布区域、专业优势、人员数量、业务特长、市场价格、类似业绩等。只有掌握市场竞争行情，才能使采购方案有的放矢，才能吸引供应商参与竞争，满足采购需求。

6）类似项目经验。类似项目经验是采购方案的编制依据之一，通过调研类似采购项目的模式做法，总结相应的采购经验或失败教训，预估分析本次采购活动可能涉及的问题以及防范措施等。例如，合理设置合同模式、划分标段/标包、设定供应商资格条件、确定评审方法和标准、设置最高限价、是否给予未成交供应商补偿等。

（5）采购方案的工作程序

采购方案应当根据采购项目特点和采购需求的不同，由采购人或代理机构进行针对性的编制。为了规范采购方案的编制工作和编制质量，采购方案应当依据一定的工作程序依次开展，如图 2-2 所示。

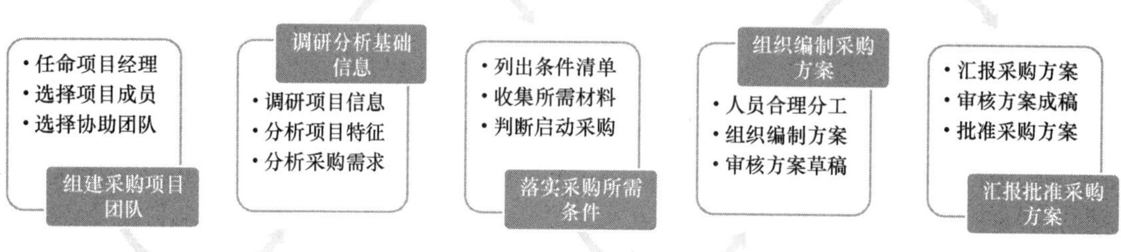

图 2-2 采购方案的工作程序

1）组建采购项目团队。采购项目准备启动后，采购人首先应当选择是自行组织采购活动，还是委托代理机构代理采购活动。采购活动是一项专业技术要求比较高的工作，采购人如果自行采购，应具有编制采购文件和组织评审的能力，还应具备一定数量的招标采购专业人员。不具备自行采购条件的，采购人可委托具有相应专业能力的代理机构进行采购。随着社会化分工和购买服务的市场深入，委托采购这一方式受到交易双方的欢迎和市场的肯定，在采购中占有绝对比例。

采购人或代理机构应当依据项目特点和其技术经济需求、采购人管理要求等，组建专业的采购项目团队，实施各项采购工作，包括编制采购方案等。采购项目团队一般由项目经理、项目成员和协助团队等构成。

采购项目团队应当实行项目经理负责制，由项目经理管理采购项目团队的全体人员，负责安排各项工作和推进项目实施，保证采购活动质量，并承担相应的责任。项目成员和协助团队按照职责分工，配合项目经理实施采购项目涉及的各项工作。

项目经理应当具备相应专业能力和采购经验，其主要职责如下：

①确定采购项目团队岗位设置及职责分工，选择项目成员和协助团队。

②主持编写采购方案、采购公告、采购文件、中标/成交通知书等文件。

③组织实施采购项目的全过程工作，对采购进度和采购质量负有主要责任。

④指导、协调和监督检查项目成员和协助团队的工作进展和工作质量。

⑤协助采购人开展合同谈判、履约管理、解决争议等。

⑥协助采购人处理采购活动中的异议和投诉等。

项目经理被任命后，应根据采购项目的行业特征、投资规模、技术复杂性、采购工作量、专业特点等，选择具备相应能力和经验的项目成员。项目成员应当具备与其岗位和职责分工相适应的专业背景、工作能力和从业经验，能够辅助项目经理实施采购活动和相应工作。项目成员的数量、专业结构及能力水平应能满足采购项目的工作需要。

对于技术复杂、采购工作量大或者实施难度高的采购项目，项目经理除选择项目成员之外，还可以从采购需求部门或外部专业机构聘请一定数量的协助团队。协助团队应为专业的技术经济人员，熟悉采购项目的特征分析、市场供应、合同履行等工作。一般来说，协助团队不是采购项目团队的全职人员，仅在采购项目的所需阶段参与相应工作，从技术和经济等角度，为项目经理提供顾问咨询、专业解读或采购建议等。此外，协助团队能够协助采购项目团队分析和确定相应的采购规划和采购需求等。

2）调研分析基础信息。采购项目团队应当跟进采购需求部门或相关职能部门，及时调研和整理采购项目所需的相关资料和基础信息。以工程建设项目为例主要包括如下内容：

①采购项目前期证明及相关资料，如立项批复、招标内容核准意见、规划许可等。

②采购项目所在行业、地区的法律法规，包括部门规章、行政规范性文件等。

③采购项目所在行业、地区的规范、标准、规程、图集、示范文本等。

④采购项目相关技术经济资料，如采购任务说明、技术规格与要求、设计文件等。

⑤采购人对采购项目所需资金的落实情况。

⑥采购人对采购项目的初步设想和实施要求，如标段/标包划分、项目完成期限、评审方法、合同关键条款等方面的建议和要求等。

采购项目团队应当查阅项目审批的有关文件和资料，了解掌握项目的基本情况，主要包括：项目名称、主要功能和用途，项目投资性质、规模标准、技术性能、质量标准、实施计划等需求特点和目标控制要求。此外，还应当了解项目进展和所处阶段，如决策调研、规划设计、项目批复等，依法确定采购项目的主要内容、范围、实施条件等。

采购项目团队应当及时更新采购项目的基础信息，保证基础数据真实可靠，分析采购项目的具体特征，根据项目特征确定项目采购规划，初步选择采购方案需要说明的构成要素，并对构成要素进行详细分析，动态调整各项构成要素及其之间的关联内容。

采购项目团队在分析项目特征之后，应与采购需求部门及职能部门充分沟通，逐步确立和明确采购目标，通过会议、座谈、问卷调查、头脑风暴等方式调研和分析采购需求。分析采购需求是采购过程中非常关键的一步，通过全面细致地分析和评估采购项目的具体需求，针对性地编制采购方案，从而最终实现采购目标。

在编制采购方案之前，既要分析研究项目特征、采购需求，也要调查分析市场供求状况。采购项目团队可以通过网络查询、资料查阅、问卷调查、实地调查等方式进行市场调研，了解有可能参与采购项目的供应商的数量、资质能力、机械设备、类似业绩、技术特长等有关信息，分析预判有兴趣的供应商的规模、数量以及报价等，为采购方案的编制提供基础依据。

3）落实采购所需条件。采购项目团队在分析采购需求之后，列出编制采购项目所需的各项条件清单，用以判断是否具备采购活动启动所需的实施条件。一般来说，采购项目所需的实施条件如下：

①具备相应的基础资料和采购需求。

②具备相关的批复文件，例如立项批复、初步设计批复或采购人批复等。

③具备所需的资金或者资金来源已经落实。

④具备所需的技术资料，例如设计图纸、规范标准、用户需求或技术要求等。

采购项目团队根据所列的条件清单，向采购人需求部门或职能部门，收集整理采购项目所需的各项材料或相关资料。收集后的材料应当按照资料管理标准，加贴工作标签进行分类管理登记，妥善保管，以保证材料安全。

采购项目团队根据列出的实施条件清单，一一对照相应的材料、资料，判断采购项目是否已经具备必要的采购条件，其中依法必须招标的项目应当同时满足相关的法律规定。采购项目如不具备上述实施条件的，采购项目团队应当及时告知采购人，说明原因和进一步落实相关条件的工作建议，并保留相关记录。

依法必须招标的项目，除了满足采购人的企业规定之外，还应按照国家有关规定具备以下招标条件：

①招标人已经依法成立。

②对于国家实行立项审批、核准的依法必须招标的项目，招标人应当先行履行项目审批、核准以及招标范围、招标方式和招标组织形式的审批、核准手续。

③项目资金或资金来源已经落实。对于特许经营权融资、土地使用权出让、产权转让等不需要招标人支付项目资金的，不需要具备资金条件。

④专业条件根据不同性质的招标项目进行设置。工程勘察设计招标，所必需的勘察设计基础资料已经收集完成；工程施工招标，初步设计（实施方案）及概算（实施方案）应当履行审批手续的已获批准，有招标所需的设计图纸及技术资料；工程货物招标，能够提出货物的使用与技术要求；特许经营项目招标，特许经营方案已经批准。

4）组织编制采购方案。采购项目团队经过判断认定采购项目具备所需实施条件的，应当启动采购方案编制工作，由项目经理带领项目成员进行编制。项目经理应当根据采购项目特征和项目成员能力，进行合理分工并明确各个成员的编制内容和相应要求。

采购方案编制工作进行分工之后，项目经理应当组织全体成员在计划时间内完成编制工作。编制过程需要互提资料或交叉影响的，项目经理负责协调，并应对提交的过程文件和相应数据及时审核。项目成员和协助团队完成分工任务后，项目经理负责文件总成，形成采购方案初稿。

采购方案过程文件或初稿完成编制后，应当及时提请审核。文件审核应当根据项目特点和管理制度开展，一般采用二级审核制度或者三级审核制度，即编制人员互审→项目经理复审→技术负责人终审（或有）。通过审核的采购方案方能对外报出，提请采购人进行汇报修订。

对于一般采购项目，二级审核制度能够满足质量控制需要。编制人员熟悉项目情况和采购需求，了解采购方案表达的内容是否满足采购需求。因此，编制人员相互审核是控制质量的首要措施。编制人员互审完成后，提交项目经理复审，由项目经理进行整体把关；项目经理既拥有丰富的采购经验，又对项目情况非常熟悉，对于采购方案的质量控制非常重要。

对于重点采购项目、技术复杂或实施难度大的项目，采购方案编制工作具有较高的挑战性，建议采用三级审核制度，即在二级审核制度的基础上，增加第三级即技术负责人终审。技术负责人是指拥有丰富采购经验，主管企业采购工作的企业级负责人，能够有效地指导采购项目团队开展采购活动。必要时，可以组建专家团队，对重点采购方案实施会审，提高决策质量。

5）汇报批准采购方案。采购方案草稿通过二级审核或三级审核之后，采购项目团队应向采购人主管部门汇报采购方案，由其确认采购方案是否满足采购需求，可以通过现场会议、线上会议或书面文件等任一适宜的形式进行汇报。汇报之后，形成会议纪要存档备查。

根据汇报情况和采购人要求，采购项目团队应当及时调整修订采购方案，形成采购方案成稿。采购方案成稿应当同样提请二级审核或三级审核，通过审核之后由编制人和审核人签字后提交采购人。

采购人对采购方案确认无误后，按照管理制度规定无需采购人履行批准程序的，告知采购项目团队即可开展后续采购工作。需要履行批准程序的，采购人应按程序提交主管决策部门进行批准，交付采购项目团队据此开展采购工作。

2.3.2　工程项目采购方案

（1）施工总承包项目采购方案

施工承包方式涉及施工总承包、工程总承包、专业承包等方式，其中施工总承包是工程项目中最有代表性的一类招标项目。施工总承包是从建设单位（即发包人）获得合同，根据施工总承包合同约定，按照施工图设计文件对合同内的全部工程，包括单项工程、单位工程、分部工程和分项工程进行施工，接受建设单位、监理单位及质量监督部门的监督，并对建设单位负有直接责任。

施工总承包方式中的工程设计和工程施工分离，分别由不同主体负责实施，施工承包人按照发包人提供的设计图纸和技术规范施工，典型模式表现为“设计—施工”建设管理模式。项目实施一般划分成一个或若干个单项、单位工程合同单元，相应的工程责任和风险由一个或若干个施工承包人承担。该承包方式由各承包人分别向发包人负责，承包人可以将部分非主体和非关键工程分包给有相应资质条件的分包人承担，并由承包人和分包人对分包工程共同承担连带责任。

施工总承包方式适用于发包人希望较深入地介入设计控制，以及对设计施工分别进行管理协调并分散承担风险的情形。该承包方式的优点是：承包方式简单、成熟，对承发包双方的专业素质要求不高，建设单位对工程设计和施工的控制影响力较大，设计和施工的风险较为分散。该承包方式的缺点则是：建设周期一般较工程总承包长，设计施工责任较难界定，设计施工之间的管理协调工作比较复杂，工程质量、进度、造价管理难度较大。

依据《工程建设项目施工招标投标办法》的规定，对工程技术上紧密相联、不可分割的单位工程不得分割标段。一般而言，施工总承包项目的最小招标对象是单位工程。

施工总承包项目采购方案应依据施工项目的技术、经济特征和需求目标进行策划编写，方案内容应当科学合理，具有可行性和操作性，能够有效指导项目招标工作的组织实施。施工总承包项目采购方案的主要内容如下。

1）基本概况和基本要求。基本概况主要包括招标人、项目名称、项目投资、用途、规模标准、质量标准、进度计划等；基本要求主要包括招标实施条件、施工质量、工期进度、工程造价、绿色环保、安全文明与环保等方面的目标和要求。

2）项目特征与需求分析。施工总承包项目的特征和需求分析包括项目基本特征、投资性质、建设规模、工程专业特点、建设管理方式、施工承包方式、施工环境和作业条件、专业机械设备要求、拟专业承包和分包内容、工程施工特殊要求、工程施工所需条件等内容。

建设管理方式是指工程建设项目的管理方式，按组织管理方式分为自行管理和委托管理两大类别。自行管理即以建设单位为主体，自行组织专业人员或成立专职部门对工程建设项目的建设活动进行管理，其费用依据财政部管理规定，从项目建设管理费中支出。委托管理即建设单位通过招标或非招标方式，委托专业的项目管理单位代表建设单位，对工程建设项目的建设活动进行管理，在市场实践中根据授权范围和程度的不同表现为代建和项目管理两种形式。

代建制多指政府通过招标的方式，选择社会专业化的项目管理单位（即代建单位）负责项目的投资管理和建设组织实施工作，在项目建成后交付使用单位的制度。在代建期间，代建单位按照合同约定代行项目建设的投资主体职责。除此之外，建筑行业近年推出商业代建模式，即代建单位接受投资人的委托，部分或者全程参与项目的设计、开发、建管和服务等环节，通过专业的管理和服务，输出标准体系、产品体系、品牌体系以及资源体系等，为代建项目和投资人带来价值提升。一般来说，代建授权高于项目管理，即代建是代替建设单位行使项目建设管理职能，项目管理则是代表建设单位行使项目管理职能。

3）招标范围和招标方式。根据项目特征和需求分析，结合市场竞争情况，依法确定项目施工总承包的招标范围和内容，以及相应的招标方式等。根据项目投资性质和审批核准规定，采购人应将上述事项依法报送项目审批核准部门进行审批或核准。

招标范围即施工总承包的承包范围，按照《建筑业企业资质管理规定》（2015 年），取得施工总承包资质的企业可以对所承接的施工总承包工程内各专业工程全部自行施工，也可以将专业工程依法进行分包。因此，施工总承包招标时，招标范围应当包括相应行业总承包资质涵盖的全部工程内容。例如，建筑工程招标范围包括各类结构形式的民用建筑工程、工业建筑工程、构筑物工程以及相配套的道路、通信、管网管线等设施工程，具体内容包括地基与基础、主体结构、建筑屋面、装修装饰、建筑幕墙、附建人防工程以及给水排水及供暖、通风与空调、电气、消防、防雷等配套工程。

招标人应当根据审批或核准的招标方式组织招标活动。对于施工总承包项目而言，由于行业竞争激烈，公开招标应当作为首选的招标方式。依据《工程建设项目施工招标投标办法》规定，依法必须进行公开招标的项目，有下列情形之一的，可以邀请招标：

①项目技术复杂或有特殊要求，或者受自然地域环境限制，只有少量潜在投标人可供选择。

②涉及国家安全、国家秘密或者抢险救灾，适宜招标但不宜公开招标。

③采用公开招标方式的费用占项目合同金额的比例过大。

4）招标合同标段划分。施工总承包招标应综合考虑法律法规、项目管理模式、工程管理力量、市场竞争格局、技术关联、工期与规模以及工程行业特点等因素，合理划分各个合同标段。同时，结合各合同标段的技术特点和专业要求，依据有关规定分别设置投标人的资格条件和业绩能力标准，限定投标人可以参加不同合同标段的投标数量和中标数量。

①法律法规。招标人应当依法、合理地确定项目招标内容及标段规模，不得通过细分标段、分期实施、化整为零的方式规避招标、限制或者排斥潜在投标人。

②项目管理模式。施工总承包方式的特点是将各个专业工程打包给一个承包人施工，否则无法发挥施工总承包的规模优势而失去总承包的意义；同时也可能无法引起规模较大或者有实力的总承包人的投标兴趣。

③工程管理力量。招标项目划分合同标段的规模和数量，与需要招标人管理合同的数量、协调对接工作量以及专业能力直接有关。如果招标人的项目管理机构比较精简或专业管理力量不足，则合同标段划分不宜规模过小和数量过多。

④市场竞争格局。工程施工标段规模的大小和标段数量的确定应以实现市场充分有效竞争格局为基础。首先，施工承包人可以承揽的工程范围和规模取决于其工程施工承包资质类别范围和等级，因此合同标段的范围、规模和标段数量应当考虑引进的承包人可以承包工程的资质类别范围等级和规模。其次，如果同时期同一类别招标项目比较多或者感兴趣的潜在投标人比较少时，招标人应适当提高合同标段规模，减少合同标段数量，以吸引潜在投标人投标，保证每个标段有足够的投标人参与竞争。

⑤技术关联。凡是在工程技术和工艺流程上关联性比较密切的单位工程，不宜组织两个以上标段分别招标，由不同的承包人分别完成；反之，两个专业差别较大的单位工程不宜归入一个合同标段，因为一个承包人可能无相应的资格和施工能力，需要考虑联合体投标。此外，施工标段划分要充分研究各标段机械设备施工界面及其最少合理的施工区域场地容量，否则将有可能因机械设备工作面不足而制约或影响施工。

⑥工期与规模。工程总工期及其进度计划对合同标段划分也会产生很大的影响。标段规模小，标段数量多，进场施工的承包人多，容易集中各承包人加快投入更多的资源力量，在多个工点齐头并进赶工期，但需要项目发包人具有相应的管理力量配合以及充足、及时的资金保障。标段数量增加虽然能引进更多承包人进场施工，但也可能因标段规模偏小，发挥不了规模效益，不利于吸引大型施工企业参与投标，也不利于发挥大型施工机械的使用效率，从而提高工程造价，并容易导致产生转包、非法分包现象。

⑦工程行业特点。对于一般工业和民用建筑工程施工项目，其各项工程内容的技术关联性较强，应当尽量采用施工总承包的方式组织招标，将施工项目交给一个施工承包单位实行总承包。对于项目规模或者专业差别特别大的项目，可以分区块或者分专业招标发包，但禁止肢解单位工程进行招标。公路、铁路、道路、管线、河道等线型施工项目，由于工作面太长，同一作业面涉及不同专业类别，故可按公里长度结合不同专业类别划分为若干施工总承包标段，通过招标选择多个且不同专业优势的施工单位承包。此外，为了保证施工投入力量和实施进度，可在招标公告中对同一施工单位在同一项目的中标数量进行限制。

5）合同质量、进度、价格等要素和需求目标。全面、正确地分析把握施工总承包项目的功能、特点和条件，依据有关法律法规、标准规范、项目审批和设计文件以及实施计划等总体要求，科学合理设定工程施工合同的质量、进度、价格、安全等要素和目标。这些也是设置和选择施工总承包招标的投标资格条件、评标方法、评标因素和标准、合同条款等相关内容的主要依据。

其中工程建设项目的质量、进度、价格三大控制目标之间具有相互依赖和相互制约的关系：工程进度加快，工程投资就会增加，但项目的提前投产可提前实现投资效益；工程进度加快，可能影响工程质量；提高工程质量标准并采取严格控制措施，又可能影响工程进度，增加工程投资。因此，应根据工程特点和条件，合理处理好工程质量需求目标、工程进度需求目标、工程价格控制目标之间的关系，提高工程建设的综合效益。

①工程质量需求目标。工程建设项目质量必须依据使用功能用途要求，满足工程使用的适用性、安全性、经济性、可靠性、环境的协调性等要求设定工程质量等级目标和保证体系的要求；工程施工质量必须符合国家有关法规和设计、施工质量验收标准规范。

②工程进度需求目标。应根据工程建设项目的总体进度计划要求、施工总承包范围、工程设计的进度安排和相关条件及可能的变化因素，明确提出工程施工进度的目标要求，包括总工期、开工日期、阶段目标工期、竣工日期以及各阶段工作计划。

③工程价格控制目标。工程施工造价通常以工程建设项目投资限额为基础，编制确定工程施工项目的参考标底价格或最高投标限价，并通过招标充分竞争，降低工程造价，实现投资控制目标。

招标人在设定项目合同质量、进度、价格、安全等要素和需求目标时，应当结合招标项目的特点需要和市场竞争结构状况，同时调整、补充和细化属于招标采购合同规划中的合同要素、合同条件、合同风险控制的设置和责任分配等采购方案的内容。

6）投标人资格条件。采购人应根据施工总承包招标的范围内容、功能用途、标准规模、项目需求和技术管理特点以及资质标准规定的工程承包范围，结合市场竞争情况合理设定投标人资格条件，其中主要为具备有效的企业资质证书和安全生产许可证书。

根据现行建筑业企业资质标准和资质改革规定，住房和城乡建设部核发的企业资质全国通用，严禁各行业、各地区设置限制性措施，严厉查处变相设置市场准入壁垒，违规限制企业跨地区、跨行业承揽业务等行为，维护统一规范的建筑市场。施工资质分为综合资质、施工总承包资质、专业承包资质和专业作业资质，相应内容详见第 3 章。

7）招标项目顺序。工程施工总承包的招标顺序应根据工程施工的特点、条件和需要安排确定，设置原则一般如下：

①工程建设项目所涵盖的全部工程，其施工总承包的标段划分、招标顺序应根据工程特点、建设程序、技术需要和管理次序，结合现场条件等，合理安排每一次工程施工总承包和专业承包的招标顺序。

②同一工程在施工总承包招标之前，一般应当安排相应工程项目管理、工程设计、工程监理或设备监造等项目先行招标，为工程施工招标和开工奠定必要条件，同时也避免了与施工同时招标造成的利害冲突。

③同一工程建设项目应当根据总体进度先后顺序确定各标段的招标顺序。以工程施工总承包的招标顺序为例，一般原则如下：先行招标含有关键线路的控制性工程，再行招标非关键线路上的工程；先行招标土建工程，再行招标设备采购和安装工程，但部分主要设备采购应在工程施工之前招标，以便据此确定工程设计或施工的技术参数。

8）招标工作进度计划。施工招标工作进度计划应该依据招标项目的特点、招标条件、工程建设程序和总体进度计划、招标人的需求、招标必需的时间及顺序编制，包括招标工作的专业性与规范性要求以及招标各阶段工作内容、工作时间及完成日期等目标要求。

根据招标项目具体情况和需求特点，制订招标工作进度计划，可以以表格、横道图或网络图的形式展现。招标工作时间安排需要特别注意法律法规对某些工作时间的强制性要求，并应充分考虑各项工作衔接对进度的影响因素。

需要在招标工作进度计划中明确编写资格预审文件、发布资格预审公告或招标公告、发售资格预审文件、递交资格预审申请文件、组织资格评审并确定合格投标人、编写招标文件、发售招标文件、递交投标文件、组织开标、评标、公示评标结果、处理异议与投诉、发中标通知书和合同签订等工作需要的时间和完成节点要求。

在实践中，大型工程建设项目通常制订了整个工程建设项目的实施计划。因此，在制订某个项目采购方案的工作进度计划时，应以整个工程建设项目的实施计划为指导和约束依据，以避免因某一次招标工作滞后而导致整个项目的工期延误。

(2) 工程总承包项目采购方案

工程总承包受到国家政策的支持，近年发展较为迅速。工程总承包是指承包单位按照与建设单位签订的合同，对工程设计、采购、施工、试运行（如有）等其中的若干阶段实行总承包，并对工程的质量、安全、工期和造价等全面负责的工程建设组织实施方式。

工程总承包项目采购方案与施工总承包项目采购方案相比，架构和组成内容相似，不同特点如下。

1）项目特征与需求分析。工程总承包与施工总承包相比，其范围除了施工之外，还增加了工程设计和采购，其典型类别为“设计＋采购＋施工”模式，即 EPC（Engineering Procurement Construction）模式，适用于含有生产运营所需机电设备采购的工程建设项目，如水力发电工程、石油化工工程、新能源工程等。工程总承包的另一种常见类别为“设计＋施工”模式，即 DB（Design Build）模式，适用于无须采购生产运营机电设备的工程建设项目，如房屋建筑工程、市政道路工程等。

由此可见，工程总承包的项目特征与招标需求，与施工总承包相比更加复杂，所涵盖的内容相对增多。其采购方案应当围绕“设计＋采购＋施工”进行，即以施工总承包特征分析为基础，适当增加设计招标和货物采购招标的相应内容。

工程总承包项目在招标之前，其建设规模、设计方案、功能需求、技术标准、工艺路线、投资限额及主要设备规格等均应确定。依据相应规范规定和项目实践经验，一般工程总承包适用的项目情形如下：

①经核定的重点产业项目。

②建设标准明确的一般工业项目。

③功能需求可由国家或行业技术标准、规程确定的市政基础设施及维修项目、园林绿化项目。

④受汛期等因素制约的中、小型水利项目。

⑤采用装配式或者 BIM（建筑信息模型）技术的中、小型房屋建筑项目。

⑥列入本级政府重大工程且对建设周期有特殊要求的项目。

⑦其他前期条件充分且功能技术符合工程总承包发包的项目。

2）招标范围和招标方式。依据相应规定，工程总承包项目的招标实施条件包括：企业投资项目，应当在核准或者备案后进行工程总承包项目发包；政府投资项目，原则上应当在初步设计审批完成后进行工程总承包项目发包；简化报批文件和审批程序的政府投资项目，应当在完成相应的投资决策审批后进行工程总承包项目发包。

工程总承包项目的招标范围应当包括“设计+采购+施工”中的两项或三项内容。工程总承包招标范围，以EPC为例，按照设计、采购和施工分述如下。

①设计（Engineering）范围的确定原则。根据工程总承包项目的招标实施条件，对于企业投资项目而言，其招标范围可以是工程建设项目的方案设计、初步设计或者施工图设计中的某一阶段或全部阶段的设计内容，具体阶段应当根据项目管理需要确定。对于政府投资项目而言，其招标范围一般是施工图设计，若是简化程序的政府投资项目，设计阶段不包括初步设计阶段，其招标范围可以是方案设计和施工图设计。设计内容包括行业工艺设计、基础设施设计、建筑工程设计等与工程功能相关的各项设计工作。

②采购（Procurement）范围的确定原则。工程总承包中的采购主要是指基于满足生产运营的功能需求，进行设计制造且达到固定资产标准的机电设备的采购，一般不包括列入建筑安装工程费的建筑机电设备的采购，例如通风、空调、电梯等。对于生产运营的机电设备，其采购内容一般包括生产线设计总成，机电设备设计、制造、运输和供应，机电设备安装，机电设备单机调试，机电设备联合调试，备品备件供应等。

③施工（Construction）范围的确定原则，见施工总承包的相应内容。

工程总承包项目的招标方式一般采用公开招标，评标方法采用综合评估法，以技术、商务和报价进行综合评审，推荐排名前列的为中标候选人。随着招标人主体责任压实和定标自主权的确显，多个地方政府规定工程总承包项目如果技术复杂，可采用独立自主确定中标人的方式进行定标，对于工程总承包项目的推进发展具有积极作用。

3）标段划分。工程总承包项目的特征是以“设计+施工”进行合并承包，以减轻建设单位的管理压力和技术难度，与施工总承包多个标段的做法相比，工程总承包的标段划分通常是合并为一个标段，以便发挥工程总承包单位对于工程建设项目的总成管理和协调优势。

对于高速公路、铁路、轨道交通和水利隧洞等线性工程，由于长度多达几十甚至百余公里，为在一定期限内完成施工和交付使用，建设单位可能按照里程或工程界面划分为若干标段，每个标段均是一个完整的“设计+施工”内容。

4）投标人资格条件。工程总承包基于其承包范围和内容，投标人应具备相应的承包实施能力，包括同时具备设计和施工的相应资质和能力，从企业资质、实施能力和禁止情形方面分述如下。

①企业资质应当涵盖设计和施工内容。按照《房屋建筑和市政基础设施项目工程总承包管理办法》的规定，工程总承包单位应当同时具有与工程规模相适应的工程设计资质和施工总承包资质，或者由具有相应资质的设计单位和施工单位组成联合体。设计单位和施工单位组成联合体的，应当根据项目的特点和复杂程度，合理确定牵头单位，并在联合体协议中明确联合体成员单位的责任和权利。设计和施工资质划分类别，相应内容详见第3章。

②工程总承包单位或联合体中负责施工的一方，应当具备有效的安全生产许可证书，具备相应的专业施工机械设备；工程总承包单位或联合体各方均应具有相应的项目管理体系和项目管理能力、财务和风险承担能力，以及与发包工程相类似的设计、施工或者工程总承包业绩。

③工程总承包单位不得是工程总承包项目的代建单位、项目管理单位、监理单位、造价咨询单位、招标代理单位。政府投资项目的项目建议书、可行性研究报告、初步设计文

件编制单位及其评估单位，一般不得成为该项目的工程总承包单位。政府投资项目招标人公开已经完成的项目建议书、可行性研究报告、初步设计文件的，上述单位可以参与该工程总承包项目的投标，经依法评标、定标，成为工程总承包单位。

5）合同计价条件。企业投资项目的工程总承包宜采用总价合同，政府投资项目的工程总承包应当合理确定合同价格形式。采用总价合同时，可以在合同中约定工程总承包的计量规则和计价方法；除合同约定可以调整的情形外，合同总价一般不予调整。

(3) 专业承包项目采购方案

在工程施工招标中，除了施工总承包和工程总承包之外，还存在一定比例的专业承包项目。专业承包是指从发包人处获得合同，根据专业承包合同约定，按照施工图设计文件负责专业工程，包括一项或多项分部工程和分项工程的施工，接受发包人、监理单位及质量监督部门的监督，并对发包人负有直接责任。专业承包项目采购方案的主要内容如下。

1）项目特征与需求分析。专业承包项目与施工总承包项目相比，施工内容相对单一，所需投入的人员、机械和资源相对较少，是施工总承包项目的有益补充或必要组成内容之一。专业承包项目能够适用的情形如下。

①施工总承包项目中的暂估价专业工程。

②未含于施工总承包项目中，由发包人单独招标的专业工程。

③不属于施工总承包项目，由发包人单独招标的专业工程，如办公室装修工程等。

专业承包项目的招标人可能是工程建设项目的发包人，也可能是工程建设项目的施工总承包单位（即承包人），具体情形需要根据项目管理模式进行设置。一般情况下，暂估价专业承包项目的招标人宜为施工总承包单位，此种模式下交叉责任较少、管理界面清晰，有利于工程建设项目的施工建设。

如果专业承包项目的招标人为建设单位（即发包人），无论是否作为暂估价专业工程包含在施工总承包合同之中，均已表明两种意向。一是施工总承包单位在本专业工程上能力不足，发包人不愿意将专业工程交由总承包单位施工，更愿意花费精力与时间重新通过招标程序选择专业承包单位。二是专业承包工程本身具备较强的专业性，如特定施工机械、施工方法或者施工队伍的专业性等，不是总承包单位擅长领域的，需要一个专业够强、能力够高的施工队伍，专门承接本项专业工程，方能保质保量完成施工任务。

2）招标范围和招标方式。专业承包施工的招标范围为其专业工程内的全部工作，一般来说，专业承包的招标对象为专业工程，按照建设项目的层级划分，该专业工程一般为分部工程或较大的分项工程，其招标范围应当涵盖对应的分项工程。分部工程和分项工程的划分标准，一般由行业标准进行规定。例如，建筑工程行业的装饰工程为分部工程，可分为 10 项分项工程，即抹灰工程、门窗工程、吊顶工程、轻质隔墙工程、饰面板砖工程、幕墙工程、涂饰工程、裱糊和软包工程、细部工程、建筑地面工程。

3）标段划分。专业承包项目的标段划分，应当根据专业承包项目的工程行业特点、项目投资额度、施工工期要求、项目管理需求和市场竞争情况，参照投标人的施工能力和资源条件进行综合考虑，相关原则如下。

①专业承包标段优先根据专业工程的类别进行划分。为了吸引更多的投标人参与竞争，宜以单一的专业工程类别进行标段划分，不宜将两个或两个以上的专业工程类别合并

设置为一个标段。

②与施工总承包标段划分原则相比，专业承包的标段划分相对灵活，不再以单位工程为最小招标单元进行限制。专业承包工程应以鼓励竞争和降低成本为指引，合理设置标段数量、规模和内容，以便专业的队伍做专业的事，既能有效提升施工水平，又能在一定程度上降低工程造价。

③专业承包项目的标段规模不宜过大。一般来说，专业承包单位无论是专业人员、机械设备还是资金能力，均与施工总承包单位存在一定的差异。在目前的市场竞争环境下，如果标段规模过大，对于专业承包项目履约情况存在一定的管理风险。因此，在专业承包项目划分标段时，其标段规模应与专业承包单位的履约能力和资源条件互相适应。

4）投标人资格条件。专业工程承包的资格条件与施工总承包相比，其差异性主要表现为施工资质和类似业绩；专业承包资质的相应内容详见第 3 章。

如果专业承包项目包括两个或两个以上的专业时，投标人资格条件应当设置为两个或两个以上相应的专业承包资质，并应接受联合体的投标。如果两个专业工程属于同一行业时，也可以按照施工总承包项目进行招标，并设置投标人的资质条件。

（4）施工分包项目采购方案

施工分包项目在工程建设活动中大量存在，是工程建设项目能够顺利完成和交付使用的基础力量和支撑条件。随着社会化分工的持续深入，施工分包项目将会更加普遍。施工分包分为专业工程分包和劳务作业分包。施工分包项目采购方案的主要内容如下。

1）项目特征与需求分析。施工分包项目的采购人是工程建设项目的施工承包单位（即承包人），不是工程建设项目的建设单位（即发包人）。分包项目的专业多、标段多、规模小，参与竞争的分包单位数量多、专业杂，不易管理。

承包人拟将非主体或非关键工程分包时，应将施工分包计划提请建设单位同意后，启动施工分包采购方案编制工作。如果建设单位未同意分包计划的，施工单位不得擅自开展施工分包活动。

2）采购范围和采购方式。施工分包范围应是工程建设项目的分部工程或分项工程，以分项工程居多。依据国家政策相关规定，除以暂估价形式包括在工程总承包范围内且依法必须进行招标的项目外，工程总承包单位可以直接发包总承包合同中涵盖的其他专业业务。因此，施工分包可以采用招标或非招标等采购方式进行分包。

3）分包人资格条件。施工分包项目采购时，分包人应当具备相应的分包内容施工资质和安全生产许可证书，相应内容详见第 3 章。

2.3.3 货物采购方案

货物采购方案因采购目的、用途不同而有所区别。

（1）工程货物采购方案

工程货物采购方案可以参考工程项目采购方案的相关内容，充分考虑工程项目特征、货物采购项目特点、价格涨跌风险机制，以及项目管理需求进行编制。工程货物采购方案的特点和内容如下。

1）工程货物的分类。工程货物是指工程建设项目中所需的各类材料和设备，根据采购主体不同分为甲供货物、乙采货物和暂估价货物等。

工程货物主要包括工程材料和工程设备两种。按照工程建设项目投资估算和设计概算的费用划分，工程材料归属于建筑安装工程费，工程设备归属于设备购置费。应对工程货物进行合理分类，以便进行费用归口和投资核算。依据《建设工程计价设备材料划分标准》（GB/T 50531—2009）的规定，工程材料包括建筑材料、安装材料和设备本体以外的零配件、附件等，常见材料包括钢材、水泥、木材、炸药、油料、涂料、沥青、砂石料、装饰材料等。工程设备包括建筑设备、工艺设备、标准设备、非标准设备、工艺性主要材料等。其中，工艺性主要材料的重点在于工艺性，是指工业、交通等生产性工程项目中作为工艺或装置的主要材料，例如长输管道、长输电缆、长输光纤电缆，以及达到规定规模、压力、材质要求的阀门、器具等。

根据采购主体和风险承担主体的不同，工程货物分为甲供货物、乙采货物和暂估价货物。甲供货物是指未含在施工总承包合同价款之内，由建设单位（即发包人、甲方）作为采购人单独采购进行供应的货物，即发包人供应的货物，价格涨跌风险和质量安全风险均由发包人承担。乙采货物是指含在施工总承包合同价款之内，由施工单位（即承包人、乙方）作为采购人，无须建设单位同意即可自行采购的货物，价格涨跌风险在约定比例之内由承包人承担，在约定比例之外由发包人承担，质量安全风险由承包人承担。暂估价货物是指含在施工总承包合同价款之内，由建设单位或施工单位作为采购人进行采购的货物，价格涨跌风险由发包人承担，质量安全风险由采购人承担。

2）工程货物的项目特征分析。工程货物的项目特征包括技术特征、计价特征等。技术特征包括功能、技术性能、质量标准、产品标准化水平、节能环保指标等；计价特征包括货物的价格构成、合理使用寿命、使用成本、付款条件、税金等，直接关系到采购人的经济利益。

3）货物采购的需求目标。采购人需要重点考虑和关注拟采购货物的使用功能、技术标准、质量、价格、服务和交货期等主要因素。其中，性价比往往会成为多数采购人考虑的重要因素。货物采购的需求目标主要包含以下内容：

①货物的功能、质量需求。货物的功能、质量需求包括拟采购货物的使用功能、技术标准、质量标准、节能环保指标、检验和试验标准等要求。

②货物的数量需求。大部分货物采购在编制采购方案阶段可以根据拟采购货物的分类、品种、规格分别确定相应货物的数量规模，并且统一计量，如件数、吨位等。

③货物的服务需求。货物的服务需求包括货物的安装调试或指导安装调试、操作和维修培训、售后服务等内容。

④货物的价格需求。货物的价格需求是指货物采购的预算单价、总额控制的范围。货物采购预算总额应根据采购范围、内容及相应的工程设计概算，结合市场价格行情确定。

⑤货物的供应进度需求。货物的供应进度需求主要根据工程建设项目的进度需求来确定，同时需要考虑货物的制造、供应时间。

4）工程货物的采购范围。工程货物的采购范围即工程建设项目所需材料或设备的采购供应范围。采购范围需要明确下述事项，说明相应的承担主体，以便货物采购供应合同的顺利履行：

①明确材料或设备在出厂之前，是否需要原材料验收、过程检验、出厂验收等，说明检验方式、检验报告的要求，以及检验费用的承担主体等。

②明确出厂之后的供应范围是否包含货物的场外运输，说明包装要求、运输方式、运输保险、风险责任等事项，以及保险费用的承担主体等。

③明确现场到货地点、到货期限等，明确到货之后是车板验收还是落地验收，是否包含货物装卸，说明卸车方式、相应机具、风险责任等的承担主体。

④明确验收合格之后是否需要工地保管，明确工地保管要求、损毁风险、保管费用等的承担主体。

⑤对于设备，还需要明确是否包括安装、单机调试和联合调试等，说明相应费用的承担主体；是否包括备品备件和专用工具，说明相应品目、供应年限和费用承担等事项。

5）工程货物的采购方式。工程货物的采购采用甲供货物、乙采货物和暂估价货物的方式，对于采购活动和报价响应有着直接的影响。供应商从利润、资金保障、支付周期等方面考虑，更愿意参与甲供货物设备的采购活动，与建设单位直接签订合同和支付货款。需要注意的是，工程货物由建设单位采购时，符合依法必须招标情形且达到招标规模的，应当依法招标。

工程货物采用乙采货物方式，即当施工单位为采购人时，除暂估价材料、设备之外，包括在施工范围内的材料、设备，不属于依法必须招标的项目范围，可以采用招标或非招标等方式进行采购。

6）货物采购标包划分。货物采购通过合理划分标包，对采购货物进行有机的拆分和组合，可以增加采购的竞争性和采购效率，充分发挥各供应商的专长，降低采购价格，保证供货时间和质量。货物采购标包划分应主要考虑以下因素：

①法律法规。采购人应当依法、合理地确定货物采购内容及标包规模，不得通过细分标包、化整为零的方式规避采购。

②组织形式。货物采购管理模式可分为集中采购和分散采购两种情况。集中采购是指一个或多个采购主体，整合归并一定时限内的分散需求且具有一定规模数量的同类工程、货物或服务，集中实施采购组织的采购形式。集中采购有利于发挥规模采购优势、优化供应链管理、推进采购标准化和信息化、强化供应商竞争。集中采购由于采购对象较多、品类规格相对复杂、价格结算方式不同，其标包划分灵活多样、数量较多。分散采购是指单个采购人根据所管工程项目的管理需求，对工程货物进行一个批次的采购；采购活动可以分散、多次、分批进行，通常情况下，采购规模不大，组织管理相对灵活。分散采购由于采购对象单一，标包划分相对简单，采购成本相对较高。

③货物功能配套与技术关联。简单货物的功能独立、技术关联度低，在后续使用中不需要过多考虑与其他货物的功能配套，标包划分受制约因素相对较少。

大型设备或成套设备由若干功能不同的设备组合实现设计功能，各部分设备可能由不同的供应商提供，可以作为一个标包集成采购，也可拆分为不同标包分别采购。集成采购对于供应商的技术和商务能力要求较高，需要考虑有无足够数量的供应商进行充分竞争。分别采购对于设备标包应合理划分，结合各种设备的市场供应情况，避免分割设备之间的配套关联，注意各标包之间的技术关联界面和接口衔接，确保各标包的供货范围和功能配套完整且并不重复或遗留。

④货物种类与规模。不同种类的货物一般由不同资格能力的企业生产或供应，故应划分为不同的标包。货物规模对标包划分的影响可考虑两种情况。当单个货物规模大、技术含量高时，每一标包内货物数量不宜多。如果单个货物规模大，标包内数量又集中，可能导致具备一定能力的中小供应商无法竞争，从而增加采购费用。当单个货物规模小、技术含量低时，可将货物标包适当集中，发挥规模效益。如果分包过小，可能难以吸引大型供应商的兴趣，导致整体技术水平不足。

⑤竞争格局与规模。货物标包规模的大小和标包数量与采购人期望引进的供应商的实力有关，因此，货物采购标包划分同样应有利于形成充分有效的竞争格局。

⑥生产和供应周期。货物采购标包划分应考虑货物本身的生产供应周期的影响。同一标包内应注意避免出现生产供应周期过度集中的现象，以免造成投标人生产供应能力不足而延误整个项目的履行。

⑦供应商的预期效益。货物标包划分时应当注意各个标包是否具备合理的预期利润，尽力平衡各个标包的预期利润额度相当，避免预期利润差别过大，防止标包出现供不应求或者无人问津的极端情况。

7）供应商的资格条件。采购人应根据采购货物项目及其标包的特点、类别、规模、范围与供应方式，依据有关货物生产企业资格管理规定，合理设定供应商的资格条件，包括是否要求具备工业产品生产许可证、特种设备制造许可证等，相应内容详见第 3 章。

8）货物采购顺序。货物的生产与交货期相对稳定，可控性强。货物采购批次和采购时间顺序安排主要取决于货物的用途。工程货物（包括材料和设备）必须结合工程实施计划和进度，通过调查研究，科学合理安排采购顺序，确保货物适时采购到位，避免因货物供应拖延而影响整个工程建设项目进度，也要避免货物提前到货导致现场保管条件不具备而损坏。影响和确定工程货物采购顺序的主要因素包括工程建设项目进度要求、工程货物的实际需求时间、货物的生产和供应周期和采购活动所需要的时间。

同时，货物采购顺序的安排还应考虑工程设计、施工条件与货物采购技术参数确定之间的相互制约关系，即有些货物采购技术参数的确定要等待工程设计、施工提供条件，而有些工程的设计或施工需要货物提供主要参数。此外，货物不同的功能用途以及施工安装的先后顺序，也是采购顺序需要考虑的因素之一。

9）履约风险控制。工程货物的履约风险是采购人在编制采购方案阶段应策划和控制的重要内容。对于由于供应商供货能力、行为带来的风险，采购人可以采取三种方式规避：

①对供应商进行严格的资格审查，要求供应商提供技术、经济等资格信誉资料，帮助采购人分析判别其履约能力，必要时组织到供应商现场实地考察。

②在采购文件中提出合理可行的履约要求和承诺条件，让供应商作出实质响应，否则对供应商的响应文件予以否决。

③实施过程控制。合同生效后，通过自行组织或委托第三方的方式，制定监造大纲，派人到供应商现场实施监造，对设备材料生产重要节点进行见证或验收，预防制造过程出现进度、质量偏差。同时，会同供应商一道，持续优化生产供应方案，确保生产供应过程风险可控。

对于采购规模较大、合同履行周期较长、采购地区距离较远的货物，履约过程中面临市场价格波动、环境变化等风险因素较多。采购人应当认真分析货物采购的各种风险特征，根据采购货物的种类选择恰当的合同计价类型，设置严密的风险条款，以合理规避供应双方履约中可能产生的风险。例如，设置货物运输保险条款转移一部分风险，设置法规政策调整条款分担法规政策改变所引起的价格风险，设置市场价格波动条款使双方合理分担市场风险等。

（2）生产经营物资采购方案

生产经营物资是指企业在生产或经营活动中所需的各类原料、材料、设备、配件等物资，种类繁多。生产经营物资采购方案可以参考工程货物采购方案的相关内容，根据生产经营物资特征、价格涨跌风险机制、供货保证措施，以及生产经营需求进行编制。生产经营物资采购方案的主要特点和内容如下。

1）生产经营物资分类。生产经营物资应当根据企业生产经营特点和所需物资明细进行类别划分，一般可以分为原料、主要材料、辅助材料、燃料、动力、设备、工具和配件等，分类原则如下：

①物资分类应当不重不漏，保证一物一码；对于界定模糊的，应有相应分类指引。

②物资分类应当突出重点物资、专业物资，通过 ABC 分类方法进行识别管理。

③物资分类应当满足企业管理需求，符合企业采购、库存保管、统计分析等需求。

④类别标准和名称符合行业惯例，使用者凭借职业认知能够快速准确地选择类别。

⑤类别层级适中，细度合理，不宜过多或过少，每级所含的物资品目不宜过多。

2）生产经营物资采购特征分析。生产经营物资的项目特征与工程货物类似，包括一般特征、技术特征、计价特征等。除此之外，与工程货物采购相比，生产经营物资采购有着不同的特征，分述如下：

①生产经营物资的采购活动是重复性、连续性的工作。工程项目为典型的一次性项目，其工程货物在采购使用完毕之后，同样规格参数的物资一般无法使用于其他工程；生产经营活动为持续性活动，产品定型生产之后，所需的物资需要连续供应、源源不断，相应的物资在一定期限内需要根据消耗量和库存量重复多次进行采购。

②生产经营物资贯彻供应链理念，在竞争与稳定之间求得动态平衡。工程货物是用于一次性的工程项目，对于供应商的稳定性要求不高，可以一个工程一换供应商。但企业生产经营活动与此相比，存在质的不同。企业产品在市场上打开渠道之后，重要的是品质和价格稳定，尤其作为名牌产品更是如此。因此，企业生产经营物资的采购活动，应当贯彻供应链的理念，在一定的供应商的范围内进行采购，既要竞争降低成本，又要稳定保证可靠，在采购活动中争取动态平衡。

③生产经营物资采购数量的计算方法和确定原则相对复杂。采购工程货物时，对其数量计算需要考虑的因素包括图纸计算的净用量、施工损耗量、运输保管中的损耗量等。生产经营物资除需要考虑上述因素之外，还需要根据利库平衡原则，计算每日每班消耗量、库存容量、最低保证用量和最高采购量等，既要争取采购数量较大，降低采购成本，还是考虑库存容量和库存成本，以及每批次物资的使用期限和相应顺序。

④生产经营物资多是企业大宗物资，应当体现大宗采购原则。大宗物资采购应遵循集

中统一、分级负责、保障供给、以量换价、降低成本等原则实施采购活动。对于大宗物资采购方案，应当明确大宗物资标准、建立大宗采购目录、确定各级管理部门权限、优先推行集中采购、细化采购方法流程、强化采购监督管理等。此外，大宗物资采购方案还应规范供应商选聘管理、采购预算标准管理、价款计量支付结算等内容。

3）生产经营物资需求目标。企业生产经营物资的需求目标，与工程货物类似，包括功能要求、质量标准、供货期、服务内容等，需要根据不同的采购物资针对性地进行分析确定。

除此之外，生产经营物资往往是企业大宗物资，由于其采购数量大，对于企业生产或经营活动的影响也大，采购人对于成本控制和稳定可靠非常关注，因此在采购方案中应对采购价格预算目标、履约价格调整目标、供应稳定保证措施、货物品质保证措施等进行分析策划，制定合理可行的控制目标，吸引供应商参与竞争。

4）生产经营物资采购方式。根据相应法律法规，企业生产经营所需物资不是工程建设项目内容，不属于依法必须招标的项目范围。

对于生产经营物资，采购人可以采用招标方式或非招标方式进行采购。采用招标方式采购的，应当遵循国家有关招标投标的规定实施采购活动；采用非招标方式采购的，宜参照企业采购管理制度和国家发布的相应规范标准进行采购。对于其中的大宗物资，应当优先采用集中采购的采购组织形式，可以有效地提高采购效率，在一定程度上降低采购成本。

在实际工作中，工程物资采购和生产经营物资采购不应分割管理，应最大限度地整合共性要求，提高两类物资的系统性和配套性，参与库存平衡，统一对外集中采购，提升产业整体效益和长期效益。

(3) 首台（套）重大技术装备采购方案

首台（套）重大技术装备是指国内实现重大技术突破、拥有知识产权、尚未取得市场业绩的装备产品，包括前三台（套）或批（次）成套设备、整机设备及核心部件、控制系统、基础材料、软件系统等。国家对首台（套）重大技术装备实行目录管理，可在中国招标投标公共服务平台等媒介查询。首台（套）重大技术装备采购方案的主要特点和内容如下。

1）特征分析。第一特征是实质性的技术创新。首台（套）重大技术装备的前提条件是在国内实现重大技术突破，具备前所未有的技术原理、技术思想或者技术方法，拥有相应的知识产权，符合《首台（套）重大技术装备推广应用指导目录》（2024 年版）内的装备及主要参数。

第二特征是研发费用投入高，研发风险较大。针对重大技术装备的研发，必须开展技术攻关和实质突破，需要大量的高新技术人员、研发试验装备和大额研发资金，但研发能否成功存在较大的不确定性，对于研发企业来说压力极大。

第三特征是用户风险性较大，市场应用难。重大技术装备只有在试运之后才能实际了解其效用。首台（套）重大技术装备由于创新，难以判断其在生产和运营活动中的风险程度，其质量、安全、可靠性、成熟性等需要市场的应用检验，用户试错成本较高。由于进口产品挤压和国内用户迟疑，其市场推广和场景应用极难。

第四特征是战略地位高，支持政策多。由于重大技术装备发展关系国民经济命脉和国家战略安全，所以不得在境外远程操控，在境内运营中收集和产生的个人信息和重要数据应当在境内存储。首台（套）重大技术装备采购应当用足支持政策，透过经济、环境和社会三维视角，统筹首台（套）采购活动，促进经济目标和战略目标的双实现。

2）需求目标。首台（套）重大技术装备采购除了常规的需求目标之外，应开展市场调研和专家论证，科学设定研发目标，包括最低研发目标和最高研发费用，且往往依托重大工程项目开展攻关。

最低研发目标包括创新产品的主要功能、性能，主要服务内容、服务标准及其他产出目标。最高研发费用包括创新产品的研发成本补偿费用和首购费用，还可以按研发成本补偿的一定比例设定激励费用。

3）采购方式。首台（套）重大技术装备可以采用公开招标、两阶段公开招标或采用询比、谈判（合作谈判）或者直接采购等非招标方式采购。

4）采购评审方法。评审方法应落实支持重大技术装备攻关创新、促进绿色低碳循环发展、维护产业链和供应链安全稳定等要求，并将其纳入评审指标范畴。评审方法原则上应当采用综合评估法，不宜采用经评审的最低价法。

评审因素应当体现首台（套）重大技术装备的创新和风险管理特点，应当包括首台（套）研发方案、研发总费用、研发成本补偿金额（如有）、知识产权权属约定、利益分配、技术创新、资源能源利用效率、售后服务、后续供应、特殊或紧急情况下的履约能力等。

首台（套）重大技术装备参与招标投标活动，仅需要提交首台（套）重大技术装备相关证明材料，即视同满足市场占有率、应用业绩等要求。评审方法应当有利于促进首台（套）重大技术装备的推广应用，不得在市场占有率、应用业绩等方面设置歧视性评审标准。

评审办法应明确首台（套）重大技术装备不得在境外远程操控，在中国境内运营中收集和产生的个人信息和重要数据应当在境内存储。对于不符合《中华人民共和国网络安全法》《中华人民共和国数据安全法》《中华人民共和国个人信息保护法》等有关国家安全的法律法规的，经评审委员会认定予以否决。

首台（套）重大技术装备的采购活动，应严格执行法律法规及有关政策文件，不得要求或者标明特定的生产供应商，不得套用特定生产供应商的条件设定供应商的资格、技术、商务条件，不得变相设置不合理条件或歧视性条款，限制或排斥首台（套）重大技术装备制造企业参与投标。

2.3.4 服务项目采购方案

（1）工程勘察采购方案

工程勘察是指依据建设工程要求和发包人的委托，收集已有资料、现场踏勘、制订勘察纲要，进行测绘、勘探、取样、试验、测试、检测、监测，编制建设工程勘察文件，查明、分析、评价建设场地的地质地理环境特征和岩土工程条件，为可行性研究、选址、设计、施工等活动提供基础资料和科学依据。

工程勘察采购方案可以参照工程施工总承包采购方案的相应内容，充分考虑工程勘察的特征需求进行编制。下面以工程勘察项目招标方式为主，介绍工程勘察采购方案的编制。

1）工程勘察特征分析。按照工程建设项目的生命周期四阶段理论，从提出项目概念至质量保修期结束，可以分为项目决策、工程设计与计划、施工、移交使用等四个阶段。勘察和设计工作属于第二阶段的内容，既是第一阶段项目决策的成果体现，又是后一阶段施工的重要依据，其作业水平和工作质量决定了工程建设项目的质量和成效。

工程勘察作为建设工程行业的前期阶段，为工程设计、施工等提供基础条件和原始资料，其招标工作需要较早启动。基于工作性质，工程勘察既有服务类项目招标的基本特点，又有施工类项目的部分特点。工程勘察招标具有服务类项目招标的基本特点，即标的物是中标人提供的无形服务，而非工程或者货物等有形物体。由于服务无形，难以按照标准产品进行量化生产，所以每项服务均有其自身特性，具有不可复制性。

工程勘察分为通用工程和专业工程两类。通用工程的勘察内容包括工程测量、岩土工程勘察、岩土工程设计与检测监测、水文地质勘察、工程水文气象勘察、工程物探、室内试验等。专业工程的勘察内容则包括对不同的建设工程行业进行细化，如煤炭、水利、电力、石油天然气、铁路、公路、通信、海洋工程等，应当根据行业特点确定具体内容。

工程勘察中的勘探工作量占全部工作量的比重较大，需要组织数量不等的工人和机械设备在工程现场钻孔取样、物探、开挖探井等，具有施工类项目的特点，涉及工程质量、安全生产、施工文明、环境保护等要素。

工程勘察应当明确勘察过程的质量要求、进度要求等。如果招标人拥有成熟的管理程序和制度等，可以有选择性地摘录重点内容纳入采购方案。勘察工作进度应满足工程整体进度需求，但不得任意压缩。

工程勘察的费用虽小，但对整个工程项目的质量、工期和投资具有重要影响。如果所提供的设计参数、岩土条件或者勘察成果稍有差池，则有可能引起设计、施工质量安全事故和经济损失。

2）工程勘察招标范围。工程勘察招标范围应当明确三个方面：一是工程范围，即本次招标的建设工程项目名称、勘察工程明细、四至界限等；二是阶段范围，即本次招标具体包括若干勘察阶段，还是全部勘察阶段；三是工作范围，即明确每个阶段的勘察工作包括哪些内容。

勘察阶段由于工程建设行业不同，其划分方式也略有不同，应当根据所在的具体工程行业确定相应的勘察阶段，并明确招标范围所包括的勘察阶段的具体名称。例如，《岩土工程勘察规范》（GB 50021—2001）规定，房屋建筑、构筑物、地下洞室、废弃物处理工程可以分为可行性研究勘察、初步勘察、详细勘察和施工勘察等四个阶段；长输油、输气管道工程可以分为选线勘察、初步勘察和详细勘察等三个阶段；核电站则可分为初步可行性研究勘察、可行性研究勘察、初步设计勘察、施工图设计勘察和工程建造勘察等五个勘察阶段。

可行性研究勘察应当符合场址方案选择的要求，并对场地的稳定性和适宜性作出评价。初步勘察应当符合初步设计的要求，并对场地内拟建建筑物地段的稳定性作出评价。详细勘察应当符合施工图设计的要求，按照单体建筑物或建筑群提出岩土工程资料和设计、施工所需的岩土参数，并对建筑地基作出岩土工程评价和相关建议。施工勘察则在基坑开挖后，对与勘察资料不符的岩土条件或需要查明的异常情况进行勘察。

此外，各个阶段的工程勘察内容，依据工作地点可以分为外业工作和内业工作。外业工作是指应在工程现场实施的各项作业，如工程测量、地质测绘、岩土工程勘探、原位测试、现场踏勘、现场取样、现场检验、现场检测、现场监测等。内业工作是指应在室内实施的各项作业，如收集已有资料、室内试验、室内检验、室内检测、技术分析、编制勘察纲要、编制工程勘察文件等。

3）工程勘察标段划分。工程勘察标段划分主要考虑以下相关因素：

①法律法规相关规定。招标人应当依法、合理地确定项目招标内容及标段规模，不得通过细分标段、化整为零的方式规避招标。

②专业技术管理特点。工程勘察项目由于勘察内容比较单一，从技术管理角度考虑，一般不再需要划分标段，如房屋建筑工程、市政管线工程等，可由同一个勘察单位承担全部勘察工作。

③工程项目行业特点。如果项目进度紧张，需要同时开展整个项目的勘察工作，可以按照里程或工程界面划分为若干勘察标段，每个勘察标段均是一个完整的勘察工作；在此种情形下，宜确定勘察总体和牵头人，由其协调全体勘察标段共同实施勘察工作，如高速公路、铁路、轨道交通和水利隧洞等线性工程。

4）投标人资格条件。招标人应根据工程勘察的性质、项目规模、技术特点、工程内容等因素，结合勘察资质标准规定的承担范围，合理设定投标人资质条件和业绩要求。需要注意的是，当勘察范围包括外业勘探工程时，勘察单位应当具备有效的安全生产许可证方可作业。工程勘察资质标准详见第 3 章。

5）勘察费用计价方式。工程勘察费用一般采用实物工作量进行计算，由实物工作收费和技术工作收费两大部分组成。通常，发包人承担工程勘察的工作量风险，勘察人承担工程勘察的价格风险。对于工程技术简单、建设规模较小的工程勘察，其勘察费用多数采用固定总价方式，由勘察人承担工作量的风险和价格风险。

工程勘察服务收费实行市场调节价。投标人在编制投标报价时，可根据自身情况、市场行情、项目竞争状况等因素，按招标文件规定的格式自主报价。

6）工程勘察评标方法。工程勘察宜采用综合评估法，避免以勘察费用报价的高低作为中标条件。工程勘察评标时应当以勘察方案（包括外业勘探方案）、类似业绩、企业信誉、专业人员素质和能力、勘察费用报价等作为主要因素，进行综合评定，择优确定中标人。

（2）工程设计采购方案

工程设计是指依据建设工程要求和发包人委托内容，运用工程技术理论及技术经济方法，为工程建设项目功能布局、组合、造型、结构、构造、生产工艺流程、材料设备选型、周围环境的相互联系等进行分析研究，编制方案设计、初步设计文件、施工图设计文件、非标准设备设计文件、施工图预算文件、竣工图文件等，为施工活动提供依据等。

工程设计采购方案可以参照工程勘察采购方案的相应内容，充分考虑工程设计的特征需求进行编制。下面以工程设计项目招标方式为主，介绍工程设计采购方案的编制。

1）工程设计特征分析。工程设计作为建设工程行业的前期阶段，为发包人提供专业的设计服务，具有服务类项目的典型特点。同工程勘察一样，工程设计标的物是中标人提供的无形服务，而非工程或者货物等有形物体。从工作内容、设计要求、服务方式、实施周期等方面来看，每一个工程建设项目的设计服务均不相同，具有不可复制性。

根据工程建设行业的不同，工程设计分为建筑行业、市政行业、公路行业、铁路行业、港口与航道行业、民航行业、水利行业、电力行业、煤炭行业、冶金建材行业、化工石化医药行业、电子通信广电行业、机械军工行业、轻纺农林商物粮行业，共 14 个行业。

工程设计一般划分为方案设计、初步设计和施工图设计。方案设计是指将可行性研究的问题进行完善，进行建设项目方案设计应当满足初步设计文件的需要。初步设计包括总体设计、布局设计、主要的工艺流程、设备的选型和安装设计、土建工程量、投资概算等，应当满足施工图设计文件的需要。施工图设计是根据批准的初步设计，绘制出正确、完整和尽可能详细的建筑安装图纸，包括部分工程的详图、零部件结构明细表等，应当满足施工需要，并应注明建设工程合理使用年限。

国内外研究分析证明，工程设计费虽然一般只占工程总投资的 3%～10%，但对工程建设项目的功能定位、规模标准、质量、造价等具有决定性作用，对工程造价实际影响程度最高能够达到 70%～80%。为了提高投资效益，建设工程设计应当实行限额设计方法。限额设计以批准的可行性研究报告和投资估算为限额，控制方案设计和初步设计；以批准的初步设计及工程概算为限额，优化施工图设计。

2）工程设计招标范围。工程设计招标范围应当明确三个方面：一是工程范围，即本次招标的建设工程项目名称、设计工程明细等；二是阶段范围，即本次招标具体包括若干设计阶段，还是全部设计阶段；三是工作范围，即明确每个阶段的设计工作包括哪些内容。下面重点介绍阶段范围和工作范围。

①阶段范围。设计阶段一般按照工程行业和工程进展进行划分。不同行业的工程设计，其阶段划分不同。大型基础设施、复杂工业项目等工程在方案设计之前通常进行可行性研究，必要时进行预可行性研究，并在初步设计和施工图设计之间增加扩大初步设计或者招标设计阶段。

不同行业对于设计阶段的划分差异较大，多数行业的设计阶段起始于总体设计或者方案设计，终结于施工图设计。但少数行业例外，如水利行业水电工程设计分为四个阶段，即预可行性研究、可行性研究、招标设计和施工图设计，其招标设计阶段相当于建筑行业的初步设计阶段。机械行业设计分为三个阶段，即方案设计、技术设计和施工图设计。铁道行业设计则分为两个阶段，即初步设计和施工图设计。公路行业一般采用两阶段设计，即初步设计和施工图设计；对于技术简单、方案明确的小型建设项目，可采用一阶段施工图设计；对于技术复杂、基础资料缺乏和不足的建设项目或建设项目中的特大桥、长隧道、大型地质灾害治理等，必要时可采用三阶段设计。建筑行业设计一般划分为方案设计、初步设计和施工图设计三个阶段；技术要求简单的民用建筑工程经有关建设主管部门同意，方案设计审批后直接进入施工图设计，即简化成两阶段设计。

工程设计的不同阶段对于工程质量、造价的影响程度不一。工程设计初期对整个工程建设项目的功能定位、规模标准、质量、工期和投资具有决定性作用。随着工程设计的逐步深入和细化，工程设计方案优化调整的可能性减小，对工程建设目标的影响也会随之减弱。施工图设计开始之后，工程设计再行调整方案将对设计和施工造成消极影响，严重者甚至造成工程返工或者停工，产生重大工程损失。

②工作范围。工作范围根据设计阶段的不同而有所不同。以建筑工程为例，根据相关规定可以采取设计方案招标或者设计团队招标，由招标人根据项目特点和实际需要选择。设计方案招标，是指主要通过对投标人提交的设计方案进行评审确定中标人。设计团队招

标，是指主要通过对投标人拟派设计团队的综合能力进行评审确定中标人。各个设计阶段的工作范围和内容如下：

A. 方案设计阶段。根据设计条件和设计深度的不同，方案设计可以分为概念性方案设计和实施性方案设计。其中，概念性方案设计的内容为：应研究和确定工程建设项目功能布局、规模、标准、建筑艺术造型、交通、环境、总体规划、投资估算指标等。实施性方案设计的内容为：应确定和细化工程建设项目功能布局、规划、结构造型、材料设备、制作建筑模型、技术经济指标等主要功能特征和实施技术特征的设计程序。方案设计文件一般包括设计说明书、总平面图、建筑设计图纸、投资估算，以及设计合同约定的透视图、鸟瞰图、模型等。

B. 初步设计阶段。初步设计的内容为：根据项目可行性研究报告、设计合同、工程勘察报告等，通过系统、深入地研究论证，决定和细化工程建设项目功能、规模、标准和实施技术方案的设计程序，包括总体规划、功能布局（生产工艺流程）、平面和竖向布置、建筑、结构、交通、绿化、消防、人防、抗震、给排水、电气、暖通、节能环保等专项主要设计和主要材料设备标准规格，以及工程设计概算与技术经济指标。初步设计阶段的设计文件包括设计说明书（含设计总说明、各专业设计说明）、有关专业的设计图纸、主要设备或材料表、工程概算书、有关专业计算书等。

C. 施工图设计阶段。施工设计图纸是指导工程施工，为工程施工提供操作依据的详细技术文件。施工图设计阶段的设计文件包括合同要求所涉及的所有专业设计图纸（含图纸目录、说明和必要的设备、材料表）、合同约定的工程预算书、各专业计算书。专业设计图纸一般包括总平面、建筑、结构、建筑电气、给水排水、采暖通风与空气调节、热能动力、预算等。

3）工程设计标段划分。工程设计标段划分主要考虑以下相关因素，一般分为若干设计标段：

①法律法规相关规定。招标人应当依法、合理地确定项目招标内容及标段规模，不得通过细分标段、化整为零的方式规避招标。

②设计阶段技术特点。工程设计项目由于包含的设计阶段较多，设计工作量较大，时间跨度较长等，招标人如果担心工程设计交由一个设计单位可能所需资源不足或者影响工程设计正常进度时，可以根据工程设计的不同阶段划分标段，例如，可将一个工程的方案设计、初步设计和施工图设计等阶段划分为三个标段，或将三个阶段组合为两个标段，委托不同的设计单位进行设计。

③工程项目行业特点。如果项目进度紧张，需要同时开展整个项目的设计工作，可以按照里程或工程界面划分为一个总体总包设计标段和若干工点设计标段进行平行设计，总体总包设计单位负责整个项目的技术总体，协调全体工点标段共同实施设计工作，如高速公路、铁路、轨道交通和水利隧洞等线性工程。

4）投标人资格条件。招标人应根据工程设计的性质、项目规模、技术特点、工程内容等因素，结合设计资质标准规定的承担范围，合理设定投标人资质条件和业绩要求。工程设计资质标准详见第 3 章。

5）设计费用计价方式。工程设计费用实行市场调节价。工程设计费用存在多种计价方式，包括固定设计费用、建筑安装工程费用×投标费率、勘察设计收费标准×投标折扣率、建筑面积×投标单价/平方米等。

招标人应当根据项目投资额度、工程设计阶段、项目管理需求、合同履行期限等情况综合考虑，选择适用于本工程的计价方式。投标人在编制投标报价时，可根据自身情况、市场行情、项目竞争状况等因素，按招标文件规定的格式自主报价。

6）投标方案补偿。工程设计投标一般设有适当金额的投标经济补偿，以鼓励投标人参加设计招标活动。工程设计投标方案不得抄袭或者利用他人成果，投标人应当全新设计，因此需要投入大量的人员智力劳动。此外，建筑工程设计投标文件一般包括效果图、展板、模型、沙盘、多媒体演示文件等，所需投标费用不菲，应对设计方案评审合格的未中标人进行适当的补偿。发包人如欲采用未中标人的技术方案，应当征得对方的书面同意，并支付合理的使用费。

7）设计任务要求。由于各个行业的设计功能、规模标准、项目需求不同，所以其工程设计任务也随之不同。本书以建筑工程为例，说明体现建筑工程特点的各项设计任务要求。

①设计功能定位要求。工程建设项目设计功能定位是指按照项目发包人的需求，结合城市规划、环境管理等有关规定对项目功能用途、使用要求、总平面布置、竖向设计、交通组织、景观绿化、环境保护、建筑立面造型、建筑控制高度等提出的定性和定量的设计要求。

②设计规模标准要求。工程建设规模的指标有总建筑面积，总投资，容纳人数，住宅建筑的套型、套数及每套的建筑面积、使用面积，宾馆建筑中的客房数和床位数，医院建筑中的门诊人次和病床数等；反映设计标准的指标包括工程等级、结构的设计使用年限、耐火等级、装修标准等。

③技术经济性指标要求。技术经济性指标有总用地面积，总建筑面积及各分项建筑面积（包括地上和地下），建筑基底总面积，绿地总面积，容积率，建筑密度，绿地率，停车泊位数（室内、室外和地上、地下），主要建筑或核心建筑的层数、层高和总高度等指标。工程建设项目的技术经济性指标应该符合行业或区域的设计规范和标准。

④工程造价指标要求。工程建设项目造价的指标有工程建设项目投资估算、建筑工程单位面积造价、单位功能造价等。

8）知识产权归属。知识产权是指人们对其智力劳动成果所依法享有的专有权利，限于一定的时间跨度之内。工程设计属于知识密集的智力服务，其知识产权一般归设计人所有，但发包人有权使用，双方也可约定归谁所有或者共同拥有。如果归发包人所有，双方应当签署知识产权转让协议，并按约定支付相应的转让费用。

（3）工程监理采购方案

工程监理是指受建设单位委托，根据法律法规、工程建设标准、勘察设计文件及合同，在施工阶段对建设工程质量、进度、造价进行控制，对合同、信息进行管理，对工程建设相关方的关系进行协调，并履行建设工程安全生产管理法定职责的服务活动。

工程监理采购方案可以参照工程勘察、工程设计等的采购方案的内容，根据项目特点和业主需求进行编制。下面以工程监理项目招标方式为主，介绍工程监理采购方案的编制。

1）工程监理特征分析。工程监理的首要特征是服务性。工程监理的主要任务是质量控制、进度控制、投资控制和安全管理，主要方法是规划、控制、协调，最终按照项目管理目标建成工程实体。监理人既不参与设计，也不参与施工，只是利用自己的知识、技能、经验、信息以及必要的试验、检测手段，为工程项目建设提供技术服务和管理服务。

工程监理的次要特征是公正性。按照法律规定，监理人应当根据建设单位的委托，客观、公正地执行监理任务。因此，监理人在实施工程监理时应确保执行法律法规、规范标准、委托合同等各项监理工作依据，遵守职业道德准则，客观、公正、独立地开展各项工作，维护发包人和工程参建各方的合法权益，为工程建设项目的质量、进度、安全和投资等尽职尽责。

2）建设工程监理范围。为了推行监理制度和发挥监理作用，《建设工程质量管理条例》对工程监理的强制性监理范围作出了原则性规定。《建设工程监理范围和规模标准规定》规定了必须实行监理的建设工程项目的具体范围和规模标准，内容如下。

①国家重点建设工程，是指依据《国家重点建设项目管理办法》所确定的对国民经济和社会发展有重大影响的骨干项目。

②大中型公用事业工程，是指项目总投资额在3000万元以上的供水、供电、供气、供热等市政工程项目，科技、教育、文化等项目，体育、旅游、商业等项目，卫生、社会福利等项目和其他公用事业项目。

③成片开发建设的住宅小区工程，是指建筑面积在5万m^2以上的住宅建设工程；高层住宅及地基、结构复杂的多层住宅。

④利用外国政府或者国际组织贷款、援助资金的工程，包括使用世界银行、亚洲开发银行等国际组织贷款资金的项目、使用国外政府及其机构贷款资金的项目、使用国际组织或者国外政府援助资金的项目。

⑤国家规定必须实行监理的其他工程，是指项目总投资额在3000万元以上关系社会公共利益、公众安全的基础设施项目；学校、影剧院、体育场馆项目。

3）工程监理招标范围。工程监理招标范围应当明确三个方面：一是工程范围，即本次招标的建设工程项目名称、监理工程明细等；二是阶段范围，即本次招标具体包括勘察设计阶段、施工阶段、保修阶段，还是全部阶段；三是工作范围，即明确每个阶段的监理工作包括哪些内容。

建设工程监理内容随着监理阶段的不同，相应的工作范围有所不同。根据工程建设项目管理要求，可以选择其中的若干阶段和其中的工作范围进行有机组合，委托监理单位开展工作，如勘察阶段和设计阶段、施工阶段和保修阶段等，分述如下：

①勘察阶段。工作范围包括：协助发包人编制勘察要求、选择勘察单位，核查勘察方案并监督实施和进行相应的控制，参与验收勘察成果。

②设计阶段。工作范围包括：协助发包人编制设计要求、选择设计单位，组织评选设计方案，对各设计单位进行协调管理，监督合同履行，审查设计进度计划并监督实施，核查设计大纲和设计深度、使用技术规范合理性，提出设计评估报告（包括各阶段设计的核查意见和优化建议），协助审核设计概算。

③施工阶段。工作范围包括：施工过程中的质量控制、进度控制、费用控制，安全生产监督管理，合同管理、信息管理，以及组织协调工程建设项目有关各方的关系。本阶段是目前工程监理的重点阶段，狭义的监理即施工阶段监理，又称为施工监理。

④保修阶段。工作范围包括：检查和记录工程质量缺陷，对缺陷原因进行调查分析并确定责任归属，审核修复方案，监督修复过程并验收，审核修复费用。

4）工程监理标段划分。工程监理标段划分应当根据项目特点和管理模式划分。中小型或技术管理单一的工程建设项目有条件时，应将全部监理工作划分为一个标段。大型或复杂的工程，其设计监理可划分为一个标段，施工监理则可以按施工标段或对施工标段进行组合划分标段。不同专业特点的工程建设对监理单位的素质、专业管理技术水平具有不同要求。

监理招标项目的标段划分还可结合施工标段的范围和特点，分别选择相应的监理单位。例如，公路、铁路等线型工程建设项目可按里程规模并结合桥梁、隧道等工程技术管理的特点、难度，以工程设计桩号将工程范围划分为几个监理标段；也可以按照具有独立设计功能的单项工程或可以独立组织施工的单位工程组成的区块分别划分监理标段，如大型水电工程可以按工程的功能特性分为坝体工程、通航工程、厂房工程等，大型住宅小区工程可以划分为几个小的区块。

需要注意的是，工程监理标段范围不能小于施工标段划分的范围，即不能出现一个施工标段由两个或两个以上监理单位同时监理的情况（特殊专业工程监理除外）；同时不同监理标段之间的工作范围要界定清晰、相互衔接，防止工作范围和责任交叉或空缺。发包人应当做好不同监理单位之间的协调管理。

5）投标人资格条件。招标人应根据工程项目特点、建设规模、技术特点、工程内容、投资额度等因素，结合监理资质标准规定的承担范围，合理设定投标人资质条件和业绩要求。

为了保障监理工作的公正性和独立性，依据《建设工程质量管理条例》的规定，投标人不得与被监理工程的施工承包单位以及建筑材料、建筑构配件和设备供应单位有隶属关系或者其他利害关系。工程监理的资质标准详见第3章。

6）监理费用计价方式。工程监理费用实行市场调节价。工程监理费用存在多种计价方式，包括固定监理费用、建筑安装工程费用×投标费率、监理收费标准×投标折扣率、建筑面积×投标单价/平方米等。

招标人应当根据项目投资额度、工程监理阶段、项目管理需求、合同履行期限等情况综合考虑，选择适用于本工程的计价方式。投标人在编制投标报价时，可根据自身情况、市场行情、项目竞争状况等因素，按招标文件规定的格式自主报价。

7）施工监理与设备监造的差异。设备监造监理的内容包括：设备生产制造过程的质量控制、进度控制、费用控制，安全生产监督管理，合同管理、信息管理，以及组织协调工程建设项目有关各方的关系。施工监理和设备监造的差异如下：

①监理对象不同。工程施工场地相对集中便于管理，所用材料的性能、检测方法易于掌握，施工流程易于监督。设备制造则相对复杂，生产厂区一般同时承担其他生产加工业务，设备制造场地混用；所用材料不易区分，材料和设备的检测方法较为复杂多样；设备部件的类别数量较多，加工工序不尽相同。

②实施部门不同。施工企业虽然设有若干业务管理部门，但针对具体工程设有专职的项目部实施，配备的多为专职人员。生产厂区一般设有相对固定的生产管理部门，较少设置专职的项目部和配备专职人员负责某一设备制造。设备监造机构为抓好设备制造的质量、进度，必须加强组织协调工作，尽力掌握与设备相关的一切信息。

③监理驻地不同。施工监理的驻地在施工现场，与项目发包人联系密切；设备监造的驻地多为生产厂区，远离项目发包人，沟通联络不便。

④环境影响不同。水利、水电、铁路、公路、矿业等土木工程建设，一般受项目的地理环境、水文、气候等自然条件和当地风俗、习惯的影响较大。设备制造一般在工厂或现场的厂房中进行，不受此类因素影响。

⑤质量控制不同。施工监理和设备监造的质量控制点，质量报验的具体程序，质量检测、验收的方法、手段等不完全一样。

⑥安全监督难度不同。工程施工受自然条件与环境等的影响大，施工现场危险源及危险因素相对复杂，安全监督难度较大。设备制造受自然条件和外界因素的影响小，安全监督难度相对较小。

(4) 全过程工程咨询采购方案

我国工程咨询服务市场化快速发展，形成了投资咨询、招标代理、勘察、设计、监理、造价、项目管理等专业化的咨询服务业态。随着投资项目建设水平逐步提高，在项目决策、工程建设、项目运营过程中，投资主体对综合性、跨阶段、一体化的咨询服务需求日益增强。这种需求与现行单项服务供给模式之间的矛盾日益突出。为了解决上述问题，国家发展改革委、住房和城乡建设部等主管部门发布政策文件，全面推行全过程工程咨询模式。

全过程工程咨询的内容主要包括勘察、设计、监理、造价咨询、项目管理等服务，其采购方案可以参照工程勘察、工程设计和工程监理等的采购方案进行编制。全过程工程咨询采购方案的主要特点和内容如下。

1）全过程工程咨询特征分析。全过程工程咨询模式为创新服务，应用场景还需政策支持。国家将继续深化工程领域咨询服务供给侧结构性改革，破解工程咨询市场供需矛盾，必须完善政策措施，创新咨询服务组织实施方式，大力发展以市场需求为导向、满足委托方多样化需求的全过程工程咨询服务模式。

全过程工程咨询模式涵盖内容全面，服务要求标准高。全过程工程咨询包括投资决策综合性咨询和工程建设全过程咨询。综合性咨询包括投资项目的市场、技术、经济、生态环境、能源、资源、安全等咨询活动。建设全过程咨询包括招标代理、勘察、设计、监理、造价、项目管理等服务，为投资建设活动提供高质量智力技术服务，全面提升投资效益、工程建设质量和运营效率，推动高质量发展。

2）全过程工程咨询招标范围。依据相关规定，全过程咨询的工作范围主要包括投资决策综合性咨询和工程建设全过程咨询。近年，在工作实践中，工程建设全过程咨询模式发展较为迅速，全过程咨询费用则由构成全过程咨询的各项专业服务的咨询费用合计而得，占建筑安装工程费用的比例较高，受到市场欢迎。

除此之外，全过程工程咨询的工作范围可以根据市场需求，从投资决策、工程建设、运营等项目全生命周期角度，开展跨阶段咨询服务组合或同一阶段内不同类型咨询服务组合。提请注意的是，同一项目的全过程工程咨询单位与工程总承包、施工、材料设备供应单位之间不得有利害关系。

3）全过程工程咨询标段划分。全过程工程咨询标段应当根据项目特点和管理模式划分。由于全过程工程咨询本身是融合了工程建设活动各个过程的咨询服务，是为打通各个专业服务鸿沟而创造的全专业模式，所以其标段划分原则上应为一个标段。

轨道交通、公路、铁路、引水隧洞等线型工程的建设体量大、投资规模大，如果交由一家单位负责全过程咨询活动，由于其投入资源条件受限，将会极大地影响工程进展。因此，线性工程可按里程或单体界面，划分为若干咨询标段，由每个标段平行提供咨询服务。

4）投标人资格条件。招标人应根据工程项目特点、建设规模、技术特点、工程内容、投资额度等因素，结合勘察、设计或监理资质标准规定的承担范围，合理设定投标人资质条件和业绩要求。

依据国家发展改革委、住房和城乡建设部联合发布的《关于推进全过程工程咨询服务发展的指导意见》，全过程咨询单位提供勘察、设计、监理等咨询服务时，应当具有与工程规模及委托内容相适应的资质条件。全过程咨询服务单位应当自行完成自有资质证书许可范围内的业务，在保证整个工程项目完整性的前提下，按照合同约定或经建设单位同意，可将自有资质证书许可范围外的咨询业务依法依规择优委托给具有相应资质或能力的单位；全过程咨询服务单位应对被委托单位的委托业务负总责。建设单位选择具有相应工程勘察、设计、监理资质的单位开展全过程咨询服务的，除法律法规另有规定外，可不再另行委托勘察、设计、监理单位。

工程建设全过程咨询和项目负责人应当取得工程建设类注册执业资格且具有工程类、工程经济类高级职称，并具有类似工程经验。对于工程建设全过程咨询服务中承担工程勘察、设计、监理或造价咨询业务的负责人，应具有法律法规规定的相应执业资格。

5）服务酬金计价方式。全过程工程咨询服务酬金，应当根据工程项目的规模和复杂程度，咨询服务的范围、内容和期限等进行报价，可按各专项服务酬金叠加后再增加相应统筹管理费用计取，也可按人工成本加酬金方式计取。全过程工程咨询应努力提升服务能力和水平，通过为所咨询的工程建设或运行增值体现市场价值，禁止恶意低价竞争行为。

全过程工程咨询服务酬金可在项目投资中列支，也可根据所包含的具体服务事项，通过项目投资中列支的投资咨询、招标代理、勘察、设计、监理、造价、项目管理等费用进行计价支付。全过程工程咨询服务酬金在项目投资中列支的，所对应的单项咨询服务费用不再列支。

2.3.5　其他项目采购方案

(1) 国有土地使用权出让方案

国有土地使用权的出让方式有招标、拍卖和挂牌三种方式，三者区别见表 2-1。土地行政主管部门应视国家产业政策、政府对土地的要求、土地用途、规划限制条件等因素选择适宜的出让方式。

表 2-1　土地招标、拍卖、挂牌区别表

对比因素	招标	拍卖	挂牌
底价由谁决定	招标人	拍卖委员会	委托人
委托人外的临时组织	评标委员会	拍卖委员会	无
报价方式	填写投标文件	现场举牌	计算机报价/终端报价
报价次数	一次报价机会	可多次报价	可多次报价
竞价规则	综合条件最佳者或报价高者得	报价高者得	规定时间内报价高者得

下面以国有土地使用权出让招标方式为例，介绍国有土地使用权出让方案的主要特点

和内容。

1）特征分析。招标出让国有土地使用权，是指市、县人民政府国土资源行政主管部门发布招标公告，邀请特定或者不特定的自然人、法人和其他组织参加国有建设用地使用权投标，根据投标结果确定国有土地使用权人的行为。

招标出让国有建设用地使用权在界定了出让地块的有关开发条件的基础上，留给受让方发展空间，激发投标者对用地方案积极研究，通过对土地开发的综合评估，为后期项目的建设和运营创造了良好的实施环境。

2）招标出让应用情形。在工作实践中，具有下列功能和特点的国有建设用地，比较适合采取招标方式出让土地使用权：

①土地开发的综合性较强，在具体的功能设计上有创新和整合需求。

②具有特殊的配建项目或特殊需求的土地。

③项目开发建设周期有一定的弹性空间，但需要安排一个科学合理的时间进度以配合政府要求及市场需求。

④政府对项目的建设标准和功能形象等有一些特殊的考虑或要求，希望投标人能够提出自己的方案。

⑤其他有特殊条件的土地。

3）招标出让实施条件。国有建设用地使用权采用招标的方式进行出让，出让人应当根据招标出让地块的情况，编制招标出让方案及招标出让文件，按规定报经市、县人民政府批准后组织实施。

招标出让方案应当包括出让地块的空间范围、用途、年限、出让方式、时间和其他条件等。招标出让文件应当包括招标公告、投标须知、土地使用条件、竞买申请书、宗地图、报价单、中标通知书或者成交确认书、国有建设用地使用权出让合同文本等。其中招标标底由市、县人民政府国土资源行政主管部门根据土地估价结果和政府产业政策实行集体决策综合确定，不得低于国家规定的最低价标准，标底需要在招标开标前严格保密。

4）招标出让评标方法。国有建设用地使用权出让采用招标方式的，由评标委员会进行评标。评标委员会由出让人代表、有关专家组成，成员人数为五人以上的单数。评标采用综合评估法时，其评审因素应当包括土地价款及交付时间、开发建设周期、建设要求、土地节约集约程度、类似出让合同履行情况等。

5）签订土地出让合同。在确定中标人后，由土地出让人与中标人签订成交确认书，按照成交确认书约定的时间与用地者签订《国有土地使用权出让合同》。

6）领取用地使用权证书。受让人依照国有建设用地使用权出让合同的约定付清全部土地出让价款后，方可申请办理土地登记，领取国有建设用地使用权证书。未按出让合同约定缴清全部土地出让价款的，不得发放国有建设用地使用权证书，也不得按出让价款缴纳比例分割发放国有建设用地使用权证书。

（2）特许经营出让方案

本书所指特许经营为基础设施和公用事业特许经营，非指商业特许经营。特许经营是指政府采用公开竞争方式依法选择境内外的法人或者其他组织作为特许经营者，通过协议明确权利义务和风险分担，约定其在一定期限和范围内投资建设运营基础设施和公用事业并获得收益，提供公共产品或者公共服务。

特许经营出让方案应当根据特许经营项目、实施机构要求、股权交易结构、项目管理模式、施工承包模式、资产移交等内容进行编制。特许经营出让方案的主要特点如下。

1）特许经营特征分析。依据相关规定，政府和社会资本合作应全部采取特许经营模式实施。根据项目实际情况，合理采用建设—运营—移交（BOT）、转让—运营—移交（TOT）、改建—运营—移交（ROT）、建设—拥有—运营—移交（BOOT）、设计—建设—融资—运营—移交（DBFOT）等具体实施方式，并在合同中明确约定建设和运营期间的资产权属，清晰界定各方的权责利关系。

特许经营项目应限定于有经营性收益的项目，主要包括公路、铁路、民航基础设施和交通枢纽等交通项目，物流枢纽、物流园区项目，城镇供水、供气、供热、停车场等市政项目，城镇污水垃圾收集处理及资源化利用等生态保护和环境治理项目，具有发电功能的水利项目，体育、旅游公共服务等社会项目，智慧城市、智慧交通、智慧农业等新型基础设施项目，城市更新、综合交通枢纽改造等盘活存量和改扩建有机结合的项目。

特许经营项目应当坚持初衷、回归本源，最大程度鼓励民营企业参与政府和社会资本合作新建（含改扩建）项目，制定《支持民营企业参与的特许经营新建（含改扩建）项目清单》（2023 年版）并动态调整。市场化程度较高、公共属性较弱的项目，应由民营企业独资或控股；关系国计民生、公共属性较强的项目，民营企业股权占比原则上不低于 35％；少数涉及国家安全、公共属性强且具有自然垄断属性的项目，应积极创造条件、支持民营企业参与。

特许经营项目投资回报与项目投资额、建设期、运营维护成本，以及提供产品或服务的规模数量、价格水平和特许经营期限等因素紧密有关。特许经营项目产品或服务的销售是以长期合同为基础的，属于市场风险较高的项目。特许经营项目融资招标在引入投资的同时，应当考虑给予投资人合理回报。

2）特许经营招标范围。特许经营招标范围一般包括特许经营项目的投资、建设和运营等工作，历经特许经营项目的全周期。结合市场实践情况，对于多数投资人而言，特许经营的投资目的并不在于运营项目，而是建设项目的施工总承包活动。因此，对于具体的特许经营项目而言，招标范围需要明确具体内容，以及除了常规的投资、建设和运营之外，是否包括施工总承包。

3）特许经营出让条件。依据国家相关规定，项目实施机构应根据经批准的特许经营方案，通过公开竞争方式依法依规选择特许经营者。因此，特许经营方案经过批准之后，即可以启动招标工作。

特许经营方案应当参照编写大纲，由项目实施机构牵头编制，报请主管部门进行审核，以合理控制项目建设内容和规模、明确项目产出服务方案。审核特许经营方案时，要同步开展特许经营模式可行性论证，对项目是否适合采取特许经营模式进行认真比较和论证；必要时可委托专业咨询机构评估，提高可行性论证质量。

4）特许经营出让方式。特许经营项目选择投资合作伙伴的方式包括公开招标、邀请招标等。项目实施机构应根据项目采购需求特点，依法选择适当的出让方式。其中，公开招标最能体现公开、公平和公正原则，应当优先采用。

如果特许经营招标范围包括施工总承包工作，依据《招标投标法实施条例》的规定，已通过招标方式选定的特许经营项目投资人依法能够自行建设、生产或者提供的，可以不进行招标。

此外，特许经营方案一般来说相对粗略，有时甚至无法准确提出项目的建设规模、技术标准，或无法提供服务产品的技术规格、规模、运营要求以及风险责任分配等内容。因此可以采用两阶段招标方式，以有效弥补项目实施机构与投资人的方案差异。

5）特许经营评审方法。特许经营的工作范围包括投资、建设和运营，其评审方法应当包括这三个阶段的主要因素，如项目运营方案、收费价格、投资回报率、特许经营期限、项目管理经验、专业运营能力、企业综合实力、信用评级状况等。

特许经营项目的收费价格是政府或市民未来支付相关费用的重要依据。因此，应当重点关注项目的产品或服务的价格。同时，由于特许经营期限长，在经营期限内调整产品或服务的价格是必然的。基础设施和公用事业项目一般都具有自然垄断特性，其价格调整机制非常复杂，因此在招标阶段制定合理的价格调整方案对项目成功至关重要。

一般新建项目的特许经营的服务产品收费标准由政府定价，一般以收费年限作为主要价格竞争因素。而对于存量资产所有权转让项目，若资产转让价格固定，一般以收费年限作为价格竞争因素；若产品收费年限固定，以资产转让价格为竞争因素。在价格评审时，收费年限越短对采购人越有利，资产转让价格越高对采购人越有利。

6）特许经营协议签署。经过依法组建的评标委员会/评审小组，评审选定特许经营者后，应当依法公示。公示结束发出中标/成交通知书后，特许经营者及其投融资、建设责任，原则上不得调整，确需调整的，应重新履行特许经营者选择程序。

特许经营协议的签订程序和要点如下：

①公示中标候选人。公示内容包括中标候选人、特许经营协议主要条款。协议文本中涉及国家秘密、商业秘密的内容可以不公示。

②签署特许经营协议。政府机关核准特许经营协议后，由实施机构与特许经营者签署特许经营协议及系列合同。如需设立项目公司的，项目公司待成立后与实施机构重新签署特许经营协议，或签署有关承继特许经营协议的补充协议。

③公告。实施机构应在特许经营协议签订后，将招标文件和特许经营协议在指定媒体上公告，但协议中涉及国家秘密、商业秘密的内容除外。

④项目公司成立后，应编制项目申请报告，按照有关规定报项目核准部门核准。

2.4 采购一般程序

2.4.1 招标方式采购一般程序

(1) 编制招标方案

招标人应针对具体招标项目编制招标方案。招标方案宜包括招标项目、招标需求人、招标实施人、招标组织形式、标段（标包）划分、招标方式、投标人资格条件、评审规则、招标投标活动时间安排、合同计价类型、风险管控措施等内容。招标方案编制完成后将作为招标项目开展招标工作的依据。

（2）发布招标计划

国家鼓励招标人发布未来一定时期内的招标计划公告，供潜在投标人知悉和进行投标准备。招标计划可以按照项目投资规划期、财政预算年度或者企业财务年度编制，也可以在预计发生招标需求后及时编制。

招标计划宜载明拟招标项目概况、投标人主要资格条件要求、预计发布招标公告或者发出投标邀请书的时间等，并在发生重大变化后及时更新。招标计划仅作为潜在投标人了解招标人初步招标安排的参考，实际内容以招标人最终发布的招标公告、招标文件为准。

（3）编制招标文件

招标人应当根据招标项目的特点、需要和招标方案编制招标文件。招标文件应当包括招标项目的技术要求、投标人资格条件要求、投标价要求等所有实质性要求和评审标准，以及拟签订合同的主要条款。目前依法必须招标项目的招标文件，应当使用国家发展改革部门会同有关行政监督部门制定的标准文本。

对于涉及公共利益、社会关注度较高的项目，以及技术复杂、专业性强的项目，鼓励招标人就招标文件公开征求社会公众或者行业意见。招标文件公开征求意见不是招标必需程序。

国家鼓励招标人对招标文件进行实质性公平竞争审查。

（4）发布招标公告或者发出投标邀请书

依法必须招标项目，招标人应当在“中国招标投标公共服务平台”或者项目所在地省级招标投标公共服务平台等媒介发布招标公告，采用邀请招标的，招标人向符合资格条件的特定潜在投标人发出投标邀请书。招标文件应按照招标公告或者投标邀请书规定的时间、地点发售或者免费提供、下载。

（5）踏勘项目现场

踏勘项目现场不是招标必需程序。招标人可以根据招标项目的具体情况或者招标文件的规定，组织所有获取招标文件的潜在投标人实地踏勘招标项目现场，了解招标项目的地形、地貌、地质、水文、气候情况以及工程现场的平面布局、交通、供水、供电等条件是否满足招标文件规定的要求。潜在投标人自行决定是否参加招标人组织的踏勘项目现场活动，自行负责据此踏勘项目现场活动作出的分析判断和投标决策。

（6）投标预备会（澄清说明）

投标预备会不是招标必需程序。投标预备会是招标人为澄清、说明潜在投标人在阅读招标文件或踏勘项目现场后提出的疑问，按照招标文件规定时间组织的投标答疑会。所有澄清、修改内容属于招标文件的组成部分，应当以书面形式发放给所有获取招标文件的潜在投标人。招标人同时可以利用投标预备会对招标文件中有关重点、难点等的内容主动作出说明。

（7）编制提交投标文件

投标人应当按照招标文件的要求编制投标文件，对招标文件提出的资格条件要求和实质性要求作出响应。

投标人应当按照招标文件的要求密封投标文件，在招标文件规定的投标截止时间前，向招标文件公布的地点递交投标文件。

（8）组建评标委员会

评标委员会应当由招标人依法组建。依法必须进行招标的项目，评标委员会由招标人的代表和不少于成员总数 2/3 的技术、经济评标专家，且 5 人以上单数成员组成。依法必须进行招标的项目，其评标专家应当从依法组建的评标专家库内相关专业的专家名单中以随机抽取方式确定；技术复杂、专业性强或者国家有特殊要求，采取随机抽取方式确定的评标专家难以保证胜任评标工作的招标项目，可以由招标人直接确定。

（9）开标

招标人应当按照招标文件规定的时间、地点组织开标。在投标截止时，提交投标文件的投标人少于 3 个的，招标人不得开标。

招标人邀请所有投标人参加开标，在投标截止时间前收到的所有投标文件，开标时都应当当众予以拆封、宣读投标价等主要内容。投标人不参加开标不影响其投标文件的有效性。

实施“双信封”开标程序的除外，具体开标程序详见第 7 章 7.1。

（10）评标

评标由招标人依法组建的评标委员会依照招标投标法及其实施条例的规定，按照招标文件规定的评标标准和方法，客观、公正地审查投标文件是否符合招标文件规定的资格条件和实质性要求，对有效投标文件进行比较和评价，提出评审意见，编制评标报告并向招标人推荐不超过 3 个中标候选人。

框架协议招标依据招标文件约定入围供应商数量、推荐入围供应商候选名单。

（11）审核与验收评标报告

招标人在收到评标报告后应当认真审查评标委员会提交的评标报告，发现评标报告存在错误时，有权要求评标委员会进行复核和纠正。对审核无误的评标报告，招标人应当及时予以验收、确认。

（12）中标候选人公示

对于依法必须进行招标的项目，其招标人应当自收到并确认评标报告 3 日内在“中国招标投标公共服务平台”或者项目所在地省级招标投标公共服务平台等媒介公示中标候选人，公示期不得少于 3 日。

中标候选人公示应当载明中标候选人的排序、名称、投标价、质量、工期（交货期），以及评标情况等内容。目前，国家鼓励加大评标情况公开力度，如评标专家评分结果情况向社会公开、投标文件被否决原因向投标人公开等。

（13）确定中标人

招标人应当在评标委员会推荐的中标候选人中确定中标人。招标人也可以授权评标委员会在评标完成后直接确定中标人。国有资金占控股或者主导地位的依法必须进行招标的项目，招标人应当确定排名第一的中标候选人为中标人。框架协议招标应按照招标文件约定和入围候选供应商排序确定入围供应商。

（14）中标通知

招标人依法定标后，按照招标文件规定及时向中标人发出中标通知书。依法必须进行招标的项目，招标人应当在“中国招标投标公共服务平台”或者项目所在地省级招标投标公共服务平台等媒介对中标结果公示，公示内容包括中标人名称、中标价等主要内容。

（15）订立书面合同

招标人和中标人应当自中标通知书发出之日起 30 日内且在投标有效期届满前，按照招标文件和中标人的投标文件订立书面合同。招标人和中标人不得再行订立背离合同实质性内容的其他协议。

对于依法必须进行招标的项目，招标人应当按照《公共资源交易领域基层政务公开标准指引》的要求，及时主动公开合同订立信息，并积极推进合同履行及变更信息公开。根据党的二十届三中全会精神，鼓励招标采购项目全流程信息公开。信息公开可保障社会公众的知情权、参与权和监督权，有利于提升招标采购透明度和公信力，但并非无限公开，有明确的法律依据或合理的理由需要保密，不宜公开的信息除外。依法必须进行招标的项目的基本程序如图 2-3 所示。

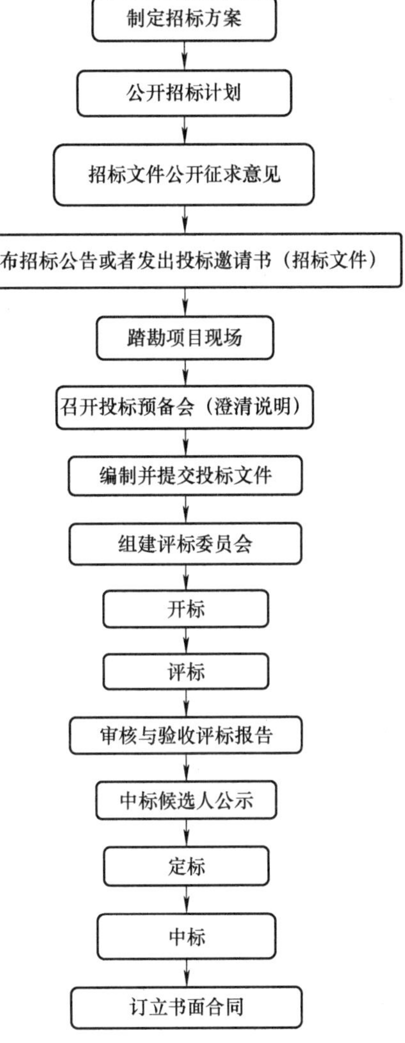

图 2-3　依法必须进行招标项目的基本程序

2.4.2　非招标方式采购一般程序

按照采购主体的不同，非招标方式采购可分为政府采购非招标方式采购和企业采购非招标方式采购。

政府采购活动受《政府采购法》的管辖。政府采购非招标采购方式包括竞争性谈判、竞争性磋商、询价、单一来源采购、框架协议采购、合作创新采购。其中，竞争性谈判、竞争性磋商、询价、框架协议采购、合作创新采购为竞争性采购方式，单一来源采购为非竞争性采购方式。

对于企业非招标方式采购，国家没有制定专门的法律法规，国务院国资委和国家发展改革委联合印发了《关于中央企业采购管理工作的指导意见》。国家市场监督管理总局和国家标准化管理委员会于 2024 年 3 月 15 日共同发布的国家标准《电子采购交易规范 非招标方式》（GB/T 43711—2024），可以作为企业组织非招标方式采购的依据。根据《电子采购交易规范 非招标方式》，非招标采购方式包括询比采购、谈判采购、竞价采购和直接采购四种。其中，询比采购、谈判采购和竞价采购为竞争性采购方式，直接采购为非竞争性采购方式（见表 2-2）。

表 2-2　常见的非招标采购方式

采购类型	竞争特性	
	竞争性采购方式	非竞争性采购方式
政府采购	竞争性谈判、竞争性磋商、询价、框架协议采购、合作创新采购	单一来源采购
企业采购	询比采购、谈判采购、竞价采购	直接采购

采用非招标方式的采购项目，采购合同签订过程通常也遵循“要约邀请—要约—承诺”三个阶段。具体地说，大致要历经采购发起—采购响应—采购评审—采购成交—合同实施等五个环节。其中，采购发起是要约邀请阶段，采购响应是要约阶段，采购成交是承诺阶段。

（1）采购发起

采购人在分析采购项目的具体特点和需求特征后，制定采购方案和采购计划，确定采购组织形式、采购方式、采购时间计划安排、合格供应商资格条件的要求、评审办法和评审因素等，编制采购文件，发布采购公告（或采购邀请书）并发售采购文件，发起采购交易活动。

采购人可以根据项目的实际需要，组织资格预审。采购人应编制并发布资格预审公告和资格预审文件，潜在供应商根据资格预审文件的要求，编制并提交资格申请文件，采购人按规定对申请人实施资格能力审查。通过资格预审的申请人方有资格领购采购文件，参加后续采购竞争。

采购人可以根据项目特点和实际需要，集体组织潜在供应商实地踏勘，潜在供应商根据踏勘结果自行作出分析判断，决定是否参加后续采购活动。

采购人可以结合项目实际，在采购文件中明确是否组织采购答疑会，澄清、解答潜在供应商对采购项目或采购文件的疑问，澄清解答文件属于采购文件的组成部分。

（2）采购响应

潜在供应商领购采购文件后，如对采购文件有异议，可在采购文件规定的时间以书面形式向采购人提出。采购人应及时以书面形式答复。

潜在供应商应按照采购文件要求的格式和内容，编制、签署、装订、密封、标识响应文件，按照规定的时间、地点、方式提交响应文件。在响应文件提交截止时间之前，供应商可以撤回、补充或者修改已提交的响应文件。供应商撤回响应文件时，应当向采购人提交书面撤回函。

（3）采购评审

采购文件规定公开开启响应文件的，采购人应按照采购文件规定的时间、地点组织开启活动，公开供应商的报价和其他内容。采购人应邀请所有提交响应文件的供应商代表参加响应文件开启会议，如果供应商代表不参加响应文件开启会议，也不影响其响应文件的有效性。

采购人通常会组建专门的评审小组，对供应商提交的响应文件进行评审。评审小组成员通常由采购需求单位代表和相关专业的专家或技术人员组成，成员一般为单数。相关专业的专家可采取随机抽取的方式确定，也可以直接指定。

评审小组应依据采购文件规定的评审方法、其评审因素和评审标准，对供应商的响应文件进行评审、分析和比较，并根据评审结果向采购人推荐候选成交供应商。

采用谈判方式的采购项目，其评审小组还可以根据采购文件的要求，对采购文件允许协商的技术要求、商务条件和合同条款，在评审现场和供应商进行谈判，在明确最终需求特征或优秀方案后，要求供应商递交最后报价并进行评审，根据评审结果向采购人推荐候选成交供应商。

（4）采购成交

采购人可以根据采购文件的要求，在候选供应商中选择预成交供应商，并对预成交供应商进行公示。采购人也可根据采购文件的要求，对候选成交供应商进行履约能力审查，根据履约能力审查结果选择预成交供应商，并进行公示。在公示期间收到对预成交供应商的异议时，采购人应当及时处理并作出答复。

公示结束无异议或异议处理完毕后，采购人根据采购文件确定成交供应商，并向成交供应商发出成交通知书，同时将成交结果通知所有未成交供应商。

成交通知书发出后，采购人根据采购文件的相关规定，发布成交结果公告。

采购人和成交供应商应当按照采购文件的要求，在规定时间内签订采购合同。采购人和成交供应商在签订采购合同时，不得变更通过竞争方式确定的合同条件。

采用非竞争性采购方式的采购项目，通常由采购人组织专业人员，与特定供应商就采购合同的主要内容直接进行洽谈协商，达成合意后签订采购合同。采用非竞争性采购方式实施采购的，采购人应从合规管理的角度出发，如实记录合同协商过程和结果。

(5) 合同实施

采购人与供应商均应当严格按照采购合同的规定，全面、完整地履行采购合同。采购人应当根据采购合同约定的标准和要求，组织对合同的履约验收。

2.4.3　电子采购交易程序要点

(1) 交易主体的登记注册

招标人、招标代理机构、投标人等交易主体应当在其使用的电子交易平台或公共服务平台注册登记基础信息、资质（资格）信息、专业人员信息等，并按要求自主申请办理数字证书等，实现电子化交易流程操作。

(2) 招标项目的登记和委托

由招标人完成招标采购项目立项并发布采购计划，招标人可以自行采购，在电子交易平台或用专业立项工具完成招标项目立项登记。选择委托采购的，宜在电子交易平台中选择招标代理机构，招标代理机构接受拟受托的招标采购项目，组织开展招标采购交易活动。

(3) 交易场地的预约

招标人或招标代理机构使用场地运行管理系统，对预开展的招标采购项目进行交易登记并在线进行交易场地预约、取消、变更等操作。开展远程异地分布评标项目，一般需要提前预订主场和副场场地，副场场地宜通过全国远程异地评标互联共享节点采用自主随机的方式预订。

(4) 招标公告或资格预审公告的编辑和发布

招标人或招标代理机构登录电子交易平台或使用专业公告公示编制和发布工具编辑公告，招标采购项目公告还应包含潜在投标人访问电子交易平台的网址和方法。招标人确认并完成电子签名，经核验通过后在“中国招标投标公共服务平台”或者项目所在地省级招标投标公共服务平台公布。

(5) 投标邀请书的发布和确认

投标邀请书的发布程序同招标公告一样，由招标人或招标代理机构通过电子交易平台向符合资格条件的特定投标人发出投标邀请书。收到投标邀请书的投标人，在确认投标邀请书内容后，对是否接受邀请内容进行确认，一般在电子交易平台上回函确认。

(6) 招标文件或资格审查文件的制作和发布

招标人或招标代理机构应用专业文件编制工具编制文件，对招标文件或资格审查文件内容进行编辑，编辑完成并经招标人或招标代理机构电子签名后生成特定格式的电子文件，上传至电子交易平台供投标人领取、下载。电子文件的最终格式宜为 PDF 或 ODF 等，数据交互模式宜标准化和规范化。

(7) 文件的澄清与修改

如果需要对已发出的文件内容进行澄清或修改，特别是当澄清或修改的内容可能影响投标文件或资格预审申请文件的编制时，招标人或招标代理机构应用专业交易工具在原电子文件的基础上进行完善、修改或补正，修改或补正的内容宜采用显目标记的方式告知潜在投标人，同时通过电子交易平台公开发布。

(8) 招标文件（澄清文件）的获取

投标人对有意向参与的招标采购项目，根据招标公告媒介或投标邀请书载明的网址进入指定的电子交易平台，并在规定的截止时间前下载电子招标文件。

澄清文件为招标文件的有效组成部分，投标人应随时关注电子交易平台，对参与投标的项目实时关注，及时查阅并下载电子澄清文件。

(9) 投标文件的制作和递交

投标人采用专业投标文件制作工具，按照招标文件约定的内容与格式、容量编制并合成投标文件，以及按要求应用数字证书对文件分段或整体加密，以满足在电子交易平台上传、接收投标文件，开标、评标等业务需求。投标人应在投标文件递交截止时间前通过电子交易平台或专业交易工具上传已加密的投标文件。完成投标文件递交是指电子文件数据完整传输。

(10) 电子开标和评标

在开标、评标前，招标人或招标代理机构和投标人应提前检查电子开标评标系统或开标评标工具是否正常，包括但不限于以下几点：

1) 计算机等硬件设施环境（如浏览器、数字证书及驱动程序等）。

2) 网络环境是否正常。

3) 开标评标系统（专业开标评标工具）是否正常运行。

4) 开标评标系统（专业开标评标工具）是否能够正常登录。

招标人、招标代理机构和投标人通过电子开标评标系统或开标评标工具进行开标评标，可采用现场集中或远程开标、集中或分布评标等方式进行。

开标时，开标系统（专业开标工具）一般自动提取所有投标文件，提示招标人和投标人按招标文件规定的方式按时在线解密。解密完成后，向所有投标人公布投标人的名称、投标价格和招标文件规定的其他内容。因投标人之外的原因造成投标文件未解密的，视为撤回投标文件；因投标人的原因造成投标文件未解密的，视为撤销投标文件；解密成功满足 3 家以上投标人可以正常开标。

评标时，评标委员会通过评标系统（专业评标工具）进行评标。评审结束后，评标系统（专业评标工具）自动进行评标结果汇总，生成评标报告并进行电子签名确认，推荐中标候选人，提出推荐意见和建议。

鼓励运用人工智能技术对资格、业绩、信用等可以客观量化的内容自动智能评审。远程异地分布评标模式是电子评标模式下的特有形式。

(11) 定标

招标人通过电子交易平台（专业定标工具）向招标代理机构发出定标意见书，根据经过招标人电子签章确认的定标意见最终确定中标人。

(12) 中标公示的编辑和发布

招标人或招标代理机构登录电子交易平台或使用专业公告公示编制和发布工具编辑中标候选人或中标结果公示，公示内容还应当包含在线提出异议的渠道（或异议投诉系统）和方式。

(13) 异议和投诉

拟提出异议的潜在投标人、投标人和其他利害关系人登录异议投诉系统在线编辑异议书，在法律规定的时间内结合实际情况自行编写，由异议人在异议投诉系统中进行异议单位及授权委托人电子签名，完成异议书编辑。

同时，异议提出人一般应当进行实名身份认证，以验证操作人员的真实身份。为防止滥用质疑、投诉，材料弄虚作假等，需要操作人员进行实名身份认证。

投诉书的编辑和提出要点与异议相同，异议和投诉的受理均应通过异议投诉系统由指定受理人完成相关处理工作。

(14) 书面报告备案

招标人或招标代理机构应当完整保存电子招标采购过程档案，电子招标采购项目归档材料应当保存完整的电子文件资料，档案的内容一般包括立项/备案手续、立项登记材料、招标代理委托合同（如有）、招标公告（资格预审公告）、招标文件（资格预审文件）、开标记录、评标报告、中标候选人公示、中标通知书、中标结果公示、投标文件等招标、投标、开标、评标、定标等交易全过程中产生的各种文件资料和信息数据，以及音视频文件。

招标投标档案由招标人、招标投标监督管理部门按项目所在地相关要求保存或形成电子档案在系统中存储，满足在线调阅的需求。

(15) 合同的签订及履行

招标人和中标人通过电子交易平台（专业合同工具）完成在线合同签订和履行，并进行必要的合同内容自动公示，依法应当保护的商业秘密和个人隐私除外。

第3章　资格审查

资格审查是指采购人对资格预审申请人或供应商的资质资格、技术能力、管理能力、经营状况、业绩信誉和生产资源情况等方面评估审查，以判定其是否具有参与项目投标响应、订立和履行合同的资格及能力的活动。资格审查既是采购人的权利，也是招标采购的必要程序，其对于保障采购人和供应商的利益具有重要作用。

资格审查应遵循招标采购的“公开、公平、公正和诚实信用”原则，同时还应遵循科学、合理和适用原则。采购人可以根据采购项目的特点和需要，通过资格预审公告、招标采购公告或投标响应邀请书提出投标响应资格能力条件，并要求资格预审申请人或者供应商提交有关资质、资格和业绩的证明文件，由采购人或者由其组建的资格审查委员会、评标委员会或评审小组进行资格审查。但是采购人不得以不合理的条件限制或者排斥潜在供应商，不得对潜在供应商实行歧视待遇。

3.1　资格审查方式

资格审查方式分为资格预审和资格后审。

3.1.1　资格预审

资格预审是指采购人对依法参加资格预审的资格预审申请人进行资格审查，以判定其是否具有参与投标响应、订立和履行合同的资格及能力的活动。采购人可以根据采购项目的特点和需要，提出供应商参加投标响应应该具备的资格能力条件，并要求资格预审申请人提交有关资质、资格和业绩等的证明文件，供采购人进行资格审查。通过发布资格预审公告，向不特定的潜在供应商发出投标响应邀请，由采购人或者由其组建的资格审查委员会按照资格预审文件确定的资格条件、标准和方法对潜在供应商订立合同的资格和履行合同的能力等进行审查，以确定通过资格预审的申请人。未通过资格预审的申请人，不具有投标响应资格。资格预审的目的是筛选出满足采购项目所需资格、能力和有参与采购项目投标响应意愿的潜在供应商，最大限度地调动供应商的积极性和挖掘市场潜能，增强竞争效果。对于后续投标响应文件编制成本高的项目，资格预审可以有效降低招标采购的社会成本，同时提高评审效率和质量。

资格预审的审查方法包括合格制和有限数量制。一般情况下应采用合格制，潜在供应商过多时，可采用有限数量制。

合格制是指采购人或资格审查委员会根据资格审查标准对资格预审申请文件进行定性评审，不限定数量，所有合格申请人为通过资格预审的申请人。

有限数量制是指采购人或资格审查委员会根据资格审查标准对资格预审申请文件进行

评审，按评审得分由高到低的原则确定通过资格预审的申请人，具体数量需要在资格预审文件中提前明确。

资格预审分为单项资格预审和集中资格预审。

1）单项资格预审。单项资格预审是指采购人针对特定单一采购项目，按程序对响应的潜在供应商进行资格预审。通过资格审查的合格申请人，具备资格预审文件中载明的采购项目投标响应资格。

适用范围：单项资格预审适用于技术难度较大或投标响应文件编制费用较高，或潜在供应商数量较多的招标采购项目。

2）集中资格预审。集中资格预审是指采购人根据采购项目特点和需要，按一定采购周期或按项目周期发布资格预审公告或邀请，对响应的潜在供应商进行集中资格审查。通过集中资格审查的合格申请人，具备资格预审文件中载明的项目范围及有效期内参与招标采购活动的资格。

适用范围：集中资格预审适用于需求标准相对统一、采购频次较高的招标采购活动。集中资格预审主要适用于集中采购组织形式，也可以适用于采购人组织的跨项目的分散采购组织形式。

3.1.2 资格后审

资格后审是指开标后或开启响应文件后，由评标委员会或评审小组按照招标采购文件规定的标准和方法进行的资格审查。资格后审是评标评审工作的一个重要内容。对于资格后审不合格的供应商，应否决其投标。

资格后审是相对于资格预审而言的。未进行资格预审的采购项目需要对供应商进行资格审查，资格审查一般都涉及技术、管理、经济、财务甚至法律等方面的专业问题。资格后审一般由组建的评标委员会或评审小组负责，有利于采购人公正、科学和客观地选择符合其在招标采购文件中设定的标准和要求的供应商，减少审查工作的随意性；规范资格后审活动，有利于将资格审查与评标评审工作结合考虑，避免将其人为地分割为两个部分而影响工作效率。

3.1.3 资格预审和资格后审的区别

资格预审与资格后审各有适用条件和优缺点。因此，采购项目采用资格预审还是资格后审，应当根据项目的特点需要，结合潜在供应商的数量和招标采购的时间等因素综合考虑。资格预审和资格后审的区别见表 3-1。

表 3-1 资格预审和资格后审的区别

对比项目	资格审查	
	资格预审	资格后审
审查时间	在发售招标采购文件之前	在开标或开启响应文件之后的评标评审阶段
评审人	采购人或资格审查委员会	评标委员会或评审小组
评审对象	申请人的资格预审申请文件	供应商的投标文件或响应文件

（续）

对比项目	资格审查	
	资格预审	资格后审
审查方法	合格制或有限数量制	合格制
评审标准	资格预审文件规定的评审标准，集中资格预审还包括现场审查标准	招标采购文件规定的评标标准
优点	避免不合格的申请人进入投标阶段，节约社会成本；提高供应商投标响应的针对性、积极性；减少评标评审阶段的工作量，缩短评标评审时间，提高评标评审的科学性、可比性	减少资格预审环节，缩短招标采购时间；供应商数量相对较多，竞争性更强；提高串标、围标难度
缺点	延长招标采购的过程，增加采购人组织资格预审和申请人参加资格预审的费用；通过资格预审的申请人相对较少，容易串标	投标响应方案差异大，会增加评标评审工作难度；在供应商过多时，会增加评标评审费用和工作量；增加社会综合成本
适用范围	单项资格预审适合于技术难度较大或投标响应文件编制费用较高，或潜在供应商数量较多的招标采购项目；集中资格预审适用于需求标准相对统一、采购频次较高且有充裕的采购提前期的采购活动	比较适合于潜在供应商数量不多，具有通用性、标准化的采购项目

3.1.4 资格评审的发展方向

随着招标采购交易深度融合应用大数据和人工智能技术，需要加快推行投标人资格能力与业绩信用相互融合形成客观量化因素，采用智能化公开、动态、精准评价和核验办法。

3.2 资格预审的程序

资格预审的程序包括单项资格预审程序和集中资格预审程序。

3.2.1 单项资格预审程序

（1）编制资格预审文件

目前，依法必须进行招标的项目进行资格预审时，采购人应使用国务院发展改革部门会同有关行政监督部门制定的标准文本，根据招标项目的特点和需要编制资格预审文件。企业自愿招标项目和采用非招标方式的项目，可参考使用。电子招标采购应通过电子交易平台或文件制作专业交易工具编辑并生成数据电文形式的资格预审文件。

（2）发布资格预审公告

采购人对供应商进行资格预审的，一般应发布资格预审公告。资格预审公告应在电子交易平台和国家或省级公告公示发布媒介（国家或省级招标投标公共服务平台）发布，同时应按相关规定交互至相应监管平台，接受政府、行业和社会的监督，依法保密的信息除外。对于依法必须进行招标的项目，资格预审公告还应当在国家依法指定的媒介发布。

(3) 发售资格预审文件

采购人应当按照资格预审公告规定的时间、地点发售资格预审文件。依法必须招标项目的资格预审文件的发售期不得少于 5 日。电子招标采购时，申请人应在资格预审公告载明的电子交易平台下载资格预审文件。发售资格预审文件时，可适当收取文件制作费用，但不得以营利为目的。

(4) 资格预审文件的澄清与修改

采购人可以对已发出的资格预审文件进行必要的澄清或者修改。澄清或者修改的内容可能影响资格预审申请文件编制的，采购人应当以书面形式通知所有获取资格预审文件的供应商，并合理顺延提交资格预审申请文件的截止时间；采用招标方式的，招标人应当在提交资格预审申请文件截止时间至少 3 日前，以书面形式通知所有获取资格预审文件的潜在供应商；不足 3 日的，招标人应当顺延提交资格预审申请文件。采购项目的申请人对资格预审文件有异议的处理情形，详见本书第 12 章 12.2。

(5) 编制并提交资格预审申请文件

申请人应严格按照资格预审文件要求的格式、内容和时间，编制、签署、密封、提交资格预审申请文件。依法必须招标项目提交资格预审申请文件的截止时间，自资格预审文件停止发售之日起不得少于 5 日。

(6) 组建资格审查委员会

采购人可根据采购项目资格预审的需要，组建资格审查委员会或资格审查小组。国有资金占控股或者主导地位的依法必须招标项目，采购人应当组建资格审查委员会审查资格预审申请文件；资格审查委员会及其成员应当遵守《招标投标法》及其实施条例有关评标委员会及其成员的规定，即资格审查委员会由采购人代表和不少于成员总数 2/3 的技术、经济等专家组成，成员人数为 5 以上的单数；非招标方式采购项目资格预审时，采购人可根据需要组建资格审查小组，成员人数通常由 3 人以上单数专业人员组成。

(7) 评审资格预审申请文件

采购人或资格审查委员会应当按照资格预审文件载明的标准和方法，对资格预审申请文件进行审查，确定通过资格预审的申请人。资格审查委员会进行资格审查的，应当向采购人提交书面资格审查报告。资格审查报告一般包括：基本情况和数据表；资格审查委员会名单；澄清、说明、补正事项纪要等；审查程序和时间、未通过资格审查的情况说明、通过评审的申请人名单；评分比较一览表和排序（如有）；其他需要说明的问题。

随着招标采购电子化、数字化和智能化的发展，资格审查会逐渐改变传统的专家封闭评审方式，将会充分利用大数据和人工智能等技术手段，采用客观、量化的方式，对供应商的资格进行动态、智能、公开评审。

(8) 确认资格预审结果

采购人根据资格审查报告确认通过资格预审的申请人，并向其发出投标邀请书（代资格预审通过通知书）或者参加非招标方式采购竞争的邀请书，其收到邀请书后，应确认是否参与投标或者响应。对于未通过资格预审的申请人，采购人应向其发出资格预审结果通知书，明确告知其未通过资格预审的原因。

3.2.2 集中资格预审程序

集中资格预审程序与单项资格预审程序基本相同，但以下几点略有不同。

（1）资格审查

在实践中，集中资格预审一般包括资格审核和现场审查，其中现场审查根据实际采购的需要确定是否选择。一般程序如下：

1）组建资格审查小组。由采购人组建资格审查小组，对申请人进行资格审查。资格审查小组由 3 位及以上专业人员组成。

2）资格审核。资格审查小组对照资格预审文件载明的标准和方法对申请人递交的资格预审申请文件进行审查，确定资格审核合格的申请人名单。

3）现场审查。资格审查小组按照资格预审文件载明的现场审查标准，对资格审核合格的申请人进行现场审查，对其生产技术能力及装备、检验监测设备、企业生产管理情况等进行现场直观的评估，并形成现场审查意见。根据工作实际，现场审查人员的组成可以不同于资格审查小组，但宜为 3 人以上的单数。

4）提出合格申请人名单。资格审查小组根据资格审核结果、现场审查意见，提出资格审查合格的申请人名单。

（2）确定合格供应商名单

采购人根据资格审查小组的意见，确定资格审查合格的供应商名单，并向申请人反馈资格审查结果。

通过集中资格审查的合格申请人，具备资格预审文件中载明的项目范围及有效期内参与采购活动的资格。

（3）补充合格供应商

在集中资格预审的有效期内，采购人可根据实际采购需要，按照集中资格预审的条件、标准和方法，分批次发出补充资格审查的邀请，适当补充合格供应商。

（4）合格供应商管理

在集中资格预审的有效期内，采购人应对入围供应商的履约能力进行跟踪管理，对于发生合并、分立、破产等重大变化或者存在违法违规行为，且认为可能影响其履约能力的供应商，应及时对其组织实施资格复审，确认合格后方可准予其参与采购活动。

3.3 供应商资格条件

供应商资格条件，是指供应商参加招标采购活动应该具备的资质、业绩、人员、财务状况、设备、信誉等方面的条件。

3.3.1 通用资格条件

通用资格条件，是指各类采购项目均可要求供应商满足的资格条件。

（1）通用资格条件的设置

通用资格条件分为两种。第一种是强制性资格条件，即国家法律法规以及强制性标准规定供应商必须具备的资格条件。强制性资格条件是国家根据行政管理和行政许可法的规定对相关领域的企业主体设置的行政许可，一般通过资质证书、市场准入和许可等方式作出限制。第二种是采购人自设条件，即采购人根据采购项目特点和管理要求，要求供应商必须具备的条件，通常包括业绩、信誉、财务状况等。

1）资质条件。《中华人民共和国建筑法》规定，从事建筑活动的建筑施工企业、勘察单位、设计单位和工程监理单位，按照其拥有的注册资本、专业技术人员、技术装备和已完成的建筑工程业绩等资质条件，划分为不同的资质等级，经资质审查合格，取得相应等级的资质证书后，方可在其资质等级许可的范围内从事建筑活动。从事建筑活动的专业技术人员，应当依法取得相应的执业资格证书，并在执业资格证书许可的范围内从事建筑活动。

2）工业产品生产许可证。工业产品生产许可证是国家对关系人体健康、人身财产安全、金融安全、通信质量安全、保障劳动安全、生产安全、公共安全等重要工业产品生产企业实行的行政许可制度。根据《中华人民共和国工业产品生产许可证管理条例》（以下简称《工业产品生产许可证管理条例》）和《中华人民共和国工业产品生产许可证管理条例实施办法》的规定，任何企业未取得生产许可证不得生产列入目录的产品。实行生产许可证制度的工业产品目录由市场监管总局会同国务院有关部门制定，适时对目录进行评价、调整和逐步缩减。生产许可证的有效期为 5 年，有效期内企业生产条件、检验手段、生产技术或者工艺发生变化（包括生产地址迁移、生产线新建或者重大技术改造）的，企业应当申请重新组织实地核查和产品检验，通过后换发新证。

3）安全生产许可证。根据《安全生产许可证条例》的规定，国家对矿山企业、建筑施工企业和危险化学品、烟花爆竹、民用爆炸物品生产企业实行安全生产许可制度。企业未取得安全生产许可证的，不得从事生产活动。

4）特种设备生产许可证。根据《中华人民共和国特种设备安全法》的规定，对人身和财产安全有较大危险性的锅炉、压力容器（含气瓶）、压力管道、电梯、起重机械、客运索道、大型游乐设施、场（厂）内专用机动车辆等特种设备的生产（包括设计、制造、安装、改造、修理）、经营、使用、检验、检测企业必须取得生产许可证才可从事相关业务。国家对特种设备实行目录管理，特种设备目录由国务院负责特种设备安全监督管理的部门制定，报国务院批准后执行。

5）类似业绩。供应商完成类似项目的规模、质量和数量等反映其是否具有承接采购项目的经验能力。以工程资格审查为例，类似业绩一般是指与采购项目在工程行业、结构形式、使用功能、建设规模等方面相同或者相近的工程建设项目的业绩。需要注意的是，业绩数量应当满足公平竞争原则，不能以特定行政区域或特定行业的类似项目业绩作为资格审查条件、评审加分条件或者中标条件。供应商不能将其母公司和子公司的业绩作为自己的业绩，尤其是控股公司不能将其子公司的业绩作为自己的业绩。采购人可以在招标采购文件中提出对供应商单位和主要关键人员的合理相关业绩要求。证明材料可包括中标通知书、合同协议书或工程竣工验收证明文件等资料。

6）信誉。信誉是指供应商履行合同的市场信誉情况和银行资信状况。市场信誉情况包括供应商违约情况，如供应商应按资格审查要求提供指定年份经营活动中发生的工程重大安全和质量事故（明确事故性质、范围、级别）、违法犯罪行为记录（明确犯罪类别和量刑）及有关行政处罚（明确处罚主体和处罚种类）等。相关情况的声明和证明材料包括法院或仲裁机构作出的判决、裁决，以及行政机关的处罚决定等法律文书。银行资信状况是指银行等机构在规定期限内出具的资信状况证明。采购人可以要求供应商提交一定时期内达到一定涉案金额的诉讼和仲裁案件，并根据采购项目的特点和履行合同的需要，在招标采购文件中载明。

7）财务状况。财务状况是指一定时期内，供应商经营活动体现在财务上的资金筹集与资金运用状况，它是企业一定期间内经济活动过程及其结果的综合反映。反映财务状况的财务会计报告，是会计主体对外提供的反映会计主体财务状况和经营的会计报表。评审供应商财务状况，应分析和判断供应商的净资产、获利能力、偿债能力等财务指标，一是为了评审供应商是否处于正常经营状态，不会濒临破产；二是为了评审供应商能否为采购项目提供足够的生产流动资金。财务状况的评审因素详见附件 3-1。

（2）设置供应商资格条件应注意的事项

在设置供应商资格条件时，应结合采购项目实际，坚持依法合规和适用合理的原则，在满足采购项目要求的前提下，要使尽可能多的潜在供应商符合条件参与投标响应竞争。供应商资格条件应该准确、清晰、无歧义，避免提出概念含糊、模棱两可、无法衡量的要求，同时设置时需要注意以下事项：

1）设置的供应商资质、业绩、信誉、技术人员等资格能力条件要符合法律法规和国家行政机关根据行政许可设置和颁发的资格、资质和认证，如住房和城乡建设部门颁发的各类建筑业企业资质、国家和地方市场监管部门颁发的药品生产许可证、国家市场监督管理总局颁发的 CCC（中国强制性产品认证），国家有关部门颁发的建造师、监理工程师执业资格和安全生产许可证等。在规定供应商必须具有某种资格、资质证书时，应该明确颁发相应证书的机关名称和资格、资质的级别及有效范围。

2）应结合采购项目实际来设置供应商资质资格和业绩。不得设定明显超出采购项目具体特点和实际需要的过高的资质资格、业绩、奖项要求，也不应该将与采购项目无关的资格证书作为供应商必须具备的资格条件；国家已经停止实施或已经废止的资格、资质不应该作为供应商应该具备的资格条件；不得限定或者指定特定的专利、商标、品牌、原产地、供应商或者检验检测认证机构（法律法规有明确要求的除外）；不得将特定行政区域、特定行业的业绩、奖项作为资格条件；不得将政府部门、行业协会商会或者其他机构对供应商作出的荣誉奖励和慈善公益证明等作为资格条件。

3）设定的资格、技术、商务条件应与采购项目的具体特点和实际需要相适应，要与合同履行相关。依法必须招标项目，不得对不同所有制供应商采取不同的资格审查标准；不得排斥、限制潜在供应商或者供应商的所有制形式或者组织形式；不得要求供应商在本地注册设立子公司、分公司、分支机构，在本地拥有一定的办公面积，在本地缴纳社会保险等；不得设定企业股东背景、年平均承接项目数量或者金额、从业人员、纳税额、营业场所面积等规模条件；不得设置超过采购项目实际需要的资产总额、净资产规模、营业收入、利润、授信额度等财务指标。

4）第三方管理体系认证在一定程度上可以反映企业的管理能力和管理规范性，可以作为对供应商资格预审的能力评审要素。国际公认的标准和认证，如美国FDA认证、欧盟CE认证、《质量管理体系 要求》（GB/T 19001—2016/ISO9001：2015）、《环境管理体系 要求及使用指南》（GB/T 24001—2016/ISO14001：2015）、《职业健康安全管理体系 要求及使用指南》（GB/T 45001—2020 /ISO45001：2018）等都可以根据采购项目的具体特点和实际需要选择性地作为供应商的能力评审要素，但应保证供应商有足够的数量，以避免因这些限制条件而造成竞争不充分。对于依法必须招标的项目，质量管理体系、环境管理体系、职业健康安全管理体系证书属于“非强制性资质认证”，在招标时通常不作为资格条件，但与采购需求相匹配时，可以作为能力评审要素。作为能力评审要素的认证证书，一般应在国家认证认可监督管理委员会许可的认证目录范围内。

3.3.2 工程施工投标响应资格条件

（1）供应商资质条件

除国家已经明令取消资质的工程施工项目，不再作资质要求外，供应商取得相应等级的资质证书后，方可在其资质等级许可的范围内从事建筑活动。参与工程施工资格审查的供应商应是具有相应工程施工资质及其等级标准的企业法人。采购人应根据《建筑业企业资质标准》和《建设工程企业资质管理制度改革方案》，结合采购项目工程类型、标准、规模，科学合理地设定供应商应具备的企业资质序列、类别和等级，但不得设置不合理的条件限制或排斥潜在供应商。根据《安全生产许可证条例》的有关规定，建筑业施工企业应具有安全生产许可证，未取得安全生产许可证的，不得从事工程施工活动。

1）建筑业企业资质序列。根据《建筑业企业资质管理规定》以及《建筑业企业资质标准》等相关资质标准的规定，现行建筑业施工企业资质分为施工总承包资质、专业承包资质和施工劳务资质三个序列；根据《建设工程企业资质管理制度改革方案》的规定，改革后，施工资质分为综合资质、施工总承包资质、专业承包资质和专业作业资质。在建筑业企业资质改革到位之前，现有资质继续有效。住房和城乡建设部门核发的企业资质全国通用。

取得施工总承包资质的企业（以下简称施工总承包企业），可以从事资质许可范围内的施工总承包工程、工程总承包和工程项目管理业务。施工总承包企业可以对所承接的施工总承包工程的各专业工程全部自行施工，也可以将专业工程或劳务作业依法分包给具有相应资质的专业承包企业或施工劳务企业；施工总承包企业依法分包专业工程的，除总承包合同约定的分包外，必须经发包单位审核认可。

取得专业承包资质的企业（以下简称专业承包企业），可以承接施工总承包企业依法分包的专业工程和发包单位依法发包的专业工程。专业承包企业可以对所承接的专业工程全部自行施工，也可以将劳务作业依法分包给具有相应资质的施工劳务企业。

取得施工劳务资质的企业（以下简称施工劳务企业），可以承接施工总承包企业或专业承包企业分包的劳务作业。按照资质改革规定，现施工劳务企业资质调整为专业作业资质，由审批制改为备案制，不分等级。

2）建筑业企业资质类别、等级。根据《建筑业企业资质标准》和《建设工程企业资质管理制度改革方案》，按照工程性质和技术特点分别将施工总承包资质、专业承包资质、施工劳务资质序列划分为若干资质类别，各资质类别按照规定的条件划分为若干资质等级。经过建筑业企业资质改革，综合资质由原施工总承包企业特级资质调整为施工综合资质，不分行业，不分等级，可以承担各行业、各等级施工总承包业务。改革到位前，现行施工总承包资质划分为 13 个类别，包括：施工总承包企业特级资质建筑工程、公路工程、铁路工程、港口与航道工程、水利水电工程、市政公用工程、电力工程、矿山工程、冶金工程、石油化工工程、通信工程和机电工程。按建筑业企业资质改革要求，将民航工程的专业承包资质整合为施工总承包资质，即有 13 个类别；施工总承包资质等级原则上压减为甲、乙两级，其中，施工总承包甲级资质在本行业内承揽业务规模不受限制。现行专业承包企业资质为 36 类，经过建筑业企业资质改革，其中民航工程专业承包资质整合为施工总承包资质，并将 36 类专业承包资质整合为 18 类；专业承包资质等级原则上压减为甲、乙两级（部分专业承包资质不分等级）。现行施工劳务资质、施工专业作业资质不分类别与等级。建筑业企业资质类别见附件 3-2，建筑业企业承包范围见附件 3-3。

3）供应商资质条件的设定。采购人应根据采购项目工程的性质、规模、技术特点、工程内容等因素，结合资质标准规定的工程承包范围，合理设定供应商资质条件。设定的供应商资质条件不得低于资质标准规定的工程承包范围，但也不得设定明显超出采购项目具体特点和实际需要的过高的资质，否则属于排斥或限制潜在供应商的情形。

①选择适当的供应商资质。采购人单独发包某一专业工程的，供应商资质条件应设定为可承担相应工程的专业承包资质。例如，如果采购人将装修工程施工单独招标，则设定的资质为建筑装修装饰工程专业承包企业资质。采购人将两项以上专业工程一起发包的，供应商资质条件应设定为相应施工总承包资质；施工总承包资质承揽专业工程受限于一定技术指标范围的，供应商资质条件应设定为同时具备施工总承包资质和达到招标范围的相关专业承包资质。例如，某一高速公路路基、桥梁、隧道工程施工招标，设定的资质条件应为公路工程施工总承包资质；若其中的隧道长度超过 3000m，则设定的资质条件应为公路工程施工总承包一级资质及隧道工程专业承包一级资质，或设定公路工程施工总承包特级资质或综合资质。

②选择适当的供应商资质等级。采购人在编制招标采购文件时，应当根据工程规模与技术特点，选择与采购项目相适应的资质等级标准。

施工总承包项目供应商资质等级设定时考虑的主要因素见表 3-2。

表 3-2 施工资质等级设定考虑的主要因素

资质类别	影响资质等级设定的主要因素
建筑工程	单项合同额，房屋建筑层数、单跨跨度，构筑物高度，住宅小区或建筑群体建筑面积等
公路工程	公路技术等级，桥梁单跨跨度、单座桥长，隧道长度等
铁路工程	铁路类型（大中型、省、市辖区内）、长度，爆破类型（是否大爆破），桥梁类别、长度，隧道长度，站场类别（大型枢纽、编组站、区段站、中间站）等
港口与航道工程	沿海、内河码头吨级，防波堤水深，船坞、船台和滑道吨级，船闸、升船机工程吨级，沿海、内河航道吨级，疏浚、陆域吹填方量，港区堆场面积，围堤护岸长度，水下炸礁方量等

（续）

资质类别	影响资质等级设定的主要因素
水利水电工程	库容、装机容量、坝高、水工隧洞洞径、工程等级等
电力工程	机组整体工程单机装机容量，送电线路、变电站整体工程电压等级等
矿山工程	矿山年生产能力，巷道长度，单项合同额等
冶金工程	冶金工程年、日、小时生产能力等
石油化工工程	油（气）田主体配套工程年生产能力，气体处理工程日处理能力，炼油工程或相应的生产装置年生产能力，乙烯工程、合成氨工程、磷铵工程、硫酸工程、纯碱工程、烧碱工程、合成橡胶、合成树脂及塑料和化纤工程、轮胎工程等工程或相应的主生产装置年生产能力，有机原料、染料、中间体、农药、助剂、试剂等工程或相应的主生产装置投资额等
市政公用工程	城市道路等级（是否为快速路），桥梁单跨跨度，隧道断面面积，给水厂日处理能力，污水处理工程日处理能力，给水、污水、雨水泵站每秒输送量，给排水管道直径，液化气储罐场（站）总储存容积，燃气工程日供气规模，燃气管道、调压站压力等级，热力工程供热面积、热力管道直径，城市轨道交通工程等
通信工程	通信信息网络工程造价
机电工程	一般工业、公用工程和公共建筑的机电工程投资额

例如，某办公楼为五层单体建筑（单跨跨度为 21m），建筑面积为 5000m^2，工程概算为 1000 万元，按照《建筑业企业资质标准》，取得建筑工程施工总承包三级资质企业即可承担。对于该采购项目，采购人设定的供应商资质应当是具有建筑工程施工总承包三级资质及以上。

③关于联合体资质的认定。采购人接受联合体投标的，联合体资质的认定应以联合体协议中约定的专业分工为依据。不同专业工作由不同联合体成员分别承担的，应按照各自承担的专业工程所对应的专业资质确定联合体的资质，不承担联合体协议中有关专业工程联合体的成员，其相应的专业资质不作为对联合体相应专业工程的资质考核的内容；同一专业由不同联合体成员分别承担的，按照其最低的资质等级确定联合体的资质等级。

例如，在公路系统内，某工程需要公路工程总承包特级，或者公路工程总承包一级、桥梁工程专业承包一级和隧道工程专业承包一级。甲、乙两个单位组成联合体，其中甲单位具有公路工程总承包一级、桥梁工程专业承包一级和隧道工程专业承包二级，乙单位具有桥梁工程专业承包二级和隧道工程专业承包一级。根据联合体共同投标协议分工，甲单位承担除隧道以外的全部工程施工，乙单位只承担隧道工程施工。只需要考核乙单位的隧道工程专业承包资质，甲单位的隧道工程专业承包资质不需要考核；除隧道外的其他专业工程，只考核甲单位的资质，乙单位的资质不需要考核。据此，该联合体资质即公路工程总承包一级、桥梁工程专业承包一级和隧道工程专业承包一级。

联合体中标后，联合体各方就中标项目向采购人承担连带责任，联合体的任何一方均不得以其内部联合体协议的约定来对抗采购人。

采购人接受联合体投标响应并进行资格预审的，联合体应当在提交资格预审申请文件前组成。资格预审后联合体增减、更换成员的，其投标响应无效。联合体各方在同一招标采购标段中以自己的名义单独投标响应或者参加其他联合体投标响应的，相关投标响应均无效。

④安全生产许可证。供应商应具有安全生产许可证，建筑施工企业未取得安全生产许可证的，不得从事生产活动，有关内容详见本章 3.3.1。

(2) 供应商类似项目业绩和能力

供应商的业绩和能力要求相关内容详见本章 3.3.1。规模较大的工程施工采购项目，还应考察其新承接和已经承接的正在施工工程的数量和规模，以了解供应商可以调动的资源力量，从而反映其是否具备承担该采购项目的能力。

(3) 供应商可投入的技术管理人员

供应商可投入采购项目的主要技术管理人员，包括项目经理，施工管理、技术质量管理、安全管理、合同管理、环保管理以及设备、材料管理的负责人等。

采购人应根据采购项目的技术管理要求设定项目技术管理人员的任职条件，如专业技术资格、技术职务以及已经完成的类似项目业绩条件。项目经理一般应提供工作简历、身份证明、建造师执业资格、专业技术职称、安全生产考核合格证书、类似项目业绩、目前的工作岗位、行政或技术职务等有关身份和工作能力的证明材料。

依据《注册建造师管理规定》可知，国家对建造师实行执业资格注册管理制度，未取得注册证书和执业印章的，不得担任大中型建设工程项目的施工单位项目负责人，不得以注册建造师的名义从事相关活动。注册建造师只能受聘于一个单位。注册建造师不得同时在两个及两个以上的建设工程项目上担任施工单位项目负责人。根据住房和城乡建设部下发的《建筑施工企业主要负责人、项目负责人和专职安全生产管理人员安全生产管理规定实施意见》的规定，建筑施工企业项目负责人应取得安全生产考核合格证书（B类）。

需要注意的是，《中华人民共和国标准施工招标资格预审文件》（2007 年版）（以下简称《标准施工招标资格预审文件》（2007 年版））在“申请人资格要求”中只对项目经理提出具体要求，而没有对其他人员提出要求，采购人可结合采购项目的具体特点和实际需要，在资格预审文件中对技术、经济、质量、安全负责人等主要人员提出具体相应的要求。

(4) 其他工程技术管理要素

除施工承包人应满足的必要技术要求外，为确保工程的顺利实施，还可以选择技术支持体系、供应商管理体系第三方认证、专项技术要求、分包队伍技术实力、专有安全及检测设备、应急技术预案等其他的辅助技术和管理要求。

1）技术支持体系。它是指施工承包人组织行业或企业技术权威成立的，用于解决施工过程中遇到的重大复杂技术问题的咨询组织机构。

2）供应商管理体系第三方认证。有关内容详见本章 3.3.1。

3）专项技术要求。它是指处理工程建设项目的难点、重点所需要的专有技术、专项措施及专项设备。

4）分包队伍技术实力。它是指拟分包队伍具备的资质、业绩及能力。

5）专有安全及检测设备。它是指为保证施工质量和安全配备的专有设备，如地下工程施工应配备的防爆设备（预防瓦斯爆炸）、地质超前探测设备等。

6）应急技术预案。它是指遇到紧急事故所准备的紧急处理预案，以避免事态扩大，从而降低损失。

(5) 供应商财务状况

供应商财务状况有关内容详见本章 3.3.1 和附件 3-1。需要注意的是，《建筑业企业资质标准》取消了注册资本金要求，提高了对企业净资产的要求，取消了根据注册资本金确定资质等级标准和划定承包范围的规定。

(6) 供应商可投入能力

供应商可投入能力主要是指供应商现有的设备能力，以及可投入施工设备的来源、规格（型号、容量）、数量、制造年份、现值、功率、工况、所在地、可到达项目现场时间等，判断其是否具有完成采购项目的设备能力。例如，为土石方开挖工程配备的挖、装、运设备，以及彼此相互是否匹配，在容量与数量上能否满足规定的施工强度要求等。

(7) 供应商信誉

有关内容详见本章 3.3.1。

(8) 供应商限制情形

根据国家有关法律法规，为确保工程施工招标采购的公平公正，应对供应商提出一定的限制和回避要求。采购人可根据《招标投标法》及其实施条例、《中华人民共和国标准施工招标文件》（以下简称《标准施工招标文件》）等有关规定，在资格预审文件或采购文件中明确规定供应商不得存在的情形，有关内容详见本章 3.3.6。

3.3.3 货物投标响应资格条件

货物投标响应资格条件分为供应商的资格条件、货物标准的要求以及供应商限制情形。

(1) 供应商的资格条件

供应商的资格条件分为国家强制性要求和采购人自设条件。

1）国家强制性要求是指国家根据行政管理和行政许可法的规定对相关领域的企业主体设置的行政许可，一般有许可证、资质证书或行业准入等形式。与招标采购相关的国家强制性要求主要有以下内容：

①工业产品生产许可证。有关内容详见本章 3.3.1。

②安全生产许可证。有关内容详见本章 3.3.1。

③特种设备生产许可证。有关内容详见本章 3.3.1。

④涉密信息系统集成资质。国家保密局公布的《涉密信息系统集成资质管理办法》规定，涉密系统集成单位必须经过保密工作部门资质认定，并取得涉密信息系统集成资质证书。涉密集成资质分为甲级和乙级两个等级。甲级资质单位可以从事绝密级、机密级和秘密级涉密集成业务；乙级资质单位可以从事机密级、秘密级涉密集成业务。

⑤医疗器械生产许可证和经营许可证。《医疗器械监督管理条例》规定，国家对医疗器械分三类管理。第一类是风险程度低，实行常规管理可以保证其安全、有效的医疗器械；第二类是具有中度风险，需要严格控制管理以保证其安全、有效的医疗器械；第三类是具有较高风险，需要采取特别措施严格控制管理以保证其安全、有效的医疗器械。

A. 医疗器械生产。国家对第一类医疗器械生产企业实行备案管理，对第二类、第三类医疗器械生产企业实行生产许可证制度。第二类、第三类医疗器械生产企业符合规定条件的，准予许可并颁发医疗器械生产许可证。医疗器械生产许可证有效期为 5 年。

B. 医疗器械经营。国家对第二类医疗器械经营企业实行备案管理，对第三类医疗器械经营企业实行经营许可证制度。第三类医疗器械经营企业符合规定条件的，准予许可并颁发医疗器械经营许可证。医疗器械经营许可证有效期为5年。

⑥药品生产许可证和经营许可证。《中华人民共和国药品管理法》（2019年修订版）（以下简称《药品管理法》）规定，药品生产企业，须经企业所在地省、自治区、直辖市人民政府药品监督管理部门批准并颁发药品生产许可证，凭药品生产许可证到工商行政管理部门办理登记注册。无药品生产许可证的，不得生产药品。药品批发企业，须经企业所在地省、自治区、直辖市人民政府药品监督管理部门批准并颁发药品经营许可证；开办药品零售企业，须经企业所在地县级以上地方药品监督管理部门批准并颁发药品经营许可证，凭药品经营许可证到市场监管部门办理登记注册。无药品经营许可证的，不得经营药品。

⑦制造、修理计量器具许可证。《中华人民共和国计量法》（以下简称《计量法》）规定，制造、修理计量器具的企业必须取得计量行政部门颁发的制造计量器具许可证或者修理计量器具许可证。

⑧放射性药品生产企业许可证。《放射性药品管理办法》（2022年修订版）规定，开办放射性药品生产企业，经所在省、自治区、直辖市国防科技工业主管部门审查同意，所在省、自治区、直辖市药品监督管理部门审核批准后，由所在省、自治区、直辖市药品监督管理部门发给《放射性药品生产企业许可证》。

2）采购人自设条件是指采购人根据采购项目的特点和需要自行设定货物投标的各类条件。一般包括以下内容：

①类似业绩。业绩可以反映供应商的经验和能力、产品的市场占有情况等重要信息，可以影响供应商中标成交的可能性。在招标采购时，由于供应商既可以是制造商，也可以是制造商授权的代理商，所以在提出类似业绩要求时必须明确业绩主体是代理商的业绩还是制造商的业绩。但不得提出注册地址、所有制性质、市场占有率，以特定的行政区域和特定行业的业绩作为资格条件和加分条件。

供应商应具有类似项目的一般业绩经验要求和专门业绩经验要求：

A. 一般业绩经验要求是供应商应满足的最低类似业绩标准，是指供应商具有成功组织供应规模和复杂程度与采购项目类似货物的业绩，并根据采购货物的规模设定供应商近年应具有的类似项目业绩营业额。

B. 专门业绩经验要求是针对采购大型、复杂货物，单一供应商难以承担全部制造和供货任务的，可允许由2个以上供应商组成联合体或总分包的形式联合供应招标采购货物的全部单元系统货物，此时可以分类设定各单元系统的专门制造和供货业绩经验要求，联合体各成员的业绩均应满足各自负责供应单元系统货物所对应的制造和供货分类业绩经验要求。

例如，某水电站机组设备采购一个标包，主要由水轮机、发电机、计算机监控系统、主阀门四个单元系统设备和部件组成，可对供应商或投标响应联合体各方设定单一单元系统的专门制造和营运业绩经验要求。比如，联合体某成员分工制造供应水轮机，则可要求其具有设计和制造过 N 台容量大于或等于采购项目水轮机容量的设备，同时可以要求已成功运行至少1年以上的业绩。

C. 类似项目业绩是指供应商直接负责设计、制造和供应货物的业绩。供应商不能将与其有隶属或组织关系的母公司和子公司的业绩作为自己的业绩，尤其是控股公司不能将其子公司的业绩作为自己的业绩，也不能将货物代理销售的业绩作为货物设计制造的业绩。

②技术和管理人员。货物招标需要审查供应商拟投入货物生产和供应的技术和管理人员资格、能力。大型、复杂货物供应一般包括：项目经理、现场项目经理、现场安装督导等。根据招标采购货物的规模标准和技术管理要求对拟投入的技术和管理人员分别制定任职资格条件：年龄、类似工作年限、专业学历、相关职业资格或技术、经济职称、担任类似项目组织供应管理的业绩经验等。

③财务状况。有关内容详见本章 3.3.1。

④供应商的设备状况。制造货物所需生产设备的技术性能状况以及货物生产设备的剩余能力。

⑤供应商管理体系第三方认证。有关内容详见本章 3.3.1。

⑥供应商信誉。有关内容详见本章 3.3.1。

（2）货物标准的要求

货物标准的要求是采购人根据国家强制性规定和采购项目特点提出的对货物的要求。货物要求分为国家强制性要求和采购人自设要求两类。

1）国家强制性要求是国家对相关货物的质量、标准实行的强制性管理制度，一般有认证、注册证、登记证等形式。

①强制认证。国家对涉及人类健康和安全、动植物生命和健康，以及环境保护和公共安全的产品实行强制认证制度。根据国务院授权，国家认证认可监督管理委员会主管全国认证认可工作。强制性产品认证制度的主要规定包括：《强制性产品认证管理规定》《强制性产品认证标志管理办法》以及《市场监管总局关于发布强制性产品认证目录描述与界定表的公告》等。国家对目录产品实行强制性认证，统一认证标准、技术规则和实施程序，统一认证标志、收费标准。认证标志的名称为“中国强制认证”（英文名称为“China Compulsory Certification”，可简称为“3C”标志）。

凡列入目录的产品，必须经国家指定的认证机构认证合格、取得相应的认证证书，并加施认证标志后，方可出厂销售、进口和在经营性活动中使用。国家市场监督管理总局强制性产品认证目录见附件 3-4。

②医疗器械注册或备案证。国家对第一类医疗器械实行产品备案管理，对第二类、第三类医疗器械实行产品注册管理。第二类、第三类医疗器械符合安全、有效要求的，准予注册并颁发医疗器械注册证。医疗器械注册证有效期为 5 年。

③药品批准文号。《药品管理法》（2019 年修订版）规定，生产新药或者已有国家标准的药品的，须经国务院市场监督管理部门批准，并颁发药品批准文号，生产中药材和中药饮片除外。药品生产企业在取得药品批准文号后，方可生产该药品。

④计量证书。计量证书是《计量认证合格证书》《计量认证合格确认证书》和《计量器具型式批准证书》等计量行政部门审批并颁发的允许计量器具销售、使用证明的统称。根据《计量法》及其实施细则可知，计量器具须经计量行政部门审批并颁发计量证书后，方可使用，制造计量器具的企业生产本单位未生产过的计量器具新产品，必须经省级以上人民政府计量行政部门对其样品的计量性能考核合格，方可投入生产。外国制造的计量器具，须向国务院计量行政部门申请办理型式批准，取得型式批准证书后才可以销售。

2）采购人自设要求是指采购人根据采购项目的特点和需要自行设定的各类货物标准要求。一般包括以下内容：

①第三方产品检验。第三方产品检验是由国家认证认可监督管理委员会认可的检测机构根据一定的标准对产品功能和质量进行的技术检测。由检测机构出具产品型式试验报告或检测报告。当采购人对于复杂的仪器设备和材料的技术性能、质量不具备检验能力时，可以要求国家认可的第三方检测机构为投标产品进行检测，出具型式试验报告或检验报告，并以此作为评定投标资格能力的依据。

②第三方产品认证。第三方产品认证是由社会公认的第三方机构根据一定的标准对产品所做的认证。常见的第三方产品认证有环境标志产品、节能产品等认证，FDA（食品与药物管理）认证、CE（安全合格标志）认证等。

（3）供应商限制情形

采购人可根据有关规定，在采购文件中明确规定供应商不得存在的情形。有关内容详见本章 3.3.6。

3.3.4 服务投标响应资格条件

（1）工程勘察投标响应资格

1）工程勘察资质的设定。根据《建设工程勘察设计管理条例》的相关规定，国家对从事建设工程勘察活动的单位，实行资质管理制度。建设工程勘察单位应当在其资质等级许可的范围内承揽建设工程勘察业务。

根据住房和城乡建设部于 2013 年 1 月 21 日印发的《工程勘察资质标准》可知，工程勘察资质分为三个类别：工程勘察综合资质、工程勘察专业资质和工程勘察劳务资质。工程勘察综合资质是指包括全部工程勘察专业资质的工程勘察资质。工程勘察专业资质包括岩土工程专业资质、水文地质勘察专业资质和工程测量专业资质；其中，岩土工程专业资质包括岩土工程勘察、岩土工程设计、岩土工程物探测试检测监测等岩土工程（分项）专业资质，取得岩土工程专业资质的企业，不需要单独申请同级别以下岩土工程（分项）专业资质。工程勘察劳务资质包括工程钻探和凿井。工程勘察综合资质可以承接各专业（海洋工程勘察除外）、各等级工程勘察业务，其规模不受限制（但岩土工程勘察丙级项目除外）；工程勘察专业资质可以承接相应专业相应等级（含以下等级）的工程勘察业务；工程勘察劳务资质可以承接相应的工程钻探、凿井等工程勘察劳务业务。

根据《建设工程企业资质管理制度改革方案》的规定，工程勘察保留综合资质，将 4 类专业资质及劳务资质整合为岩土工程、工程测量、勘探测试等 3 类专业资质。综合资质不分等级，专业资质等级压减为甲、乙两级。工程勘察综合资质可以承接各专业、各等级工程勘察业务，其规模不受限制；工程勘察专业资质可以承接相应专业相应等级（含以下等级）的工程勘察业务。

在建设工程企业资质改革到位之前，现有资质继续有效。

2）类似工程勘察项目业绩要求。一般是指与采购项目在工程地质、结构形式、使用功能、建设规模等方面相同或者相近的工程建设项目勘察业绩。有关内容详见本章 3.3.1。

3）项目负责人资格条件。项目负责人一般应当具有一定年限的工作经历和中高级职称，具有一项或者数项类似项目的工作业绩等。为了保证项目负责人具有工程勘察成果文件的签字资格，采购人可以规定项目负责人应当具有工程勘察类的注册工程师执业资格，如注册土木工程师（岩土）等。依据《建设工程勘察设计管理条例》的相关规定，国家对从事建设工程勘察的专业技术人员实行执业资格注册管理制度。建设工程勘察注册执业人员只能受聘于一个单位；未受聘于建设工程勘察单位的，不得从事建设工程的勘察活动。

4）项目团队要求。项目团队应当具有与采购项目相适应的专业力量，如人员数量、专业分布、工作年限、工作资历、类似项目业绩等。项目团队一般由项目负责人、外业人员、试验人员、专业负责人、审核人员等组成。审核人员宜具有工程勘察类的注册工程师执业资格，如注册土木工程师（岩土）等；观测员、试验员、记录员、机长等现场作业人员应当具有相应的岗位培训证书，并应持证上岗。

5）主要技术装备。供应商应当具有与采购项目相适应的工程勘察技术装备，采购人可以明确具体的主要技术装备的种类及其数量。技术装备要求既是工程勘察投标响应资格的特点之一，也是与工程设计投标响应资格的区别之处。

在工程勘察中，不仅外业勘探测试需要机械设备，室内试验分析同样需要试验设备。技术装备作为工程勘察企业的硬件配置，一般而言，其配备的种类、数量和标准高低决定了供应商的综合实力水平。

6）供应商财务状况。有关内容详见本章3.3.1。

7）供应商信誉。有关内容详见本章3.3.1。

8）供应商管理体系第三方认证。有关内容详见本章3.3.1。

9）供应商限制情形。采购人可根据有关规定，在采购文件中明确规定供应商不得存在的情形。有关内容详见本章3.3.6。

（2）工程设计投标响应资格

1）工程设计资质的设定。根据《建设工程勘察设计管理条例》的相关规定，国家对从事建设工程设计活动的单位实行资质管理制度。建设工程设计单位应当在其资质等级许可的范围内承揽建设工程设计业务。

根据《工程设计资质标准》可知，工程设计资质分为四个序列：工程设计综合资质、工程设计行业资质、工程设计专业资质和工程设计专项资质。工程设计综合资质是指涵盖21个行业的设计资质。工程设计行业资质是指涵盖某个行业资质标准中的全部设计类型的设计资质。工程设计专业资质是指某个行业资质标准中的某一个专业的设计资质。工程设计专项资质是指为适应和满足行业发展的需求，对已形成产业的专业技术独立进行设计而设立的资质。建筑行业根据需要设立建筑工程设计事务所资质。工程设计专项资质根据需要设置等级。工程设计综合资质可以承接各行业、各等级的建设工程设计业务，其规模不受限制。工程设计行业资质可以承接相应行业相应等级（含以下等级）的工程设计业务，以及本行业范围内同级别的相应专业、专项工程设计业务。工程设计专业资质可以承接本专业相应等级（含以下等级）的专业工程设计业务，以及同级别的相应专项工程设计业务。工程设计专项资质可以承接本专项相应等级的专项工程设计业务。

根据《建设工程企业资质管理制度改革方案》的规定，工程设计保留综合资质；将21类行业资质整合为14类行业资质；将151类专业资质、8类专项资质、3类事务所资质整合为70类专业和事务所资质。综合资质、事务所资质不分等级；行业资质、专业资质等级原则上压减为甲、乙两级（部分资质只设甲级）。工程设计综合资质可以承接各行业、各等级的建设工程设计业务，其规模不受限制。工程设计行业资质可以承接相应行业相应等级（含以下等级）的工程设计业务，以及本行业范围内同级别的相应专业工程设计业务。工程设计专业资质可以承接本专业相应等级（含以下等级）的专业工程设计业务。事务所资质可以承接规定范围内的设计业务。

在建设工程企业资质改革到位之前，现有资质继续有效。

2）类似设计项目业绩要求。类似设计项目一般是指与采购项目在工程行业、结构形式、使用功能、建设规模等方面相同或者相近的工程建设项目。关于类似设计项目业绩要求的内容详见本章3.3.1。

3）项目负责人资格。供应商拟投入的项目负责人应当具有一定年限的工作经历和中高级职称，具有一项或者数项类似项目的工作业绩等。一般而言，由于工程设计属于高智力的服务，对于其项目负责人的要求相对于其他人员更为严格，大中型项目负责人一般要求具有相关专业一定年限的工作经验和高级职称。

依据《建设工程勘察设计管理条例》的相关规定，国家对从事建设工程设计活动的专业技术人员实行执业资格注册管理制度。根据项目情况，项目负责人一般应当具有注册建筑师、注册结构工程师、注册土木工程师或其他相应专业注册工程师中的某项执业资格；对于以设备类为主的设计项目，项目负责人应当具有注册公用设备工程师等执业资格。

4）项目团队要求。供应商拟投入的项目团队应当具有与采购项目相适应的专业力量，如人员数量、专业分布、工作年限、技术职务、技术职称、工作资历、类似项目业绩等。工程设计项目团队由项目负责人担纲，成员一般包括设计人员、专业负责人、审核人员等。

专业负责人和审核人员应当具有相应的注册工程师执业资格。除此之外，根据采购项目需要拟派的总规划师、总设计师、总建筑师、总工艺师、总工程师等应当提供相应的注册工程师执业资格、技术职务、职称、工作资历，以及完成类似工程设计项目的业绩、获奖等情况。

5）供应商财务状况要求。有关内容详见本章3.3.1。

6）供应商信誉。有关内容详见本章3.3.1。

7）供应商管理体系第三方认证。有关内容详见本章3.3.1。

8）供应商限制情形。采购人可根据有关规定，在采购文件中明确规定供应商不得存在的情形。有关内容详见本章3.3.6。

（3）工程监理投标响应资格

1）工程监理资质的设定。依据《建设工程质量管理条例》的相关规定，实行监理的建设工程，建设单位应当委托具有相应资质等级的工程监理单位进行监理。因此，供应商应当具有工程监理的相应资质及其等级，方可承担资质等级范围内的工程监理工作。

根据《工程监理企业资质管理规定》和《工程监理企业资质标准》的规定，工程监理企业资质分为综合资质、专业资质和事务所资质三个序列。综合资质只设甲级。专业资质按照工程性质和技术特点划分为14个专业工程类别。监理专业工程类别与工程设计行业划分不同，其14个专业工程类别如下：房屋建筑工程、冶金工程、矿山工程、化工石油工程、水利水电工程、电力工程、农林工程、铁路工程、公路工程、港口与航道工程、航天航空工程、通信工程、市政公用工程、机电安装工程。

综合资质可以承担所有专业工程类别建设工程项目的工程监理业务，以及建设工程的项目管理、技术咨询等相关服务。专业甲级资质可承担相应专业工程类别建设工程项目的工程监理业务，以及相应类别建设工程的项目管理、技术咨询等相关服务。专业乙级资质可承担相应专业工程类别二级（含）以下建设工程项目的工程监理业务，以及相应类别和级别建设工程的项目管理、技术咨询等相关服务。专业丙级资质可承担相应专业工程类别三级建设工程项目的工程监理业务，以及相应类别和级别建设工程的项目管理、技术咨询等相关服务。事务所资质可承担三级建设工程项目的工程监理业务，以及相应类别和级别建设工程项目管理、技术咨询等相关服务；但是，国家规定必须实行强制监理的建设工程监理业务除外。

根据《建设工程企业资质管理制度改革方案》的规定，工程监理保留综合资质；取消专业资质中的水利水电工程、公路工程、港口与航道工程、农林工程资质，保留其余10类专业资质；取消事务所资质。综合资质不分等级，专业资质等级压减为甲、乙两级。综合资质可以承担所有专业工程类别建设工程项目的工程监理业务，以及建设工程的项目管理、技术咨询等相关服务。专业资质可承担相应专业工程类别建设工程项目的工程监理业务，以及相应类别建设工程的项目管理、技术咨询等相关服务。

在建设工程企业资质改革到位之前，现有资质继续有效。

2）类似监理项目业绩的要求。类似项目一般是指与采购项目在工程行业、结构形式、使用功能、建设规模等方面相同或者相近的工程建设项目。关于供应商类似项目业绩要求的内容详见本章3.3.1。

3）总监理工程师资格。供应商拟投入的总监理工程师一般应当具有相应专业一定年限的工作经历和中高级职称，具有一项或者数项类似项目的工作业绩等。依据《建设工程质量管理条例》的相关规定，工程监理单位应当选派具有相应资格的总监理工程师进驻施工现场。采购人可以根据项目管理的需要，确定是否允许总监理工程师兼有其他项目的总监理工程师职务，允许兼职的可以明确兼职项目的数量。

按照《注册监理工程师管理规定》可知，总监理工程师应当具有相应专业的注册监理工程师执业资格，取得注册执业证书和执业印章。监理工程师的专业类别与监理企业资质中的专业类别划分相同，每人最多可以申请两个专业注册。

4）项目监理机构。工程监理项目团队又称为项目监理机构，由工程监理单位派驻工程负责履行建设工程监理合同的组织机构。供应商拟投入的项目监理机构由总监理工程师担纲，并应具有与采购项目相适应的专业力量，如人员数量、专业分布、工作年限、技术职称、工作资历、类似项目业绩等。项目监理机构的成员一般包括总监理工程师代表、专业监理工程师和监理员。

5）试验检测设备。由于工程监理应对工程建设行为进行质量控制，对建筑材料、设备进行试验检测等，采购人可以要求供应商必须具有一定专业和数量的试验检测设备，否则进场后将无法有效开展工程监理活动，使质量控制付诸形式。一定程度而言，试验检测设备的配备种类、数量和标准高低决定了供应商的综合实力水平。采购人可以根据采购项目特点，要求供应商配备相应仪器设备。

6）供应商财务状况。有关内容详见本章 3.3.1。

7）供应商信誉。有关内容详见本章 3.3.1。

8）供应商管理体系第三方认证。有关内容详见本章 3.3.1。

9）供应商限制情形。采购人在采购文件中明确规定供应商不得存在的情形，有关内容详见本章 3.3.6。

工程勘察、设计、监理企业资质详见附件 3-5。

（4）特许经营项目投资人投标响应资格

1）供应商的主体资格及其基本要求。目前，国家对特许经营项目融资招标采购的供应商没有专项资质管理规定，但对其组织形式、资金、设备、人员等提出了要求。参与特许经营权竞标者应当具备以下基本条件：

①依法设立，具有独立承担民事责任的能力。

②治理结构健全，内部管理和监督制度完善。

③具有独立、健全的财务管理、会计核算和资产管理制度。

④具备提供服务所必需的设施、人员和专业技术能力。

2）供应商的能力、业绩、信誉要求

①供应商的能力要求。特许经营项目融资采购项目供应商的能力主要是关于供应商融资、建设、管理的实力要求。证明供应商能力因素的文件包括营业执照、企业章程以及联合体分工协议、财务实力等。例如，如果国外公司参加投标，对其资格因素证明文件的要求还应当考虑国外政府对企业管理的惯例以及我国政府的相关特别规定。财务实力和融资能力是反映供应商资格能力的关键因素。特许经营项目融资招标一般要求供应商具备筹集项目资金和贷款的能力。供应商的财务实力主要体现在供应商的总资产和净资产规模、盈利能力等方面。

②类似项目业绩。类似项目业绩是证明供应商是否有能力胜任采购项目的重要因素。TOT 和股权转让项目强调的是供应商的融资、投资和运营经验，而 BOT 项目还要增加项目设计和建设管理业绩经验的要求。当单一供应商无法满足投资、设计、建设和运营管理等多项业绩经验要求时，可以采取两种办法：一是允许联合体成员业绩累计叠加后满足要求；二是允许部分业绩必须满足要求，其他业绩可以选择性响应。如对于 BOT 项目，可以要求投资人必须有投资业绩，而建设、运营两项业绩经验只要满足其中之一即可。在设定类似项目业绩的标准时需要注意：

A. 供应商已有项目的业绩规模和复杂程度一般与采购项目接近即可。

B. 供应商的业绩是指已经完成的或正在实施的项目。为了审查供应商的项目业绩，通常要求其提供项目业绩的详细信息，包括完成项目名称、证明人联系方式、项目地点和规模、项目投资总额、项目协议的履行情况、投资或建设运营的时间等。

③供应商信誉要求。招标选定的投资人要与采购人长期合作，为此，采购人对供应商的信誉要求较高。关于供应商信誉要求的内容详见本章 3.3.1。

3.3.5 工程总承包投标响应资格条件

(1) 工程总承包的规定

工程总承包是指承包单位按照与建设单位签订的合同，对工程设计、采购、施工或者设计、施工等阶段实行总承包，并对工程的质量、安全、工期和造价等全面负责的工程建设组织实施方式。建设单位应当在发包前完成项目审批、核准或者备案程序。采用工程总承包方式的企业投资项目，应当在项目核准或者备案后进行工程总承包项目发包。采用工程总承包方式的政府投资项目，原则上应当在初步设计审批完成后进行工程总承包项目发包；其中，按照国家有关规定简化报批文件和审批程序的政府投资项目，应当在完成相应的投资决策审批后进行工程总承包项目发包。

(2) 工程总承包投标响应资格

1）供应商资质条件《房屋建筑和市政基础设施项目工程总承包管理办法》规定，工程总承包单位应当同时具有与工程规模相适应的工程设计资质和施工资质，或者由具有相应资质的设计单位和施工单位组成联合体。设计单位和施工单位组成联合体的，应当根据项目的特点和复杂程度，合理确定牵头单位，并在联合体协议中明确联合体成员单位的责任和权利。联合体各方应当共同与建设单位签订工程总承包合同，就工程总承包项目承担连带责任。工程总承包单位或联合体中负责施工的一方，应当具备有效的安全生产许可证书。

《住房城乡建设部关于进一步推进工程总承包发展的若干意见》规定，工程总承包单位应当具有与工程规模相适应的工程设计资质或者施工资质。因此，对于房屋建筑和市政基础设施项目以外的其他行业工程总承包项目，也可以由设计单位或施工总承包单位单独承揽。供应商可以在其资质证书许可的工程项目范围内自行实施设计和施工，也可以根据合同约定或者经建设单位同意，直接将工程项目的设计或者施工业务择优分包给具有相应资质的企业。仅具有设计资质的企业承接工程总承包项目时，应当将工程总承包项目中的施工业务依法分包给具有相应施工资质的企业。仅具有施工总承包资质的企业承接工程总承包项目时，应当将工程总承包项目中的设计业务依法分包给具有相应设计资质的企业。

2）供应商业绩和能力。供应商工程总承包单位或联合体各方均应具有相应的项目管理能力、财务和风险承担能力，同时具有相应的组织机构、项目管理体系、项目管理专业人员和与采购项目工程相类似的设计、施工或者工程总承包业绩。

3）项目经理资格。根据《房屋建筑和市政基础设施项目工程总承包管理办法》，供应商项目经理应当具备下列条件：

①取得相应工程建设类注册执业资格，包括注册建筑师、勘察设计注册工程师、注册建造师或者注册监理工程师等；未实施注册执业资格的，取得高级专业技术职称。

②担任过与拟建项目相类似的工程总承包项目经理、设计项目负责人、施工项目负责人或者项目总监理工程师。

③熟悉工程技术和工程总承包项目管理知识以及相关法律法规、标准规范。

④具有较强的组织协调能力和良好的职业道德。

工程总承包项目经理不得同时在两个或者两个以上工程项目担任工程总承包项目经理、施工项目负责人。

4）项目团队要求。供应商拟设立的项目管理机构应当具有与工程总承包相适应的专业力量，如人员数量、专业分布、工作年限、技术职务、技术职称、工作资历、类似项目业绩等。应当设置项目经理，配备相应管理人员，加强设计、采购与施工的协调，完善和优化设计，改进施工方案，实现对工程总承包项目的有效管理和控制，形成项目设计、采购、施工、试运行管理以及质量、安全、工期、造价、节约能源和生态环境保护管理等工程总承包综合管理能力。

5）其他要求。供应商财务状况、信誉、管理体系、第三方认证等要求，详见本章3.3.1。供应商不得存在的情形详见本章3.3.6。

3.3.6 供应商资格的限制性规定

（1）通用的限制性规定

为保证招标采购的公平公正性，法律法规对招标采购活动的供应商资格进行了限制性规定。投标响应资格要求的共性的限制性规定包括以下内容：

1）与采购人存在利害关系并可能影响招标公正性的法人、其他组织或者个人，不得参加投标响应。

2）单位负责人为同一人或者存在控股、管理关系的不同单位，不得参加同一标段投标或者未划分标段的同一采购项目投标。

3）被依法暂停或者取消投标响应资格。

4）被责令停产停业、暂扣或者吊销许可证、暂扣或者吊销执照。

5）进入清算程序，或被宣告破产，或其他丧失履约能力的情形。

6）在最近三年内发生重大工程质量问题（以相关行业主管部门的行政处罚决定或司法机关出具的有关法律文书为准）。

7）在最近三年内发生重大工程安全事故（以相关行业主管部门的行政处罚决定或司法机关出具的有关法律文书为准）。

8）在“信用中国”网站（www.creditchina.gov.cn）中列入失信被执行人名单。

9）在最近三年内供应商有重大违法行为（以相关行业主管部门的行政处罚决定或司法机关出具的有关法律文书为准）或被政府部门列入“黑名单”。

（2）工程总承包项目的限制性规定

《房屋建筑和市政基础设施项目工程总承包管理办法》规定，工程总承包单位不得是工程总承包项目的代建单位、项目管理单位、监理单位、造价咨询单位、招标代理单位。政府投资项目的项目建议书、可行性研究报告、初步设计文件编制单位及其评估单位，一般不得成为该项目的工程总承包单位。政府投资项目采购人公开已经完成的项目建议书、可行性研究报告、初步设计文件的，上述单位可以参与该工程总承包项目的投标，经依法评标、定标，成为工程总承包单位。结合以上规定，工程总承包项目的供应商，不得存在以下情形：

1）为本标段的监理人或代建人或项目管理人或造价咨询人或采购代理机构。

2）与本标段的监理人或代建人或项目管理人或造价咨询人或采购代理机构同为一个法定代表人。

3）与本标段的监理人或代建人或项目管理人或造价咨询人或采购代理机构存在控股或参股关系。

4）法律法规规定的其他情形。

非招标方式可参照以上规定执行。

（3）工程施工采购项目的限制性规定

采购人的任何不具有独立法人资格的附属机构（单位），或者为采购项目的前期准备或者监理工作提供设计、咨询服务的任何法人及其任何附属机构（单位），都无资格参加该采购项目的投标。根据《标准施工招标文件》《招标投标法实施条例》《工程建设项目施工招标投标办法》的规定，工程施工的投标人，不得存在以下情形：

1）为不具有独立法人资格的附属机构（单位）。

2）为本标段前期准备提供设计或咨询服务的。

3）为本标段的监理单位。

4）为本标段的代建人。

5）为本标段提供采购代理服务的。

6）与本标段的监理单位或代建人或采购代理机构同为一个法定代表人的。

7）与本标段的监理单位或代建人或采购代理机构相互控股或参股的。

8）与本标段的监理单位或代建人或采购代理机构相互任职或工作的。

9）采购文件规定的其他情形。

非招标方式可参照以上规定执行。

（4）工程货物采购项目的限制性规定

《工程建设项目货物招标投标办法》第三十二条规定，法定代表人为同一个人的两个及两个以上法人，母公司、全资子公司及其控股公司，都不得在同一货物招标中同时投标。一个制造商对同一品牌同一型号的货物，仅能委托一个代理商参加投标。非招标方式可参照以上规定执行。

（5）机电产品国际采购项目的限制性规定

《机电产品国际招标投标实施办法（试行）》第三十二条规定，在机电产品国际招标时，与招标人存在利害关系可能影响招标公正性的法人或其他组织不得参加投标；接受委托参与项目前期咨询和招标文件编制的法人或其他组织不得参加受托项目的投标，也不得为该项目的投标人编制投标文件或者提供咨询。单位负责人为同一人或者存在控股、管理关系的不同单位，不得参加同一招标项目包投标，共同组成联合体投标的除外。非招标方式可参照以上规定执行。

（6）工程监理项目的限制性规定

根据《建设工程质量管理条例》的相关规定，对于已经确定施工承包人或材料设备供应商的工程监理采购项目，供应商不得与被监理工程的施工承包单位以及建筑材料、建筑构配件和设备供应单位具有隶属关系或者其他利害关系。采购人应当要求供应商出具无隶属关系或其他利害关系的承诺，提供营业执照、公司章程等能够证明相应关系的证明材料。

3.4 资格预审公告

进行资格预审的公开采购项目，应当发布资格预审公告（代招标公告）邀请不特定的潜在供应商参加资格审查。依法必须招标项目的资格预审公告，应当在国务院相关部门依法指定的媒介发布。

3.4.1 资格预审公告的内容和格式

(1) 工程招标采购资格预审公告

工程招标采购资格预审公告包括以下内容：

1）采购条件包括：

①工程建设项目名称、项目审批、核准或备案机关名称及其文件编号。

②项目业主名称，即项目审批、核准或备案文件中载明的项目投资或项目业主。

③项目资金来源和出资比例，如国债资金20%、银行贷款30%、自筹资金50%等。

④采购人名称，即负责采购项目的采购人名称，可以是项目业主或其授权组织实施项目并独立承担民事责任的项目建设管理单位。

⑤阐明该项目已具备采购条件，采购方式为公开采购。

2）工程建设项目概况与招标采购范围。对工程建设项目建设地点、规模、计划工期、招标采购范围、标段划分等进行概括性的描述，使潜在供应商能够初步判断是否有意愿以及自己是否有能力承担项目的实施。

3）申请人资格要求。申请人应具备的工程施工资质等级、类似业绩、安全生产许可证，以及对财务、人员、设备、信誉、管理体系认证等方面的要求；是否接受联合体申请和投标响应以及相应的要求；申请人申请资格预审的标段数量或指定的具体标段。

4）资格预审文件的发售时间、方式、地点、售价

①发售时间。采购人可根据采购项目规模情况具体规定资格预审文件发售时间，依法必须进行招标的项目的发售时间不得少于5日。

②方式、地点。采用电子招标方式的，可以直接从网上下载；采用线下方式的应要求到指定地点购买；为方便异地申请人参与资格预审，一般也可以通过邮购方式获取文件，此时采购人应在公告内明确告知在收到申请人邮购款（含手续费）后的规定日期内寄送。应注意，前述规定的日期是指采购人寄送文件的日期，而不是寄达的日期，采购人不承担邮件延误或遗失的责任。

③售价。资格预审文件的售价应当合理，不得以营利为目的。除采购人终止采购外，资格预审文件售出后，不予退还。

5）资格预审方法。明确采用合格制或是有限数量制。

6）资格预审申请文件提交的截止时间、方式、逾期送达处理

①截止时间。根据采购项目具体特点和需要合理确定资格预审申请文件提交的截止时间。对于依法必须进行招标的项目，提交资格预审申请文件的截止时间自资格预审文件停止发售之日起不得少于5日。

②方式。采用电子招标方式的，载明提交申请文件的系统和方式。采用纸质方式的，载明送达地点。送达地点一定要详细告知，可附交通地图。

③逾期送达处理。对于逾期提交、送达的或者未提交、未送达指定地点的或者不按照资格预审文件要求密封的资格预审申请文件，采购人不予受理。

7）公告发布媒体。采购人发布资格预审公告的媒体名称。如果采购人同时在多个媒

体发布公告，应列明所有媒体的名称，各媒体公告的内容应当一致。

8）联系方式。包括采购人和采购代理机构的联系人、地址、邮编、电话、传真、电子邮箱、开户银行和账号等，以及受理异议和招标投标行政监督部门的联系人和联系方式。

根据《标准施工招标资格预审文件》（2007 年版），施工招标资格预审公告格式见附件 3-6。

（2）货物与服务招标采购资格预审公告

货物与服务招标采购资格预审公告或招标公告的内容和格式与工程招标采购的基本一致，主要区别是招标采购的范围、内容、规模数量、技术规格、交货或服务方式、地点要求的描述以及申请人或供应商的资格条件。

货物与服务招标采购资格预审公告应包括以下内容：

1）采购人，采购代理机构的名称、地址和联系方式。

2）采购项目名称，采购的内容、数量、用途、简要技术要求或者采购项目的性质。

3）供应商资格要求。

4）获取采购资格预审文件的时间、地点、方式及售价。

5）提交资格申请及证明材料的截止时间、地点及资格审查日期。

6）受理异议和招标投标行政监督部门的联系人姓名和电话。

3.4.2 资格预审公告发布媒介

（1）工程项目资格预审公告发布媒介

根据《招标公告和公示信息发布管理办法》的规定，依法必须招标项目的招标公告和公示信息应当在“中国招标投标公共服务平台”或者项目所在地省级电子招标投标公共服务平台（以下简称“发布媒介”）发布。省级电子招标投标公共服务平台应当与“中国招标投标公共服务平台”对接，按规定同步交互招标公告和公示信息。对依法必须招标项目的招标公告和公示信息，发布媒介应当与相应的公共资源交易平台实现信息共享。

“中国招标投标公共服务平台”应当汇总公开全国招标公告和公示信息，以及省级发布媒介名称、网址、办公场所、联系方式等基本信息，及时维护更新，与全国公共资源交易平台共享，并归集至全国信用信息共享平台，按规定通过“信用中国”网站向社会公开。

（2）机电产品国际采购项目资格预审公告发布媒介

根据《机电产品国际招标投标实施办法（试行）》的规定，机电产品国际采购项目除在上述指定媒介发布公告外，还应同时在“中国国际招标网”网站（http：//www. chinabidding. mofcom. gov. cn）发布公告。

3.5 资格预审文件

资格预审文件是告知申请人资格预审条件、标准和方法，资格预审申请文件编制和提交要求的载体，是对申请人的经营资格、履约能力进行评审，确定通过资格预审申请人的依据。

3.5.1 工程施工（工程总承包）项目资格预审文件

目前依法必须进行招标的项目，应使用国家发展改革委会同有关行政监督部门制定的《标准施工招标资格预审文件》（2007 年版），结合采购项目的技术管理特点和需求，按照以下基本内容和要求编制资格预审文件。工程总承包项目资格预审文件和资格预审申请文件的内容和格式，可以参照工程招标资格预审文件，结合工程总承包项目的特点和需求编制。

（1）资格预审公告

资格预审公告包括招标条件、项目概况与招标采购范围、申请人资格要求、资格预审方法、资格预审文件的获取、资格预审申请文件的提交、发布公告的媒介、采购人、采购代理机构、受理异议和招标投标行政监督部门的联系人和联系方式等内容。资格预审公告的内容详见本章 3.4.1。

（2）申请人须知

1）申请人须知前附表。前附表编写内容及要求：

①采购人及采购代理机构的名称、地址、联系人与电话，便于申请人联系。

②工程建设项目基本情况，包括项目名称、建设地点、资金来源、出资比例、资金落实情况、招标采购范围、标段划分、计划工期、质量要求，使申请人了解项目基本概况。

③申请人资格条件。告知申请人必须具备的资质标准和等级、近年类似业绩、财务状况等资格能力要素条件和拟投入的人员、设备等技术力量，以及近年发生的诉讼、仲裁等履约信誉情况和是否接受联合体申请和投标等要求。

④时间安排。明确申请人提出澄清资格预审文件要求的截止时间，采购人澄清、修改资格预审文件的时间，申请人确认收到资格预审文件澄清和修改文件的时间，使申请人知悉资格预审活动的时间安排。

⑤申请文件的编写要求。明确申请文件的签字和盖章要求、申请文件的装订及文件份数，使申请人知悉资格预审申请文件的编写格式。

⑥申请文件的提交规定。明确申请文件的密封和标识要求、申请文件提交的截止时间及地点、资格审查结束后资格预审申请文件是否退还，以使申请人能够正确提交申请文件。

⑦简要写明资格审查采用的方法、资格预审结果的通知时间及确认时间。

2）总则。总则编写要把招标采购工程建设项目概况、资金来源和落实情况、招标采购范围和计划工期及质量要求叙述清楚，声明申请人资格要求，明确申请文件编写所用的语言，以及参加资格预审过程的费用承担要求。

3）资格预审文件

①资格预审文件的组成。资格预审文件由资格预审公告、申请人须知、资格审查方法、资格预审申请文件格式、项目建设概况以及对资格预审文件的澄清和修改构成。

②资格预审文件的澄清。要明确申请人提出澄清的时间、澄清问题的表达形式、采购人的回复时间和回复方式，以及申请人对收到答复的确认时间及方式。

A. 申请人通过仔细阅读和研究资格预审文件，对于不明白、不理解的意思表达，模棱两可或错误的表述，或遗漏的事项，可以向采购人提出澄清要求，但澄清要求应当在资格预审文件规定的时间前，以书面形式发给采购人。

B. 采购人在认真研究收到的所有澄清问题后，应在规定时间前以书面形式将资格预审澄清文件发放给所有获取资格预审文件的申请人，但不指明澄清问题的来源。依法必须招标项目的资格预审文件的澄清内容可能影响资格预审申请文件编制的，采购人应当在申请人须知规定的提交资格预审申请文件截止时间至少 3 日前，以书面形式通知所有获取资格预审文件的申请人；不足 3 日的，采购人应当顺延提交资格预审申请文件的截止时间。

C. 申请人应在收到澄清文件后，在规定的时间内以书面形式向采购人确认已经收到。

③资格预审文件的修改。明确采购人对资格预审文件进行修改、通知的方式及时间，以及申请人确认的方式及时间。

A. 采购人可以对资格预审文件中存在的问题、疏漏进行修改，但必须在资格预审文件规定的时间前，将资格预审修改文件以书面形式发放给所有获取资格预审文件的申请人。依法必须招标项目的资格预审文件的修改内容可能影响资格预审申请文件编制的，采购人应当在申请人须知规定的提交资格预审申请文件截止时间至少 3 日前，以书面形式通知所有获取资格预审文件的申请人；不足 3 日的，采购人应当顺延提交资格预审申请文件的截止时间。

B. 申请人应在收到修改文件后进行确认。

④对资格预审文件的异议。依法必须招标项目的资格预审申请人或者其他利害关系人对资格预审文件有异议的，应当在提交资格预审申请文件截止时间 2 日前提出，采购人应当自收到异议之日起 3 日内作出答复；作出答复前，应当暂停招标投标活动。

⑤资格预审申请文件的编制。其包括资格预审申请文件的组成内容、编制要求、装订及签字盖章要求。

⑥资格预审申请文件的提交。采购人一般在这部分明确资格预审申请文件应按统一的规定要求进行密封和标识，并在规定的时间和地点提交。对于没有在规定地点、截止时间前提交的申请文件，应拒绝接收。

⑦资格审查。国有资金占控股或者主导地位的依法必须进行招标的项目，由采购人依法组建的资格审查委员会进行资格审查；其他采购项目可由采购人自行进行资格审查。

⑧通知和确认。明确审查结果的通知时间及方式，以及通过资格预审申请人的回复方式及时间。

⑨纪律与监督。对资格预审期间的纪律、保密、投诉以及对违纪的处置方式进行规定。

(3) 资格预审的方法

1）选择资格预审的方法。资格预审的方法有合格制和有限数量制两种，分别适用于不同的条件：

①合格制。在一般情况下，应当采用合格制，凡符合资格预审文件规定资格审查标准的申请人均通过资格预审，即取得相应投标资格。

②有限数量制。当潜在供应商过多时，可采用有限数量制。采购人在资格预审文件中应规定资格审查标准和程序，明确通过资格预审的申请人数量 N 个，并应明确第 N 名得分相同的处理办法。资格审查委员会按照资格预审文件中规定的审查标准和程序，对通过初步审查和详细审查的资格预审申请文件进行量化打分，按得分由高到低的顺序确定通过

资格预审的申请人。通过资格预审的申请人不得超过资格审查办法前附表规定的数量。

2）审查标准。包括初步审查和详细审查的标准，采用有限数量制时的评分标准。

3）审查程序。包括资格预审申请文件的初步审查、详细审查、澄清以及有限数量制的评分等内容和规则。

4）审查结果。资格审查委员会完成资格预审申请文件的审查，确定通过资格预审的申请人名单，向采购人提交书面审查报告。

(4) 资格预审申请文件的格式

资格预审申请文件包括以下基本内容和格式。

1）资格预审申请函。资格预审申请函是申请人响应采购人参加招标资格预审的申请函，并对所提交的资格预审申请文件及有关材料内容的完整性、真实性和有效性作出声明。《标准施工招标资格预审文件》（2007 年版）的施工招标资格预审申请函见附件 3-7。

2）法定代表人身份证明或其授权委托书

①法定代表人身份证明，是申请人出具的用于证明法定代表人合法身份的证明。其内容包括申请人名称、单位性质、成立时间、经营期限，法定代表人的姓名、性别、年龄、职务等。《标准施工招标资格预审文件》（2007 年版）的法定代表人身份证明格式见本书第 4 章附件 4-6。

②授权委托书，是申请人及其法定代表人出具的正式文书，明确授权其委托代理人在规定的期限内负责申请文件的签署、澄清、提交、撤回、修改等活动，其活动的后果，由申请人及其法定代表人承担法律责任。《标准施工招标资格预审文件》（2007 年版）的授权委托书格式见本书第 4 章附件 4-6。

3）联合体共同投标协议。适用于允许联合体投标的资格预审。联合体各方联合声明共同参加资格预审申请和投标活动签订的联合协议。联合体共同投标协议中应明确牵头人、各方职责分工及协议期限，承诺对提交文件承担法律责任等。《标准施工招标资格预审文件》（2007 年版）的联合体共同投标协议格式见本书第 4 章附件 4-1。

4）申请人基本情况

①申请人的名称、企业性质、主要股东、法定代表人、经营范围与方式、营业执照、成立时间、企业资质等级与资格声明、技术负责人、联系方式、开户银行、员工专业结构与人数等。

②申请人的能力。已承接任务的合同项目总价，最大年施工规模能力（产值），正在施工的规模数量，申请人的施工质量保证体系，拟投入本项目的主要设备仪器情况。

5）申请人近年财务状况。申请人应提交近年（一般为近 3 年）经会计师事务所或审计机构审计的财务报表，包括资产负债表、损益表、现金流量表等用于采购人判断供应商的总体财务状况，进而评估其承担采购项目的财务能力和抗风险能力。必要时，可要求申请人提供银行出具的信用等级证书或银行资信证明。

6）申请人近年完成的类似项目情况。申请人应提供近年已经完成的与采购项目性质、类型、规模标准类似的工程名称、地址，采购人名称、地址及联系电话，合同价格，申请人的职责定位、承担的工作内容、完成日期，实现的技术、经济和管理目标及使用状况，项目经理、技术负责人等。

7）申请人拟投入管理人员的状况。包括岗位任职、工作经历、职业资格、技术或行政职务、职称，完成的主要类似项目业绩等证明材料。

8）申请人正在施工和新承接的项目情况。填报信息内容与“近年完成的类似项目情况”的要求相同。

9）申请人近年发生的诉讼及仲裁情况。申请人应按资格预审文件要求提供指定年份的，在合同履行中发生达到规定的涉案金额的争议或纠纷引起的诉讼、仲裁案件，以及已被明确处罚的主体、处罚种类、处罚范围的违法、违规行为，包括法院或仲裁机构作出的判决、裁决、行政处罚决定等法律文书复印件。

10）其他材料。申请人提交的其他材料包括两部分：一是资格预审文件的申请人须知、评审办法等有关要求，但申请文件格式中没有表述的内容，如质量管理体系、环境管理体系、职业健康安全管理体系认证证书，企业、工程、产品的获奖、荣誉证书等；二是资格预审文件中没有要求提供，但申请人认为对自己通过资格预审比较重要的资料。

（5）工程建设项目概况

工程建设项目概况的内容应包括项目说明、建设条件、建设要求和其他需要说明的情况。各部分具体编写要求如下：

1）项目说明。首先应概要介绍工程建设项目的建设任务、工程规模标准和预期效益；其次说明项目的批准或核准情况；再次介绍该工程的项目业主、项目投资人出资比例，以及资金来源；最后概要介绍项目的建设地点、计划工期、招标范围和标段划分情况。

2）建设条件。主要描述建设项目所处位置的水文气象条件、工程地质条件、地理位置及交通条件等。

3）建设要求。概要介绍工程施工技术规范、标准要求，工程建设质量、进度、安全和环境管理等要求。

4）其他需要说明的情况。需要结合项目的工程特点和项目业主的具体管理要求提出。

3.5.2　货物与服务项目资格预审文件

货物采购项目、服务采购项目资格预审文件和资格预审申请文件的内容和格式，可以参照工程招标资格预审文件，结合采购货物或服务的特点和需求编制。其中，单项货物采购项目的标准通用性特点决定了其较少采用资格预审。

3.6　资格预审的评审程序

资格预审的评审程序包括初步审查、详细审查、澄清、评审、提交书面审查报告、确认通过资格预审的申请人名单等程序。

3.6.1　初步审查

初步审查一般包括审查申请人名称与营业执照、资质证书、安全生产许可证是否一致；资格预审申请文件是否经法定代表人或其委托代理人签字或加盖单位章；申请文件是否按照资格预审文件中规定的内容格式编写；联合体申请人是否提交联合体共同投标协议，并明确联合体成员责任分工等。对于代理商投标响应的，还应审查货物制造商的授权书（如有）、货物的制造资格和销售资格等。上述因素只要有一项不合格，就不能通过初步审查。

3.6.2 详细审查

详细审查是对通过初步审查的申请人的资格预审申请文件的进一步审查。一般包括如下内容：

（1）营业执照

1）公司名称。营业执照上的企业名称为法定名称，供应商名称必须与营业执照上的名称一致。

2）法定代表人。申请文件应由法定代表人或其授权的代表签字。通过审查营业执照确认申请文件或法定代表人授权书是否是由营业执照规定的法定代表人签字或授权。

（2）企业资质等级和生产许可

施工和服务企业资质的专业范围和等级是否满足资格条件要求，货物生产供应企业是否具有相应的生产供应许可证、产品强制认证等证明文件。

（3）安全生产许可证

安全生产许可范围是否与采购项目一致，期限是否有效。

（4）质量管理、环境管理和职业健康安全管理体系认证书

认证范围是否与采购项目一致，证书有效期限是否涵盖投标截止时间。

（5）财务状况

审查经会计师事务所或审计机构审计的近年财务报表，包括资产负债表、现金流量表、损益表和财务情况说明书，以及银行授信额度。核实申请人的资产负债率及偿债能力、流动资金比率、速动比率等抵御财务风险的能力是否达到资格审查的标准要求。

（6）类似项目业绩

申请人提供资格预审文件规定年限完成的类似项目情况，应附中标通知书或合同协议书、工程接收证书（工程竣工验收证书）的复印件等证明材料；正在施工或生产和新承接的项目情况，应附中标通知书或合同协议书的复印件等证明材料。根据申请人完成类似项目业绩的数量、质量、规模、运行情况，评审其已有类似项目的施工或生产经验的程度。

（7）信誉

根据申请人近年来发生的诉讼或仲裁情况、质量和安全事故、合同履约情况以及银行资信，判断其是否满足资格预审文件规定的条件要求。

（8）项目经理和技术负责人的资格

审核项目经理和其他技术管理人员的履历、任职、类似业绩、技术职称、职业资格等证明材料，评定其是否符合资格预审文件规定的资格、能力要求。

（9）联合体申请人

评审联合体共同投标协议中联合体牵头人与其他成员的责任分工是否明确；联合体的资质等级是否符合要求，联合体各方有无单独或参加其他联合体对同一标段的投标响应。

（10）其他

评审资格预审申请文件是否满足资格预审文件规定的其他要求，特别注意是否存在申请人的限制情形。

3.6.3　澄清

在审查过程中，资格审查委员会可以要求申请人对所提交的资格预审申请文件中不明确的内容、明显文字错误等进行必要的澄清或说明。申请人的澄清或说明采用书面形式，并不得改变资格预审申请文件的实质性内容。申请人的澄清和说明内容属于资格预审申请文件的组成部分。资格审查委员会不得暗示或者诱导申请人作出澄清、说明，不得接受申请人主动提出的澄清、说明。

3.6.4　确定资格预审合格人

（1）合格制

满足详细审查标准的申请人，通过资格审查，获得参加投标响应的资格。

（2）有限数量制

如果资格预审文件规定最少数量（*M*）的，通过详细审查的申请人没有达到最少数量（*M*）时，采购人应依据规定重新进行资格预审。通过详细审查的申请人超过资格预审文件规定的最少数量（*M*），但没有超过资格预审文件规定的最多数量（*N*）的，可以不再进行评分，通过详细审查的申请人均通过资格预审；通过详细审查的申请人数量超过资格预审文件规定最多数量（*N*）的，资格审查委员会应按资格预审文件规定的评审因素和评分标准进行评审，并按得分由高到低的顺序进行排序，确定资格预审文件规定数量（*N*）的申请人通过资格预审。当第 *N* 名并列时，按资格预审文件规定的方法确定通过资格预审的申请人。

3.6.5　资格评审报告

审查委员会按照上述规定的程序对资格预审申请文件完成审查后，确定通过资格预审的申请人名单，并向采购人提交书面审查报告。

对于依法必须进行招标的项目，通过详细审查申请人的数量少于 3 个的，采购人应分析具体原因，采取相应措施后，重新组织资格预审或不再组织资格预审而采用资格后审办法直接招标。

3.6.6　确认通过资格预审的申请人名单

通过资格预审的申请人名单，一般由采购人根据审查报告和资格预审文件审定确认。其后，由采购人或采购代理机构向通过资格预审的申请人发出投标邀请书（代资格预审通过通知书），邀请其领取或购买采购文件和参与投标响应，并要求申请人确认是否参加投标；对于未通过资格预审的申请人，采购人应向其发出资格预审结果通知书，明确告知其未通过资格预审的原因。

附件 3-1　财务状况的评审因素

一、财务会计报告

（一）会计报表

会计报表是指企业以一定的会计方法和程序由会计账簿的数据整理得出，以表格的形式反映企业财务状况、经营成果和现金流量的书面文件，是财务会计报告的主体和核心。按反映内容的不同，企业会计报表分为资产负债表、损益表（利润表）、现金流量表。

（1）资产负债表表示企业在某一特定日期（通常为各会计期末）的财务状况（即资产、负债和所有者权益的状况）的主要会计报表，可让所有阅读者以最短时间了解企业经营状况。其反映了企业资产的构成及其状况，分析了企业在某一日期所拥有的经济资源及其分布情况、企业目前与未来需要支付的债务数额，可了解企业现有的投资者在企业资产总额中所占的份额等。

（2）损益表又称为利润表，是指反映企业在一定会计期的经营成果及其分配情况的会计报表，是一段时间内企业经营业绩的财务记录，反映了这段时间的收入、成本、费用及利润，报表结果为企业实现的利润或形成的亏损。

（3）现金流量表是指在一个固定期间（通常是每月或每季）内，企业的现金（包含现金等价物）的增减变动情形。其主要是要反映出资产负债表中各个项目对现金流量的影响，并根据其用途划分为经营、投资及筹资三个活动分类。现金流量表可用于分析一家机构在短期内有没有足够的现金去应付开销。现金流量表的主要作用是决定企业短期生存能力，特别是缴付账单的能力。

（二）会计报表附注

会计报表附注是为便于会计报表使用者理解会计报表的内容而对会计报表的编制基础、编制依据、编制原则和方法及主要项目等所做的解释。会计报表附注是财务会计报告的一个重要组成部分，它有利于增进会计信息的可理解性，提高会计信息可比性和突出重要的会计信息。

（三）财务情况说明书

财务情况说明书是指会计单位提供的财务情况，至少应当对下列情况作出说明：

（1）企业生产经营的基本情况。

（2）利润实现和分配情况。

（3）资金增减和周转情况。

（4）对企业财务状况、经营成果和现金流量有重大影响的其他事项。

二、财务状况分析

通过提供会计师事务所或审计机构审计的近年财务报告证明其财务能力状况。对企业财务状况进行分析，一般需要注意以下几个方面 ：

（一）偿债能力分析

偿债能力是指企业用其资产偿还长期债务与短期债务的能力。企业有无支付现金的能力和偿还债务的能力，是企业能否健康生存和发展的关键。企业偿债能力是反映企业财务状况和经营能力的重要标志。反映上市企业偿债能力的指标主要有流动比率、速动比率、资产负债率、已获利息倍数等。

1. 流动比率

$$流动比率=\frac{流动资产}{流动负债}\times 100\%$$

流动比率是指流动资产和流动负债的比率，用来衡量企业流动资产在短期债务到期之前，可以变为现金用于偿还负债的能力。

流动资产是指企业可以在一年或者超过一年的一个营业周期内变现或者运用的资产，是企业资产中必不可少的组成部分。

流动比率的含义：流动比率越高，说明企业资产的流动性越大，企业的短期偿债能力越强。但是，并不是流动比率越高越好，因为流动比率太大，表明流动资产占用较多，会影响经营资金周转效率和获利能力；如果比率过低，又说明偿债能力较差。

2. 速动比率

$$速动比率=\frac{速动资产}{流动负债}\times 100\%$$

速动资产是指企业持有的现金、银行存款和有价证券等变现能力强的那部分资产，它等于企业的流动资产减去存货、应收账款、预付账款、待摊费用和待处理财产损益后的余额。

速动比率的含义：速动比率的高低能直接反映企业短期偿债能力的强弱，它是对流动比率的补充，并且比流动比率反映得更加直观可信。如果流动比率较高，但流动资产的流动性却很低，则企业的短期偿债能力仍然不高。在流动资产中，有价证券一般可以立刻在证券市场上出售，转化为现金、应收账款、应收票据、预付账款等项目，以在短时期内变现。而存货、待摊费用等项目变现时间较长，特别是存货很可能发生积压、滞销、残次、冷背等情况，其流动性较差，因此流动比率较高的企业，偿还短期债务的能力并不一定很强，而速动比率就避免了这种情况的发生。

3. 资产负债率

$$资产负债率=\frac{负债总额}{资产总额}\times 100\%$$

负债总额：企业承担的各项负债的总和，包括流动负债和长期负债。资产总额：企业拥有的各项资产的总和，包括流动资产和长期资产。

资产负债率的含义：这个比率对于债权人来说越低越好。因为企业的所有者（股东）一般只承担有限责任，而一旦企业破产清算，资产变现所得很可能低于其账面价值，所以如果此指标过高，债权人可能遭受损失。当资产负债率大于100%，表明企业已经资不抵债，对于债权人来说风险非常大。

4. 已获利息倍数

$$已获利息倍数=\frac{息税前利润}{利息费用}$$

息税前利润（EBIT）为：企业的净利润＋企业支付的利息费用＋企业支付的所得税。公式中的利息费用包括财务费用中的利息支出和资本化利息。

在通常情况下，已获利息倍数越高，企业长期偿债能力越强。一般认为，该指标为3

时较为适当，从长期来看至少应大于 1。

已获利息倍数的含义：反映企业的经营收益支付债务利息的能力。其越高说明偿债能力越强。已获利息倍数的使用应该与企业的经营活动现金流量结合起来；另外，最好比较本企业连续几年的该项指标，并选择最低指标年度的数据作为标准。已获利息倍数为负值时没有任何意义，已获利息倍数是表示长期偿债能力的。

（二）资金管理能力分析

1. 应收账款周转率

$$应收账款周转率=\frac{营业收入}{平均应收账款余额}\times 100\%$$

其中，平均应收账款余额为期初应收账款余额与期末应收账款余额之和除以 2。

应收账款周转率就是反映企业应收账款周转速度的比率，它说明一定周期内企业应收账款转为现金的平均次数。用时间表示的应收账款周转速度为应收账款周转天数，也称平均应收账款回收期或平均收现期。它表示企业从获得应收账款的权利到收回款项、变成现金所需要的时间。

应收账款周转率的意义：一般来说，应收账款周转率越高越好，表明企业收账速度快、平均收账期短、坏账损失少、资产流动快、偿债能力强。与之相对应，应收账款周转天数则是越短越好。如果企业实际收回账款的天数越过了企业规定的应收账款天数，则说明债务人拖欠时间长、资信度低，增大了发生坏账损失的风险；同时也说明企业催收账款不力，使资产形成了呆账，甚至坏账，造成了流动资产不流动，这对企业正常的生产经营是很不利的。但从另一方面来说，如果企业的应收账款周转天数太短，则表明企业奉行较紧的信用政策，付款条件过于苛刻，这样会限制企业销售量的扩大，特别是当这种限制的代价（机会收益）大于赊销成本时，会影响企业的盈利水平。

2. 存货周转率

$$存货周转率=\frac{营业成本}{存货平均余额}\times 100\%$$

其中，平均存货余额为期初存货余额与期末存货余额之和除以 2。

存货周转率是衡量和评价企业购入存货、投入生产、销售收回等各环节管理状况的综合性指标。它是销货成本被平均存货除而得到的比率，或叫存货周转次数，用时间表示的存货周转率就是存货周转天数。存货周转率是对流动资产周转率的补充说明，通过存货周转率的计算与分析，可以测定企业一定时期内存货资产的周转速度，是反映企业购、产、销平衡效率的一种尺度。存货周转率越高，表明企业存货资产变现能力越强，存货及占用在存货上的资金周转速度越快。

存货周转率的意义：存货周转率反映了企业销售效率和存货使用效率。在正常情况下，如果企业经营顺利，存货周转率越高，说明企业存货周转得越快，企业的销售能力越强，营运资金占用在存货上的金额也会越少。

3. 流动资产周转率

$$流动资产周转率=\frac{营业收入}{平均流动资产总额}\times 100\%$$

流动资产周转率是指企业一定时期内营业收入与平均流动资产总额的比率。流动资产周转率是评价企业资产利用率的另一重要指标。

流动资产周转率的意义：反映了企业流动资产的周转速度，是从企业全部资产中流动性最强的流动资产角度对企业资产的利用效率进行分析，以进一步揭示影响企业资产质量的主要因素。在一般情况下，该指标越高，表明企业流动资产周转速度越快，利用越好。在较快的周转速度下，流动资产会相对节约，相当于流动资产投入增加，在一定程度上增强了企业的盈利能力；而周转速度慢，则需要补充流动资金参加周转，会形成资金浪费，降低企业盈利能力。

4. 总资产周转率

$$总资产周转率=\frac{营业收入}{平均资产总额}\times 100\%$$

总资产周转率是指营业收入与平均资产总额的比率。其中平均资产总额为期初资产总额与期末资产总额之和除以 2。

总资产周转率的意义：反映了企业整体资产的营运能力。一般来说，资产的周转次数越多或周转天数越少，表明其周转速度越快，营运能力也就越强。

（三）经营增长指标

1. 营业收入增长率

$$营业收入增长率=\frac{本期营业收入增长额}{上期营业收入}\times 100\%$$

营业收入增长率是指企业本期营业收入总额同上期营业收入总额差值的比率。

营业收入增长率的意义：该指标若大于 0，表示企业本年的主营业务收入有所增长，指标值越高，表明增长速度越快，企业市场前景越好；若该指标小于 0，则说明存在产品或服务不适销对路、质次价高等方面的问题，市场份额萎缩。

2. 总资产增长率

$$总资产增长率=\frac{(期末总资产-期初总资产)}{期初总资产}\times 100\%$$

总资产增长率又名总资产扩张率，是指期末总资产和期初总资产的差与年初总资产的比率，反映企业本期资产规模的增长情况。

总资产增长率的意义：总资产增长率越高，表明企业一定时期内资产经营规模扩张的速度越快。但在分析时，需要关注资产规模扩张的质和量的关系，以及企业的后续发展能力，避免盲目扩张。

3. 所有者权益增长率

$$所有者权益增长率=\frac{(期末所有者权益-期初所有者权益)}{年初所有者权益}\times 100\%$$

附件 3-2 建筑业企业资质类别

<table>
<tr><th>资质类别</th><th>序号</th><th>现有施工资质类别</th><th>改革方向</th></tr>
<tr><td rowspan="13">施工总承包资质</td><td>1</td><td>施工总承包企业特级资质</td><td>调整为施工综合资质，不分行业，不分等级</td></tr>
<tr><td>2</td><td>建筑工程施工总承包</td><td>保留，设甲、乙两级</td></tr>
<tr><td>3</td><td>公路工程施工总承包</td><td>保留，设甲、乙两级</td></tr>
<tr><td>4</td><td>铁路工程施工总承包</td><td>保留，设甲、乙两级</td></tr>
<tr><td>5</td><td>港口与航道工程施工总承包</td><td>保留，设甲、乙两级</td></tr>
<tr><td>6</td><td>水利水电工程施工总承包</td><td>保留，设甲、乙两级</td></tr>
<tr><td>7</td><td>市政公用工程施工总承包</td><td>保留，设甲、乙两级</td></tr>
<tr><td>8</td><td>电力工程施工总承包</td><td>保留，设甲、乙两级</td></tr>
<tr><td>9</td><td>矿山工程施工总承包</td><td>保留，设甲、乙两级</td></tr>
<tr><td>10</td><td>冶金工程施工总承包</td><td>保留，设甲、乙两级</td></tr>
<tr><td>11</td><td>石油化工工程施工总承包</td><td>保留，设甲、乙两级</td></tr>
<tr><td>12</td><td>通信工程施工总承包</td><td>保留，设甲、乙两级</td></tr>
<tr><td>13</td><td>机电工程施工总承包</td><td>保留，设甲、乙两级</td></tr>
<tr><td rowspan="20">专业承包资质</td><td>1</td><td>地基基础工程专业承包</td><td>保留，设甲、乙两级</td></tr>
<tr><td>2</td><td>起重设备安装工程专业承包</td><td>保留，设甲、乙两级</td></tr>
<tr><td>3</td><td>预拌混凝土专业承包</td><td>保留，不分等级</td></tr>
<tr><td>4</td><td>模板脚手架专业承包</td><td>保留，不分等级</td></tr>
<tr><td>5</td><td>桥梁工程专业承包</td><td>保留，设甲、乙两级</td></tr>
<tr><td>6</td><td>隧道工程专业承包</td><td>保留，设甲、乙两级</td></tr>
<tr><td>7</td><td>钢结构工程专业承包</td><td>并入建筑工程施工总承包</td></tr>
<tr><td>8</td><td>环保工程专业承包</td><td rowspan="2">合并为通用专业承包，不分等级</td></tr>
<tr><td>9</td><td>特种专业工程专业承包</td></tr>
<tr><td>10</td><td>建筑装修装饰工程专业承包</td><td rowspan="2">合并为建筑装修装饰工程专业承包，设甲、乙两级</td></tr>
<tr><td>11</td><td>建筑幕墙工程专业承包</td></tr>
<tr><td>12</td><td>防水防腐保温工程专业承包</td><td>保留，设甲、乙两级</td></tr>
<tr><td>13</td><td>电子与智能化工程专业承包</td><td rowspan="3">合并为建筑机电工程专业承包，设甲、乙两级</td></tr>
<tr><td>14</td><td>建筑机电安装工程专业承包</td></tr>
<tr><td>15</td><td>城市及道路照明工程专业承包</td></tr>
<tr><td>16</td><td>消防设施工程专业承包</td><td>保留，设甲、乙两级</td></tr>
<tr><td>17</td><td>古建筑工程专业承包</td><td>保留，设甲、乙两级</td></tr>
<tr><td>18</td><td>公路路面工程专业承包</td><td rowspan="3">合并为公路工程类专业承包或公路工程施工总承包，设甲、乙两级</td></tr>
<tr><td>19</td><td>公路路基工程专业承包</td></tr>
<tr><td>20</td><td>公路交通工程专业承包</td></tr>
</table>

（续）

资质类别	序号	现有施工资质类别	改革方向
专业承包资质	21	铁路铺轨架梁工程专业承包	并入铁路工程施工总承包
	22	铁路电务工程专业承包	合并为铁路电务电气化工程专业承包，设甲、乙两级
	23	铁路电气化工程专业承包	
	24	机场场道工程专业承包	合并为民航工程施工总承包，设甲、乙两级
	25	民航空管工程及机场弱电系统工程专业承包	
	26	机场目视助航工程专业承包	
	27	港口与海岸工程专业承包	合并为港口与航道工程类专业承包，设甲、乙两级
	28	航道工程专业承包	
	29	通航建筑物工程专业承包	
	30	港航设备安装及水上交管工程专业承包	
	31	水工金属结构制作与安装工程专业承包	合并为水利水电工程类专业承包，设甲、乙两级
	32	水利水电机电安装工程专业承包	
	33	河湖整治工程专业承包	并入水利水电工程施工总承包
	34	输变电工程专业承包	保留，设甲、乙两级
	35	核工程专业承包	保留，设甲、乙两级
	36	海洋石油工程专业承包	并入石油化工工程施工总承包
施工劳务资质	1	不分等级	调整为专业作业资质，由审批制改为备案制，不分等级

附件 3-3 建筑业企业承包范围

根据现行《建筑业企业资质标准》，住房和城乡建设部核发的企业资质全国通用，严禁各行业、各地区设置限制性措施，严厉查处变相设置市场准入壁垒，违规限制企业跨地区、跨行业承揽业务等行为，维护统一规范的建筑市场。《建设工程企业资质管理制度改革方案》规定了改革内容，过渡期内《建筑业企业资质标准》和《建设工程企业资质管理制度改革方案》同时适用，核发换证后，按新要求执行。综合资质由原施工总承包企业特级资质调整为施工综合资质，不分行业，不分等级，可以承担各行业、各等级施工总承包业务。施工总承包甲级资质在本行业内承揽业务规模不受限制。

《建筑业企业资质标准》规定了各类别等级资质企业承担工程的具体范围。《施工总承包企业特级资质标准》规定，施工总承包资质企业承包范围如下：

1. 施工总承包特级资质企业工程承包范围

（1）取得施工总承包特级资质的企业可承担本类别各等级工程施工总承包、设计及开展工程总承包和项目管理业务。

（2）取得房屋建筑、公路、铁路、市政公用、港口与航道、水利水电等专业中任意一项施工总承包特级资质和其中两项施工总承包一级资质，即可承接各专业工程的施工总承包、工程总承包和项目管理业务，及开展相应设计主导专业人员齐备的施工图设计业务。

（3）取得房屋建筑、矿山、冶炼、石油化工、电力等专业中任意一项施工总承包特级资质和其中两项施工总承包一级资质，即可承接上述各专业工程的施工总承包、工程总承包和项目管理业务，及开展相应设计主导专业人员齐备的施工图设计业务。

（4）特级资质的企业，限承担施工单项合同额 3000 万元以上的房屋建筑工程。

2. 施工总承包资质企业承包工程内容

（1）建筑工程（工业、民用建筑工程和构筑物工程）内容：地基与基础、主体结构、建筑屋面、装修装饰、建筑幕墙、附建人防工程以及给水排水及供暖、通风与空调、电气、消防、防雷等配套工程。

（2）公路工程内容：公路及其桥梁、隧道工程。

（3）铁路工程内容：路基土石方、爆破、桥梁、隧道、大型枢纽、编组站、区段站、中间站及生产配套设施等。

（4）港口与航道工程内容：码头、防波堤、护岸、围堰、堆场道路和陆域构筑物、筒仓、船坞、船台、滑道、船闸、升船机、水下地基及基础、土石方、海上灯塔、航标、栈桥、人工岛及平台、海上风电、海岸与近海工程、港口装卸设备机电安装、通航建筑设备机电安装、河海航道整治与渠化工程、疏浚与吹填造地、水下开挖与清障、水下炸礁清礁等。

（5）水利水电工程内容：水工建筑物（坝、堤、水闸、溢洪道、水工隧洞、涵洞与涵管、取水建筑物、河道整治建筑物、渠系建筑物、通航、过木、过鱼建筑物、地基处理）建设、水电站建设、水泵站建设、水力机械安装、水工金属结构制造及安装、电气设备安装、自动化信息系统、环境保护工程建设、水土保持工程建设、土地整治工程建设，以及与防汛抗旱有关的道路、桥梁、通信、水文、凿井等工程建设，与上述工程相关的管理用房附属工程建设等。

（6）电力工程内容：火力发电、水力发电、核能发电、风电、太阳能及其他能源发电、输配电等工程及其配套工程。

（7）矿山工程内容：矿井工程（井工开采）、露天矿工程、洗（选）矿工程、尾矿工程、井下机电设备安装及其他地面生产系统和矿区配套工程。其他地面生产系统是指转载点、原料仓（产品仓）、装车仓（站）以及相互连接的皮带输送机栈桥的土建及相对应的设备安装工程。矿区配套工程是指矿区内专用铁路工程、公路工程、送变电工程、通信工程、环保工程、绿化工程等。

（8）冶金工程内容：冶金、有色、建材工业的主体工程、配套工程及生产辅助附属工程。

（9）石油化工工程内容：油气田地面、油气储运（管道、储库等）、石油化工、化工、煤化工等主体工程、配套工程及生产辅助附属工程。

（10）市政公用工程内容：给水工程、排水工程、燃气工程、热力工程、道路工程、桥梁工程、城市隧道工程（含城市规划区内的穿山过江隧道、地铁隧道、地下交通工程、地下过街通道）、公共交通工程、轨道交通工程、环境卫生工程、照明工程、绿化工程。市政综合工程是指包括城市道路和桥梁、供水、排水、中水、燃气、热力、电力、通信、照明等中的任意两类以上的工程。

（11）通信工程内容：通信、信息网络工程。

（12）机电工程内容：未列入港口与航道、水利水电、电力、矿山、冶金、石油化工、通信工程的机械、电子、轻工、纺织、航天航空、船舶、兵器等其他工业工程的机电安装工程。

附件 3-4 强制性产品认证目录

产品大类	产品种类及代码
一、电线电缆（3 种）	1. 电线组件（0101）
	2. 额定电压 450/750V 及以下橡皮绝缘电线电缆（0104）
	3. 额定电压 450/750V 及以下聚氯乙烯绝缘电线电缆（0105）
二、电路开关及保护或连接用电器装置（5 种）	4. 插头插座（0201）
	5. 家用和类似用途固定式电气装置的开关（0202）
	6. 器具耦合器（0204）
	7. 家用和类似用途固定式电气装置电器附件外壳（0206）
	** 8. 熔断体（0205、0207）
三、低压电器（2 种）	** 9. 低压成套开关设备（0301）
	** 10. 低压元器件（0302、0303、0304、0305、0306、0307、0308、0309）
四、小功率电动机（1 种）	** 11. 小功率电动机（0401）
五、电动工具（3 种）	* 12. 电钻（0501）
	* 13. 电动砂轮机（0503）
	* 14. 电锤（0506）
六、电焊机（4 种）	* 15. 直流弧焊机（0603）
	* 16. TIG 弧焊机（0604）
	* 17. MIG/MAG 弧焊机（0605）
	* 18. 等离子弧切割机（0607）
七、家用和类似用途设备（19 种）	19. 家用电冰箱和食品冷冻箱（0701）
	20. 电风扇（0702）
	21. 空调器（0703）
	** 22. 电动机-压缩机（0704）
	23. 家用电动洗衣机（0705）
	24. 电热水器（0706）
	25. 室内加热器（0707）
	26. 真空吸尘器（0708）
	27. 皮肤和毛发护理器具（0709）
	28. 电熨斗（0710）
	29. 电磁灶（0711）
	30. 电烤箱（便携式烤架、面包片烘烤器及类似烹调器具）（0712）
	31. 电动食品加工器具（食品加工机（厨房机械））（0713）
	32. 微波炉（0714）
	33. 电灶、灶台、烤炉和类似器具（驻立式电烤箱、固定式烤架及类似烹调器具）（0715）

（续）

产品大类	产品种类及代码
七、家用和类似用途设备（19 种）	34. 吸油烟机（0716）
	35. 液体加热器和冷热饮水机（0717）
	36. 电饭锅（0718）
	37. 电热毯、电热垫及类似柔性发热器具（0719）
八、电子产品及安全附件（13 种）	38. 各种成像方式的彩色电视接收机、电视机顶盒（0808）
	39. 微型计算机（0901）
	40. 便携式计算机（0902）
	41. 与计算机连用的显示设备（0903）
	42. 与计算机相连的打印设备（0904）
	43. 多用途打印复印机（0905）
	44. 扫描仪（0906）
	45. 服务器（0911）
	46. 传真机（1602）
	47. 移动用户终端（1606）
	48. 电源（0807、0907）
	49. 移动电源（0914）
	50. 锂离子电池和电池组（0915）
九、照明电器（2 种）	51. 灯具（1001）
	52. 镇流器（1002）
十、车辆及安全附件（13 种）	53. 汽车（1101）
	54. 摩托车（1102）
	55. 电动自行车（1119）
	56. 机动车辆轮胎（1201、1202）
	57. 摩托车乘员头盔（1105）
	58. 汽车用制动器衬片（1120）
	** 59. 汽车安全玻璃（1301）
	** 60. 汽车安全带（1104）
	** 61. 机动车外部照明及光信号装置（1109、1116）
	** 62. 机动车辆间接视野装置（1110、1115）
	** 63. 汽车座椅及座椅头枕（1114）
	** 64. 汽车行驶记录仪（1117）
	** 65. 车身反光标识（1118）
十一、农机产品（2 种）	66. 植物保护机械（1401）
	67. 轮式拖拉机（1402）

（续）

产品大类	产品种类及代码
十二、消防产品（3 种）	68. 火灾报警产品（1801）
	69. 灭火器（1810）
	70. 避难逃生产品（1815）
十三、建材产品（3 种）	71. 溶剂型木器涂料（2101）
	72. 瓷质砖（2102）
	73. 建筑安全玻璃（1302）
十四、儿童用品（3 种）	74. 童车类产品（2201）
	75. 玩具（2202）
	76. 机动车儿童乘员用约束系统（2207）
十五、防爆电气（17 种）	77. 防爆电机（2301）
	78. 防爆电泵（2302）
	79. 防爆配电装置类产品（2303）
	80. 防爆开关、控制及保护产品（2304）
	81. 防爆起动器类产品（2305）
	82. 防爆变压器类产品（2306）
	83. 防爆电动执行机构、电磁阀类产品（2307）
	84. 防爆插接装置（2308）
	85. 防爆监控产品（2309）
	86. 防爆通讯、信号装置（2310）
	87. 防爆空调、通风设备（2311）
	88. 防爆电加热产品（2312）
	89. 防爆附件、Ex 元件（2313）
	90. 防爆仪器仪表类产品（2314）
	91. 防爆传感器（2315）
	92. 安全栅类产品（2316）
	93. 防爆仪表箱类产品（2317）
十六、家用燃气器具（3 种）	94. 家用燃气灶具（2401）
	95. 家用燃气快速热水器（2402）
	96. 燃气采暖热水炉（2403）

注：其中标注 * 的 7 种产品实施自我声明程序 A（自选实验室型式试验＋自我声明），标记 ** 的 12 种产品实施自我声明程序 B（指定实验室型式试验＋自我声明）。

附件 3-5　工程勘察设计监理企业资质

根据《工程勘察资质标准》《工程设计资质标准》《工程监理企业资质标准》和《建设工程企业资质管理制度改革方案》可知，工程勘察资质分为三个类别：工程勘察综合资质、工程勘察专业资质和工程勘察劳务资质；工程设计资质分为四个序列，即工程设计综合资质、工程设计行业资质、工程设计专业资质和工程设计专项资质；工程监理企业资质分为工程监理综合资质、工程监理专业资质和事务所资质三个序列。在建设工程企业资质改革到位之前，现有资质继续有效。

1. 工程勘察资质

<table>
<tr><th>资质类别</th><th>序号</th><th>现有勘察资质类型</th><th>改革方向</th></tr>
<tr><td>综合资质</td><td>1</td><td>综合资质</td><td>保留，不分等级</td></tr>
<tr><td rowspan="10">专业资质</td><td>1</td><td>岩土工程</td><td rowspan="8">合并为岩土工程专业，设甲、乙两级</td></tr>
<tr><td>2</td><td>岩土工程勘察分项</td></tr>
<tr><td>3</td><td>岩土工程设计分项</td></tr>
<tr><td>4</td><td>岩土工程物探测试检测监测分项</td></tr>
<tr><td>5</td><td>水文地质勘察</td></tr>
<tr><td>6</td><td>海洋工程勘察</td></tr>
<tr><td>7</td><td>海洋岩土勘察分专业</td></tr>
<tr><td>8</td><td>海洋工程环境调查分专业</td></tr>
<tr><td>9</td><td>工程测量</td><td rowspan="2">合并为工程测量专业，设甲、乙两级</td></tr>
<tr><td>10</td><td>海洋工程测量分专业</td></tr>
<tr><td rowspan="2">劳务资质</td><td>1</td><td>工程钻探</td><td rowspan="2">与岩土工程物探测试检测监测分项部分内容合并为勘探测试专业，设甲、乙两级</td></tr>
<tr><td>2</td><td>凿井</td></tr>
</table>

2. 工程设计资质

<table>
<tr><th>资质类别</th><th>序号</th><th>行业</th><th>现有设计资质类型</th><th>改革措施</th></tr>
<tr><td>综合资质</td><td>1</td><td>综合</td><td>综合资质</td><td>保留，不分等级</td></tr>
<tr><td rowspan="12">行业资质及其包含的专业资质</td><td rowspan="3">1</td><td rowspan="3">建筑</td><td>建筑行业资质</td><td>保留，设甲、乙两级</td></tr>
<tr><td>建筑工程专业</td><td>保留，设甲、乙两级</td></tr>
<tr><td>人防工程专业</td><td>保留，设甲、乙两级</td></tr>
<tr><td rowspan="9">2</td><td rowspan="9">市政</td><td>市政行业资质</td><td>保留，设甲、乙两级</td></tr>
<tr><td>行业资质（燃气工程、轨道交通工程除外）</td><td>保留，设甲、乙两级</td></tr>
<tr><td>给水工程专业</td><td>保留，设甲、乙两级</td></tr>
<tr><td>排水工程专业</td><td>保留，设甲、乙两级</td></tr>
<tr><td>城镇燃气工程专业</td><td>保留，设甲、乙两级</td></tr>
<tr><td>热力工程专业</td><td>保留，设甲、乙两级</td></tr>
<tr><td>道路工程专业</td><td rowspan="2">合并为道路与公共交通工程专业，设甲、乙两级</td></tr>
<tr><td>公共交通工程专业</td></tr>
</table>

（续）

<table>
<tr><th>资质类别</th><th>序号</th><th>行业</th><th>现有设计资质类型</th><th>改革措施</th></tr>
<tr><td rowspan="32">行业资质及其包含的专业资质</td><td rowspan="5">2</td><td rowspan="5">市政</td><td>桥梁工程专业</td><td>保留，设甲、乙两级</td></tr>
<tr><td>城市隧道工程专业</td><td>保留，只设甲级</td></tr>
<tr><td>载人索道专业</td><td>并入机械加工行业机械工程专业</td></tr>
<tr><td>轨道交通工程专业</td><td>保留，只设甲级</td></tr>
<tr><td>环境卫生工程专业</td><td>并入环境工程通用专业</td></tr>
<tr><td rowspan="5">3</td><td rowspan="5">公路</td><td>公路行业资质</td><td>保留，只设甲级</td></tr>
<tr><td>公路专业</td><td>保留，设甲、乙两级</td></tr>
<tr><td>特大桥梁专业</td><td>保留，只设甲级</td></tr>
<tr><td>特长隧道专业</td><td>保留，只设甲级</td></tr>
<tr><td>交通工程专业</td><td>保留，设甲、乙两级</td></tr>
<tr><td rowspan="6">4</td><td rowspan="6">铁道</td><td>铁道行业资质</td><td>调整为铁路行业，设甲、乙两级</td></tr>
<tr><td>桥梁专业</td><td>保留，只设甲级</td></tr>
<tr><td>隧道专业</td><td>保留，只设甲级</td></tr>
<tr><td>轨道专业</td><td>保留，只设甲级</td></tr>
<tr><td>电气化专业</td><td>保留，只设甲级</td></tr>
<tr><td>通信信号专业</td><td>保留，只设甲级</td></tr>
<tr><td rowspan="7">5</td><td rowspan="7">水运</td><td>水运行业资质</td><td>调整为港口与航道行业，设甲、乙两级</td></tr>
<tr><td>港口工程专业</td><td rowspan="3">合并为港口工程专业，设甲、乙两级</td></tr>
<tr><td>港口装卸工艺专业</td></tr>
<tr><td>修造船厂水工工程专业</td></tr>
<tr><td>航道工程专业</td><td rowspan="3">合并为航道工程专业，设甲、乙两级</td></tr>
<tr><td>通航建筑工程专业</td></tr>
<tr><td>水上交通管制工程专业</td></tr>
<tr><td>6</td><td>民航</td><td>民航行业资质</td><td>保留，设甲、乙两级</td></tr>
<tr><td rowspan="9">7</td><td rowspan="9">水利</td><td>水利行业资质</td><td>保留，设甲、乙两级</td></tr>
<tr><td>水库枢纽专业</td><td>保留，设甲、乙两级</td></tr>
<tr><td>引调水专业</td><td>保留，设甲、乙两级</td></tr>
<tr><td>灌溉排涝专业</td><td>保留，设甲、乙两级</td></tr>
<tr><td>围垦专业</td><td>保留，设甲、乙两级</td></tr>
<tr><td>河道整治专业</td><td rowspan="2">合并为河道整治与城市防洪专业，设甲、乙两级</td></tr>
<tr><td>城市防洪专业</td></tr>
<tr><td>水土保持专业</td><td rowspan="2">合并为水土保持与水文设施专业，设甲、乙两级</td></tr>
<tr><td>水文设施专业</td></tr>
<tr><td>8</td><td>电力</td><td>电力行业资质</td><td>保留，设甲、乙两级</td></tr>
</table>

（续）

资质类别	序号	行业	现有设计资质类型	改革措施
行业资质及其包含的专业资质	8	电力	火力发电专业（含核电站常规岛设计）	调整为火力发电工程专业，设甲、乙两级
			水力发电专业（含抽水蓄能、潮汐）	调整为水力发电工程专业，设甲、乙两级
			风力发电专业	合并为新能源发电工程专业，设甲、乙两级
			新能源发电专业	
			送电工程专业	合并为送变电工程专业，设甲、乙两级
			变电工程专业	
	9	核工业	核工业行业资质	并入电力行业
			反应堆工程设计（含核电站反应堆工程）专业	合并为核工业工程专业，设甲、乙两级
			核燃料加工制造及处理工程专业	
			铀矿山及选冶工程专业	
			核设施退役及放射性三废处理处置工程专业	
			核技术及同位素应用工程专业	
	10	煤炭	煤炭行业资质	保留，设甲、乙两级
			矿井专业	保留，设甲、乙两级
			露天矿专业	保留，设甲、乙两级
			选煤厂专业	保留，设甲、乙两级
	11	冶金	冶金行业资质	与建材行业合并为冶金建材行业，设甲、乙两级
			金属冶炼工程专业	合并为冶金工程专业，设甲、乙两级
			金属材料工程专业	
			焦化和耐火材料工程专业	
			冶金矿山工程专业	调整为冶金建材矿山工程专业，设甲、乙两级
	12	建材	建材行业资质	与冶金行业合并为冶金建材行业，设甲、乙两级
			水泥工程专业	合并为建材工程专业，设甲、乙两级
			玻璃、陶瓷、耐火材料工程专业	
			新型建筑材料工程专业	
			无机非金属材料及制品工程专业	
			非金属矿及原料制备工程专业	调整为冶金建材矿山工程专业，设甲、乙两级

（续）

资质类别	序号	行业	现有设计资质类型	改革措施
行业资质及其包含的专业资质	13	化工石化医药	化工石化医药行业资质	保留，设甲、乙两级
			炼油工程专业	合并为化工工程专业，设甲、乙两级
			化工工程专业	
			化工矿山专业	保留，设甲、乙两级
			石油及化工产品储运专业	保留，设甲、乙两级
			生化、生物药专业	合并为原料药专业，设甲、乙两级
			化学原料药专业	
			中成药专业	合并为医药工程专业，设甲、乙两级
			药物制剂专业	
			医疗器械专业（含药品内包装）	
	14	石油天然气	石油天然气行业资质	并入化工石化医药行业，设甲、乙两级
			油田地面专业	合并为油气开采专业，设甲、乙两级
			气田地面专业	
			海洋石油专业	保留，设甲、乙两级
			管道输送专业	并入石油及化工产品储运专业，设甲、乙两级
			油气库专业	
			油气加工专业	并入化工工程专业，设甲、乙两级
			石油机械制造与修理专业	
	15	电子通信广电	电子工程行业资质	与通信、广电行业合并为电子通信广电行业，设甲、乙两级
			电子整机产品项目工程专业	合并为电子工业工程专业，设甲、乙两级
			电子基础产品项目工程专业	
			显示器件项目工程专业	
			微电子产品项目工程专业	
			电子特种环境工程专业	
			电子系统工程专业	保留，设甲、乙两级
			通信工程行业资质	与电子、广电行业合并为电子通信广电行业，设甲、乙两级
			有线通信专业	保留，设甲、乙两级
			邮政工程专业	取消，已取得邮政工程专业资质的企业，可直接换发相应等级的建筑工程专业资质
			无线通信专业	合并为无线通信专业，设甲、乙两级
			通信铁塔专业	

（续）

资质类别	序号	行业	现有设计资质类型	改革措施
行业资质及其包含的专业资质	15	电子通信广电	广电工程行业资质	与电子、通信行业合并为电子通信广电行业，设甲、乙两级
			广播电视中心专业	合并为广播电视制播与电影工程专业，设甲、乙两级
			电影工程专业	
			广播电视发射专业	合并为传输发射工程专业，设甲、乙两级
			广播电视传输专业	
	16	机械	机械行业资质	与军工合并为机械军工行业，设甲、乙两级
			通用设备制造业工程专业	合并为机械工程专业，设甲、乙两级
			专用设备制造业工程专业	
			交通运输设备制造业工程专业	
			电气机械设备制造业工程专业	
			金属制品业工程专业	
			仪器仪表及文化办公机械制造业工程专业	
			机械加工专业	
			热加工专业	
			表面处理专业	
			检测专业	
			物料搬运及仓储专业	
	17	军工	军工行业资质	与机械合并为机械军工行业，设甲、乙两级
			导弹及火箭弹工程专业	合并为军工工程专业，设甲、乙两级
			弹、火工品及固体发动机工程专业	
			燃机、动力装置及航天发动机工程专业	
			控制系统、光学、光电、电子、仪表工程专业	
			科研、靶场、试验、教育培训工程专业	
			地面设备工程专业	
			航天空间飞行器工程专业	
			运载火箭制造工程专业	
			地面制导站工程专业	
			航空飞行器工程专业	
			机场工程专业	
			船舶制造工程专业	
			船舶机械工程专业	

（续）

资质类别	序号	行业	现有设计资质类型	改革措施
行业资质及其包含的专业资质	17	军工	船舶水工工程专业	合并为军工工程专业，设甲、乙两级
			坦克、装甲车辆工程专业	
			枪、炮工程专业	
			火药、炸药工程专业	
			防化、民爆器材工程专业	
	18	轻纺	轻纺行业资质	与农林、商物粮行业合并为轻纺农林商物粮行业，设甲、乙两级
			轻工工程行业资质	
			纺织工程行业资质	
			制浆造纸工程专业	合并为轻工工程专业，设甲、乙两级
			食品发酵烟草工程专业	
			制糖工程专业	
			日化及塑料工程专业	
			日用硅酸盐工程专业	
			制盐及盐化工程专业	
			皮革毛皮及制品专业	
			家电电子及日用机械专业	
			纺织工程专业	合并为纺织工程专业，设甲、乙两级
			印染工程专业	
			服装工程专业	
			化纤原料工程专业	
			化纤工程专业	
	19	农林	农林行业资质	与轻纺、商物粮行业合并为轻纺农林商物粮行业，设甲、乙两级
			农业工程行业资质	
			农业综合开发生态工程专业	合并为农业工程专业，设甲、乙两级
			种植业工程专业	
			兽医/畜牧工程专业	
			渔港/渔业工程专业	
			设施农业工程专业	
			林产工业工程专业	合并为林业工程专业，设甲、乙两级
			林产化学工程专业	
			营造林工程专业	
			林业资源环境工程专业	
			森林工业工程专业	
	20	商物粮	商物粮行业资质	与轻纺、农林行业合并为轻纺农林商物粮行业，设甲、乙两级

（续）

资质类别	序号	行业	现有设计资质类型	改革措施
行业资质及其包含的专业资质	20	商物粮	冷冻冷藏工程专业	合并为商物粮专业，设甲、乙两级
			肉食品加工工程专业	
			批发配送与物流仓储工程专业	
			成品油储运工程专业	
			粮食工程专业	
			油脂工程专业	
	21	海洋	海洋行业资质	
			沿岸工程专业	取消，已取得海洋行业和专业资质的企业，可直接换发水利、电力等相近行业的相应资质
			离岸工程专业	
			海水利用专业	
			海洋能利用专业	
专项资质	1	建筑装饰工程设计专项		调整为建筑装饰工程通用专业，设甲、乙两级
	2	建筑智能化工程设计专项		调整为建筑智能化工程通用专业，设甲、乙两级
	3	照明工程设计专项		调整为照明工程通用专业，设甲、乙两级
	4	建筑幕墙工程设计专项		调整为建筑幕墙工程通用专业，设甲、乙两级
	5	轻型钢结构工程设计专项		调整为轻型钢结构工程通用专业，设甲、乙两级
	6	风景园林工程设计专项		调整为风景园林工程通用专业，设甲、乙两级
	7	消防设施工程设计专项		调整为消防设施工程通用专业，设甲、乙两级
	8	环境工程设计专项（分为 5 个分项资质）		取消 5 个分项，合并为环境工程通用专业，设甲、乙两级

3. 工程监理资质

资质类别	序号	现有监理资质类型	改革措施
综合资质	1	综合资质	保留，不分等级
专业资质	1	房屋建筑工程专业	调整为建筑工程专业，设甲、乙两级
	2	铁路工程专业	保留，设甲、乙两级
	3	航天航空工程专业	调整为民航工程专业，设甲、乙两级

（续）

资质类别	序号	现有监理资质类型	改革措施
专业资质	4	水利水电工程专业	取消，其资质要求执行有关行业主管部门规定，已取得资质企业可换发同等级电力工程或市政公用工程专业资质
	5	公路工程专业	取消，其资质要求执行有关行业主管部门的规定，已取得资质的企业可换发同等级市政公用工程或机电工程专业资质
	6	港口与航道工程专业	取消，其资质要求执行有关行业主管部门的规定，已取得资质的企业可换发同等级市政公用工程或机电工程专业资质
	7	通信工程专业	保留，设甲、乙两级
	8	市政公用工程专业	保留，设甲、乙两级
	9	冶炼工程专业	调整为冶金工程专业，设甲、乙两级
	10	农林工程专业	取消，不再设置资质准入限制，已取得资质的企业可换发同等级市政公用工程或机电工程专业资质
	11	矿山工程专业	保留，设甲、乙两级
	12	化工石油工程专业	调整为石油化工工程专业，设甲、乙两级
	13	电力工程专业	保留，设甲、乙两级
	14	机电安装工程专业	调整为机电工程专业，设甲、乙两级
事务所资质	1	不分专业、等级	取消

附件 3-6 施工招标资格预审公告格式

施工招标资格预审公告

__________（项目名称、标段）施工招标资格预审公告

1. 招标条件

本招标项目________（项目名称）已由____________________（项目审批、核准或备案机关名称）以______________（批文名称及编号）批准建设，项目业主为________，建设资金来自__________（资金来源），项目出资比例为________，招标人为________。项目已具备招标条件，现进行公开招标，特邀请有兴趣的潜在供应商（以下简称申请人）提出资格预审申请。

2. 项目概况与招标范围

____（说明本次招标项目的建设地点、规模、计划工期、招标范围、标段划分等）。

3. 申请人资格要求

（1）本次资格预审要求申请人具备________资质、________业绩，并在人员、设备、资金等方面具备相应的施工能力。

（2）本次资格预审____________（接受或不接受）联合体资格预审申请。联合体申请资格预审的，应满足下列要求：__________。

（3）各申请人可就上述标段中的______（具体数量）个标段提出资格预审申请。

4. 资格预审方法

本次资格预审采用____________________________（合格制/有限数量制）。

5. 资格预审文件的获取

（1）本招标项目采用全流程电子招标投标的方式，通过电子招标投标交易平台（以下简称交易平台）在线完成资格预审工作。

申请人须登录交易平台进行注册，申领 CA 数字证书的电子印章，获取资格预审文件。

获取资格预审文件开始时间：________年____月____日____时____分。

获取资格预审文件截止时间：________年____月____日____时____分。

（2）资格预审文件每套售价______元，售后不退。

6. 资格预审申请文件的递交

（1）资格预审申请文件递交的截止时间（资格预审截止时间，下同）为______年____月____日____时____分，申请人应在资格预审截止时间前通过电子招标投标交易平台使用 CA 数字证书递交电子资格预审申请文件。

（2）逾期递交的资格预审申请文件，招标人不予受理。

7. 发布公告的媒介

本次资格预审公告同时在____________________（公告的媒介名称）上发布。

8. 联系方式

招 标 人（异议受理人）：________________________

地　　　址：________________
邮　　　编：________________
联　系　人：________________
电　　　话：________________
传　　　真：________________
电子邮件：________________
网　　　址：________________
开户银行：________________
账　　　号：________________

采购代理机构：________________
地　　　址：________________
邮　　　编：________________
联　系　人：________________
电　　　话：________________
传　　　真：________________
电子邮件：________________
网　　　址：________________
开户银行：________________
账　　　号：________________

行政监督：________________
联　系　人：________________
电　　　话：________________

______年____月____日

附件 3-7　施工招标资格预审申请函格式

施工招标资格预审申请函

（采购人名称）：________________________________

1. 按照资格预审文件的要求，我方________（申请人）递交的资格预审申请文件及有关资料，用于你方____________（采购人）审查我方参加________________（项目名称）标段施工招标的投标资格。

2. 我方的资格预审申请文件包含招标资格预审文件“申请人须知”规定的全部内容。

3. 我方接受你方的授权代表进行调查，以审核我方提交的文件和资料，并通过我方的客户，澄清资格预审申请文件中有关财务和技术方面的情况。

4. 你方授权代表可通过__________（联系人及联系方式）得到进一步的资料。

5. 我方在此声明，所递交的资格预审申请文件及有关资料内容完整、真实和准确，且不存在招标资格预审文件“申请人须知”规定的任何一种违规申请情形。

申 请 人：______________________（盖单位章）

法定代表人或其委托代理人：__________（签字）

电　　话：__________________

传　　真：__________________

申请人地址：________________　邮政编码：____________________

申请日期：______年______月______日

案例 3-1 某工程施工招标资格审查

某大学扩建项目，其建安工程投资额 3 亿元人民币，包括 8 个单体建筑工程，分别为办公楼、1# ～3# 教学楼、学生食堂、学生公寓、图书馆、10kV 变电所和大门及门卫室等，总建筑面积 126436m²，占地面积 86000m²，其中教学楼和学生公寓为地上六层框架结构，学生食堂、图书馆为地上三层框架结构，变电所及门卫室为单层混合结构。招标人拟将整个扩建工程施工作为一个标段，并采用资格预审办法组织资格审查，但不接受联合体参加资格预审。

【问题】

1）资格审查有哪几种办法？给出其做法。怎样选择资格审查办法？确定了审查办法后，有哪几种方法进行资格审查？

2）施工投标资格审查有哪几方面内容？这些审查内容怎样进一步分解为审查因素？

3）怎样处理资格预审过程中几个申请人得分相同时的排序，请举例子。

【参考答案】

1）资格审查办法分为资格预审与资格后审。资格预审是在采购文件发售前，采购人通过发售资格预审文件，组织资格审查委员会对资格预审申请人提交的资格申请文件进行审查，进而确定通过资格预审的申请人；资格后审指的是开标后，评标委员会在评标阶段的初步审查程序中，对供应商提交的投标文件中的资格文件审查，进而确定供应商通过初步评审，为合格供应商。

判断一个工程施工采购项目是否需要采用资格预审。当技术难度较大或投标响应文件编制费用较高，或满足该项目施工条件的潜在供应商过多，造成采购人的成本支出和供应商的投标花费总量大，与采购项目的价值相比不值得时，采购人需要组织资格预审。反之，则可以采用资格后审。

采用资格预审的，可以采用两种方法确定通过资格预审的申请人名单，一种是合格制，即符合资格审查标准的申请人均通过资格预审；另一种是有限数量制，即审查委员会对通过资格审查标准的申请文件按照资格预审文件确定的量化标准进行打分，然后按照资格预审文件确定的数量以及各申请人的资格申请文件得分，按由高到低的顺序确定通过资格预审的申请人名单。采用资格后审办法的，只能采用合格制方法确定通过资格审查的供应商名单。

2）工程施工投标资格审查应主要审查以下五个方面的内容：

①具有独立订立施工承包合同的权利。

②具有履行施工承包合同的能力，包括专业、技术资格和能力，资金、设备和其他物质设施状况，管理能力，经验、信誉和相应的从业人员。

③没有处于被责令停业，投标资格被取消，财产被接管、冻结，破产状态。

④在最近三年内没有骗取中标和严重违约及重大工程质量问题。

⑤法律、行政法规规定的其他资格条件。

这五个方面，对应以下资格审查因素：

①分解为：A. 有效营业执照；B. 签订合同的资格证明文件，如合同签署人的资格等。

②分解为：A. 资质等级证书、安全生产许可证；B. 财务状况；C. 项目经理资格；D. 企业及项目经理类似项目业绩；E. 企业信誉；F. 项目经理部人员职业/执业资格；G. 主要施工机械配备。

③分解为：A. 投标资格有效，即投标资格没有被取消或暂停；B. 企业经营持续有效，即没有处于被责令停业，财产被接管、冻结，破产状态。

④分解为：A. 近三年投标行为合法，即近三年内没有骗取中标行为；B. 近三年合同履约行为合法，即没有严重违约事件发生；C. 近三年工程质量合格，没有因重大工程质量问题受到质量监督部门通报。

⑤法律、行政法规规定的其他资格条件。

3）对于资格预审过程中几个申请人得分相同的情形，采购人可以在资格预审文件中增加一些排序因素，以确定申请人得分相同时的排序方法。例如，可以在资格预审文件中规定：

当申请人得分相同时，依次采用以下原则确定资格预审申请人的排序：

①按照项目经理得分多少确定排名先后。

②如仍相同，以项目业绩得分多少确定排名先后。

③如仍相同，以申请人信誉得分多少确定排名先后。

案例 3-2　某工程电梯采购资格审查

某市群体高层住宅工程需要采购 16 部电梯，依据其技术要求分为三种品目，其对应的参数见下表。

品目	速度/(m/s)	载重/(kg/人)	数量/部	停站层/高度	轿厢内部尺寸/m
1	3.0	1350/20	6	20/86.90	2.00×1.75×2.80
2	2.5	1150/18	8	20/80.30	1.80×1.50×2.80
3	2.5	1350/20	2	20/80.30	2.00×1.75×2.80

采购人拟采用资格预审办法组织公开招标，要求供应商供货三个品目电梯、负责电梯安装与调试、使用过程中的维护与保养，能够在 24h 内进行响应维修，接受联合体资格预审申请。

【问题】

1）货物采购需要审查哪些因素？每个因素有什么作用？

2）针对本项目，设置资格审查因素与审查标准，并进行分析。

【参考答案】

1）货物招标资格审查的目的是审查申请人履行合同的能力，主要包括：

①具有独立订立供货合同的权利。

②具有履行合同供货能力，包括货物生产制造许可、生产制造、出厂检验、运输、交验等。

③产品信誉和售后服务等。

④没有处于被责令停业，投标资格被取消，财产被接管、冻结，破产状态。

⑤在最近三年内没有骗取中标、严重违约及重大产品质量问题。

⑥法律、行政法规规定的其他资格条件。对于附带安装、调试与维护的合同，还需要审查其安装、调试与维护资格。

这些审查内容细化成审查因素如下：

①主体分解为：有效营业执照；签订合同的资格证明文件，合同签署人资格、代理商具有制造商的唯一授权等。

②能力分解为：产品生产制造许可证；产品鉴定；质量管理体系、验收标准与质量控制；产品包装与出厂检验；交货方式与现场验收，即成品交货还是半成品交货，最终组装质量与验收。

③能力分解为：产品信誉；售后服务，即返修率与服务网点的设置；

④正常分解为：投标资格有效，即招标投标违纪公示中，投标资格没有被取消或暂停；企业经营持续有效，即没有处于被责令停业，财产被接管、冻结，破产状态。

⑤信用分解为：近三年投标行为合法，即近三年内没有骗取中标行为；近三年合同履约行为合法，即没有严重违约事件发生；近三年产品质量合格，没有因重大产品质量问题受到通报。

⑥法律、行政法规规定的其他资格条件。

2）资格审查标准分为初步审查标准和详细审查标准两部分内容。

①初步审查标准。初步审查标准见下表。

审查因素	审查标准
申请人、名称	与营业执照、生产许可证书、安全生产许可证一致
联合体申请人	提交了联合体协议书，明确了牵头人；联合体成员均须具备分工专业需要的生产或安装需要的资质证书
申请函	有法定代表人或其委托代理人签字或加盖单位章，委托代理人签字的，其法定代表人授权委托书须由法定代表人签署
申请文件格式	符合资格预审文件对资格申请文件格式的要求
申请唯一性	申请人及其成员只能参与一次有效申请；一个制造商对同一品牌、同一型号的货物，仅能委托一个代理商参加资格预审申请
其他	法律法规规定的其他资格条件

②详细审查标准。详细审查标准见下表。

审查因素	审查标准
营业执照	具备有效的营业执照
产品生产许可证	具备国家市场监督管理总局颁发的有效的“中华人民共和国特种设备生产许可证”，涵盖电梯类
产品鉴定	通过相关部门组织的电梯产品鉴定
产品质量管理	通过了 ISO9001 质量管理体系认证且有效运行
产品信誉	成功运行一年以上，用户反馈信誉评价良好
售后服务	本市设有售后服务网点，一般情况 24h，紧急情况 8h 内可以到场检修
投标资格	有效，投标资格没有被取消或暂停
企业经营权	有效，没有处于被责令停业，财产被接管、冻结，破产状态
投标与合同履约行为	合法，近三年内没有骗取中标行为，没有严重违约事件发生
其他	法律法规规定的其他条件

本项目要求中标人进行电梯安装与调试、维护与保养等，需要增加的一些相应的审查因素，见下表。

审查因素	审查标准
电梯安装资质	具备各省质量技术监督局颁发的“中华人民共和国特种设备安装改造维修许可证”二类及以上资质
安全生产许可证	具备有效的安全生产许可证

初步审查因素主要是针对申请人资格申请的一些形式审查，详细审查因素则是针对申请人电梯生产许可、制造、安装以及质量验收等提出的。其中，营业执照、生产许可证及产品质量鉴定等主要审查申请人独立签订合同的权利、所生产电梯是否通过了相关鉴定，并得到了相关管理部门的生产许可；审查产品质量管理的目的在于审查申请人在电梯制造过程中的质量管理体系及相应过程质量控制；产品信誉和售后服务则审查电梯质量和申请人的社会信誉评价，进而衡量产品的可靠性与售后服务；审查投标资格、企业经营权、投标与合同履约行为等因素，考核申请人以往投标及履约行为。本项目由于要求中标人进行电梯安装与调试、维护与保养等工作，依据建设管理规定，增加了电梯安装资质和安全生产许可证作为审查因素，进而判断申请人是否具备这两项必备条件。

第 4 章　招标投标要素

本章从招标人和投标人的不同视角，对招标投标活动中的基础性、通用性和程序性的各项因素进行分类描述，包括招标要素、投标要素和电子招标投标要素等。

4.1　招标要素

招标要素是指招标人开展招标活动，需要确定的招标文件、招标程序、投标要求、评审方法等涉及的参数和条件。

4.1.1　招标项目要素

(1) 招标项目与标段（包）

招标项目划分标段（包）的，应当遵守《招标投标法》及其实施条例的有关规定，不得利用划分标段（包）限制或者排斥潜在投标人和投标人。依法必须进行招标的项目不得通过划分标段（包）规避招标。

招标人划分项目标段（包），应当在研究分析项目功能用途和目标要求、单项工程和单位工程，或者材料设备类别构成和服务专业类别构成，以及各部分实施顺序和进度的基础上，依据项目初步合同规划的合同单元结构，结合市场供求状况、本次招标项目特点，以及拟采用的招标采购组织形式和交易方式等因素，调整和完善招标采购合同规划中已有的最小合同单元，并以此合理确定招标合同单元中的合同标段划分。

以建筑工程、市政工程等常规施工项目为例：如果项目规模较小，各项工程内容的关联性较强，应当尽量采用施工总承包的方式组织招标，将该施工项目交给一个施工单位为宜；对于项目规模较大或者专业差别较大的项目，可以分区块或者分专业招标发包，以单位工程为最小合同单元，将该项目合理划分为若干合同标段，交给多个施工单位施工为宜；禁止肢解单位工程进行施工发包。以公路、铁路、管道等线型施工项目为例，由于其工作面太长，且涉及不同专业类别，可将施工按公里长度结合不同专业类别划分为若干合同标段，选择多个施工单位同步施工；当有多个合同标段时，为了保证中标单位资源的投入强度，招标文件可以规定一个施工单位能够投标和中标的最大标段数量。

对于货物采购项目，应当尽量将有技术关联的货物合并招标；但在大批量采购货物时，为了保证生产和供应能力，也可以将同一种货物分为若干标包，由不同的供应商供货。对于货物采购项目伴随的安装调试服务，一般包含在货物采购标包中；对于安装调试工作量大或有特殊要求的，可以单独设置标包负责安装调试工作。

对于服务采购项目，应当根据项目特点、专业类别、工作量等设置合同标段，如果项目规模较小，为了减少服务界面和业务接口，多个类似的专业可以合并为一个标段进行服务，如全过程咨询服务；如果项目规模较大，招标人可将一个专业划分为若干标段同步实施，以使得每个合同段的中标人均能投入足够的履约资源，确保履约质量。

(2) 工程合同计价类型

1）合同计价类型。工程施工合同按照合同计价方式和风险分担情况，可划分为总价合同、单价合同和成本加酬金合同。

①总价合同。总价合同是指在合同中确定完成一个项目的总价，承包人据此完成项目全部内容的合同。这种合同计价类型通常适用于工程量事先能够准确计算且预计没有变化的项目。在选用总价合同的情况下，招标人提供的工程量清单仅供投标人参考，投标人自行计算核定工程量。

总价合同的总价一般不变；除约定的合同范围调整或者设计变更可以调整总价之外，也可约定人工、材料和设备等部分要素价格波动依据约定的指数调整总价，除此之外的其他风险则由承包人承担。总价合同一般适用于工程规模较小、技术简单、工期较短（一般不超过一年）、具备完整详细设计文件的工程建设项目。

②单价合同。单价合同是由发包人提供工程量清单，承包人据此填报单价所形成的合同，其特点为工程量的变化风险由发包人承担，单价风险由承包人承担。单价合同也可约定部分要素依据相应指数波动调整单价。

《建筑工程施工发包与承包计价管理办法》规定，实行工程量清单计价的建筑工程，鼓励发承包双方采用单价方式确定合同价款。在实践中，单价合同使用较为广泛，主要适用于投标时工程数量难以确定，特别是设计条件或其他建设条件（如地质条件）不太明确，合同履行中需要增减调整工程范围或工程量的工程项目。

③成本加酬金合同。合同价格中工程成本按照实际发生额计算确定和支付，承包人的酬金可以按照合同双方约定额度或者比例的工程管理服务费和利润额计算确定，或按照工程成本、质量、进度的控制结果挂钩奖惩的浮动比例计算核定。

成本加酬金合同由发包人承担项目实际发生的所有成本费用，承担项目的全部风险。承包人由于承担的风险小，其报酬往往也较低。这类合同的缺点是发包人对工程总造价不易控制，承包人也往往不注意控制工程成本。其一般适用于投标和核定合同价格时，工程内容、范围、数量不清楚或难以界定的工程建设项目，如紧急抢险、救灾以及施工技术特别复杂的建筑工程。

2）合同计价类型选择。在选择合同计价类型时，发包人一般具有较大的主动权。发包人应当综合考虑项目内外环境、各种风险因素以及承包人的承受能力，本着合理分担、共享收益的原则，选择适宜的合同计价类型，而不应过度考虑自身利益和完全排除自身风险。发包人在选择合同计价类型时，应考虑以下因素：

①项目规模和工期长短。如果项目的规模较小、工期较短、风险小，则发包人选择合同类型的优先次序为：总价合同、单价合同和成本加酬金合同。如果项目规模大、工期长、风险大，发包人宜选择单价合同，而不宜采用总价合同。

②项目的复杂程度。如果项目的复杂程度较高，则意味着对承包人的技术水平要求较高，项目的风险较大，总价合同被选用的可能性较小。如果项目的复杂程度低，则发包人

对合同类型的选择握有较大的主动权。

③工程数量的明确程度。如果工程数量能够准确计算核定并在实施期内变更较少，则总价合同、单价合同均可选择。如果工程数量能够计算但在实施期间变更较大，选择单价合同比较合理。如果工程数量不甚明确、无法计算，则成本加酬金合同比较合适。

④项目准备时间的长短。项目的准备工作包括发包人的准备工作和承包人的准备工作。不同的合同类型需要的准备时间和准备费用不同。总价合同需要的准备时间最长和准备费用最高，成本加酬金合同需要的准备时间最短和准备费用最低。如抢险救灾等项目，给予发包人和承包人的准备时间都非常短，可以优先采用成本加酬金合同。

⑤项目的外部环境因素。项目的外部环境因素包括项目所在地区的政治局势是否稳定、经济局势因素（如通货膨胀、经济发展速度等）、劳动力素质（当地）、交通、生活条件等。如果项目的外部环境恶劣，则较适合采用成本加酬金合同，反之则适用于单价合同或者总价合同。

（3）标底

标底是指招标人能够接受的满足项目的投资预期和市场预期的价格。标底应当按照招标文件规定的招标内容范围，综合考虑项目需求清单、设计文件、技术标准以及项目实施方案，结合有关计价规定和市场要素价格水平进行测算。

1）工程标底的参考作用。工程标底主要作为价格评审分析的参考依据，用于对比分析投标报价的合理性、平衡性、偏离性，以及各投标报价的差异情况，并辅助证明投标报价是否低于成本报价、串通抬高报价。同时，通过编制和使用标底，能够及时发现和纠正招标文件、设计图纸及其工程量清单存在的差错、疏漏，以减少招标和评标的失误。但是，标底不能作为评定投标报价有效性和合理性的直接依据。招标文件中不得规定投标报价最接近标底的投标人中标或得最高评分；也不得规定投标报价超过标底价格上下浮动幅度范围的直接否决其投标。同时，限制使用标底与投标报价加权复合作为评标基准价，并规定以此基准价获得最高评分。

2）编制标底的依据。招标人可以根据招标项目的特点和市场竞争情况，自主决定是否需要标底以及如何编制标底。编制标底的依据和方法没有统一的规定，一般根据招标工程的技术管理特点、发包模式、合同计价方式等选择标底编制的方法和依据。

工程建设项目标底一般依据工程招标项目需求标的内容范围及其工程量清单、工程勘察设计文件、技术标准规范、施工组织设计规划方案，依据国家和行业相关建设工程计价和计量规范，参考现行有关工程的人工、材料、机械消耗定额，工程造价及其工、料、机的市场价格指数等进行编制。

对于没有工程量清单的建设工程，也可以使用工序分析法、经验估算法、工程设计概算分解法等方法编制标底，但使用这些方法编制的标底，其科学性和准确性相对较差，仅具有一定的参考意义。

3）编制标底注意问题：

①科学规划施工组织设计。标底编制单位应当科学分析和论证规划工程施工技术方案、施工总平面布置、进度计划网络图、交通运输方案、施工机械设备选型等施工组织设计，以保证标底编制依据的科学合理和可靠可行。

②招标项目只需要一个参考标底。招标项目标底与投标报价的项目标的、内容范围、工程量清单以及需求目标应当完全一致和唯一，并结合市场实际情况，规范合理地算量组价，才能科学分析和统一考量投标报价竞争的合理性，并发现投标报价的差别和可能存在的问题。

③建设工程标底应由具有相应工程造价执业资格的专业人员编制。为了保证招标的公平竞争，预防串通投标或者造成不公平投标竞争，接受委托编制标底的中介机构不得同时受托编制该项目的投标文件或者为投标人提供与该项目有关的咨询服务。

④为了防止暗箱操作，保证标底不影响和误导投标人的公平竞争，标底在编制过程和开标前应当保密。

⑤招标项目设置标底的，评标委员会发现投标人的报价明显低于标底，使得其投标报价可能低于成本的，应当要求该投标人作出书面说明并提供相关证明材料。投标人不能合理说明或者不能提供相关证明材料的，由评标委员会认定该投标报价是否低于成本。

（4）最高投标限价

最高投标限价也称招标控制价，是招标人根据招标项目的内容范围、需求目标、设计图纸、技术标准、招标工程量清单等，结合有关规定、投资计划、市场要素价格水平以及合理可行的技术经济实施方案，通过科学测算并公开的招标人可以接受的最高投标价格或最高投标价格的计算方法。

1）最高投标限价的作用。设置最高投标限价可以确保投标价格不超过一定的数额。招标项目设有最高投标限价的，若投标报价超出最高投标限价的投标将被否决。

2）设置最高投标限价的方法。最高投标限价可以是一个具体数额，也可以是一个计算方法。最高投标限价应当在招标文件中公布。

3）招标人不得设置最低投标限价。为了保证充分竞争，招标文件中不得设置最低投标限价。但土地使用权出让、特许经营权出让等招标属于买方竞争，招标人可以设置最低投标限价（保留价）。

4）最高投标限价和标底的区别。最高投标限价和标底均依据招标文件、工程量清单、设计图纸、技术标准以及有关计价规范进行编制，但在编制和使用时存在以下区别：

①功能定位不同。最高投标限价是招标人能够接受的最高投标价格；标底为招标人能够接受的市场预期价格。

②取价依据不同。最高投标限价应当依据工程计价规范、工程定额、造价信息和取费标准编制定价，其中造价信息没有的可以参照市场价格；标底应当遵守工程计价规范，主要结合项目和市场竞争情况确定要素价格，不受其他定价标准的强制性约束。

③公开保密不同。最高投标限价是公开发布的，应在招标文件中公开；标底则应保密，在开标前不得公开。

④投标响应不同。最高投标限价具有强制性，投标人必须完全响应；标底不具有强制性，投标人无须响应。

⑤超过后果不同。投标报价不得超过最高投标限价，超过的应当否决投标；投标报价可以超过标底，标底不是否决投标的直接依据。

⑥评标作用不同。最高投标限价是评标判断投标有效性的依据之一；标底则为评标参考。

(5) 联合体投标

联合体投标是指两个以上法人或者非法人组织组成投标联合体并签订联合体投标协议，以一个投标人的身份投标。投标联合体是招投标活动中一种特殊的投标人形式，常见于一些大型复杂项目。

1）招标人是否接受联合体投标。招标人应根据招标项目的实际情况考虑确定是否接受联合体投标。对于仅凭一个投标人难以独立完成的大型复杂项目，或需要由不同行业、不同专业的投标人共同完成的特殊项目，招标人应通过调查市场竞争状况及其单一潜在投标人资格能力是否适应招标项目的规模和专业技术结构要求，确定是否接受联合体投标。招标人是否接受联合体投标应当在资格预审公告、招标公告或投标邀请书中载明，以便潜在投标人根据招标项目的具体要求和自身能力，决定是否组成联合体投标。但招标人不得指定联合体成员或强制潜在投标人组成联合体投标。

2）联合体共同投标协议。招标人接受联合体投标的，应当要求投标人按照资格预审文件或招标文件提供的联合体共同投标协议格式，签订联合体共同投标协议，并在资格预审申请文件或投标文件中提交。联合体共同投标协议应当包括的内容：联合体牵头人和成员单位名称，牵头人的职责、权利及义务，各成员的专业分工，联合体各方应对中标项目共同和分别承担相应的连带责任。联合体共同投标协议格式见附件 4-1。

3）联合体的资格认定。招标人接受联合体投标的，招标文件应当按照招标项目的规模和有关的工程专业结构，设定联合体专业分工所对应的资质资格等级和业绩能力的要求。

联合体各方应当按照联合体共同投标协议中分工承担的专业工作，分别满足招标文件设定的相应专业资质资格等级和业绩能力要求；联合体中承担同一专业的，应按照其最低资质等级核定其联合体的资质等级，对其业绩应以招标文件规定的方法为准认定。认定方法举例：一是以相同专业资质等级最高成员的业绩数量为准；二是以所有相同专业成员的累加合计业绩数量为准；三是以相同专业各成员分工所占的工作量比例加权数量为准。

联合体共同投标协议中不承担有关实质性专业工作的联合体成员，其相应的专业资质和业绩，不作为核定联合体专业资质等级和业绩能力的评审依据。

(6) 履约保证金

履约保证金是招标人对中标人的履约行为进行约束的保证措施。当中标人出现违反合同规定的情形时，招标人可以约定以不予退还全部或部分履约保证金的方式索取赔偿。在签订合同之前，中标人应按招标文件的规定向招标人提交履约保证金。投标人中标后不提交履约保证金的，招标人可以取消其中标资格，投标保证金不予退还。招标人设置的履约保证金的金额不得超过中标合同金额的 10％。

履约保证金的形式有多种，与投标保证金的形式相同。

4.1.2 招标文件要素

(1) 招标工程量清单

招标工程量清单是指招标人依据国家标准、招标文件、设计文件以及施工现场实际情况编制的，随招标文件发布供投标报价的工程量清单，包括说明和表格。招标工程量清单应与招标项目的内容范围完全一致，一般以单位工程为独立单元进行编制。

招标工程量清单是施工招标文件的组成部分，对于单价合同而言，其准确性和完整性由招标人负责。招标工程量清单是工程量清单计价的基础，应作为编制最高投标限价、投标报价、计算或调整工程量、索赔等的依据之一。工程量清单相关内容可参看本辅导教材中的《招标采购项目管理》。

(2) 工程设计文件

工程设计文件是编制工程量清单以及投标报价的主要依据，也是合同文件的重要组成部分和进行工程施工及验收的依据。需要注意的是，在投标报价阶段，如果采用工程量清单招标并实行单价合同，当设计文件与工程量清单的项目内容、项目特征或工程量不一致时，除非澄清修改工程量清单，否则应当以工程量清单为准进行报价。

招标时的工程设计文件可能并不包括工程施工所需的全部文件，在中标后或者合同履行中，可能需要陆续补充提交新的图纸以及对招标时提交的工程设计文件进行的修改完善。因此，招标文件中应该列明提供的所有设计文件目录，一般包括序号、图名、图号、版本、出图日期等。图纸目录以及相对应的文件将是工程施工和合同管理，以及解决争议的重要依据。

(3) 技术标准和规范

工程施工招标项目的技术标准和规范是招标文件的重要组成内容。技术标准和规范包括国际技术标准、国家技术标准、行业技术标准、招标人自行制订的技术标准等四类。前三类是公开发布的，可以从相关网站和出版物中查询，只需要在招标文件中说明技术标准和规范的名称、编号、颁布时间等。招标人如果结合项目的特殊需要，采用自行制订的技术标准和规范，则需要研究编制和提供技术标准和规范的各项具体内容。中国境内的招标项目都应符合强制性国家标准。

技术标准的内容主要包括各项工艺指标、施工要求、材料检验标准，以及各分部、分项工程施工成型后的检验手段和验收标准等。有些项目根据所属行业的习惯，也将工程子目的计量支付内容写进技术标准和规范中。项目的专业特点和所引用的行业标准的不同，决定了不同项目的技术标准和规范存在区别；一项技术指标或参数，可引用的行业标准和国家标准可能不止一个，招标人应结合本项目的实际情况在招标文件中明确引用来源。

工程货物招标项目的技术参数按照招标要求分为必须满足的参数和允许偏离的参数两种。必须满足的参数对于招标项目具有决定性意义，其任何偏离都将影响招标项目的完成。在招标实践中，必须满足的参数也被称为关键参数、重要参数、实质性参数等。机电产品国际招标项目要求把重要的技术要求和技术参数以标记“*”的形式予以明确。允许偏离的参数对于招标项目不具有决定性意义，其一定程度的偏离不会对招标项目造成大的影响。允许偏离的参数在招标实践中也被称为一般参数、非关键参数、非实质性参数等。尽管招标项目可以接受允许偏离的参数的偏离，但是如果偏离过多则会由量变转为质变。因此，如果招标文件规定了允许偏离的参数，则同时应当明确每个参数允许偏离的范围和允许偏离的项数。如果投标对允许偏离的参数的偏离超出了允许的范围或项数，则评标时应被认为是实质性偏离而导致投标无效。技术参数具有以下几种表现形式：

1）要求准确响应的指标。要求准确响应的指标一般是指招标要求作出唯一要求的指标。例如，要求汽车具有手自一体变速箱、6缸汽油发动机、前轮驱动等都属于要求准确响应的指标。对于要求准确响应的指标，投标人必须严格按照要求进行准确响应，响应的指标值既不能不足，也不能超过。对于以上指标的响应，手动变速箱和自动变速箱都不符合要求，只有手自一体变速箱才符合要求；4缸汽油发动机和8缸汽油发动机都不符合要求，只有6缸汽油发动机才符合要求；后轮驱动和四轮驱动都不符合要求，只有前轮驱动才符合要求。

2）要求满足响应或超出响应的指标。要求满足响应或超出响应的指标分为三类：

①大于（等于）或小于（等于）指标。大于（等于）或小于（等于）指标一般给定一个标准值，大于（等于）或小于（等于）标准值的认为符合要求。例如，百公里油耗小于10L、2个以上安全气囊、4个以上变速挡等都属于这类指标。对于大于或小于指标必须达到或超出才算符合要求，如百公里油耗8L、4个安全气囊、5个变速挡等都属于符合要求的指标。

②区间范围指标。区间范围指标是指要求投标指标应位于区间中的指标，例如，乘员座位数量2～5个、车内宽度1.5～1.6m、仪器测量精度±0.01mm都属于这类指标。对于区间范围指标的响应，只要投标指标位于要求范围内的任一点即符合要求，如乘员座位数量5个、车内宽度1.55m、仪器测量精度±0.005mm均为符合要求的指标。

③限度范围指标。限度范围指标是要求投标指标满足限度范围的指标，例如，汽车可使用环境温度－10～45℃、仪器可测量范围100～800nm等。对于限度范围指标的响应，必须分别覆盖限度范围指标的上限值和下限值才被认为满足要求，如汽车可使用环境温度－15～50℃、仪器可测量范围50～800nm，视为满足要求；而如果只覆盖所要求范围的一部分，如汽车可使用环境温度－5～40℃、仪器可测量范围150～1000nm，则被认为不满足要求。

设定以上指标时需要注意明确各指标值本数是否包含，否则容易引起歧义。一般表述为“××以上/以下”的应包含××本数，如5个以上应包含5个。一般表述为“大于/少于、高于/低于、超过/不足××”的应不包含××本数，如高于20cm应不包括20cm。

（4）招标文件发售

招标文件发售应当保证合理的期限，便于潜在投标人有充裕的时间获取招标文件。根据相关法律法规，依法必须招标项目的招标文件，发售时间原则上最短不得少于5日；机电产品国际招标项目的招标文件，发售时间原则上最短不得少于5个工作日。

应当注意的是，当招标文件发售期满时，如果领购招标文件的潜在投标人不足3个，招标人应当分析实际原因，研究是否需要延长招标文件发售期和投标截止时间，或者修改招标文件的投标人资格条件等相关内容并重新组织招标，以使更多的潜在投标人参加投标。对于机电产品国际招标项目，如果在招标文件中规定未领购招标文件的不得参加投标，领购招标文件的潜在投标人不足3个的可以依法重新招标，也可以延长招标文件发售时间。

一般来说，招标文件发售是投标工作的必要条件，但法律并未规定未领取招标文件的投标人不能进行投标。为了避免争议，招标文件可以对此进行限制，例如未通过指定渠道领取文件、投标资格不得转让等。此外，在招标文件发售时可以收取一定的费用，价格应当合理；如果招标文件售价过高，则有可能影响投标人参加投标的积极性，削弱投标竞争。

(5) 招标文件的澄清和修改

招标文件的澄清和修改是指招标文件发出后，由于部分内容存在模糊、遗漏、错误、歧义或者矛盾等问题，对招标文件作出的必要书面补充、修改、澄清或说明。它是招标文件的组成部分，对招标人和投标人均具有约束力。

1）提出澄清要求。如果潜在投标人对招标文件有疑问或发现招标文件中有歧视性、排他性等不合理的规定，可在招标文件规定的澄清时间前，采用书面形式向招标人提出澄清要求。

2）招标文件的澄清和修改。在招标文件规定的期限之前收到的澄清要求，招标人应统一予以答复。招标文件澄清和修改的内容，有些可能影响投标文件的编制，如计划工期、关键技术指标、工程量清单、最高投标限价等内容，其澄清或修改应当在投标截止时间 15 日前发出，否则应顺延投标截止时间；有些不会影响投标文件的编制，如延后开标时间、更改开标地点等，则不受上述时间的限制。

3）招标文件的澄清和修改应注意以下几点：

①招标人可以对已发出的招标文件主动进行必要的澄清或者修改。

②对于潜在投标人提出的澄清内容，澄清和修改应说明潜在投标人提出的具体问题，以及招标人对问题的答复，但不应指明提出问题的潜在投标人名称。

③澄清和修改的内容不应限制和影响已经获取招标文件的潜在投标人依法参加投标竞争。如果澄清和修改的内容影响潜在投标人的投标资格，如资质条件、业绩要求等变化，应当进行修改并重新发布招标公告。

④澄清和修改的内容应当以书面形式，在规定的同一时间发给所有获取招标文件的潜在投标人，接收人应予以确认。

4.1.3 招标商务要素

(1) 投标有效期

投标有效期是指投标文件从提交投标文件的截止之日起算，保持约束力的期限。根据相关法律法规规定，招标人应在投标有效期内，向中标人发出中标通知书，同时向其他未中标的投标人告知中标结果。

1）投标有效期的作用。投标有效期一方面约束投标人在投标有效期内不能随意更改和撤销投标文件，否则招标人可以按约定不退还投标保证金；另一方面也约束招标人必须在投标有效期内完成开标、评标、定标和签约工作。投标有效期届满，投标文件将失去约束效力。

2）投标有效期的设定。招标人应根据招标项目的规模和复杂性，以及开标、评标、定标和签订合同等工作所需时间，合理设定投标有效期。投标有效期过短，招标人可能无法完成开标、评标、定标和签订合同。投标有效期过长，投标人所面临的市场价格波动和经营风险同时增加，为了转移风险，投标人可能会提高投标报价，增加招标人的采购成本。招标人应在各环节满足法定和实际所需时间的前提下，合理设定投标有效期，并在此期限内完成相关工作。

3）投标有效期的延长。在投标有效期满前，招标人因特殊情况需要，可以书面形式要求投标人延长投标有效期。投标人同意延长投标有效期的，应相应延长投标保证金的有效期，但不得修改其投标文件的实质性内容。投标人拒绝延长投标有效期的，投标文件在原投标有效期满后失效，投标人届时有权收回投标保证金。招标文件规定给予有效投标补偿的，拒绝延长投标有效期的投标人也有权获得相应补偿。

（2）投标保证金

投标保证金是投标人向招标人提供的投标担保，主要目的是约束和规范投标人的投标行为。招标人可根据项目和市场的实际情况决定是否要求投标人提交投标保证金。招标人要求投标人提交投标保证金的，应当在招标文件中对投标保证金的形式、金额、有效期和提交时间等做出具体规定。

1）投标保证金的形式。投标保证金的形式包括现金、保函、保证保险和其他形式。招标人应当在招标文件中约定投标保证金形式、金额或比例、收退时间等。依法必须招标项目的招标人应同时接受现金形式和非现金形式的保证金，不得强制要求投标人、中标人缴纳现金保证金。鼓励招标人接受担保机构的保函、保险机构的保单等其他非现金形式的投标保证金。鼓励使用电子保函形式的投标担保，任何单位和个人不得为投标人指定出具保函、保单的银行、担保机构或保险机构。投标人在招标文件约定范围内，可以自行选择交易担保方式，招标人、招标代理机构和其他任何单位不得排斥、限制或拒绝。

①现金。现金保证金包括支票、银行汇票、银行电汇、本票等。依法必须招标项目的境内投标人（自然人除外），以支票、银行汇票、电汇等形式提交的投标保证金，应从其基本银行账户转出。

②保函。按担保机构的类别可将保函分为银行保函和商业保函；按担保机构承担的责任可将保函分为一般责任保函、连带责任保函、独立责任保函。一般责任保函担保效力最低，独立责任保函效力最高。需要注意的是，独立保函须为银行或非银行金融机构出具。

③保证保险。保证保险是以保险机制替代传统担保的创新工具，是保险公司为投标活动提供的一种保险服务，由投标人向保险公司投保，在投标人违反投标承诺时，由保险公司按照合同约定向招标人承担赔偿责任的保险形式。

④其他形式。其他形式包括信用证、保兑支票等。

2）投标保证金的金额。投标保证金的金额应根据招标项目及其市场竞争情况合理确定。投标保证金过高会增加投标人的投标成本，影响其投标积极性；过低则难于制约投标人的不诚信行为。招标文件约定投标保证金，可以采用绝对金额和相对金额两种，在实践中采用绝对金额居多。绝对金额是指招标文件规定投标人递交投标保证金的具体数额，相对金额是指招标文件规定投标保证金按投标报价为计算基数的提交比例。

为防止招标人设置过高的投标保证金谋取不当利益或排斥潜在投标人，《招标投标法实施条例》规定，招标人在招标文件中要求投标人提交投标保证金的，投标保证金金额不得超过招标项目估算价的2%。除此之外，《工程建设项目勘察设计招标投标办法》规定，投标保证金的数额不得超过勘察设计估算费用的2%，最多不超过10万元人民币。《工程建设项目施工招标投标办法》和《工程建设项目货物招标投标办法》规定，投标保证金不得超过项目估算价的2%，且最高不得超过80万元。

一般来说，本行业对于投标保证金另有规定的，从其规定。例如，《公路工程建设项目招标投标管理办法》适用公路工程建设项目勘察设计、施工、施工监理等的招标投标活动，其中规定“投标保证金不得超过招标标段估算价的 2%”；《房屋建筑和市政基础设施工程施工招标投标管理办法》适用房屋建筑和市政基础设施工程施工的招标投标活动，其中规定“投标保证金可以使用支票、银行汇票等，一般不得超过投标总价的 2%，最高不得超过 50 万元”。

3）投标保证金的有效期。投标保证金的有效期应与投标有效期一致。如果招标人要求延长投标有效期，投标人同意延长的，其投标保证金有效期也相应延长。

4）投标保证金的递交时间。招标文件中要求投标人递交投标保证金的，投标保证金是投标文件的组成部分。投标人应在投标截止时间前将投标保证金递交给招标人，或按规定将投标保证金汇入招标人指定银行账户。

投标保证金可以与投标文件一起递交，也可以在投标截止时间之前单独递交。投标保证金采用支票形式的，招标人应要求投标人提前一定的时间将支票递交给招标人，以保证投标保证金在投标截止时间之前转入招标人指定账户。采用两阶段招标的，招标人应要求投标人在第二阶段投标时递交投标保证金。

5）联合体投标的投标保证金。投标联合体应按照招标文件的规定递交投标保证金；以联合体各方或者联合体中的一方名义递交的投标保证金，均对联合体各方具有约束力。

6）不按照要求提交投标保证金的后果。不按招标文件规定的时间、形式和金额提交投标保证金的，投标无效或在评标时作不利于该投标人的量化。

7）投标保证金的退还。招标人最迟应当在书面合同签订后 5 日内向中标人和未中标的投标人退还投标保证金及银行同期存款利息。招标文件中应明确，投标保证金的银行同期存款利息计算办法，以及退还的时间、程序和方法。

8）投标保证金不予退还的情形。投标截止后投标人撤销投标文件的，招标人可以按照约定不退还其投标保证金；中标人无正当理由不与招标人签订合同，或者在签订合同时向招标人提出附加条件，或者不按照招标文件要求提交履约保证金的，招标人不予退还其投标保证金。

机电产品国际招标项目，投标人在投标有效期内撤销投标、中标后未在规定期限内签订合同或提交履约保证金、未按规定缴纳招标服务费的，投标保证金不予退还。

招标文件中可以规定投标保证金不予退还的其他情形，如串通投标、弄虚作假投标、以他人名义投标等违法行为。

（3）投标语言

投标语言即投标人编写投标文件及与招标人来往函电所使用的语言。国内招标一般规定中文为投标语言，国际招标也可以规定其他语言为投标语言。

国际金融组织贷款项目和外国政府贷款项目采用国内招标的（NCB），可以规定中文或英文为投标语言；采用国际招标（ICB、LIB）的，一般规定英文为投标语言。

机电产品国际招标项目投标应使用中文或招标文件规定的语言为投标语言。投标人提交的支持资料和已印刷的文献可以用其他语言，但相应内容应附有中文或招标文件规定投标语言的翻译本，在解释投标文件时以翻译本为准。

（4）投标货币

投标货币即投标使用的货币，包括购买招标文件使用的货币，缴纳图纸押金、投标保证金和履约保证金使用的货币、投标报价使用的货币等。国内招标应规定人民币为投标货币。国际招标时可以规定投标货币为人民币，也可选择接受外币，具体要求如下。

1）购买招标文件使用的货币。国际招标购买招标文件一般应以外币和人民币同时标价。如果招标人没有外币账户，也可仅以人民币标价，外国投标人可以使用能够自由兑换的本国货币购买招标文件，价款按照中国银行公布的外币对人民币的卖出价计算外币金额。

2）缴纳图纸押金、投标保证金和履约保证金使用的货币。图纸押金、投标保证金和履约保证金在完成其使命后应当退还给投标人。外国投标人如果采用外币递交，招标人应当开立外币银行账户，暂存以外币缴纳的图纸押金、投标保证金和履约保证金，退还其原额及其按约定发生的利息。如果招标人没有开立外币银行账户，外国投标人递交的外币将会按照中国银行公布的外币对人民币的卖出价结汇为人民币，存入招标人的人民币账户。在退还时，结汇后的人民币需要按照中国银行公布的外币对人民币的买入价转换为外币。在此情况下，汇出的外币可能会比汇入的外币少。因此，如果招标人没有开立外币银行账户，应在招标文件中规定由投标人承担对汇率标准计算差额和汇率风险。

3）投标报价使用的货币。投标报价使用的货币除人民币外，也可选择接受外币。接受的外币应是可自由兑换的货币，如美元、欧元、日元、港币等。从汇率风险的角度考虑，招标人接受的外币应汇率稳定，或与人民币汇率相比未来一段时间被预期趋于贬值、人民币趋于升值。

（5）投标报价要求

投标报价是投标人响应招标和竞争能力的集中体现，也是招标取得成效的核心。招标文件的投标人须知和工程量（货物）清单中应对投标报价的内容、范围、技术标准规格、报价方式等提出清晰、准确、具体的要求，防止投标人产生歧义和不公平竞争。同时，招标项目选择的合同类型、风险责任条款对投标报价有很大影响，投标报价应与合同条款中的双方责任风险分配相对应。投标人不得低于成本报价进行恶性竞争。

1）工程项目投标报价要求。建设工程招标一般采用工程量清单计价，投标人应当按照招标工程量清单和投标报价要求，计算和填报各清单项目的综合单价、合价和总价；每一清单项目均须填入一个综合单价，并乘以清单中的工程量得出合价。综合单价一般包括人工费、材料费、施工机具使用费、管理费、利润以及与合同责任对应的风险费用；除此之外，水利、交通等行业的工程量清单，其综合单价包括规费和税金。

投标人在填报工程量清单时，项目编码、项目名称、项目特征、计量单位、工程量必须与招标工程量清单一致；工程量清单与计价表中列明的所有需要填写的单价和合价的项目，投标人均应填写且只允许有一个报价。未填写单价和合价的清单项目，一般视为此项费用包含在已标价工程量清单中其他项目的单价和合价之中；如果投标人澄清为报价漏项，则其投标可能被评标委员会否决。

2）货物招标项目投标报价要求。招标人在编制招标文件时，应要求投标人明确投标报价的费用范围，避免产生歧义。一般来说，货物的投标报价为其运到招标人指定地点的交货价。除了货物本体成本价格外，通常需要明确的费用包括货物的包装、装卸、运输、安装、调试，备品备件、工器具件，应缴保险费、税费，使用培训、维护及售后服务等。进口货物还应包括进口环节税、报关报检费用、银行财务费、仓储费、搬运费等。同一标包由不同种类货物组成的投标，还应在分项报价中明确各分项货物的名称、规格、单价、数量和总价。

机电产品国际招标项目的招标文件应根据项目需求特点，统一规定投标报价选择采用《国际贸易术语解释通则》（INCOTERMS）规定中的 EXW（工厂交货）、FOB（船上交货）、CIF（成本、保险费加运费）、CIP（运费、保险费付至）、DDP（完税后交货）等国际贸易价格术语及其具体含义。明确了投标报价采用的价格术语，即明确了招标人和投标人各自承担的费用、责任和风险。对于国际招标项目，无论投标人选择哪种价格术语报价，招标文件中都应保留招标人在签订合同时重新选择使用价格术语的权利。

3）工程勘察、设计、监理项目投标报价要求。《国家发展改革委关于进一步放开建设项目专业服务价格的通知》规定，工程勘察、设计、监理、招标代理等与工程建设相关的服务收费实行市场调节价。工程勘察、设计、监理项目可以采用费用总价、服务费率、标准取费折扣率或者其他计价方式。

无论采用什么计价方式，招标人均应该根据工程服务项目特点，详细计列和清晰描述服务项目工作数量、服务范围边界和服务标准要求，投标人应当结合服务项目需求特点和自身能力竞争报价。

（6）投标报价类型

由于招标项目类型的不同，投标报价存在不同的类型，如总价报价、单价报价、费率报价、浮动率报价、阶梯报价等，分述如下：

1）总价报价。总价报价是指投标人根据招标项目情况测算实施成本，包括直接成本和间接成本，在此基础之上添加相应的管理费用、利润和税金，充分考虑招标文件规定的风险要素之后所形成的最终金额。总价报价相对粗放，对于价格组成明细精度较低，适用于投资估算较小、合同范围明确、项目工期较短、风险因素较少的项目情形。在项目实施期间，合同约定的价格调整情形发生之后，总价应当按照合同约定进行调整。

2）单价报价。单价报价是指投标人根据招标项目要求，针对每项明细清单、项目特征和技术要求，以列项清单为报价单元，每一清单填报一项单价。清单数量的准确度和调整与否由招标人承担责任，清单的单价所涵盖招标文件规定的风险因素则由投标人承担责任。单价报价的使用范围较为广泛，适用于多数招标项目，对于招标人而言工作量较大，需要核实每一清单的实施质量和实际数量。在项目实施期间，当某一清单的实际数量和招标数量偏差达到合同约定的比例时，应按合同约定对相应的单价进行调整；合同约定的价格调整情形一旦发生，相应单价应当按照合同约定进行调整。

3）费率报价。投标人根据招标项目情况测算实施成本之后，将成本总额按照招标文件规定的某一计算基数进行反算，得出相应的费率报价。费率报价的计算基数一般应当明确，通过简单核算即可确认。例如，工程总承包项目以批复的设计概算为计算基数，投标报价为让利费率；又如，设计和监理项目以所设计或监理项目的工程竣工结算价款为计算基数，投标报价为费率。费率报价适用于招标范围明确、边界条件清晰、招标资料缺项的项目情形。在项目实施期间，计算基数应当动态调整，但费率通常保持不变。

4）浮动率报价。投标人根据招标项目情况测算实施成本之后，将成本总额按照招标文件规定的某一费用作为比较基数进行反算，得出相应的浮动率报价。浮动率的比较基数应当明确易查，如钢材、有色金属、大豆等可约定以某一时期的期货价格作为比较基数，按照投标的浮动率进行上下浮动后即可得出合同价格。浮动率报价适用于比较基数明确、合同范围模糊、价格风险较大的项目情形。在项目实施期间，比较基数应当动态调整，但浮动率通常保持不变。

5）阶梯报价。阶梯报价是指投标人根据招标项目实施数量的不同，对于不同的数量区间填报不同的单价，是单价报价的升级版。阶梯报价的原则是鼓励使用，从而增加实施数量。每个区间平台的对应单价不同，一般呈阶梯状下行分布。阶梯报价适用于采购数量不定、技术标准化、边际成本递减的货物项目。如果技术要求不同或为非标产品，将无法获得规模优势，即无法实施阶梯报价。在项目实施期间，合同约定的价格调整情形发生之后，阶梯单价应当按照合同约定进行调整。

（7）双信封投标

双信封投标方式是招标文件规定按两部分编制和提交投标文件的方式。投标人将投标报价和商务技术文件分别装订密封在两个不同的投标文件信封中，并在投标截止时间前同时提交。

采用双信封投标可以避免投标报价对评标委员会评价技术商务投标文件产生影响，尽可能保证技术商务投标文件评价的客观性。双信封投标的程序相对比较复杂、时间较长，一般适合规模较大、技术比较复杂的工程项目，在交通工程和水利工程等行业的招标中应用比较广泛。

（8）明标和暗标

1）明标和暗标的含义。为减少评标委员会成员个人因素的影响，招标文件可要求投标人采用暗标方式编制投标文件。在招标投标实践中，通常把隐去可识别投标人标识的投标文件称为“暗标”，把未隐去可识别投标人标识的投标文件称为“明标”。

2）暗标的适用情形。暗标常用于难以客观量化，主要依靠主观判断的投标文件内容。设计招标中的设计方案、施工招标中的施工组织设计、货物招标中的样品和供货方案等均可采用暗标形式。

3）暗标的要求。招标文件一般要求暗标投标文件除正本封面外，副本封面（包括封底、侧封）及所有正文中均不得出现可识别投标人身份的任何字符和徽标。暗标评审详见本书 7.2 的内容。

（9）备选投标方案

某些项目可以采用多种技术实现方案和路径，招标人希望通过比较不同技术实现路径的投标方案及其报价来择优选择，可在招标文件中规定接受备选方案投标的方式，保留备选权利。招标人规定接受备选方案投标，一方面可以更好地发挥投标人的竞争潜力，使投标竞争更加充分；另一方面可通过投标人提供的不同技术实施方案，弥补招标项目在策划、设计或招标阶段的瑕疵和欠缺，有利于提高项目质量和资金使用效益。

招标人如果允许提交备选投标方案，招标文件应对备选投标方案作出以下规定：

1）备选方案编制。投标人递交备选方案的，应按照招标文件的要求编制并满足实质性响应规定，投标文件应当明确标注主选方案和备选方案，否则其投标将被否决。备选方案应当科学合理，对于招标人具有一定的价值比较优势，有利于提高实施可靠性、缩短合同工期（交货期）、合理降低合同价格或项目运行维护费用。

2）备选方案评审。为保证评标的公正性，应当以主选方案为准进行评标；评标委员会可以对中标人所投的备选标进行评审，以决定是否采纳备选标。不符合中标条件的投标人的备选标不予考虑。

3）其他规定。工程施工项目一般规定，备选投标方案优于招标文件技术标准所产生的附加收益，不应计算在评标价格中。机电产品国际招标应当明确规定投标人在投标文件中只能提供一个备选方案并注明主选方案，且备选方案的投标价格不得高于主选方案。

(10）制造商和制造商授权

1）制造商。招标投标中的制造商是指开发、生产、加工、制造有形或无形产品的企业。随着制造业的专业化分工，一些企业采用代工（OEM）的方式进行生产。制造商进行产品研发和销售，控制着产品供应链条的两端，中间的加工生产环节交给代工企业。这种生产模式称为“哑铃”型产品生产模式。代工企业对其生产的产品不拥有知识产权，不能自行将其代工生产的产品进行销售，不能成为招标投标中的制造商。反之，如果制造企业从研发企业购买产品的制造和销售许可，拥有生产技术的使用权和产品的销售权，则可以成为招标投标中的制造商。

2）制造商授权。在招标投标中，制造商可以自己直接参加投标，也可以授权其他企业投标。如果授权其他企业投标，制造商不得同时参加该项目的投标。授权其他企业投标分为代理投标和产品授权两种情形。

①代理投标。代理投标是指制造商授权其他企业代理其投标。在代理投标中，制造商必须向被授权投标的企业出具授权书。在投标代理授权中，制造商和被授权人形成委托代理关系，投标企业在投标活动中的身份是代理人，被代理制造商应当就投标结果向招标人承担相应责任。在代理投标中，制造商对同一标包只能授权一个代理人。

②产品授权。产品授权是指制造商授权其他企业购买其产品参加投标。此时，制造商和经销商形成买卖关系，制造商对其授权的投标人与招标人签订的合同不直接承担责任，但需要对产品的供货和质量承担责任。产品授权有针对特定项目的产品授权和针对不特定项目的产品授权两种形式。

A. 针对特定项目的产品授权。当制造商授权其他企业可以使用自己制造的产品参与特定招标项目的投标时，制造商必须针对招标项目单独向投标人（经销商）出具产品授权书。针对特定项目的产品授权是国内招标中应用最为广泛的授权投标形式。

制造商在同一标段（包）中可以授权代理商的数量，不同类型招标项目的规定不尽相同。在工程货物招标项目中，一个制造商在同一标段（包）中对于同一品牌、同一型号的货物，只能委托一个代理人投标，违反规定投标的，相关投标均无效；在机电产品国际招标项目中，一个制造商可以委托多个代理人投标。机电产品国际招标项目中的两个以上代理人投标产品为同一制造商的，按一家投标人计算投标人数量；两个以上代理人投标产品的一部分为同一制造商的，且相同产品的价格总和均超过该项目包各自投标总价的60%的，按一家投标人计算投标人数量。政府采购项目中有多家投标人使用同一制造商、同一品牌、同一型号产品投标的，按一家投标人计算投标人数量。

B. 针对不特定项目的产品授权。经销商授权有独家经销权、区域经销权、总经销权等形式。如果招标人接受经销商授权，经销商授权不必要求制造商针对特定项目出具授权书，只需要提供制造商颁发给投标人的经销商资格证书或证明即可。

3）制造商授权书的内容及格式。招标文件要求投标人投标时提供制造商授权书的，投标人应按规定提供。招标文件提供了制造商授权书格式的，投标人应按照规定的格式提供授权书；招标文件没有提供制造商授权书格式的，投标人可自行拟定授权书内容。自行拟定授权书应注意以下几点：

①代理投标授权书。代理投标授权书的内容应包括以下内容：

A. 制造商名称。

B. 代理商名称。

C. 授权项目名称和授权范围。

D. 授权期限。

E. 声明制造商对代理商针对投标项目的投标在授权范围内承担完全责任。

F. 制造商单位盖章或授权人签字。

机电产品国际招标项目采用的《机电产品国际招标标准招标文件（试行）》所附制造商授权书（投标代理授权）及制造商资格声明格式见附件4-3和附件4-4。

②投标产品授权书。投标产品授权书可以由制造商为投标项目专门出具，也可以采用分销协议、代理协议等形式。投标产品授权书的内容应包括以下内容：

A. 制造商名称。

B. 被授权单位名称。

C. 授权项目名称和授权产品的详细描述。

D. 授权期限。

E. 声明制造商按照规定供货并保证货物的品质。

F. 制造商单位盖章或授权人签字。

制造商授权书（投标产品授权）格式见附件4-5。

4）制造商授权的必要性。对于代理商的代理投标行为，投标人必须提供制造商出具的代理投标授权书，以证明代理的合法性。对于买断制造商产品投标的，属于投标人的自主经销行为，是否需要投标人出具产品制造商投标产品授权书应根据招标项目的具体情况确定。需要投标人出具产品制造商投标产品授权书的情况一般包括以下情形：

①产品不能够从现货市场自由采购的。

②产品具有特殊性，经销商需要由制造商进行经销资格认定的。

③产品是定制产品，而不是标准规格的批量生产产品。

④需要制造商提供服务和质量保证的。

⑤需要保证产品可以得到持续的备件供应和服务的。

但是，要求投标人必须出具产品制造商的投标产品授权，会限制投标人之间的竞争。

在某些情况下，还会造成制造商垄断、操纵投标、围标、串标等情况发生。为了鼓励公平竞争，对于在市场上可以自由获取的产品，招标人可以不需要投标人提供制造商的授权许可。

(11) 投标的截止和开标

1) 投标截止时间。投标截止时间是指投标人递交投标文件、招标人接收投标文件的截止时间。招标人应当根据项目的具体情况确定投标截止时间，使投标人有合理的时间编制投标文件。依法必须招标的项目，从招标文件开始发出之日起到投标截止之日最短不得少于 20 日。

投标截止时间应当在招标公告和招标文件中公布。招标人可以顺延投标截止时间，一般应在招标文件要求的投标截止时间之前发出顺延通知，具体时限由招标人合理确定。机电产品国际招标项目招标人顺延投标截止时间的，至少应当在招标文件要求的投标截止时间 3 日前，将变更时间书面通知所有获取招标文件的潜在投标人，并在中国国际招标网上发布变更公告。

2) 开标时间、地点和程序。招标文件应对开标时间、地点和程序作出明确规定，开标时间应当与投标截止时间一般为同一时间。招标人应当严格按照招标文件规定的时间、地点和程序公开开标。招标文件一般规定的开标程序如下：

①宣布开标纪律。

②宣布有关人员姓名。

③确认投标人代表身份。

④公布在投标截止时间前接收投标文件的情况。

⑤检查投标文件的密封情况。

⑥宣布投标文件开标顺序。

⑦公布标底（如有）。

⑧唱标。

⑨确认开标记录。

⑩开标结束。

4.1.4 评标要素

评标办法是招标文件的组成部分，是评标委员会评标的依据。评标办法包括评标方法、评审因素和标准、评标程序，以及推荐中标候选人的要求等内容。

评标方法是评标委员会评标采用的具体方法，包括经评审的最低投标价法和综合评估法。

经评审的最低投标价法是以价格为主要考量因素，对投标文件进行评价的一种评标方法。采用经评审的最低投标价法评标的，中标人的投标应当能够满足招标文件的实质性要求，并且经评审的投标价最低，但是投标价低于成本价的除外。

综合评估法是以价格、商务和技术等方面为考量因素，对投标文件进行综合评价的一种评标方法。采用综合评估法评标的，中标人的投标文件应当能够最大限度地满足招标文件中规定的各项综合评价标准。

在实践中，不同行业和地区采用的其他不同名称的评标方法，一般都可以归类为这两种评标方法。招标评标过程中使用的各种不同名称的评标方法见表 4-1。

表 4-1 招标评标过程中使用的不同名称的评标方法分类表

招标项目类型	经评审的最低投标价法	综合评估法
铁路工程招标项目	最低评标价法 合理最低投标价法	综合评分法
水利工程货物招标项目	经评审的合理最低投标价法 最低评标价法	综合评分法 综合评议法
公路工程施工招标项目	经评审的合理最低投标价法 合理低价法 技术评分最低标价法	综合评估法
通信工程招标项目	经评审的合理最低投标价法	综合评估法
房屋建筑和市政工程项目	经评审的合理最低投标价法	综合评估法
机电产品国际招标项目		最低评标价法 综合评价法
政府采购货物和服务招标项目	最低评标价法	综合评分法
世界银行、亚洲开发银行贷款招标项目		最低评标价法 综合评价法
特许经营招标项目	栅栏评标法	综合评估法
工程勘察招标项目		综合评估法
工程设计招标项目		综合评估法
工程监理招标项目		综合评估法
工程货物招标项目	全寿命周期成本计算法	综合评估法

(1) 经评审的最低投标价法

采用经评审的最低投标价法评标，应首先审查投标文件在资格条件、商务和技术上对招标文件的满足程度；对于满足招标文件各项实质性要求的投标，则按照招标文件中规定的方法，对投标文件的价格要素做必要的调整，以便使所有投标文件的价格要素按统一的口径进行比较。价格要素可能调整的内容包括投标范围偏差、投标缺漏项（或者多项）内容的加价（或者减价）、付款条件偏差引起的资金时间价值差异、交货期（工期）偏差给招标人带来的直接损益、国外货币汇率转换损失，以及虽未计入报价但评标中应当考虑的税费、运输保险费及其他费用的增减。应区分招标文件的原因和投标人的原因，分别按规定办法增减。经过以上价格要素调整后的价格即为经评审的投标价，该价格最低者为最优。

采用经评审的最低投标价法评标，对实质上响应招标文件要求的投标进行比较时只需要考虑与投标价直接相关的量化折价因素，而不再考虑技术、商务等与投标价不直接相关的其他因素。经评审的最低投标价法一般适用于技术、性能规格通用化、标准化，没有特殊性、技术管理以及其他综合性要求的招标项目。

在实践中，经常采用对经评审的最低投标价法扩展应用的评标方法，例如栅栏评标法、全寿命周期成本计算法、合理低价法等。

1）栅栏评标法。栅栏评标法适用于特许经营招标项目，采用两阶段评标。第一阶段对融资方案、技术和管理方案、项目协议响应方案等投标内容进行响应性评审，这些因素全部实质性响应招标文件要求的进入第二阶段评审。第二阶段只对投标价进行比较，投标价最低的投标人被推荐为排名第一的中标候选人。

栅栏评标法既不对融资方案、技术和管理方案、项目协议响应方案等技术因素进行价格折算，也不对商务因素进行价格调整。对招标文件的响应性评审被视为一道“栅栏”，通过这道栅栏的只要价格最低就可中标，因此被形象地称为栅栏评标法。

2）全寿命周期成本计算法。全寿命周期成本计算法是将工程或货物的建设、采购、安装、运行、维修服务、更新改造，直至报废（废弃成本）的全寿命周期成本进行合并计算并折算为现值比较的评标方法。全寿命周期成本计算法可以全面反映一次采购的全寿命成本，采购的决策不仅仅考虑初始采购成本，还综合考虑项目的长期经济成本，使采购决策更加科学和客观。采用全寿命周期成本计算法仅考虑货物的各项财务成本，而不考虑技术、品牌、人员、资质、业绩等因素。

采用全寿命周期成本计算法评标，应首先审查投标文件在资格条件、商务和技术上是否满足招标文件的规定。对于满足招标文件的资格条件和各项实质性要求的投标，则按照招标文件中规定的方法，将投标的各项成本折算为评标时的现值后进行比较。这种评标方法多用于工程和货物的采购，尤其适合后期使用成本对采购决策起关键作用的工程和货物采购，如打印机、复印机等耗材价值明显超过采购货物价值的货物。采用全寿命周期成本计算法进行采购能够更真实地反映采购的真正成本。

采用全寿命周期成本计算法时，招标文件中应当规定各项折算因素以及折现率，作为对各项成本进行折现计算的依据。全寿命周期成本计算法评标案例见本书第 7 章附件 7-6。

3）合理低价法。合理低价法是以价格因素为主导、以最接近合理低价（评标基准价）的价格为最优的评标方法，属于经评审的最低投标价法。采用合理低价法评标时，应首先审查投标文件在商务和技术上对招标文件的满足程度。对于满足招标文件资格条件和各项实质性要求的投标，则按照招标文件中规定的办法，对投标价进行计算和比较。首先按照招标文件规定的办法确定评标基准价，然后按照投标价接近评标基准价的幅度确定得分，得分最高的投标价为最优。投标价计算得分相等时，以投标价低的优先。合理低价法具有简单、易用的特点，一般适用于具有通用技术、性能标准，没有特殊性、单一性要求，但价格过低会影响合同履行或者工程质量的招标项目。

【例 1】 设定价格分满分为 100 分，评标基准价为各投标人投标价格的平均值下浮 2%。各投标价与评标基准价的偏差率每负偏差 1 个百分点，则在 100 分的基础上扣 1 分；每正偏差 1 个百分点，则在 100 分的基础上扣 2 分，中间值按插入法计算。甲、乙、丙、丁四个投标人的投标价分别为 1000 万元、950 万元、1020 万元和 1040 万元。投标人甲因为漏报部分内容，被加价 50 万元。价格评分结果见表 4-2。

表 4-2 价格评分结果表

投标人	甲	乙	丙	丁
投标价	1000 万元	950 万元	1020 万元	1040 万元
评审后价格	1050 万元	950 万元	1020 万元	1040 万元
平均值	1015 万元			
评标基准价	994.7 万元			
偏差率	5.56%	−4.49%	2.54%	4.56%
得分	88.98 分	95.51 分	94.92 分	90.88 分

（2）综合评估法

综合评估法是指投标文件满足招标文件全部实质性要求且综合衡量价格、商务、技术等各项因素对招标文件的满足程度，按照统一的标准（分值或货币）量化后进行比较的评标方法。采用综合评估法评标时，可以把上述各项因素折算为货币、分数或比例系数后再做比较。能够最大限度地满足招标文件中规定的各项综合评价因素、按照评审因素的量化指标得分最高的投标被确定为最优投标。

相对于经评审的最低投标价法，综合评估法综合考虑了各项投标因素。一般情况下，不宜采用经评审的最低投标价法的招标项目，尤其是除价格因素外技术、商务因素影响较大的招标项目，都可以采用综合评估法。世界银行、亚洲开发银行贷款招标项目和机电产品国际招标项目采用的最低评标价法，评标时将投标文件对技术、商务等因素的满足程度量化为偏离加价进行评审，实际上都属于综合评估法。

1）采用货币进行比较的综合评估法。综合评估法采用货币进行比较时，其比较的是评审后的价格。评审后的价格的计算公式为：

$$P=P_1+P_2+\cdots+P_n$$

式中 P——评审后的价格；

$P_1,P_2,\cdots,P_n$——各项评标因素的偏差调整额。

世界银行、亚洲开发银行贷款招标项目、机电产品国际招标项目等都使用了“最低评标价法”这个名称，但具体的评审因素、标准、规则、程序有所不同。

世界银行、亚洲开发银行贷款招标项目、机电产品国际招标项目采用的最低评标价法，是将投标报价、商务和技术因素全部折算为价格，把折算后的累计价格（即评审后价格）进行比较，评审后价格最低的为最优投标。这种评标方法除了对投标的价格要素进行折算外，还把与价格不直接相关的技术要素（如施工方案、技术指标、服务承诺等）等非价格要素按照招标文件规定的办法进行价格折算，因此世界银行、亚洲开发银行贷款招标项目、机电产品国际招标项目的最低评标价法属于综合评估法。

【例 2】某世界银行贷款污水处理厂建设项目采用最低评标价法评标。评标办法规定，对实质性响应招标文件要求的投标要对付款条件偏差、工期延误、污水处理效率偏差、污水处理成本偏差等因素进行价格折算。价格折算的办法如下：

付款要求比招标文件规定的时间提前的，将提前付款金额的利息加入其投标价，利率按照月息 1%计算；工期延误的，每延误 1 天投标价增加 0.5%，延误超过 30 天的投标被否决；水处理效率比招标文件规定的标准低的，每低一个百分点投标价增加 2%，低于 10%的投标被否决；污水处理成本比招标文件规定的标准高的，每高一个百分点投标价增加 2%，高于 10%的投标被否决。

2）采用综合评审得分进行比较的综合评估法。综合评审得分计算公式如下：

$$F=F_1\times A_1+F_2\times A_2+\cdots+F_n\times A_n$$

式中 F——综合评审得分；

$F_1,F_2,\cdots,F_n$——各项评标因素的评分值；

$A_1,A_2,\cdots,A_n$——各项评标因素的权重，$A_1+A_2+\cdots+A_n=1$。

3）性价比法。性价比法是对投标的商务和技术等价格以外的因素进行综合评价，以分数的形式进行量化，将量化后的累计分数除以其投标价，计算出该投标的性价比进行比较，性价比最高的推荐为最优投标，属于综合评估法的一种。性价比法与综合评价法和综合评分法对商务和技术等因素的评价方法是一样的，区别仅在于性价比法不需要把价格量化为分数。性价比法计算性价比的公式如下：

$$F=K\times(F_1\times A_1+F_2\times A_2+\cdots+F_n\times A_n)/P$$

式中 F——性价比；

K——放大倍数；

P——投标价；

$F_1,F_2,\cdots,F_n$——各项评标因素的评分值；

$A_1,A_2,\cdots,A_n$——各项评标因素的权重，$A_1+A_2+\cdots+A_n=1$。

性价比法的评分经常采用百分制。在投标价较高时，计算的性价比数值往往很小。为了方便对性价比进行比较，通常在性价比的基础上乘以适当的放大倍数，以便于比较。

性价比法评标案例见本书第 7 章附件 7-7。

4）投票法和排序法。投票法和排序法属于综合评估法的一种特殊形式，一般可在难以量化比较的概念性方案、实施性方案设计招标项目的评审中采用。投票法和排序法操作简单，但较难对各投标人的投标进行客观的量化，评标结果受主观影响较大。

投票法是指评标委员会成员对实质性响应招标要求的投标方案通过投票方式排出名次。投票一般采用记名投票的办法，一人一票制，评标委员会成员对自己的投票负责。被推荐的中标候选人应获得评标委员会多数成员的投票。

排序法是指由评标委员会对实质性响应招标要求的投标方案各自按照评价的优劣进行排序，并按照招标文件规定的赋分办法（如第一名得 5 分，第二名得 3 分，第三名得 1 分）给每个投标方案赋予分数。最后将每个投标方案和每个评标委员会成员评价的分值分别汇总后，按照汇总得分排出顺序。

(3) 评审因素

招标项目的评审因素一般包括价格因素、商务因素和技术因素。在物资投标中，售后服务、国产化率等其他因素也可以归入商务或技术因素。

1）价格因素。除了政府定价的货物和服务外，一般招标项目评标考虑的最重要的因素是价格因素。价格因素除了投标价本身外，需要考虑的还有未包括在投标总价中的选配件价格和售后服务价格、报价的优惠程度、报价的平衡性（是否有不平衡报价的情形）等。

在评标中，投标报价应当在同等基础上进行比较。为此，在价格评审中需要把不同投标人的投标价通过价格调整的方法调整到同样的基础，调整后的价格称为评标价格。采用经评审的最低投标价法评标和采用综合评估法评标，都需要计算评标价格。经评审的最低投标价法只对投标人的评标价格进行比较，并据此排列投标人推荐顺序；综合评估法在确定评标价格后，要对评标价格进行评分，确定价格得分。

①计算评标价格。计算评标价格需要考虑报价范围、包含费用和付款进度等因素的一致性。

报价范围的一致性主要考量报价是否包含了招标文件要求的各项内容。在货物招标项目中，对于投标报价中的少报和缺漏项内容，要区分不同情况进行加价调整，以便各个报价在同样的标准下进行比较。对于少报内容一般按照投标人自身报价补足，对于缺漏项内容一般按照其他投标人该项的最高价作为惩罚性加价。而对于多报或超出招标要求的内容一般不减价。

包含费用的一致性主要是考量、调整，使价格术语不同、交货地点不同、包含费用不同的报价所包含的费用一致。除了世界银行贷款项目、亚洲开发银行贷款项目和外国政府贷款项目外，一般是以工程、货物或者服务在招标人指定的项目现场的价格为准。对于报价中没有包含的进口环节税、运输费、保险费、杂费等需要招标人另行支付的各种费用，应当按照统一的计算标准加在评标价中。

付款进度的一致性主要考量资金的时间价值。招标文件一般都对付款进度做了规定。在有些情况下，招标文件允许投标人提出修改的付款进度。对于与招标文件要求不一致的付款进度，评标时应当考虑资金的时间价值。一般以合同生效时的资金现值为基准对投标报价支付进度款的差异部分进行折现计算。

将未来需要支付的资金折算为当期价值（现值）的计算称为折现。评标时对付款差异进行折现计算，通常分为以下两种情况：

A：一次支付情况下的折现。对于一定时间后将要发生的一次性资金支付，将其折现为现值，称为一次支付情况下的折现。

一次支付现值的计算公式如下：

$$P=F\times(1+i)^{-n}$$

式中 P——现值；

F——终值；

i——折现率；

n——折现期数。

$(1+i)^{-n}$称为一次支付现值系数。将 $(1+i)^{-n}$用符号$(P/F,i,n)$表示，以上公式也可表示为：

$$P=F\times(P/F,i,n)$$

常用的一次支付现值系数见表 4-3。

表 4-3　一次支付现值系数表

n	1	2	3	4	5	6
$(P/F, 1\%, n)$	0.99	0.98	0.971	0.962	0.952	0.942
$(P/F, 2\%, n)$	0.98	0.961	0.943	0.925	0.907	0.89
$(P/F, 3\%, n)$	0.971	0.943	0.915	0.888	0.863	0.837

【例 3】 某施工招标项目投标价为 600 万元，合同生效时支付 100 万元，合同生效三个月时支付 300 万元，合同生效六个月时支付 200 万元。假设银行月息为 1%，按月计算复利，请计算各次付款折现为合同生效时的现值。

解： $P=100+300\times(1+1\%)^{-3}+200\times(1+1\%)^{-6}=579.59$（万元）

B：多次等额支付情况下的折现。对于一定时间后将要发生的相同金额的多次资金支付，将其折现为现值，称为多次等额支付情况下的折现。

多次等额支付的折现计算公式如下：

$$P=A\times\frac{(1+i)^n-1}{i(1+i)^n}$$

式中　P——现值；

A——每次等额支付的金额（或者称为年金）；

i——折现率；

n——折现次数或者年金次数。

$\frac{(1+i)^n-1}{i(1+i)^n}$称为等额支付现值系数，用符号$(P/A,i,n)$表示，以上公式也可表示为：

$$P=A\times(P/A,i,n)$$

为了计算方便，经常将常用的等额支付现值系数计算后列为表格，见表 4-4。

表 4-4　等额支付现值系数表

n	1	2	3	4	5	6	7	8
$(P/A, 1\%, n)$	0.99	1.97	2.941	3.902	4.853	5.795	6.728	7.625
$(P/A, 10\%, n)$	0.909	1.736	2.487	3.17	3.791	4.355	4.868	5.335

【例 4】 某施工招标项目投标价为 1000 万元，合同当月月末生效并支付 300 万元，其余部分从次月月末开始分为 7 个月等额支付，每个月月末分别支付 100 万元。假设银行月息为 1%，按月计算复利，请计算各次付款折现为合同生效时的现值。

解： $P=300+100\times\frac{(1+1\%)^7-1}{1\%\times(1+1\%)^7}=300+672.82=972.82$（万元）

或：$P=300+100\times6.728=972.8$（万元）

②价格评分。采用综合评估法和合理低价法评标时，应对评标价格进行价格评分。价格评分一般以评标价计算价格得分。有些评标方法规定价格得分以评标价与评标基准价的偏差率为依据计算，则需要确定评标基准价。

确定评标基准价的方法有很多，常用的有三种：一是以所有评标价格最低值为评标基准价；二是以所有评标价格平均值为评标基准价；三是对所有评标价格平均值浮动一定额度后作为评标基准价。以所有评标价格最低值为评标基准价的价格评分方法称为低价优先方法。机电产品国际招标项目采用综合评估法评标时，必须采用低价优先方法。

价格评分的方法主要有公式法和区间法两种。

A. 公式法。公式法是用数学计算公式计算价格得分的评分方法。计算价格得分的公式有很多种，比较常用的有三种：基准价中间值法公式、线性插值法公式和基准价低价优先法公式。

a. 基准价中间值法公式。基准价中间值法公式如下：

$$F_1 = F - \frac{|D_1 - D|}{D} \times 100 \times E$$

式中　F_1——价格得分；

F——价格分满分；

D_1——评标价格；

D——评标基准价；

E——减分系数，即评标价高于或者低于评标基准价应扣除的单位分值。一般为了体现对低价的鼓励，当 $D_1 > D$ 时的 E 值可比 $D_1 < D$ 时的 E 值大。基准价中间值法曲线图如图 4-1 所示。

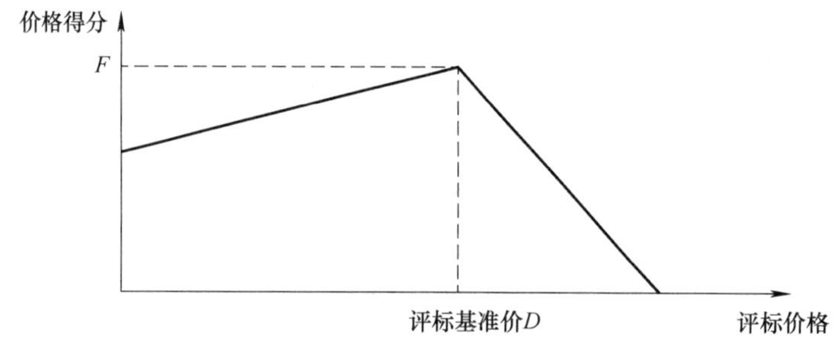

图 4-1　基准价中间值法曲线图

该公式以评标价等于评标基准价时为最高价格得分。评标价 D_1 高于或者低于评标基准价 D 的，都要在价格分满分的基础上相应减分。在图 4-1 中，当评标价格低于评标基准价时，曲线下降较平缓；当评标价格高于评标基准价时，曲线下降较陡。该公式多用于鼓励合理投标价格中标的工程施工和服务招标项目。货物招标一般不使用这种公式。

b. 直线插值法公式（插入法）。直线插值法是分别设定最高价格的得分和最低价格的得分，位于最高价格和最低价格之间的按照直线插入办法计算价格得分的方法。价格越高，得分越低；价格越低，得分越高。直线插值法公式如下：

$$F = F_1 - \frac{(F_2 - F_1) \times (D - D_2)}{D_2 - D_1}$$

式中　F——价格得分；

F_1——设定的最高评标价格的价格得分；

F_2——设定的最低评标价格的价格得分；

D——评标价格；

D_1——最低评标价格；

D_2——最高评标价格。

使用该公式时，应对评标价格的变化区间有比较准确的预见，根据预计的评标价格在招标文件中提前设定最低评标价格和最高评标价格的价格得分。在实际应用中，一般可设定评标价格最低的为价格分满分。可将评标价格最高的设定为价格分 0 分，也可设定某个能够比可能的最高价格更高的价格为价格分 0 分。直线插值法曲线图如图 4-2 所示。

c. 基准价低价优先法公式。基准价低价优先法公式是以最低评标价格为评标基准价，得价格分满分。评标价格高于评标基准价的在满分基础上减分。基准价低价优先法公式多用于鼓励低价中标的招标项目，也是政府采购货物和服务招标项目采用综合评分法时的统一价格得分计算公式。基准价低价优先法公式如下：

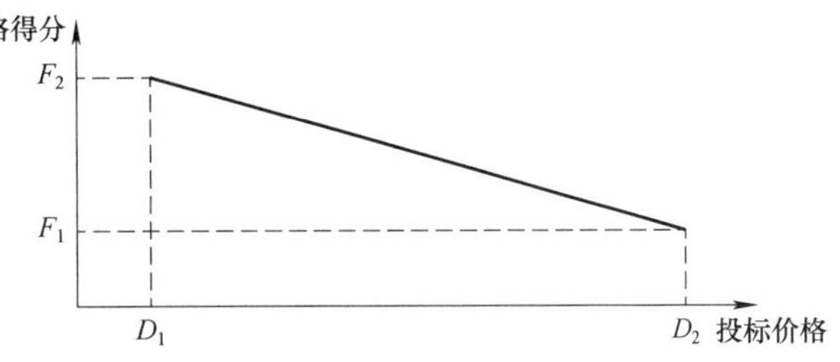

图 4-2　直线插值法曲线图

$$F_1=\frac{D}{D_1}\times F\times 100$$

式中　F_1——价格得分；

F——价格分值权重；

D_1——评标价格；

D——评标基准价。

基准价低价优先法曲线图如图 4-3 所示。

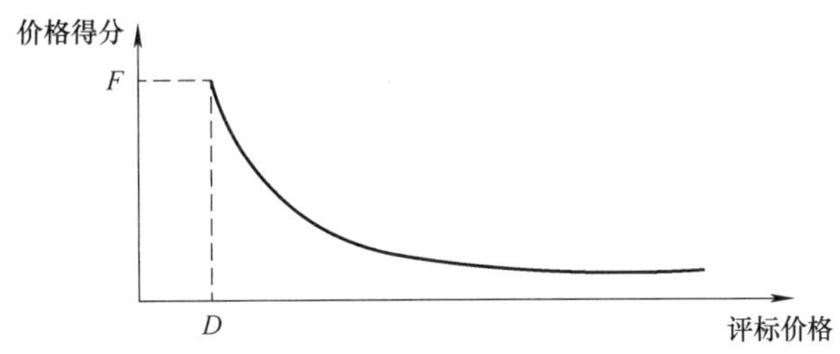

图 4-3　基准价低价优先法曲线图

B. 区间法。区间法是将评标价格与评标基准价的偏差率，按照一定的对应关系对应价格得分。一般将对应关系制作成对照表。在一定区间范围的偏差率对应一个确定的得分。采用区间法时需要特别注意区间设置要全面、连续，临界数值应明确是否包含本数。用数学式表示偏差率（%）时，1（不含）～ 2（含）应表示为（1，2]。

【例 5】某工程招标评标办法规定的价格得分与评标价格评标基准价偏差率对照表见表 4-5。

表 4-5 偏差率对照表

偏差率（%）	≤−6	(−6，−5]	(−5，−4]	(−4，−3]	(−3，−2]	(−2，−1]	(−1，0]
得分	10	25	30	34	36	38	40
偏差率（%）	(0，1]	(1，2]	(2，3]	(3，4]	(4，5]	>5	—
得分	37	34	30	25	20	10	—

当评标价格与评标基准价偏差率为−2%、−4.3%和6.8%时，请确定价格得分。

解：分别为36分、30分和10分。

价格因素除了投标价格本身外，未包括在投标总价中的选配件价格和售后服务价格、报价的优惠程度、报价的平衡性都对评标有重要影响，这些因素一般按照商务因素进行评审。

2）商务因素。商务因素一般包括投标人资质、投标人业绩、投标人管理水平、投标人履约信誉、投标人财务状况和资金动员能力、服务承诺等内容。采用经评审的最低投标价法评标时，商务因素评审合格即可，不必对商务因素进行评分；采用综合评估法评标时，商务因素评审合格后还需要进行评分。

①投标人资质。投标人资质包括资质类别和资质等级，可以反映投标人的基本资格和能力。投标人资质等级高，从某种角度上代表其综合能力较强。

②投标人业绩。投标人业绩包括投标人已完成的既往业绩和正在执行的项目业绩。投标人已完成的既往业绩反映了投标人的经验，业绩越多则越有经验。正在执行的项目业绩一方面可以反映投标人的市场认可度，另一方面也可以反映投标人剩余的可动员资源。

③投标人管理水平。投标人管理水平可以通过投标人采用的管理体系或管理制度反映。国际通行的管理体系包括质量管理体系认证、环境管理体系认证、职业健康安全管理体系认证等，非强制性资质认证是指不属于国家强制要求的资质认证，《质量管理体系要求》（GB/T 19001—2016/ISO9001：2015）、《环境管理体系要求及使用指南》（GB/T 24001—2016/ISO14001：2015）、《职业健康安全管理体系要求及使用指南》（GB/T 45001—2020 /ISO45001：2018）是推荐性国家标准，因此对于依法必须招标的项目，质量管理体系、环境管理体系、职业健康安全管理体系证书属于“非强制性资质认证”，在招标时不能作为资格条件，但与采购需求相匹配时，可以作为能力评审要素。

④投标人履约信誉。可通过用户评价、以往项目验收报告、行业证明及社会评价等方式考察。

⑤投标人财务状况和资金动员能力。投标人的财务状况决定了投标人的履约能力，因此在评标过程中要予以充分考虑。一般通过财务报表、银行存款证明、银行信贷证明等予以证明。评价投标人财务状况和资金动员能力的因素包括投标人资产负债率、盈利情况、净资产、流动资金数额、银行授信额度等财务指标。

⑥服务承诺。投标人就售后服务的内容、条件、标准、程序、费用等提出的承诺，可作为评分重要因素。

3）技术因素。与商务因素一样，采用经评审的最低投标价法评标时，技术因素评审合格即可，不再进行评分。采用综合评估法评标时，技术因素评审合格后需要对技术因素评分。工程、货物和服务评标考虑的技术因素区别较大。

①工程招标的技术因素。工程招标评标时考虑的技术因素通常包括：

A. 施工组织设计。施工组织设计的内容包括：

a. 施工部署的完整性、合理性。

b. 施工方案与方法的针对性、可行性。

c. 工程质量管理体系与措施的可靠性。

d. 工程进度计划与措施的可靠性。

e. 安全管理体系与措施的可靠性。

f. 环境管理体系与措施。

g. 施工机械设备配置的数量、性能、匹配性。

h. 劳动力配置的适应性。

i. 其他技术支持体系。

B. 项目管理机构。项目管理机构的内容包括：

a. 项目经理任职资格与业绩。

b. 技术负责人任职资格与业绩。

c. 其他人员的任职资格、业绩与专业结构。

②货物招标的技术因素。货物招标的技术因素一般包括货物的质量性能、货物的生产工艺、货物的技术经济指标、货物的配套性和兼容性、货物的使用寿命、货物营运的节能和环保指标等内容。

A. 货物的质量性能。货物的质量性能优劣直接决定货物的使用效率状况，评标办法应选取重要的质量性能指标作为货物项目的实质性要求和主要评标因素。招标文件一般应该说明货物质量性能指标必须满足的保证值。货物的质量性能指标通常都是招标文件的实质性要求。

B. 货物的生产工艺。生产工艺是重要的技术参数之一，应当满足招标文件的相应规定。

C. 货物的技术经济指标。如能耗、材料消耗、效率等决定货物的运行成本和整个项目的经济效益。某投标货物的运行效率低于其他货物，必然要消耗较多的能源和材料，才能够达到运行效率较高的其他货物的工作效果。因此，货物的技术经济指标应作为评标的重要技术因素。如果采用全寿命周期成本计算法评标，则可按照货物的技术经济指标对货物设计寿命内运行成本的影响进行量化评价。

D. 货物的配套性和兼容性。货物与其他货物的配套性和兼容性也是综合评标的一个重要因素。如果货物的配套性和兼容性不好，可能导致招标货物无法使用，还可能会影响其他货物的采购和使用性能、效率，以及整个工程的质量、进度和投资。为此应将货物的配套性和兼容性指标作为实质性要求，并根据具体情况对货物的配套性和兼容性指标进行量化评价。

E. 货物的使用寿命。货物的使用寿命直接影响货物的使用效益，也是评标的重要因素之一。投标货物的使用寿命未达到招标文件规定要求的，应该否决其投标，使用寿命优于招标文件要求的投标可根据具体情况量化评价。

F. 货物营运的节能和环保指标。当前，能源和环境问题越来越突出，政策要求推行绿色采购，评标必须重视节能和环保问题。货物营运的能耗和环保指标应该作为衡量货物优劣的指标之一。国家法律法规或行业标准对货物的能耗和环保指标有强制要求的，如果投标货物无法满足这些要求，应否决其投标。如果允许一定范围的偏离，则应对投标货物的能耗和环保指标进行量化评价。如为了解决城市中心的供电负荷。越来越多的城市变电站建设在城市中心区域，非常靠近城市居民的居住、生活场所，因此变电站内的设备采购必须考虑设备运行时的噪声和电磁干扰给周边带来的影响；再如车辆采购时，车辆使用时的噪声和油耗都将成为选择的重要指标。

G. 其他技术因素。除上述常用技术因素外，招标文件还可根据项目具体情况考虑其他技术因素，如设备的先进性和成熟性、零配件供应及售后服务维修情况以及原材料的质量技术等。

③服务招标的技术因素。服务招标涉及的内容多种多样，评标时考虑的技术因素也各不相同。工程勘察招标、工程设计招标、工程监理招标等评标考虑的评审因素见本书第 7 章 7.3 的内容。

（4）商务和技术评分方法

商务和技术评分（或者货币化）方法主要有两类，即客观评分法和主观评分法。

1）客观评分法。客观评分法是对各项评价因素按照统一的方法进行评分的方法。采用客观评分法时，不同的人对于同一个指标的评分应当是一致的。常用的客观评分法包括排除法、区间法、排序法、公式计算法等。

①排除法。只需要判定是否符合招标文件要求或是否具有某项功能的指标，可以规定符合要求或具有功能即获得相应分值，反之则不得分。例如，有 ISO9001 认证的得 3 分，没有的得 0 分。

②区间法。与投标价得分计算的区间法类似，是指将某个商务或技术指标及其得分按照一定的对应关系制作成对照表，在一定区间范围的商务或技术指标数对应一个确定的得分。

【例 6】系统工作效率为 90（不含）～100 的得 3 分，75（不含）～90 的得 2 分，60（不含）～75 的得 1 分，0～60 的得 0 分，见表 4-6。

表 4-6　得分表

系统效率（%）	[0，60]	(60，75]	(75，90]	(90，100]
得分	0	1	2	3

③排序法。对于可以在投标人之间比较的评价因素，通过对投标人指标的排序来确定相应得分。例如，对于质保期指标，按照质保期长短排序，质保期最长的排第一得 3 分，其次排第二得 2 分，再次排第三得 1 分，其余都得 0 分；对于故障维修响应时间因素，按响应时间排序，响应时间最短的排第一得 2 分，最慢的排最后得 0 分，其他均得 1 分。

④插值计算法。插值计算法是指按照直线插入的方法计算商务技术指标得分。插值计

算法有下降曲线插入和上升曲线插入两种情况。

A. 下降曲线插入。下降曲线是指计算数值越大，计算结果越小的曲线。下降曲线插入与计算价格得分的公式和方法相同，即数值越小（价格得分计算时价格越低）得分越高，数值越大（价格得分计算时价格越高）得分越低。其计算公式如下：

$$F=F_2-\frac{(F_2-F_1)\times(D-D_1)}{D_2-D_1}$$

式中　F——指标得分；

F_1——设定的最高指标的得分；

F_2——设定的最低指标的得分；

D——指标数值；

D_1——最低指标数值；

D_2——最高指标数值。

一般可设定指标数值最低的为满分，指标数值最高的为 0 分，下降曲线如图 4-4 所示。

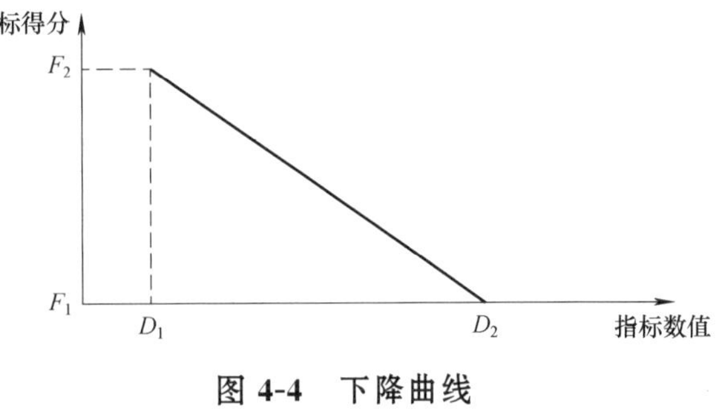

图 4-4　下降曲线

【例 7】评标办法规定油耗指标得分标准为：百公里耗油大于或等于 12L 的得 0 分，百公里耗油数最少的得 5 分。在某项目的投标中，百公里耗油数最少的为 6L，某投标人的百公里耗油数为 7L，计算油耗指标得分。

解：本题 F_1 为 0，F_2 为 5，D 为 7，D_1 为 6，D_2 为 12，将数字代入计算公式，油耗指标得分为：

$$F=F_2-\frac{(F_2-F_1)\times(D-D_1)}{D_2-D_1}=5-\frac{(5-0)(7-6)}{12-6}\approx4.17(\text{分})$$

式中　F——指标得分；

F_1——设定的最低指标的得分；

F_2——设定的最高指标的得分；

D——指标数值；

D_1——最低指标数值；

D_2——最高指标数值。

一般可设定指标数值最高的为满分，指标数值最低的为 0 分。上升曲线如图 4-5 所示。

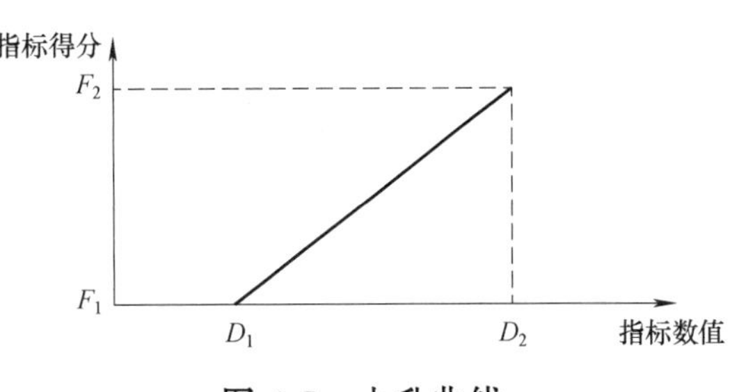

图 4-5　上升曲线

【例 8】评标办法规定，业绩最少的得 0 分，业绩最多的得 5 分。在某项目的投标中，业绩最多的为 15 个，业绩最少的为 4 个。某投标人有 8 个业绩，计算业绩指标得分。

解：本题 F_1 为 0，F_2 为 5，D 为 8，D_1 为 4，D_2 为 15。将数字代入计算公式，业绩指标得分为：

$$F=F_1+\frac{(F_2-F_1)\times(D-D_1)}{D_2-D_1}=0+\frac{(5-0)(8-4)}{15-4}=1.82(分)$$

2）主观评分法。主观评分法是由评标委员会成员按照自己的主观判断，在设定的范围内自主评价打分的方法。采用主观评分法时，由于个体认识和判断的差异，不同的评标委员会成员对于同一个指标的评分可能会出现不一致的情况。

主观评分法可进一步分为一步法和两步法。一步法是指由评标委员会成员根据投标文件对评价因素的响应直接评出分数。两步法是指第一步由评标委员会成员对评分因素进行等级评价，将所有成员对该项因素的等级评价综合后得出该项因素的最终等级；第二步再由评标委员会成员在该项等级对应的分数区间内打分。

【例 9】某项目生产效率指标采用一步法评审，评分对照表见表 4-7。

表 4-7 评分对照表

生产效率（%）	＜92	[92，95)	[95，98)	[98，100]
得分	[0，2)	[2，4)	[4，6)	[6，8]

某投标人生产效率为 96%，则得分区间为 4～6 分（不含 6 分），可由评标委员会成员自主决定。

【例 10】某项目设计方案为 10 分，采用两步法评审。等级评价满分为 4 分，[3～4] 分等级评价为优，[2～3) 分等级评价为良，[1～2) 分等级评价为一般，[0～1) 分等级评价为差。等级评价为优的得 [9～10] 分，等级评价为良的得 [7～9) 分，等级评价为一般的得 [5～7) 分，等级评价为差的得 [0～5) 分。

在某设计方案的评审中，五个评标委员会成员的等级评价分分别为 3、3.5、3.2、2.8、2.6，平均为 3.02，等级评价为优。该设计方案的得分应为 9～10 分，由评标委员会成员自由裁量。从此例可见，采用两步法评审时，评标委员会成员的自由裁量权受到一定的限制。虽然有两位评标委员会成员认为该项评审因素应为良，但综合五位评标委员会成员的意见为优，因此这两位评标委员会成员也必须在优的分数区间内进行评分。两步法可以避免出现少数评标委员会成员意见主导最终结果或者个别评标委员会成员恶意评分的情况。

（5）机电产品国际招标项目评标

机电产品国际招标项目可以采用最低评标价法或者综合评价法评标，评标有以下特殊规定。

1）采用最低评标价法评标时，价格评议按下列原则进行：

①计算评标价格时，对需要进行价格调整的部分，要依据招标文件和投标文件的内容加以调整并说明。投标总价中包含的招标文件要求以外的产品或者服务，在评标时不予核减。

②除国外贷款、援助资金项目外，计算评标总价时，以货物到达招标人指定到货地点为依据。

③招标文件允许以多种货币投标的，在进行价格评标时，应当以开标当日中国银行总行首次发布的外币对人民币的现汇卖出价进行投标货币对评标货币的转换，以计算评标价。

2）采用综合评价法评标时，招标文件应作如下规定：

①应当对每一项评价内容赋予相应的权重，其中价格权重不得低于 30%，技术权重不得高于 60%。

②各项商务和技术因素都应当采用客观评审的方法，应当明确规定各项评审因素评价分值的具体标准和计算方法。一项具体指标应当对应唯一的分值，不应对应一个分数段。对于总体设计、总体方案等难以量化比较的评价因素，才可以采用主观评价法。

采用主观评价法时，还必须采用两步法评价。两步评价方法：第一步，评标委员会成员独立确定投标人该项评价内容的优劣等级，根据优劣等级对应的评价值算术平均后确定该投标人该项评价内容的平均等级；第二步，评标委员会成员根据投标人的平均等级，在对应的分值区间内给出评价值。

③价格评价应当符合低价优先、经济节约的原则，并明确规定评议价格最低的有效投标人将获得价格评价的最高评价值，价格评价的最大可能评价值和最小可能评价值应当分别为价格最高评价值和零评价值。

④评标委员会成员对某一投标人的分项评分偏离超过评标委员会全体成员的评分均值±20%，该成员的该项分值将被剔除，以其他未超出偏离范围的评标委员会成员的该项评分均值替代；各评标委员会成员对某一投标人的分项评分偏离均超过评标委员会全体成员的该项评分均值±20%，则以评标委员会全体成员的该项评分均值作为该投标人的分项得分。

⑤综合评价法明确规定投标人出现下列情形之一的，将不得被确定为推荐排名第一的中标候选人 ：

A. 投标人的评标价超过全体有效投标人的评标价平均值一定比例以上的。

B. 投标人的技术得分低于全体有效投标人的技术得分平均值一定比例以上的。

上述比例由招标文件具体规定，A 项中所列的比例不得高于 40%，B 项中所列的比例不得高于 30%。

4.2 投标要素

投标要素是投标人参加招标投标活动，按照招标文件要求编写、签署、密封、递交投标文件涉及的各项工作内容。采用非招标方式采购时，供应商按采购人的要求递交响应文件的各项要素基本与招标要素相同，本书不再重复介绍。

4.2.1 投标文件组成要素

投标文件应当根据招标文件要求进行编制。根据投标文件的组成类别划分，一般可以分为三类性质的组成文件，即资信文件、报价文件和技术文件，分述如下。

(1) 资信文件

资信文件是根据招标文件要求编制，对资格条件和商务评分进行响应的文件，如投标函及附录、法定代表人身份证明、授权委托书、联合体共同投标协议、商务响应/偏差表、投标保证金提交证明，以及营业执照、企业资质证书、安全生产许可证、工业产品生产许可证、质量管理体系等认证证书，企业业绩证明文件、人员资格职称证书等资格证明文件。

资信文件应根据招标要求和企业实力，谨慎选择适用于招标项目要求的材料进行编制。不符合招标要求的材料勿用。

（2）报价文件

报价文件是根据招标文件要求编制，对报价要求和报价评分进行响应的文件，如投标报价表、工程量清单报价、单价分析表、分项报价表、费用明细表等。报价文件应当根据项目特点、评分标准和投标人的自身实力进行编制，涵盖招标范围规定的全部工作和相应风险，并应具备一定的竞争力，方能获得较高分值。

除非招标文件要求提交备选报价，否则一般情况下，投标报价应有且仅有一个报价。

（3）技术文件

技术文件是根据招标文件要求编制，对技术标准和技术评分进行响应的文件，如工程施工组织设计、货物生产供应方案、勘察设计概念方案、监理大纲、服务技术建议书等。

技术文件是最能体现投标人软实力的文件，能将投标人的技术能力、专业水准、类似经验、管理水平、投入资源、应急方案等因素综合体现出来。此外，有些项目需要投标人进行现场答辩，主要内容为项目实施重点难点、技术方案特点、项目管理要点等。

4.2.2 投标响应要素

（1）单位负责人证明

单位负责人证明是指投标人的法定代表人或单位负责人的身份证明，用以证明投标文件签署人的身份以及投标文件签字的有效性和真实性。投标文件的签署、提交、撤回、澄清、说明、修改等事宜，一般来说应由投标人的单位负责人签字授权代理人实施。

单位负责人的身份证明一般应包括投标人名称、单位性质、地址、成立时间、经营期限等，重点标明“×××为我单位的法定代表人/单位负责人”。除此之外，还应有其姓名、性别、年龄、职务等有关信息和资料。单位负责人的身份证明应加盖投标人的单位公章。单位负责人（法定代表人）身份证明格式见附件4-6。

我国《民法典》规定，依照法律或者法人章程的规定，代表法人从事民事活动的负责人，为法人的法定代表人。《招标投标法实施条例》规定，投标文件未经投标单位盖章和单位负责人签字的，评标委员会应当否决其投标。

在招标业务实践中，由于单位负责人签字问题而被否决投标的情形时有发生，如是否每页均有签字、是否以手签章替代签字等，造成竞争力下降和成本浪费。单位负责人的签字要求应在招标文件中明确约定，并应适当放宽，例如，减少签字量，不需要每页签字，仅在明确标明之处签字；或者签字形式允许多样，可以亲笔签字，也可以用手签章或印章替代，以此降低不必要的形式上的投标否决数量。采用电子招标采购的，不宜将形式、细微偏差作为否决投标的条件。

需要说明的是，在投标文件上签字的单位负责人，应与其营业执照所载的法定代表人或法人证书上所载的单位负责人的人员姓名一致。投标期间确有变更的，应当附有相应的变更证明文件，证明该人即投标人的单位负责人。

（2）授权委托书

授权委托书是由被代理人（即单位负责人）签字授权，证明代理人的代理权并表明其权限范围的证书。投标人的单位负责人可通过授权委托书，委托代理人以投标人的名义签署、澄清、说明、提交、撤回、修改投标文件，签订合同和处理有关事宜。

《民法典》规定，授权委托书内容包括投标人的单位负责人姓名、代理人姓名、代理事项、授权的权限和期限等，重点标明代理事项和被代理人的相应责任。授权委托书仅存在委托代理之中，具有单独的证明力。授权委托书一般规定代理人无转委托权。授权委托书必须由单位负责人亲笔签署。招标文件如有要求的，还应加盖投标人单位公章。

（3）投标函及附录

投标函是投标人向招标人发出的对招标文件提出的有关招标范围、投标报价、完成期限、质量目标、投标有效期、投标保证金、技术标准和要求（或技术规格）等实质性要求和条件作出的总体响应。投标函一般位于投标文件的首页，是投标文件的纲领性核心要件。

投标人编写投标函时，其内容、格式必须严格按照招标文件提供的统一格式编写，不得随意增减内容。划分标段或标包的招标项目，投标人应仔细填写所投标段号或标包号。投标函必须经投标人盖章或由单位负责人或其委托代理人签字。投标函签署部分还应明确签署日期和投标人的联系方式，例如地址、电话、传真、邮政编码等。各类招标项目投标响应函格式和各类招标项目投标响应函附录格式分别见附件 4-7 和附件 4-8。

投标函附录对投标文件中涉及关键性或实质性的内容条款进行说明或强调，一般附于投标函之后，招标文件可以将其中部分条款列为开标的内容。投标人提交的投标函附录内容、格式需要严格按照招标文件提供的统一格式编写，例如项目经理、工期、缺陷责任期等，不得随意增减内容。投标人中标的，其提交的投标函附录和投标函都是合同文件的组成部分。

投标人填写投标函附录时，投标人对投标函附录的内容必须完全响应，否则投标将被否决。在满足招标文件实质性要求的基础上，投标人可以提出比招标文件要求更有利于招标人的承诺。

货物投标文件中有投标分项报价表和货物投标一览表，其作用与工程投标文件中的投标函附录类似。

（4）资格证明文件

资格证明文件是证明投标人具备满足招标文件资格能力条件的证明文件。一般来说，资格证明文件包括营业执照、企业资质（如需要）、安全生产许可证（如需要）、工业产品生产许可证（如需要）、特种设备制造许可证（如需要）、项目负责人资格证书、类似业绩证明等，相应内容详见第 3 章。

招标文件对于资格证明文件的要求应当化繁为简，应以投标文件所附的复印/扫描件为主进行评审，但在招标业务实践中，对于资格证明文件的要求近于苛刻，造成诸多不必要的投标否决情况。例如，业绩要求除了出具合同文件之外，必须出具业主证明并加盖公章，或者提供销项发票和税务查询凭证，或者要求公证机关出具公证书等；又如，人员资格和职称证书必须提供官方查询网址，不一致时以查询信息为准；又如，资信证明材料包括人员身份证件、学历证书等，必须提供原件核查等。上述情形均加大了投标人的负担和投标成本，应当予以避免。

提请注意的是，投标人应当注意招标文件要求的资格条件是否合法合规，否则应当及时提出异议或者投诉，保护己方合法权益。

(5) 联合体共同投标协议

联合体投标的，联合体牵头人和各个成员应按招标文件要求，签署并提交联合体共同投标协议。

联合体共同投标协议应当明确联合体各方拟承担项目的工作内容、相应责任和费用划分。招标项目采用资格预审的，申请人应在资格预审申请文件中提交联合体共同投标协议；投标时根据招标文件的要求与否，可以再次提交联合体共同投标协议。招标项目采用资格后审的，投标人应在投标文件中提交联合体共同投标协议。

招标文件接受联合体投标的，联合体各方均应具备承担招标项目分工范围内的相应能力；国家相关法律法规或者招标文件对投标人资格条件有规定的，联合体各方均应当具备招标项目分工范围内的相应资格条件，例如企业资质、生产许可等。需要说明的是，联合体各方并不需要具备满足整个招标项目所需的全部资质和能力，而需要具备分工范围内的相应资质和能力；其中，由同一专业的单位组成的联合体，按照资质等级较低的单位确定资质等级。

联合体在参与投标活动时，与单一投标人有所不同，其特点如下：

1）联合体参加资格预审的，联合体应当在提交资格预审申请文件前组成。资格预审后，联合体不得增减、更换成员，否则投标无效。

2）联合体投标的，其投标文件中必须附有联合体共同投标协议，否则投标无效。

3）联合体各方签订联合体共同投标协议后，不得再以自己的名义，也不得组成、参加新的联合体在同一标段（标包）或者未划分标段（标包）的同一招标项目中投标，否则投标无效。

4）投标保证金一般可由联合体各方或联合体牵头人提交。招标文件有规定的，应按招标文件的规定提交投标保证金。

5）联合体牵头人和所有成员均应按照招标文件的相应要求，提交各自的资格证明资料、类似业绩（如有），并将由牵头人统一编制投标文件。

6）联合体中标的，联合体各方应当共同与招标人签订合同，就中标项目向招标人承担连带责任。牵头人负责整个合同实施阶段的协调工作。联合体共同投标协议应作为合同的组成内容之一。

(6) 商务和技术响应/偏差表

商务和技术响应/偏差表主要用于货物招标项目，服务项目偶一为之。

投标人在编写商务和技术响应/偏差表时，应当逐条对照招标文件的商务条款和技术规格，就投标对商务条款和技术规格的响应情况、存在的偏差与例外逐条作出说明。对有具体参数要求的技术规格指标，投标人必须提供拟供应设备的具体参数值。货物招标项目商务和技术响应/偏差表格式见附件 4-9。

对于招标文件要求准确响应的指标，投标人必须严格按照要求进行准确响应，即响应的指标值既不能不足，也不能超过；招标文件要求达到或超出响应的指标，必须达到或超出方为满足要求。

（7）投标保证金

投标保证金的金额、形式、提交时间、提交证明等应符合招标文件的规定。未按照招标文件规定提交投标保证金的投标文件将被否决，或作不利于该投标人的量化评审（根据招标文件规定）。

一般情况下，投标人应当在招标文件规定的截止时间前向招标人提交投标保证金。在以保函形式提交时，招标文件如没有特别规定，投标人可将投标保函连同投标文件一并提交。在以现金或者支票形式提交时，境内投标人应从基本账户中转出，并确保在投标截止前到达招标人指定银行账户。在以银行保函形式提交投标保证金时，投标人注意其格式、内容、有效期等是否符合招标文件的规定，如果与招标文件规定的格式不一致，应向招标人提出疑问并获得书面同意。

投标人认为投标保证金的规定不符合常规情形的，例如，施工项目投标保证金要求数百万元，或者只能采用现金方式而不接受投标保函等，投标人可以及时提起异议，请招标人给予答复。招标人不予修改的，可以进行投诉维护权益。

招标项目公示中标人后，将陆续退还投标保证金，最迟应当在书面合同签订后 5 日内退还完毕。投标人宜由专人跟踪投标保证金的退还情况。

（8）投标有效期

投标人应当根据招标文件要求填报投标有效期，一般不少于招标文件中规定的投标有效期天数。投标有效期不宜过长，满足招标文件要求即可，否则可能无谓增加投标人的价格、履约等相应风险。

在招标投标活动中，招标人要求投标人延长投标有效期的，投标人可同意延长投标有效期，也可拒绝延长投标有效期。投标人同意延长投标有效期的，应相应延长投标保证金的有效期，但不得修改投标文件的实质性内容。

投标人拒绝延长投标有效期的，其投标在原投标有效期届满之后失效，但投标人有权收回其投标保证金及银行同期存款利息。对于工程设计招标项目，如招标文件中规定给予未中标的投标人补偿的，拒绝延长的投标人和同意延长的投标人一样，有权获得相应补偿。

（9）拟投入项目管理机构

工程和服务招标项目一般在招标文件中要求投标人提供项目管理机构的相关情况，包括投标人为本项目设立的专门机构的形式、人员组成、职责分工，项目经理、技术负责人等主要技术人员的职务、职称、劳动合同、社会保险等，以及这些人员所持职业（执业）资格证书的名称、级别、专业、证号等。项目管理机构组成表、主要人员简历表格式见附件 4-10。

在编制投标文件时，投标人应将项目管理机构主要人员的简历按照招标文件要求的格式填写。项目经理应附执业资格证、身份证、职称证、学历证、缴纳社会保险证明等，项目管理业绩需附合同协议书或其他证明文件的复印件；技术负责人应附身份证、职称证、学历证、社会保险证明复印件，项目管理业绩需附证明其所任技术职务的相关证明文件；其他主要人员应附职称证（执业证或上岗证书）、社会保险证明的复印件。

依据《招标投标法实施条例》可知，投标人提供虚假的项目负责人或者主要技术人员简历、劳动关系证明，属于《招标投标法》第三十三条规定的以其他方式弄虚作假的行为，应当否决其投标。因此，投标人填写拟投入人员的简历和证明材料应当真实可信，杜绝胡编乱造、随意填写等不良行为。

（10）拟分包专业工程

专业工程分包是指从事工程总承包、施工总承包或专业承包活动的施工单位，将所承包工程中的部分工程依法分包给专业单位的行为。对工程进行分包的施工单位称为承包人，承接分包工程的施工单位称为分包人。专业工程设有企业资质的，分包人应当具备相应的专业承包资质，并在其资质等级许可的范围内承揽业务。

实行分包制度是为了拥有对某一专业工程具有经验的一线施工队伍，以及适合该专业工程的施工管理模式和专业施工装备。采用分包模式有利于控制工程质量、缩短建设工期、降低交易成本，符合社会化分工的专业化趋势。依据相关规定，投标人不得将主体工程进行分包，不得将关键工作分包，不得进行违法分包。分包工作量一般应当控制在合理范围之内，不宜过大。拟分包项目计划表格式见附件 4-11。

投标人应当根据自身的实际情况，在招标文件允许分包的内容中说明是否分包。如拟分包，应当按照招标文件允许分包的项目及其份额，在投标文件中明确分包方案，包括拟分包项目、资质条件以及类似业绩要求等。投标人在中标后可按照投标文件中的分包方案进行分包，不需要再次报请发包人同意；如在投标文件中没有明确分包方案，投标人在中标后则应报请发包人同意后，方可依法分包。

（11）制造商授权

制造商可以自己参加投标，或者授权他人参加投标。实践表明，接受非制造商投标时，应当要求制造商给予授权，否则无法保证产品的来源渠道、供货质量和售后服务等。制造商授权分为项目授权（即一次性独家授权）和区域授权（即某区域内长期授权），或者分为独家授权（即商业特许唯一授权）和非独家授权（即同时授权多家代理）。

项目授权是招标投标中的常见类型，是指制造商独家授权参与某一特定项目的投标。项目授权分为两类，一类是产品授权，即允许其他企业用制造商的产品来投标，制造商仅对投标产品的质量承担责任，对于中标合同不直接承担责任；另一类则是代理授权，即授权代理商代替制造商进行投标，制造商应向代理商出具投标授权书，不仅应对产品质量负责，还应对投标结果和中标合同承担责任。

制造商委托代理商代理投标或授权其他企业以自己的产品参加投标的，自己不得同时参加该项目投标，否则相关投标均无效。

投标人如果以制造商制造的产品投标，应按照招标文件的要求，由制造商出具授权书，并将授权书复印件列在投标文件中。

（12）投标报价

投标报价是招标投标中最为重要的因素之一，招标的目标是在资格条件和技术方案满足项目需求的基础之上，获得一个较低价格的报价方案。无论是综合评估法，还是经评审的最低投标价法，均是鼓励较低价格的投标报价得分相对较高或者中标的方法。可以说，投标报价是影响投标人能否中标的最为关键的因素之一，投标人应当配备足够的人员和时间，进行成本分析、市场调研和报价测算等工作。一般情况下，其报价策略应以覆盖企业成本和获得报价高分为宜。

投标人应当根据招标文件要求进行报价。当招标文件设有暂估价、暂列金额时，投标人需要注意该项价格是否包括税金，即它是含税价格还是除税价格，并填报相应的报价表格。投标人应当复核投标报价各级表格的数据和链接引用，确保分项报价之和等于投标总价。

(13) 技术文件

技术文件包括工程施工组织设计、货物生产供应方案、服务技术建议书等，是投标文件的重要组成内容之一。

技术文件是编制投标报价的基础，是投标人投标决策承诺的依据，是投标人的技术能力、专业水准、类似经验、管理水平、投入资源、应急方案等因素的综合体现，是投标人中标后组织实施的必要准备和履约依据之一，是拉开评分差距的主要因素，其重要性不言而喻，应由专业团队精心编制，体现技术特色和质量水准。

投标人在编制技术文件时，应结合招标项目特点、难点和需求研究项目的技术、服务和管理方案，并根据招标文件统一的格式和要求进行阐述和编制。投标人编制的技术文件应当层次分明、简明扼要，逻辑性强，能够表现出对招标项目的重点和难点的把控能力，体现出投标人的技术水平和能力特长，同时尽可能采用一些图表形式，直观、准确地表达方案的意思和作用。

1）工程施工组织设计。工程施工组织设计必须满足招标文件的工期、质量、安全、文明、环保等方面的目标和相应要求，对招标文件作出实质性的响应。

投标人在编制工程施工组织设计方案时，应仔细分析招标项目的特点、技术标准规范和施工条件，考虑自身的优势和劣势，尽可能采用文字、图表、图片等图文并茂的形式，形象地说明施工方法、拟投入本标段的主要施工设备情况、拟配备本标段的试验和检测仪器设备情况、劳动力计划；结合工程特点提出切实可行的工程质量、安全生产、文明施工、工程进度和技术组织措施等，同时应对关键工序、复杂环节等重点提出相应技术措施，如冬雨季施工技术、减少噪声、降低环境污染、地下管线及其他地上地下设施的保护加固措施等。

施工组织设计除采用文字表述外，还应按照招标文件规定的格式编写拟投入本标段的主要施工设备表、拟配备本标段的试验和检测仪器设备表、劳动计划表、计划开竣工日期和施工进度网络图、施工总平面图、临时用地表等。拟投入的设备、仪器、劳动力表格式见附件 4-12。

2）货物生产供应方案。投标人在编制货物生产供应方案时，应当提供投标货物的技术性能参数、详细技术说明及证明资料，以证明该投标货物的质量合格并在技术性能上能够满足招标文件的要求。招标文件对于技术参数或性能指标一般应当明确标示星号条款（或波浪线），投标人应当根据产品实际情况，对星号条款进行实质性响应，不得负偏离（即低于招标文件要求），否则将会导致投标否决。对于非星号条款，其负偏离也应谨慎填写，可能影响量化打分，偏离累计一定数量或金额的，可能导致投标否决（取决于招标文件）。

在编制货物投标文件时，不得简单地以招标文件的技术规格作为投标的应答，或提供虚假的技术参数。货物技术规格、生产工艺方案等详细说明文件，应依据招标文件技术规格的要求作出具体而详尽的应答。特别是对于技术指标和参数的应答，不能简单地以“满足”来答复，应按投标产品的实际名称、型号填写真实技术参数值。

为了证明所提供的货物性能及技术指标的真实性，投标人还应该提供包括产品样本、图纸、试验报告、鉴定证书等证明文件作为技术证明。如果招标文件有要求，投标人还应提供用户出具的业主证明，以证明投标人业绩的真实性。需要注意的是，投标人应当谨慎提供产品样本，其应与实际货物的品质保持一致，否则封样之后作为产品验收标准之一，将会直接影响产品验收和履约评价。

如果招标文件要求提供设备的备品备件、专用工具、消耗品及选配件等清单，投标人应根据招标文件要求的格式分别编制相应清单，以作为投标文件的组成部分。货物交货期的安排应当满足招标文件的要求，并应有保障方案和应急措施。如果招标文件对运输、安装、调试、检验、验收及培训等有要求，应按照招标文件的要求作出详细的实施方案和应急措施，包括工作计划、工作制度、工作内容、服务人员、计费标准等。此外，对于大型、复杂的成套设备，投标人还需要根据招标文件的要求制定详细的大件运输方案，以及对沿途道路、桥梁、隧道的调研情况和通行要求进行描述。

如果招标文件允许对采购货物进行外购、外包、外协、代工等，投标人拟进行外购、外包、外协或代工，则应对具体情形进行介绍，包括相应的货物名称、单位名称、资信能力等有关情况说明。外购是指投标人将部分产品从外部单位直接购买，由外部单位负责对应产品的设计、生产等。外包是指投标人将非核心产品外包给专业单位，一般由投标人负责提供对应产品的设计、原料，外部单位负责生产，提高生产效率。外协则是指投标人与其供应商共同合作，进行研发生产，实现资源共享。代工是指由初始设备制造商（Original Equipment Manufacturer）负责生产，投标人低价买断并贴上品牌进行销售等。

3）服务技术建议书。服务技术建议书包括勘察设计概念方案、监理大纲、其他服务的技术建议书等，内容一般包括：投标人总体情况，企业实力，项目概况与特征，工作范围与内容，工作标准与技术要求，工作重点与难点分析，进度计划和保障方案，现场服务机构设置，拟投入人员工作安排，拟投入设备资源，质量保证体系与措施，其他应说明的事项等。

编制服务技术建议书时，应能体现服务特点、专业实力和服务承诺等，尽可能采用文字、图表、图片等图文并茂的形式进行描述，对招标文件作出实质性的响应。

(14）备选方案

招标文件允许提交备选方案的，投标人可以提交备选投标方案。投标人应在投标文件中注明主选方案和备选方案，以便招标人识别。不注明主选方案和备选方案的，可能导致投标无效。备选投标方案应实质性响应招标文件要求。备选投标方案应科学、合理、可行，且有利于合同工期（交货期）的缩短、造价或者项目运行维护费用的合理降低。

招标文件既未明确允许提交，也未禁止提交备选方案的，投标人认为根据招标文件既有条件编制的主选方案存在某些问题时，可以提交备选方案和两者性价对比表以供招标人选择。招标文件对备选方案的约定不明时，出于谨慎投标的原则，投标人宜向招标人提出并获得同意后再行提交备选方案。如果招标人需要选择备选方案以确定中标人，中标合同应当明确备选方案的确认程序和价款调整方法。

对于机电产品国际招标项目，一个投标人只能提交一个备选方案，否则投标被否决；备选方案的投标价格不得高于主选方案，否则不予考虑。

4.2.3 投标商务要素

(1) 投标文件签署

在投标文件上需要加盖投标人公章或（和）单位负责人签字。个人参加科研项目投标的，由其本人签字。单位负责人授权代理人签字的，投标文件应附授权委托书。提请投标人注意的是，单位公章不能以投标专用章、合同专用章等代替，也不能以其下属部门章、分支机构章代替。

投标人应按照招标文件的要求，在投标文件的指定位置盖章。出于谨慎投标的需要，即使招标文件没有要求，投标人也可以对投标文件的重要内容，如投标函、投标报价、投标偏离表和对投标文件的澄清等文件进行盖章。

投标文件要求单位盖章或单位负责人签字是为了证明投标文件是该投标人编制递交的，对该投标人具有法律约束力。因此，只有既未经投标人盖章，又未经单位负责人签字的投标文件才是法定无效投标。

(2) 投标文件装订和标识

投标文件应按招标文件要求分册（如需要），一般来说分为资信文件、报价文件和技术文件等。

投标文件一般应当胶装，装订坚固密实，不得采用活页夹方式装订，否则容易造成投标文件中的部分内容丢失或被他人篡改，对投标人造成不必要的损失。

投标文件的封面应有投标人名称、投标项目名称、招标项目编号等信息。采用双信封投标的，第一信封和第二信封装订和标识的有关要求，应当执行招标文件要求。例如，投标文件第一个信封（商务及技术文件）不得出现有关投标报价的内容，否则投标将被否决。

(3) 投标文件密封

投标文件密封是为了保证投标文件从投标人提交之后，直到在开标会上当众开启之前，防止被招标人、代理机构、其他投标人或其他无关人员打开、修改、调包或泄露投标文件信息等。由此可见，投标文件密封以保护投标人的权益为主，不是以密封不合格为由否决投标为主。因此，投标文件密封要求不宜过于复杂烦琐，应以投标人便于理解和操作为宜。

招标文件对投标文件密封有要求的，投标人应当按照招标文件要求进行密封。招标文件要求密封条上或外包封上加盖单位公章或单位负责人签字的，应当按照招标文件要求办理，避免发生不必要的投标文件被拒收的情形。

(4) 投标文件提交

投标人应当按照招标文件要求，按照规定的时间、地点和方式提交投标文件。如果逾期提交，其投标文件将被招标人拒绝接收。投标人对于提交投标文件所需的时间，应当作出宽松计划，防止路途中出现不可预见的事件，影响投标文件的提交事宜。提请注意的是，多数电子交易平台对于电子文件的格式、大小进行了限制，建议投标人提前询问知悉，避免关键时刻无法成功上传。

对于招标文件要求提供备查原件的，投标人同时应将相应原件准备妥当，按照招标文件要求进行编号封存，在交由招标人时保留一份签收记录，并标注各个原件的名称、编号等明细。电子招标投标一般不应要求提供原件备查。

投标文件提交之后，投标人应向招标人或代理机构索要投标文件签收凭证，证明投标人已经按照招标文件规定的时间和地点提交投标文件，并由招标人或代理机构签收完毕。签收凭证应当妥善保管，以便在开标活动出现争议或异议时，作为相应证据证明和维护投标人的合法权益。

投标人提交投标文件之后，宜将开标会议现场和投标文件纳入视野范围，注意观察。一是可以查看招标人、代理机构的活动安排，便于参加后续开标会议和签署开标会签到表等文件。二是可以查看是否有人对投标文件进行更换或调包等，是否存在泄露投标文件的不法行为，便于维护自身权益。

（5）投标文件补充和修改

在投标截止时间之前，投标人可以对已递交的投标文件进行修改。在投标文件提交之后，确需补充或修改的，投标人应在投标文件提交截止时间之前，按照招标文件要求的方式，向招标人提交投标文件的补充或修改文件，招标人不得拒绝。

投标文件的补充和修改应当采用书面形式，口头形式无效。投标文件补充或修改完毕之后，投标人应当按照招标文件要求，加盖单位公章并由授权代理人签字，按照投标文件的密封要求进行密封，并在投标文件提交截止时间之前重新提交招标人。投标人应向招标人或代理机构索要投标文件签收凭证，并进行妥善保管。

在投标截止时间之后，投标人不得对投标文件进行补充和修改。

（6）投标文件撤回与投标文件撤销

投标文件撤回，是指投标人在投标截止之前收回已经提交的投标文件，表示不再参与投标活动。如果投标人撤回已提交的投标文件，应当在投标截止时间之前书面通知招标人。

投标文件的撤销，是指投标人在投标截止时间之后，即投标文件已经发生法律效力之后、招标人发出中标通知书之前做出的声明或其他意思表示，撤销该投标文件。

投标文件撤回与投标文件撤销的差异见表 4-8。

表 4-8　投标文件撤回与投标文件撤销差异对比表

序号	内容	投标文件撤回	投标文件撤销
1	行为时点	投标文件提交截止时间之前	投标文件提交截止时间之后
2	电子招标	因投标人之外的原因造成投标文件未解密的，视为撤回投标文件	因投标人原因造成投标文件未解密的，视为撤销投标文件
3	投标保证金	招标人应当自收到撤回通知之日起 5 日内退还	招标人有权确定是否退还投标保证金，建议事先明示
4	法律责任	1. 投标文件撤回是投标人的自由选择权利，招标人不得强制投标文件“撤回”或者“不撤回” 2. 招标人如果不退还投标保证金，则违反条例相关规定	1. 如果投标人撤销投标文件，则应承担相应的法律责任 2. 投标文件撤销造成损失的，应承担损害赔偿责任，如不予退还投标保证金等

（续）

序号	内容	投标文件撤回	投标文件撤销
5	风险划分	1. 投标人无需承担任何风险 2. 招标人面临投标竞争减弱、招标失败的风险	1. 投标人面临投标保证金不予退还的风险 2. 招标人面临投标竞争减弱、中标金额突增、招标失败的风险
6	影响后果	1. 为其他投标人创造竞争条件、提供竞争优势 2. 一定程度上削弱竞争态势 3. 可能造成投标人不足法定数量 3 家，致使招标失败 4. 招标人对于防止投标文件撤回没有主动权，一般被动接受该种情况	1. 为其他投标人创造中标条件或者制造额外利益 2. 由于投标人数量减少，可能造成其他投标人有效竞争不足，致使招标失败 3. 招标人通过确定投标有效期和是否退还投标保证金，而对防止投标文件撤销拥有一定的主动权

4.3　电子招标投标要素

4.3.1　电子身份证书

市场交易主体需要登录相应电子交易平台办理注册登记或者通过公共服务平台网络共享主体身份账号基本信息，同时关联和申请办理交易主体及其授权代表持有的数字身份证书（CA），以此用于识别电子招标采购参与交易主体身份，以及授权代表办理文件签名和文件密封加解密。

4.3.2　电子文件编制

电子招标项目的资格预审文件、招标文件、投标文件一般应使用专业的文件制作工具编辑，电子文件起草、修改、修正和调整的过程即编辑。电子文件编辑工具一般生成PDF、OFD 等版式电子文件后方可进行电子签名。通过文件编制工具编辑完成的电子文件上传至电子交易平台和公共服务平台网络对外发布，供潜在投标人按照约定方式并通过指定平台网站下载或购买获取。

4.3.3　电子文件签名

招标采购公告公示的信息、资格预审文件、招标文件、投标文件、评标报告、中标通知书、合同等招标采购交易文件，应当电子签名，保证其合法、有效和不可篡改。

电子签名是指交易主体法人的授权代表以数字身份证书（CA）对相关数据电文的交易文件内容进行签名，表明法人授权代表即签名人对文件内容确认并承担相应合同约束责任。电子签名是一种在网络环境下进行签名认证的方式，具有高效、便捷、安全等特点。根据《中华人民共和国电子签名法》的规定，可靠的电子签名与手写签名或者盖章具有同等的法律效力。

为了保证电子签名的真实性、完整性和有效性，需要使用符合法律规定的电子签名认证服务机构提供的电子签名认证服务。目前，常用的电子签名形式有 Ukey 数字证书（CA）、移动数字软证书或者云数字软证书形式。交易主体选择使用相应数字身份证书，进行电子签名并锁定相应电子文档内容格式，即完成电子签名。

4.3.4 电子文件加密和递交

采用电子招标采购的，应当通过选择相应的加密数字证书（CA），按照非对称加密算法（公钥和私钥），输入 PIN 码来对数据电文形式的资格预审申请文件、投标文件进行加密。通过电子开标系统或开标工具，按照操作流程提示使用加密数字证书（CA）来对已递交的投标文件进行解密。数据电文形式文件的加密与解密相当于纸质文件的密封和拆封，可保证文件在网络上被安全传输，不被泄密，是保护投标人合法权益的重要方式。

投标人通过电子交易平台或文件递交工具，在投标截止时间之前将加密的投标文件递交至招标文件指定的系统或位置。电子交易平台应当向投标文件递交成功的投标人出具回执。同时，一般应当拒绝接收投标截止时尚未完成递交的投标文件。电子交易平台一般记录成功递交投标文件的时间、IP 地址、计算机设备的 MAC 地址等信息数据，并集中交互至电子开标系统或开标工具，同时自动进行归档、存储和备查，主动接受监督。

4.3.5 电子开标和评标

投标人协同响应招标人使用专业开标工具和数字身份证书（CA），按照招标文件约定规则和时间，通过电子交易平台并选择现场集中或者网络远程解密开启截止时间前收到的投标文件，同时展示并确认投标报价等主要信息。

招标人组织项目评标委员会，使用专业评标工具，按照招标文件约定办法和要素标准，对投标文件进行符合性检查、客观和主观分析比较和评价。推行客观量化智能化评审、实行网络远程异地分布式评标。

4.3.6 数智监督

前置审批招标方案、现场集中看管交易程序和检查审核交易材料等传统行政监管方式，已经无法适应招标采购网络化、数字化、智能化交易方式和招标采购项目专业化、个性化定制需求，更难以适应建设全国统一大市场的要求。因此，当下迫切需要创新实施网络化、数字化和智能化行政监督方式，建设网络立体协同监督、穿透监督、系统检控和数据永久追溯的交易监督模式，以此促进政府转变监管职能，确立市场交易主体权利责任，有效堵住违法交易的黑道和漏洞，破除市场分割保护壁垒，释放市场竞争活力，提升招标采购交易专业化、价值化、规范化水平和效率。

4.3.7 电子档案

招标人或委托的招标代理机构负责对在电子交易平台或专业化交易工具中生成的招标采购活动中的数据、文本文件、开标评标视频和组织活动记录进行存档、分类和整理。

在招标采购活动中，应完整记录直接形成的具有保存价值的各种文字、数字、图纸、图表、声像等各种载体的文件材料和信息数据，其应当齐全、规范并能真实地反映招标采购活动过程中的全部信息内容。

附件 4-1　联合体共同投标协议格式

联合体共同投标协议

＿＿＿＿＿＿＿＿（联合体各方单位名称）自愿组成＿＿＿＿＿＿＿（联合体名称）联合体，共同参加＿＿＿＿＿（项目名称）标段资格预审和投标活动。现就联合体投标事宜订立如下协议。

1. ＿＿＿＿＿（某联合体单位名称）为＿＿＿＿＿（联合体名称）牵头人。

2. 联合体牵头人合法代表联合体各成员负责本招标项目资格预审申请文件和投标文件编制和合同谈判活动，并代表联合体提交和接收相关的资料、信息及指示，并处理与之有关的一切事务，负责合同实施阶段的主办、组织和协调工作。

3. 联合体将严格按照资格预审文件和招标文件的各项要求，递交资格预审申请文件和投标文件，履行合同，并对外承担连带责任。

4. 联合体各成员单位内部的职责分工如下：＿＿＿＿＿＿＿＿＿＿＿＿＿。

5. 本协议书自签署之日起生效，合同履行完毕后自动失效。

6. 本协议书一式＿＿＿份，联合体各方和招标人各执一份。

注：本协议书由委托代理人签字的，应附法定代表人签字的授权委托书。

牵头人名称：＿＿＿＿＿＿＿＿＿＿（盖单位章）
法定代表人或其委托代理人：＿＿＿＿＿（签字）

成员一名称：＿＿＿＿＿＿＿＿＿＿（盖单位章）
法定代表人或其委托代理人：＿＿＿＿＿（签字）

成员二名称：＿＿＿＿＿＿＿＿＿＿（盖单位章）
法定代表人或其委托代理人：＿＿＿＿＿（签字）

＿＿年＿＿月＿＿日

附件 4-2 投标保函示范文本（独立保函）格式

投标保函示范文本（独立保函）

编号：

申 请 人：________________
地　　址：________________

受 益 人：________________
地　　址：________________

开 立 人：________________
地　　址：________________

致：________________（受益人名称）

我方________（即“开立人”）已获得通知，本保函申请人（即“投标人”）已响应贵方于____年____月____日就________________（以下简称“本工程”）发出的招标文件，并已向招标人________________（即“受益人”）提交了投标文件（即“基础交易”）。

一、我方理解根据招标条件，投标人必须提交一份投标保函（以下简称“本保函”），以担保投标人诚信履行其在上述基础交易中承担的投标人义务。鉴此，应申请人要求，我方在此同意向贵方出具此投标保函，本保函担保金额最高不超过人民币（大写）______元（￥______）。

二、我方在投标人发生以下情形时承担保证担保责任：

（1）投标人在开标后和投标有效期满之前撤销投标的。

（2）投标人在收到中标通知后，不能或拒绝在中标通知书规定的时间内与贵方签订合同。

（3）投标人在与贵方签订合同后，未在规定的时间内提交符合招标文件要求的履约担保。

（4）投标人违反招标文件规定的其他情形。

三、本保函为不可撤销、不可转让的见索即付独立保函。本保函有效期自开立之日起至投标有效期届满之日后的______日。投标有效期延长的，本保函有效期相应顺延，最迟不超过____年____月____日。

四、我方承诺，在收到受益人发来的书面付款通知后的____日内无条件支付，前述书面付款通知即为付款要求之单据，且应满足以下要求：

（1）付款通知到达的日期在本保函的有效期内。

（2）载明要求支付的金额。

（3）载明申请人违反招投标文件规定的义务内容和具体条款。

（4）声明不存在招标文件规定或我国法律规定免除申请人或我方支付责任的情形。

（5）书面付款通知应在本保函有效期内到达的地址是：________________。

受益人发出的书面付款通知应由其为鉴明受益人法定代表人（负责人）或授权代理人签字并加盖公章。

五、本保函项下的权利不得转让，不得设定担保。贵方未经我方书面同意转让本保函或其项下任何权利，对我方不发生法律效力。

六、本保函项下的基础交易不成立、不生效、无效、被撤销、被解除，不影响本保函的独立有效。

七、受益人应在本保函到期后的七日内将本保函正本退回我方注销，但是不论受益人是否按此要求将本保函正本退回我方，我方在本保函项下的义务和责任均在保函有效期到期后自动消灭。

八、本保函适用的法律为中华人民共和国法律，争议裁判管辖地为中华人民共和国________________。

九、本保函自我方法定代表人或授权代表签字并加盖公章之日起生效。

开 立 人：______________________（公章）

法定代表人（或授权代表）：______（签字）

地　　址：______________________

邮政编码：______________________

电　　话：______________________

传　　真：______________________

开立时间：　　年　　月　　日

附件 4-3 制造商授权书（投标代理授权）格式

制造商授权书（投标代理授权）

致：________（招标人）

我们________（制造商名称）是按________（国家/地区名称）法律成立的一家制造商，主要营业地点设在________（制造商地址）。兹指派按________（国家/地区名称）的法律正式成立的，主要营业地点设在________（贸易公司地址）的________（贸易公司名称）作为我方真正的和合法的代理人进行下列有效的活动：

（1）代表我方办理贵方第________（投标邀请编号）号投标邀请要求提供的由我方制造的货物的有关事宜，并对我方具有约束力。

（2）作为制造商，我方保证以投标合作者来约束自己，并对该投标共同和分别承担招标文件中所规定的义务。

（3）我方兹授予________（贸易公司名称）全权办理和履行上述我方为完成上述各点所必需的事宜，具有替换或撤销的全权。兹确认________（贸易公司名称）或其正式授权代表依此合法地办理一切事宜。

我方于____年____月____日签署本文件，________（贸易公司名称）于____年____月____日接受此件，以此为证。

贸易公司名称：____________	制造商名称：____________
签字人职务：____________	签字人职务：____________
签字人姓名：____________	签字人姓名：____________
签字人签名：____________	签字人签名：____________

附件 4-4　制造商资格声明格式

制造商资格声明

1. 名称及概况：

（1）制造商名称：______

（2）总部地址：______

电传/传真/电话号码：______

（3）成立和/或注册日期：______

（4）实收资本：______

（5）近期资产负债表（到____年____月____日止）

①固定资产：______

②流动资产：______

③长期负债：______

④流动负债：______

⑤净　　值：______

（6）主要负责人姓名（可选填）：______

（7）制造商在中国的代表的姓名和地址（如有）：______

2.（1）关于制造投标货物的设施及其他情况：

工厂名称地址	生产的项目	年生产能力	职工人数
______	______	______	______
______	______	______	______

（2）本制造商不生产，而需要从其他制造商购买的主要零部件：

制造商名称和地址	主要零部件名称
______	______

3. 本制造商生产投标货物的经验（包括年限、项目业主、额定能力、商业运营的起始日期等）：

______

______

4. 近 3 年投标货物主要销售给国内、外主要客户的名称地址：

（1）出口销售

______（名称和地址）　______（销售项目）

（2）国内销售

______（名称和地址）　______（销售项目）

5. 近 3 年的年营业额：

年份	国内	出口	总额
______	______	______	______
______	______	______	______

6. 易损件供应商的名称和地址：

部件名称	供应商
______________	______________
______________	______________

7. 最近 3 年直接或通过贸易公司向中国提供的投标货物：

合同编号：______________________________

签字日期：______________________________

项目名称：______________________________

数　　量：______________________________

合同金额：______________________________

8. 有关开户银行的名称和地址：______________________________

9. 制造商所属的集团公司（如有）：______________________________

10. 其他情况：______________________________

兹证明上述声明是真实、正确的，并提供了全部能提供的资料和数据，我们同意遵照贵方要求出示有关证明文件。

制 造 商 名 称：______________________

签字人姓名和职务：______________________

签 字 人 签 字：______________________

签　字　日　期：______________________

传　　　　　真：______________________

电　　　　　话：______________________

电　子　邮　件：______________________

附件 4-5　制造商授权书（投标产品授权）格式

制造商授权书（投标产品授权）

致：________（招标人）

我们________（制造商名称）是按________（国家/地区名称）法律成立的一家制造商，主要营业地点设在____________________________________（制造商地址）。兹授权按__________（国家/地区名称）的法律正式成立的，主要营业地点设在________________（投标人地址）的____________________（投标人名称）以我方制造的________（产品名称）进行________（投标邀请编号和项目名称）项目投标活动。我方同意按照中标合同供货，并对产品质量承担责任。

授权期限：______________________。

投标人名称：____________　制造商名称：____________

签字人职务：____________　签字人职务：____________

签字人姓名：____________　签字人姓名：____________

签字人签名：____________　签字人签名：____________

附件 4-6　单位负责人（法定代表人）身份证明及授权委托书格式

（1）单位负责人（法定代表人）身份证明格式

投标人名称：＿＿＿＿＿＿＿＿＿＿＿＿＿

姓名：＿＿＿＿＿＿＿＿＿＿＿＿＿＿＿＿

性别：＿＿＿＿＿＿＿＿＿＿＿＿＿＿＿＿

年龄：＿＿＿＿＿＿＿＿＿＿＿＿＿＿＿＿

职务：＿＿＿＿＿＿＿＿＿＿＿＿＿＿＿＿

系＿＿＿＿＿＿＿＿＿＿＿＿＿（投标人名称）的单位负责人（法定代表人）。

特此证明。

附：单位负责人（法定代表人）身份证复印件。

投标人：＿＿＿＿＿＿＿＿＿＿（盖单位章）

＿＿年＿＿月＿＿日

（2）授权委托书格式

本人＿＿＿＿（姓名）系＿＿＿＿＿＿（投标人名称）的法定代表人＿＿＿（单位负责人），现委托＿＿＿＿＿＿（姓名）为我方代理人。代理人根据授权，以我方名义签署、澄清确认、递交、撤回、修改招标项目投标文件、签订合同和处理有关事宜，其法律后果由我方承担。

委托期限：＿＿＿＿＿＿＿＿＿＿。

代理人无转委托权。

附：法定代表人（单位负责人）身份证复印件及委托代理人身份证复印件。

投　标　人：＿＿＿＿＿＿＿＿＿＿（盖单位章）

法定代表人（单位负责人）：＿＿＿＿（签字）

身份证号码：＿＿＿＿＿＿＿＿＿＿＿＿＿＿＿

委托代理人：＿＿＿＿＿＿＿＿＿＿＿（签字）

身份证号码：＿＿＿＿＿＿＿＿＿＿＿＿＿＿＿

＿＿年＿＿月＿＿日

附件 4-7　各类招标项目投标响应函格式

一、投标函（施工招标项目）

________（招标人名称）：

1. 我方已仔细研究了__________（项目名称）标段施工招标文件的全部内容，愿意以人民币（大写）_________________（¥________）的投标总报价，工期______日历天，按合同约定实施和完成承包工程，修补工程中的任何缺陷，工程质量达到________。

2. 我方承诺在投标有效期内不修改、撤销投标文件。

3. 随同本投标函提交投标保证金一份，金额为人民币（大写）_______________元（¥______）。

4. 如我方中标：

（1）我方承诺在收到中标通知书后，在中标通知书规定的期限内与你方签订合同。

（2）随同本投标函递交的投标函附录属于合同文件的组成部分。

（3）我方承诺按照招标文件规定向你方递交履约担保。

（4）我方承诺在合同约定的期限内完成并移交全部合同工程。

5. 我方在此声明，所递交的投标文件及有关资料内容完整、真实和准确，且不存在第二章“投标人须知”第 1.4.3 项规定的任何一种情形。

6. 其他补充说明

____

投 标 人：__________________（盖单位章）

法定代表人或其委托代理人：______（签字）

地　　址：______________________________

网　　址：______________________________

电　　话：______________________________

传　　真：______________________________

邮政编码：______________________________

____年____月____日

二、投标函（工程总承包招标项目）

________（招标人名称）：

1. 我方已仔细研究了________（项目名称）工程总承包招标文件的全部内容，愿意以人民币（大写）_________________（¥____________）的投标总报价，工期____日历天，按合同约定进行设计、实施和竣工承包工程，修补工程中的任何缺陷，实现工程目的。

2. 我方承诺在招标文件规定的投标有效期内不修改、撤销投标文件。

3. 随同本投标函提交投标保证金一份，金额为人民币（大写）_________________（¥__________）。

4. 如我方中标：

（1）我方承诺在收到中标通知书后，在中标通知书规定的期限内与你方签订合同。

（2）随同本投标函递交的投标函附录属于合同文件的组成部分。

（3）我方承诺按照招标文件规定向你方递交履约担保。

（4）我方承诺在合同约定的期限内完成并移交全部合同工程。

5. 我方在此声明，所递交的投标文件及有关资料内容完整、真实和准确，且不存在第二章“投标人须知”第 1.4.3 项和第 1.4.4 项规定的任何一种情形。

6. 其他补充说明

____

投 标 人：________________（盖单位章）

法定代表人或其委托代理人：_____（签字）

地　　址：__________________________

网　　址：__________________________

电　　话：__________________________

传　　真：__________________________

邮政编码：__________________________

____年____月____日

三、投标函（设备采购招标项目）

________（招标人名称）：

1. 我方已仔细研究了__________（项目名称）设备采购招标项目招标文件的全部内容，愿意以人民币（大写）________________（¥______）的投标总报价__________（其中，增值税税率为________）提供__________（设备名称及技术服务和质保期服务），并按合同约定履行义务。

2. 我方的投标文件包括下列内容：

（1）投标函。

（2）法定代表人（单位负责人）身份证明或授权委托书。

（3）联合体协议书（如有）。

（4）投标保证金（如有）。

（5）商务和技术偏差表。

（6）分项报价表。

（7）资格审查资料。

（8）投标设备技术性能指标的详细描述。

（9）技术支持资料。

（10）技术服务和质保期服务计划。

（11）其他材料。

投标文件的上述组成部分如存在内容不一致的，以投标函为准。

3. 我方承诺除商务和技术偏差表列出的偏差外，我方响应招标文件的全部要求。

4. 我方承诺在招标文件规定的投标有效期内不撤销投标文件。

5. 如我方中标，我方承诺：

（1）在收到中标通知书后，在中标通知书规定的期限内与你方签订合同。

（2）在签订合同时不向你方提出附加条件。

（3）按照招标文件要求提交履约保证金。

（4）在合同约定的期限内完成合同规定的全部义务。

6. 我方在此声明，所递交的投标文件及有关资料内容完整、真实和准确，且不存在第二章“投标人须知”第 1.4.3 项规定的任何一种情形。

7. 其他补充说明

____

投 标 人：__________________（盖单位章）

法定代表人（单位负责人）或其委托代理人：______（签字）

地　　址：______________________________

网　　址：______________________________

电　　话：______________________________

传　　真：______________________________

邮政编码：______________________________

____年____月____日

四、投标函（材料采购招标项目）

________（招标人名称）：

1. 我方已仔细研究了__________（项目名称）材料采购招标项目招标文件的全部内容，愿意以人民币（大写）________________（￥______）的投标总报价__________（其中，增值税税率为________）提供__________（材料名称及相关服务），并按合同约定履行义务。

2. 我方的投标文件包括下列内容：

（1）投标函。

（2）法定代表人（单位负责人）身份证明或授权委托书。

（3）联合体协议书（如有）。

（4）投标保证金（如有）。

（5）商务和技术偏差表。

（6）分项报价表。

（7）资格审查资料。

（8）投标材料质量标准的详细描述。

（9）技术支持资料。

（10）相关服务计划。

（11）其他材料。

投标文件的上述组成部分如存在内容不一致的，以投标函为准。

3. 我方承诺除商务和技术偏差表列出的偏差外，我方响应招标文件的全部要求。

4. 我方承诺在招标文件规定的投标有效期内不撤销投标文件。

5. 如我方中标，我方承诺：

（1）在收到中标通知书后，在中标通知书规定的期限内与你方签订合同。

(2) 在签订合同时不向你方提出附加条件。

(3) 按照招标文件要求提交履约保证金。

(4) 在合同约定的期限内完成合同规定的全部义务。

6. 我方在此声明，所递交的投标文件及有关资料内容完整、真实和准确，且不存在第二章“投标人须知”第 1.4.3 项规定的任何一种情形。

7. 其他补充说明

____

投 标 人：__________________（盖单位章）

法定代表人（单位负责人）或其委托代理人：______（签字）

地　　址：____________________________

网　　址：____________________________

电　　话：____________________________

传　　真：____________________________

邮政编码：____________________________

____年____月____日

五、投标函（勘察招标项目）

________（招标人名称）：

1. 我方已仔细研究了__________（项目名称）勘察招标项目招标文件的全部内容，愿意以人民币（大写）________________（¥______）的投标总报价____________（其中，增值税税率为________），勘察服务期____日历天，按合同约定完成勘察工作。

2. 我方的投标文件包括下列内容：

(1) 投标函及投标函附录。

(2) 法定代表人身份证明或授权委托书。

(3) 联合体协议书（如有）。

(4) 投标保证金（如有）。

(5) 勘察费用清单。

(6) 资格审查资料。

(7) 勘察纲要。

(8) 其他材料。

投标文件的上述组成部分如存在内容不一致的，以投标函为准。

3. 我方承诺在招标文件规定的投标有效期内不撤销投标文件。

4. 如我方中标，我方承诺：

(1) 在收到中标通知书后，在中标通知书规定的期限内与你方签订合同。

(2) 在签订合同时不向你方提出附加条件。

(3) 按照招标文件要求提交履约保证金。

(4) 在合同约定的期限内完成合同规定的全部义务。

5. 我方在此声明，所递交的投标文件及有关资料内容完整、真实和准确，且不存在第二章“投标人须知”第 1.4.3 项规定的任何一种情形。

6. 其他补充说明

____

投 标 人：__________________（盖单位章）

法定代表人或其委托代理人：______（签字）

地　　址：____________________________

网　　址：____________________________

电　　话：____________________________

传　　真：____________________________

邮政编码：____________________________

____年____月____日

六、投标函（设计招标项目）

________（招标人名称）：

1. 我方已仔细研究了________（项目名称）设计招标项目招标文件的全部内容，愿意以人民币（大写）______________（¥__________）的投标总报价______________（其中，增值税税率为________），设计服务期限：____日历天，按合同约定完成设计工作。

2. 我方的投标文件包括下列内容：

（1）投标函及投标函附录。

（2）法定代表人身份证明或授权委托书。

（3）联合体协议书（如有）。

（4）投标保证金（如有）。

（5）设计费用清单。

（6）资格审查资料。

（7）设计方案。

（8）其他材料。

投标文件的上述组成部分如存在内容不一致的，以投标函为准。

3. 我方承诺在招标文件规定的投标有效期内不撤销投标文件。

4. 如我方中标，我方承诺：

（1）在收到中标通知书后，在中标通知书规定的期限内与你方签订合同。

（2）在签订合同时不向你方提出附加条件。

（3）按照招标文件要求提交履约保证金。

（4）在合同约定的期限内完成合同规定的全部义务。

5. 我方在此声明，所递交的投标文件及有关资料内容完整、真实和准确，且不存在第二章“投标人须知”第 1.4.3 项规定的任何一种情形。

6. 其他补充说明

____

投 标 人：__________________（盖单位章）

法定代表人或其委托代理人：______（签字）

地　　址：____________________________

网　　址：_______________

电　　话：_______________

传　　真：_______________

邮政编码：_______________

____年____月____日

七、投标函（监理招标项目）

________（招标人名称）：

1. 我方已仔细研究了__________（项目名称）监理招标项目招标文件的全部内容，愿意以人民币（大写）________________（¥______）的投标总报价____________（其中，增值税税率为________），监理服务期____日历天，按合同约定完成监理工作。

2. 我方的投标文件包括下列内容：

（1）投标函及投标函附录。

（2）法定代表人身份证明或授权委托书。

（3）联合体协议书（如有）。

（4）投标保证金（如有）。

（5）监理报酬清单。

（6）资格审查资料。

（7）监理大纲。

（8）其他材料。

投标文件的上述组成部分如存在内容不一致的，以投标函为准。

3. 我方承诺在招标文件规定的投标有效期内不撤销投标文件。

4. 如我方中标，我方承诺：

（1）在收到中标通知书后，在中标通知书规定的期限内与你方签订合同。

（2）在签订合同时不向你方提出附加条件。

（3）按照招标文件要求提交履约保证金。

（4）在合同约定的期限内完成合同规定的全部义务。

5. 我方在此声明，所递交的投标文件及有关资料内容完整、真实和准确，且不存在第二章“投标人须知”第 1.4.3 项规定的任何一种情形。

6. 其他补充说明

____

投 标 人：_______________（盖单位章）

法定代表人或其委托代理人：______（签字）

地　　址：_______________

网　　址：_______________

电　　话：_______________

传　　真：_______________

邮政编码：_______________

____年____月____日

八、投标书（机电产品国际招标项目）

致：__________（招标人）

根据贵方为__________（项目名称）项目招标采购货物及服务的投标邀请__________（招标编号），签字代表________（姓名、职务）经正式授权并代表投标人______________提交下述文件正本一份及副本____份：

1. 投标一览表。

2. 投标分项报价表。

3. 产品说明一览表。

4. 技术规格响应/偏离表。

5. 商务条款响应/偏离表。

6. 按招标文件投标人须知和技术规格要求提供的其他有关文件。

7. 资格证明文件。

8. 投标保证金金额（金额数和币种）。

在此，签字代表宣布同意如下：

1. 投标人提交和交付的货物__________（标包号名称）投标总价为__________（注明币种，并用文字和数字分别表示投标总价）。

2. 投标人将按招标文件的规定履行合同责任和义务。

3. 投标人已详细审查全部招标文件，包括__________（补遗文件）（如果有的话）。我们完全理解并同意放弃对这方面有不明白及误解的权利。

4. 本投标有效期为自投标截止日起______（有效期日数）日历日。

5. 投标人同意投标人须知中第____条关于不退还投标保证金的规定。

6. 根据投标人须知第____条规定，我方承诺，与买方聘请的为此项目提供咨询服务的公司及任何附属机构均无关联，我方不是买方的附属机构。

7. 投标人同意提供贵方可能要求的与其投标有关的一切数据或资料。投标人完全理解贵方不一定接受最低价的投标或收到的任何投标。

8. 与本投标有关的一切正式信函请寄__________。

投 标 人：__________________（盖单位章）

法定代表人或其委托代理人：______（签字）

地　　址：____________________________

网　　址：____________________________

电　　话：____________________________

传　　真：____________________________

邮政编码：____________________________

____年____月____日

附件 4-8　各类招标项目投标响应函附录格式

（1）投标函附录（施工招标项目）

序号	条款名称	合同条款号	约定内容	备注
1	项目经理	1.1.2.4	姓名：	
2	工期	1.1.4.3	天数：　　日历天	
3	缺陷责任期	1.1.4.5		
4	分包	4.3.4		
5	价格调整的差额计算	16.1.1	见价格指数权重表	
……	……	……	……	
……	……	……	……	

价格指数权重表。

名称		基本价格指数		权重			价格指数来源
		代号	指数值	代号	允许范围	投标人建议值	
定值部分				A			
变值部分	人工费	F01		B1	___至___		
	钢材	F02		B2	___至___		
	水泥	F03		B3	___至___		
	……	……		……	……		
合计						1.00	

投　标　人：__________________（盖单位章）

法定代表人或其委托代理人：______（签字）

____年____月____日

（2）投标函附录（工程总承包招标项目）

序号	条款名称	合同条款号	约定内容	备注
1	项目经理	1.1.2.4	姓名：	
2	工期	1.1.4.3	天数：　　日历天	
3	缺陷责任期	1.1.4.5	……	
4	分包	4.3.4	……	
5	价格调整的差额计算	16.1.1	见价格指数权重表	
……	……	……	……	
……	……	……	……	

价格指数权重表。

名称		基本价格指数		权重			价格指数来源
		代号	指数值	代号	允许范围	投标人建议值	
定值部分				A			
	人工费	F01	……	B1	___至___	……	……
	钢材	F02	……	B2	___至___	……	……
	水泥	F03	……	B3	___至___	……	……
	……	……	……	……	……	……	……
	……	……	……	……	……	……	……
合计						1.00	

投 标 人：____________________（盖单位章）

法定代表人或其委托代理人：______（签字）

____年____月____日

（3）投标函附录（勘察招标项目）

序号	条款名称	合同条款号	约定内容	备注
1	项目负责人	1.1.2.5	姓名：	
2	勘察服务期限	1.1.4.3	天数：　　日历天	
3	合同价款确定方式	12.1.1		
……	……	……	……	
……	……	……	……	

投 标 人：____________________（盖单位章）

法定代表人或其委托代理人：______（签字）

____年____月____日

（4）投标函附录（设计招标项目）

序号	条款名称	合同条款号	约定内容	备注
1	项目负责人	1.1.2.5	姓名：	
2	设计服务期限	1.1.4.3	天数：　　日历天	
3	合同价款确定方式	12.1.1		
……	……	……	……	
……	……	……	……	

投 标 人：____________________（盖单位章）

法定代表人或其委托代理人：______（签字）

____年____月____日

（5）投标函附录（监理招标项目）

序号	条款名称	合同条款号	约定内容	备注
1	总监理工程师	1.1.2.5	姓名：	
2	监理服务期限	1.1.4.3	天数：　　日历天	
3	合同价款确定方式	9.1.1	……	
……	……	……	……	
……	……	……	……	

投 标 人：____________________（盖单位章）

法定代表人或其委托代理人：______（签字）

____年____月____日

附件 4-9　货物招标项目商务和技术响应/偏差表格式

序号	招标文件章节及条款号	投标文件章节及条款号	偏差说明
1			
2			
3			
4			
5			
……			

投标人保证：除商务和技术响应/偏差表列出的偏差外，投标人响应招标文件的全部要求。

附件 4-10　项目管理机构组成表、主要人员简历表格式

（1）项目管理机构组成表

职务	姓名	职称	执业或职业资格证明					备注
			证书名称	级别	证号	专业	养老保险	

（2）主要人员简历表

<table>
<tr><td>姓名</td><td></td><td>年龄</td><td colspan="2"></td><td colspan="2">学历</td><td></td></tr>
<tr><td>职称</td><td></td><td>职务</td><td colspan="2"></td><td colspan="2">拟在本
合同任职</td><td></td></tr>
<tr><td>毕业学校</td><td colspan="7">年毕业于　　　学校　　　专业</td></tr>
<tr><td colspan="8">主要工作经历</td></tr>
<tr><td>时间</td><td colspan="3">参加过的类似项目</td><td colspan="2">担 任 职 务</td><td colspan="2">发包人及联系电话</td></tr>
<tr><td></td><td colspan="3"></td><td colspan="2"></td><td colspan="2"></td></tr>
<tr><td></td><td colspan="3"></td><td colspan="2"></td><td colspan="2"></td></tr>
</table>

附件 4-11　拟分包项目计划表格式

分包人名称		地址	
法定代表人		电话	
营业执照号码		资质等级	
拟分包的工程项目	主 要 内 容	预计造价/万元	已经做过的类似工程

附件 4-12　拟投入的设备、仪器、劳动力表格式

（1）拟投入本标段的主要施工设备表

序号	设备名称	型号规格	数量	国别产地	制造年份	额定功率/kW	生产能力	用于施工部位	备注

（2）拟配备本标段的试验和检测仪器设备表

序号	仪器设备名称	型号规格	数量	国别产地	制造年份	已使用台时数	用途	备注

（3）劳动力计划表

（单位：人）

工种	按工程施工阶段投入劳动力情况						

案例 4-1　投标文件的密封与提交

某工程施工监理招标项目招标文件规定：

①投标保证金金额为 10 万元人民币。招标人可接受的投标保证金形式为：现金、银行汇票或银行保函。

②投标函须加盖投标人印章，同时由法定代表人或其授权代表签字。

③投标文件分为投标函、商务文件、技术文件三部分，均须单独密封，否则招标人不予接收。

投标人共有 A、B、C、D 四家，投标文件的提交情况如下：

投标人 A 提前一天提交投标文件，其投标函、商务文件、技术文件被密封在同一个文件箱内，投标保证金为 10 万元人民币的银行保函。

投标人 B 在投标截止时间前提交投标文件，其投标函、商务文件、技术文件单独密封，但其投标保证金 10 万元人民币的现金在投标截止时间后 10 分钟送达招标人。

投标人 C 在开标当天投标截止时间前按时提交投标文件。投标函、商务文件、技术文件单独密封，其投标保证金为 5 万元人民币的银行汇票。

投标人 D 的投标文件于投标截止时间前 1 天寄达招标人，投标文件密封形式及投标保证金数额均符合招标文件的规定，但其参加开标会议的代表迟到 10 分钟抵达开标现场。

【问题】

A、B、C、D 四家投标人的投标文件是否应当拒收？并简述理由。

【参考答案】

投标人 A 的投标文件应当拒收。理由：该投标人将投标函、商务文件、技术文件密封在同一个文件箱内，不符合招标文件的相关规定。招标人的工作人员应当要求投标人 A 按招标文件的要求，将投标函、商务文件、技术文件三部分单独密封后重新提交。

投标人 B 的投标文件不应拒收，法律规定的投标文件拒绝接收情形不包含投标保证金是否缴纳。投标保证金应当拒收。理由：投标保证金是投标文件的一部分，应在投标截止时间前提交。

投标人 C 的投标文件不应拒收。理由：投标保证金数额不符合招标文件的规定，不构成拒收投标文件的情由。

投标人 D 的投标文件不应拒收。理由：投标文件已在投标截止时间前递交，投标代表迟到不构成拒收投标文件的情由。

案例 4-2　不平衡报价

某商住楼施工项目招标文件规定，投标人的各分部工程报价统一折现到开工日进行比较，当折现价偏离折现后的评标基准价幅度超过 15%时，视为招标人不可接受的不平衡报价，其投标将被否决。该项目采用综合评估法评标，桩基围护工程、主体结构工程和装饰工程折现后的评标基准价按照有效投标人报价的平均值计算，分别为 1490 万元、5700 万元和 6200 万元。某投标人报价确定后，为了争取更多利益，在投标截止前又调整了报价，调整前和调整后的报价见下表。

投标报价调整前后和工程工期情况表

报价工期	分部工程			
	桩基围护工程	主体结构工程	装饰工程	总价
调整前/万元	1480	6600	7200	15280
调整后/万元	1600	7200	6480	15280
工期/月	4	12	8	—

【问题】

1）计算该报价调整前后的现值差额（以开工日为折现点，月利率为 1%）。

2）试判断该投标人调整后的报价是否会被否决？

一次支付现值系数表

n	1	4	5	6	15	16	17
$(P/F,1\%,n)$	0.9901	0.9610	0.9515	0.9420	0.8613	0.8528	0.8444

等额支付现值系数

n	4	5	7	8	11	12
$(P/A,1\%,n)$	3.9020	4.8534	6.7282	7.6517	10.3676	11.2551

【参考答案】

1）投标报价调整前后的现值差额计算：

①分部工程报价调整前的工程款现值：

$$
\begin{aligned}
PV_1 &= 1480/4\times(P/A,1\%,4)+6600/12\times(P/A,1\%,12)(P/F,1\%,4)+7200/8\times \\
&\quad (P/A,1\%,8)(P/F,1\%,16) \\
&= 1443.74+5948.88+5872.83 \\
&= 13265.45\ (\text{万元})
\end{aligned}
$$

②分部工程报价调整后的工程款现值：

$$
\begin{aligned}
PV_2 &= 1600/4\times(P/A,1\%,4)+7200/12\times(P/A,1\%,12)(P/F,1\%,4)+6480/8\times \\
&\quad (P/A,1\%,8)(P/F,1\%,16) \\
&= 1560.80+6489.69+5285.55 \\
&= 13336.04\ (\text{万元})
\end{aligned}
$$

现值差$=PV_2-PV_1=13336.04-13265.45=70.59$（万元）

通过计算可以看出：投标人在相同报价下，采用不平衡报价以后，增加了资金现值收益 70.59 万元，即招标人损失了相应资金效益。

2）报价偏离幅度计算：

由以上计算可知：桩基围护工程折现报价为 1560.8 万元，主体结构工程折现报价为 6489.69 万元，装饰工程折现报价为 5285.55 万元。由题干已知：桩基围护工程评标基准价为 1490 万元，主体结构工程评标基准价为 5700 万元，装饰工程评标基准价为 6200 万元。各分部工程折现后报价的偏离幅度如下：

桩基围护工程$=|(1560.8-1490)|/1490\times100\%=4.75\%$

主体结构工程$=|(6489.69-5700)|/5700\times100\%=13.85\%$

装饰工程$=|(5285.55-6200)|/6200\times100\%=14.75\%$

投标报价最大偏离值约为 14.75%，偏离幅度未超出招标文件规定的范围，因此，该投标不会被否决。

第5章　招标文件

招标文件是招标人依据招标项目特点和实际需要编制的，告知项目需求、招标投标活动规则、评标方法和标准、技术标准和要求以及合同条件等内容的要约邀请，是项目招标投标活动的主要依据，对招标投标活动各方均具有法律约束力。

依据《最高人民法院关于审理建设工程施工合同纠纷案件适用法律问题的解释（一）》可知，当事人签订的建设工程施工合同与招标文件、投标文件、中标通知书载明的工程范围、建设工期、工程质量、工程价款不一致，一方当事人请求以招标文件、投标文件、中标通知书作为结算工程价款的依据的，人民法院应予支持。由此可见，招标文件作为招标投标的纲领性文件，直接影响了招标投标的程序实施、需求实现以及合同履约等，其重要性不言而喻。为了深入理解招标文件，本章主要介绍招标文件组成、招标文件范本、招标文件编制等多个方面的实务操作要点。

5.1　招标文件组成

招标文件一般由招标公告或投标邀请书、投标人须知、评标办法、合同条款及格式、发包人要求（招标需求书）、投标文件格式以及其他内容组成。

目前，依法必须进行公开招标项目的招标文件，应当使用国务院发展改革部门会同有关行政监督部门制定的标准文本。

5.1.1　招标公告或投标邀请书

招标公告和投标邀请书都是对潜在投标人的要约邀请，主要包括招标条件、项目概况与招标范围、投标人资格要求、是否接受联合体投标、招标文件获取、投标文件递交、招标人及其招标代理机构的名称、地址、接受异议的联系人及联系方式、招标投标监督部门及其他依法应当载明的内容。采用电子招标投标方式的，应载明潜在投标人访问电子招标投标交易平台的网址和方法。已完成资格预审的，投标邀请书可以不包括招标条件、招标范围和投标人资格条件等资格预审公告和资格预审文件中已经明确的内容。

依法必须进行公开招标项目的招标公告应当在“中国招标投标公共服务平台”或者项目所在地省级招标投标公共服务平台等媒介发布。

招标文件中的招标公告或投标邀请书，应与招标人在有关媒介上发布的招标公告或向特定潜在投标人发出的投标邀请书的内容保持一致。

5.1.2　投标人须知

投标人须知重点阐明招标项目和招标内容、招标投标活动应遵循的程序规则，以及对编制、递交投标文件等投标活动的要求，由正文及其前附表两部分组成。

为了便于招标文件编写和使用，可将投标人须知正文中体现项目特点和要求的关键内容和数据统一列表，置于投标人须知前，即投标人须知前附表。投标人须知前附表可以对投标人须知的正文内容进行补充、细化、完善或者修改。投标人须知前附表的内容与投标人须知正文内容不一致的，应以前附表的规定为准，但违反法律、行政法规的强制性规定的除外。

投标人须知正文部分一般包括以下内容：

（1）总则。明确招标项目概况、资金来源和落实情况、招标范围、计划工期、质量要求、投标人资格要求、投标费用、保密、踏勘现场、投标预备会、分包和偏离等事项。

（2）招标文件。明确招标文件组成、招标文件的澄清与修改等事项。

（3）投标文件。明确投标文件组成、投标报价、投标有效期、投标保证金形式与金额、资格审查资料、备选投标方案、投标文件编制格式及签署要求等事项。

（4）投标。明确投标文件密封与标识、投标文件的递交、投标文件的修改与撤回等事项。

（5）开标。明确开标时间和开标地点、开标程序等事项。

（6）评标。明确评标委员会组建方法、依法需要回避的情形、评标原则、评标依据等事项。

（7）合同授予。明确定标方式、中标通知、履约担保、签订合同等事项。

（8）重新招标和不再招标。明确重新招标和不再招标的适用情形、程序及后续事项等。

（9）纪律和监督。明确对招标人、投标人、评标委员会、与评标活动有关的工作人员的纪律要求，以及投诉的有关要求等。

（10）附表。明确招标活动中需要使用的表格文件格式，包括开标记录表、问题澄清通知、问题的澄清、中标通知书、中标结果通知书、确认通知等表格。

（11）其他依据招标项目需要补充的程序性内容。

投标人须知中的相关条款应与招标文件其他部分的内容衔接一致，特别是对合同执行有实质性影响的条款，如招标范围、计划工期、质量要求、报价要求等内容，必须与招标文件中其他可能构成合同文件的相关部分保持一致。

5.1.3 评标办法

评标办法是招标文件的组成部分，是评标委员会评标的依据之一。评标办法包括评标方法、评标因素和标准、评标程序，以及推荐中标候选人的要求等内容。相关要求详见本书第 7 章。

5.1.4 合同条款及格式

招标文件的合同条款及格式一般由通用合同条款、专用合同条款和合同附件格式三部分组成。对于合同内容简单的招标项目，通用合同条款、专业合同条款和合同附件格式可以进行简化或者合并。

合同条款应结合招标项目实际特点和管理要求进行编制。以工程施工承包合同为例，应对合同主体的责任和义务，工程质量，进度计划、开竣工时间，合同价格的确定、调整，计量与支付，变更，竣工验收，缺陷责任与保修责任，违约，索赔，争议的解决等实质性内容和关键性条款作必要的细化和补充。

5.1.5　投标文件格式

投标文件格式是招标人为便于投标文件的编制、比较和分析，而在招标文件中统一提供并要求投标人使用的格式文件，重点阐明投标人在编制投标文件时应使用的各类格式文件及相关编写要求，如投标函及投标函附录、法定代表人身份证明或授权委托书、联合体共同投标协议、投标保证金、商务和技术偏差表、工程量清单、分项报价表、施工组织设计、项目管理机构、拟分包项目情况表、资格审查资料、技术支持资料、服务和质保计划、其他材料等。投标文件格式内容应与投标人须知中的投标文件构成内容及编制要求，以及评标办法中的评标委员会评审内容相匹配。

5.1.6　其他内容

根据不同类别的项目特点和实际需要设置招标文件。例如，工程招标文件一般包括工程量清单、图纸、技术标准和要求等；货物招标文件一般包括货物清单、用户需求书、供货和安装调试要求等；服务招标文件一般包括委托人要求、服务目标等。

5.2　招标文件范本

5.2.1　招标文件范本的分类

招标文件范本可以分为两类：标准招标文件和狭义示范文本。两者之间的主要区别有两点。一是适用范围不同，标准招标文件适用于依法必须招标项目；狭义示范文本适用于非依法必须招标项目和企业生产经营和物资招标采购项目等。二是效力不同，标准招标文件作为规范标准，具有强制性和权威性；狭义示范文本作为推荐文本，具备示范性和引导性。

(1) 标准招标文件

为规范资格预审文件和招标文件的内容和格式，提高编制质量，国家发展改革委会同有关行政监督部门分别制定了《标准施工招标资格预审文件》（2007 年版）、《标准施工招标文件》（2007 年版）、《简明标准施工招标文件》（2012 年版）、《标准设计施工总承包招标文件》（2012 年版）、《标准设备采购招标文件》（2017 年版）、《标准材料采购招标文件》（2017 年版）、《标准勘察招标文件》（2017 年版）、《标准设计招标文件》（2017 年版）、《标准监理招标文件》（2017 年版），以下统称《标准文件》。

《招标投标法实施条例》规定，编制依法必须进行招标的项目的资格预审文件和招标文件，应当使用国务院发展改革部门会同有关行政监督部门制定的标准文本。其他自愿招标的项目可参照标准招标文件编制。

在此基础上，国家相关部门和地方政府有关部门也陆续制定了具有行业和地方特点的各种标准招标文本（见表 5-1）。

表 5-1 标准招标文件

颁发部门	标准招标文件名称
国家发展改革委等九部委	《标准施工招标资格预审文件》
	《标准施工招标文件》
	《简明标准施工招标文件》
	《标准设计施工总承包招标文件》
	《标准设备采购招标文件》
	《标准材料采购招标文件》
	《标准勘察招标文件》
	《标准设计招标文件》
	《标准监理招标文件》
住房和城乡建设部	《房屋建筑和市政工程标准施工资格预审文件》
	《房屋建筑和市政工程标准施工招标文件》
交通运输部	《公路工程标准施工招标资格预审文件》
	《公路工程标准施工招标文件》
	《公路工程标准勘察设计招标资格预审文件》
	《公路工程标准勘察设计招标文件》
	《公路工程标准施工监理招标资格预审文件》
	《公路工程标准施工监理招标文件》
	《水运工程标准施工招标文件》
	《水运工程标准勘察设计招标文件》
	《水运工程标准施工监理招标文件》
水利部	《水利水电工程标准施工招标资格预审文件》
	《水利水电工程标准施工招标文件》
民用航空局	《民航专业工程标准施工招标资格预审文件》
	《民航专业工程标准施工招标文件》
国家铁路局	《铁路工程标准施工招标资格预审文件》
	《铁路工程标准施工招标文件》
商务部	《机电产品国际招标标准招标文件（试行）》

（2）狭义示范文本

除了前述标准招标文件之外，一些行业主管部门、协会和国有企业也制定了适用于本行业、本协会或本企业的招标文件示范文本。例如，国家能源局颁发了《水电工程施工招标和合同文件示范文本》，工业和信息化部颁发了《通信建设项目施工资格预审文件范本》等，见表 5-2。此外，中国招标投标协会于 2020 年颁布了《非招标方式采购文件示范文本》，包括“询比采购文件示范文本”“谈判采购文件示范文本”“竞价采购文件示范文本”等，可供采购人参考。

表 5-2 招标文件示范文本

颁发部门	招标文件示范文本名称
国家能源局	《水电工程施工招标和合同文件示范文本》
工业和信息化部	《通信建设项目施工资格预审文件范本》
	《通信建设项目施工招标文件范本》
	《通信建设项目施工集中资格预审文件范本》
	《通信建设项目施工集中招标文件范本》
	《通信建设项目货物资格预审文件范本》
	《通信建设项目货物招标文件范本》
	《通信建设项目货物集中资格预审文件范本》
	《通信建设项目货物集中招标文件范本》
中国铁路总公司	《铁路建设项目监理招标资格预审文件示范文本》
	《铁路建设项目监理招标文件示范文本》

为了依法落实招标人的主权责任和相应权利，赋予招标人自主招标权，包括招标文件编制权等，标准招标文件将逐步调整为招标文件示范文本，即狭义示范文本。根据《国务院办公厅关于创新完善体制机制推动招标投标市场规范健康发展的意见》的规定，主管部门将分类修订勘察、设计、监理、施工、总承包等招标文件示范文本。

5.2.2 招标文件范本使用要求

(1) 标准招标文件使用要求

1）适用范围。《标准施工招标文件》适用于一定规模以上，且设计和施工不是由同一承包商承担的工程施工招标。

在依法必须进行招标的工程建设项目中，工期不超过 12 个月、技术相对简单且设计和施工不是由同一承包人承担的小型项目，其施工招标文件应当根据《简明标准施工招标文件》编制；设计施工一体化的总承包项目，其招标文件应当根据《标准设计施工总承包招标文件》编制。

《标准设备采购招标文件》《标准材料采购招标文件》《标准勘察招标文件》《标准设计招标文件》《标准监理招标文件》适用于依法必须招标的与工程建设有关的设备、材料等货物项目和勘察、设计、监理等服务项目。机电产品国际招标项目，应当使用商务部编制的机电产品国际招标标准文本（中英文）。

2）应当不加修改地引用《标准文件》的内容。《标准文件》中的“投标人须知”（投标人须知前附表和其他附表除外）“评标办法”（评标办法前附表除外）“通用合同条款”，应当不加修改地引用。

3）行业主管部门可以作出的补充规定。国务院有关行业主管部门可根据《标准文件》并结合本行业招标特点和管理需要，编制行业标准招标文件。其中，行业标准招标文件重点对《标准施工招标文件》中的“专用合同条款”“工程量清单”“图纸”“技术标准和要求”，《简明标准施工招标文件》中的“专用合同条款”“工程量清单”“图纸”“技术标准和要求”，

《标准设计施工总承包招标文件》中的“专用合同条款”“发包人要求”“发包人提供的资料和条件”,《标准设备采购招标文件》《标准材料采购招标文件》中的“专用合同条款”“供货要求”,《标准勘察招标文件》《标准设计招标文件》中的“专用合同条款”“发包人要求”,《标准监理招标文件》中的“专用合同条款”“委托人要求”作出具体规定。

其中,“专用合同条款”可对“通用合同条款”进行补充、细化,但除“通用合同条款”明确规定可以作出不同约定外,“专用合同条款”补充和细化的内容不得与“通用合同条款”相抵触,否则抵触内容无效。

4）招标人可以补充、细化和修改的内容。“投标人须知前附表”用于进一步明确“投标人须知”正文中的未尽事宜,招标人应结合招标项目具体特点和实际需要编制和填写,但不得与“投标人须知”正文内容相抵触。

“评标办法前附表”用于明确评标的方法、因素、标准和程序。招标人应根据招标项目具体特点和实际需要,详细列明全部审查或评审因素、标准,没有列明的因素和标准不得作为评标的依据。

招标人可根据招标项目的具体特点和实际需要,在“专用合同条款”中对《标准文件》中的“通用合同条款”进行补充、细化和修改,但不得违反法律、行政法规的强制性规定,以及平等、自愿、公平和诚实信用原则,否则相关内容无效。

(2）狭义示范文本使用要求

狭义示范文本既能发挥行政主管部门或行业协会的示范作用和引导作用,又能保障招标人的自主招标权,对于示范文本中不适用的内容,可以进行删除、修改或调整;与标准招标文件相比,其使用要求更为宽松、便利和易用。

狭义示范文本在使用过程中,应当注意遵循以下原则:

1）依法合规。狭义示范文本在使用时,填写内容应当符合各项法律法规规定。对于法律法规未作具体规定的,应当符合相关法律原则以及行业惯例。

2）公平合理。狭义示范文本在使用时,应当秉承公平合理的立场,对招标投标双方的责任、权利、义务和风险等进行合理分配,确保权责对等、责罚相当。

3）意思自治。狭义示范文本仅供招标人参照使用,招标投标双方的具体权利和义务由招标人自行约定;招标人可以根据自身情况,对狭义示范文本中的有关条款进行修改、删除、调整、细化、补充和完善。

行业主管部门或行业协会可以依据法律法规的规定和自身职责,制订相应示范文件;可以推荐非依法必须招标项目、企业生产经营和物资采购项目等参照使用招标文件示范文本开展招标投标活动。行业主管部门不得强制要求招标人使用示范文本。

5.3 招标文件编制

5.3.1 招标文件编制要求

招标人应当编制高质量的招标文件,鼓励通过市场调研、专家咨询论证等方式,明确招标需求,优化招标方案,确保招标文件合法合规、科学合理、符合需求。招标文件编制的具体要求如下：

（1）符合招标项目的特点和需求

招标文件涉及的专业内容比较广泛，且每个招标项目均具有一定的个性特点，编写招标文件的人员，需要具有较强的专业知识和一定的实践经验，必须认真阅读研究项目相关资料和信息，结合市场调研情况，了解招标项目的特点和需求，包括项目概况、投资性质、审批或核准情况、项目总体实施计划等，并在项目招标方案的基础上，细化形成招标文件。

（2）合理划分标段或标包

招标项目需要划分标段（或标包）的，应该依据工程建设项目管理承包模式、工程设计进度、工程施工组织规划和各种外部条件、工程进度计划和工期要求、各单位工程和分部工程之间的技术管理关联性以及投标竞争状况等因素，综合分析研究，科学、合理地划分标段（或标包），并选择合同计价类型。关于标段的划分要点详见本书第 2 章。

（3）规范设置资格条件以及投标人不得存在的情形

招标文件应符合现行法律法规的要求，不得存在不公平、不公正、不合理的条款，避免出现招标文件发售、澄清和修改，投标文件编制时限少于法定时限等情况；避免出现通过设定与招标项目具体特点和实际需要不相适应的不合理的资格条件要求，以排斥潜在投标人等问题。招标人可根据有关规定，在招标文件中明确规定投标人不得存在的情形。关于资格条件的设置和投标人不得存在的情形要点详见本书第 3 章。

（4）规范设置合同条件

招标文件中合同类型的选择应充分考虑委托招标项目的技术、经济特点，以及招标人对项目风险的管理能力和意愿。

（5）规范实质性要求

招标文件必须明确投标人实质性响应的内容和否决投标的情形。投标人应完全按照招标文件的要求编写投标文件。如果投标人没有对招标文件的实质性要求和条件作出响应，或者响应不完全都将导致投标无效。在招标文件中需要明确投标人作出实质性响应的所有内容，如招标范围内容、工期（服务期或交货期）、投标有效期、质量要求、技术标准和要求等，应当具体、清晰、无争议，且宜以醒目的方式提示，避免使用原则性的、模糊的或者容易引起歧义的词句。一般应简化投标文件形式要求，不得将装订、纸张、明显的文字错误等列为否决投标情形。

（6）不得出现违法、限制、排斥公平竞争的条款

招标文件应当普遍遵循公平竞争原则，不得违法限制、排斥或保护潜在投标人，应当合理划分招标人和投标人之间的权利、义务和风险责任，不得将原本应由招标人承担的义务、责任和风险转嫁给投标人。

招标文件规定的各项技术标准应符合国家强制性标准，不得要求或标明某一特定的专利、商标、名称、设计、原产地或生产供应者，不得含有倾向或者排斥潜在投标人的其他内容。如果必须引用某一生产供应者的技术标准才能准确或清楚地说明拟招标项目的技术标准，则应当在参照后面加上“或相当于”的字样。

（7）语言要规范、简练，内容前后应保持一致

招标文件语言文字要规范、严谨、准确、精练，避免出现歧义。招标文件的商务部分与技术部分应协调一致，避免重复和矛盾。

5.3.2 招标文件审查要求

《公平竞争审查条例》《公平竞争审查制度实施细则》《招标投标领域公平竞争审查规则》鼓励招标人建立依法必须招标项目招标文件（资格预审文件）公平竞争审查机制。部分地方政府出台了招标文件负面清单，在审查文件时，要结合上述文件以及地方政府主管部门的要求进行审查。

招标人应当重点对招标文件的以下内容进行公平竞争审查，避免招标文件存在不合理的资格条件或评标标准、非法定要求或不合规的要求、有失公允或违法违规的情形、其他妨碍公平竞争的情形。

（1）不合理的资格条件或评标标准

1）违法限定潜在投标人或者投标人的所有制形式或者组织形式，对不同所有制投标人采取不同的资格审查标准。

2）设定企业股东背景、年平均承接项目数量或者金额、从业人员、纳税额、营业场所面积等规模条件；设置超过项目实际需要的企业资产总额、净资产规模、营业收入、利润、授信额度等财务指标。

3）设定歧视外地经营者、明显超出招标项目具体特点和实际需要或者与履行合同无关的资质资格、技术、商务条件或者业绩、奖项要求。

4）将国家已经明令取消的资质资格作为投标条件、加分条件、中标条件；在国家已经明令取消资质资格的领域，将其他资质资格作为投标条件、加分条件、中标条件。

5）以营业执照记载的经营范围作为确定投标人经营资质资格的依据；将投标人营业执照记载的经营范围采用某种特定表述或者明确记载某个特定经营范围细项作为投标、加分或者中标条件；以招标项目超出投标人营业执照记载的经营范围为由限制投标。

6）将特定行政区域、特定行业的业绩、奖项作为投标条件、加分条件、中标条件；将政府部门、行业协会商会或者其他机构对投标人作出的荣誉奖励和慈善公益证明等作为投标条件、中标条件，或者将与招标项目具体特点和实际需要无关的上述荣誉奖励和慈善公益证明等作为加分条件。

7）限定或者指定特定的专利、商标、品牌、原产地、供应商或者检验检测认证机构（法律法规有明确要求的除外）。

8）要求投标人在本地注册设立子公司、分公司、分支机构，在本地拥有一定办公面积，在本地缴纳税收社保等。

9）设置其他不合理或者歧视性的投标资格条件。

（2）非法定要求或不合规的要求

1）不依法及时、有效、完整地发布招标信息，限制或者变相限制招标信息知悉范围，排斥潜在投标人参与投标。

2）对仅需提供有关资质证明文件、证照、证件复印件的，要求必须提供原件；对按规定可以采用电子证照的，要求必须提供纸质证照。

3）要求在获取招标文件或者开标等环节，投标人的法定代表人、技术负责人等特定人员必须到场，不接受经授权委托的投标人代表到场。

4）没有法律、行政法规或者国务院规定依据，向投标人（承包人）违规收取保证金。限定投标保证金、履约保证金、质量保证金只能以现金或非现金担保唯一形式缴纳。投标人（承包人）履行相关程序和义务后，不依法退还保证金及银行同期存款利息。

(3) 有失公允或违法违规的情形

1）违反行业管理规定或行业惯例，设置与招标项目不相适应的工期、服务期或交货期。

2）未合理划分双方风险，设置将应由招标人承担的风险转嫁给中标人的不合理条款。

3）违反《保障农民工工资支付条例》《保障中小企业款项支付条例》规定，在合同条款中约定不提供工程款支付担保。

(4) 其他妨碍公平竞争的情形

审查招标文件是否存在其他妨碍全国统一市场建设和公平竞争的情形。

5.3.3　施工招标文件的编制

(1) 招标文件的主要内容

施工招标文件通常基于《标准施工招标文件》（2007 年版）进行编制，共分八章，具体内容如下：

第一章　招标公告（或投标邀请书）

第二章　投标人须知

第三章　评标办法

第四章　合同条款及格式

第五章　工程量清单

第六章　图纸

第七章　技术标准和要求

第八章　投标文件格式

(2) 招标文件的编制要点

1）招标公告（或投标邀请书）。包括适用于公开招标的招标公告及适用于邀请招标的投标邀请书，供招标人选择使用。

2）投标人须知。包括前附表和正文两部分。其中，正文主要包括总则、招标文件、投标文件、投标、开标、评标、合同授予、重新招标和不再招标、纪律和监督、需要补充的其他内容。工程施工项目应在投标人须知中重点明确招标范围、工期、质量、分包、暂估价工程、计价规范和报价要求等内容，以及不得参加投标的情形。

《标准施工招标文件》（2007 年版）列有投标人须知前附表，可起到强调和提醒作用；对投标人须知正文中交由前附表明确的内容给予具体规定，为投标人迅速掌握投标人须知的内容提供方便。当投标人须知正文内容与前附表规定的内容不一致时，以前附表的规定为准。

①总则。投标人须知总则部分明确了项目概况，资金来源和落实情况，招标范围、计划工期和质量标准，投标人资格要求，费用承担，保密，语言文字，计量单位，踏勘现场，投标预备会，分包，偏离等内容。

资金来源和落实情况应说明项目的资金来源、出资比例、资金落实情况等。它们是投标人借以了解招标项目合法性及其资信等情况的重要信息。招标人资金落实到位，既是招标必备的条件，也是调动投标人积极性的一个重要因素，同时有利于投标人对合同履行的风险进行判断。

招标范围应明确边界的划分，包括标段之间的接口、配合、施工顺序等。

计划工期由招标人根据项目建设计划分析确定。计划工期对投标人的进度计划、资源计划、成本计划等都有重要的影响。同时，根据计划开工日期和计划竣工日期，投标人可以对这段时期内的自然、气候、社会等方面的形势作出尽可能充分的判断和预测，采取有效措施应对自己所应承担的风险。因此，招标人在投标人须知中要求的计划开工日期和总工期，应尽可能地科学、客观、合理可行。

招标人需要根据招标项目的特点和需要作出明确的质量要求。招标人提出的质量要求，应根据国家、行业颁布的建设工程施工质量验收标准和规范编写，并注意不要提出各种质量评奖的强制性要求，也要避免使用含糊不清的词语以引起歧义。

工程施工项目可以组织潜在投标人进行现场踏勘。招标项目现场的环境条件会对投标人的报价及其技术管理方案产生影响。通过踏勘项目现场，以及了解工程场地和相关环境的情况，潜在投标人可以直接知晓施工现场的地形、地貌、周边环境等自然条件，取得编制投标文件和签署合同所需要的第一手资料，有利于潜在投标人有针对性地编制施工组织设计和投标报价等，但潜在投标人在踏勘项目现场时所作出的推论应当自行负责。需要注意的是，招标人在组织现场踏勘时，应当采取相应的措施避免泄露潜在投标人的名称和数量等信息，以保证招标投标的公平竞争。

招标文件应明确是否允许分包。如果允许分包，应明确可以分包的工程内容、分包费用、分包的采购方式、分包商的资格条件以及分包需要经过的程序。

偏离的内容应当明确是否允许对技术要求的偏离，以及偏离的限制要求和对偏离的处理。

②招标文件。应明确招标文件的组成及具体内容。施工招标文件必须包括图纸，除此之外，有些招标项目提供地质勘察报告、水文资料、气象资料等。采用工程量清单计价的，还应提供工程量清单。

招标文件应明确投标人对招标文件提出疑问、澄清以及异议的程序和相应要求。当投标人对招标文件有疑问时，可以要求招标人对招标文件予以澄清。招标人可以主动对已发出的招标文件进行必要的澄清和修改。对招标文件所做的澄清和修改构成招标文件的组成部分。

③投标文件。投标文件应明确投标报价、投标有效期、投标保证金、资格审查资料等要求。

投标报价应明确计价规则、采用的计价方式、对工程量清单报价的具体要求等。

④投标、开标、评标、定标、签订合同等要求。明确编制、递交投标文件的要求，如投标文件的组成内容以及密封和标识、投标文件的递交时间和地点、投标文件的修改和撤回等规定。

⑤附表格式。附表格式包括了招标活动中需要使用的表格文件格式，通常有开标记录表、问题澄清通知、问题的澄清、中标通知书、中标结果通知书、确认通知等。

3）评标办法。包括前附表和正文两部分。其中，正文包括评标方法、评审标准、评标程序。

①评标方法。评标方法包括经评审的最低投标价法和综合评估法，其中综合评估法是施工招标常用的评标方法之一。工艺简单、标准化程度高、质量可以得到保证的施工项目可以采用经评审的最低投标价法。

②评审标准。招标文件应针对初步评审和详细评审分别制定相应的评审标准。详细内容见本书第 4 章招标投标要素。

③评标程序。评标工作一般包括初步评审、详细评审、投标文件的澄清和补正、评标结果等具体程序。有关评标程序的详细内容见本书第 7 章。

4）合同条款及格式。一般包括通用合同条款、专用合同条款及合同格式附件等。《民法典》第七百九十五条规定，施工合同的内容一般包括工程范围、建设工期、中间交工工程的开工和竣工时间、工程质量、工程造价、技术资料交付时间、材料和设备供应责任、拨款和结算、竣工验收、质量保修范围和质量保证期、相互协作等条款。

《标准施工招标文件》（2007 年版）中的通用合同条款包括一般约定，发包人义务，监理人，承包人，材料和工程设备，施工设备和临时设施，交通运输，测量放线，施工安全、治安保卫和环境保护，进度计划，开工和竣工，暂停施工，工程质量，试验和检验，变更，价格调整，计量与支付，竣工验收，缺陷责任与保修责任，保险，不可抗力，违约，索赔，争议的解决。合同附件格式包括合同协议书、履约担保格式、预付款担保格式等。

5）工程量清单。工程量清单包括四部分内容：工程量清单说明、投标报价说明、其他说明和工程量清单。

6）图纸。图纸是合同文件的重要组成部分，是施工组织设计、编制工程量清单以及投标报价的主要依据，也是进行施工及验收的依据之一。

7）技术标准和要求。技术标准和要求是合同文件的组成部分。

8）投标文件格式。投标文件格式为投标人编制投标文件提供固定的格式和编排顺序，以规范投标文件的编制，同时便于评标委员会评标。

5.3.4 工程总承包招标文件的编制

(1) 招标文件的主要内容

编制工程总承包招标文件通常基于《标准设计施工总承包招标文件》（2012 年版）。《标准设计施工总承包招标文件》（2012 年版）共包含七章，其具体内容如下：

第一章 招标公告（或投标邀请书）

第二章 投标人须知

第三章 评标办法

第四章 合同条款及格式

第五章 发包人要求

第六章 发包人提供的资料

第七章 投标文件格式

(2) 招标文件的编制准备

与施工招标准备工作相比，工程总承包招标的准备工作需要注意的事项主要有：

1）厘清招标人与工程总承包方办理政府和市政公用机关申请、核准等手续的工作界面，并明确工程总承包方可以要求招标人提供必要的便利与支持。

2）厘清暂估价和暂列金额的专业工程内容和范围。

3）厘清工程勘察单位的工作及其勘察合同。

4）妥善安排项目的施工图强制性审查及其如何处理施工图审查对总承包合同可能产生的影响。

5）合理安排适当的工程设计周期，保证工程设计的质量。

(3) 招标文件的编制要点

与编制施工招标文件相比，编制工程总承包招标文件的要点如下：

1）合同条款。招标人根据招标项目的具体特点、实际需要和管理要求，按照下列步骤编制工程总承包招标文件合同条款：

①根据发包的内容、风险的承担，在通用合同条款中作出 A 或 B 的选项。(A) 条款的责任风险相对较大，(B) 条款的责任风险相对较小。

②对通用合同条款中有“除专用合同条款另有约定外”“应按专用合同条款约定”等表述的条款进行补充、细化和另行约定，其条款编号应与通用合同条款相应内容的原编号一一对应。

③在通用合同条款中并未描述，但为了使项目合同表述的体系完整而有必要作出描述的新内容。

2）发包人要求。发包人要求包括招标项目的目的、范围、设计与其他技术标准和要求，以及合同双方当事人约定对其所做的修改或补充。招标人编写的发包人要求应尽可能清晰准确。对于可以进行定量评估的工作，发包人要求不仅应明确规定其产能、功能、用途、质量、环境、安全，并且要规定偏离的范围和计算方法，以及检验、试验、试运行的具体要求，并成为合同文件的组成部分，如“方案设计/工程方案及技术说明”“工程设计任务书”“设计施工技术标准和要求”“主要材料设备品牌清单”等。

3）承包人建议书。承包人建议书由承包人随投标文件一起提交，主要包括承包人的设计图纸及相应说明等设计文件，并成为合同文件的组成部分。

由于工程总承包的发包内容不同，其合同双方的权利、义务和风险等内容也将随之不同。因此，招标人在编制工程总承包招标文件时，应根据具体的招标内容和要求，在合同条款中合理设置风险的划分，在发包人要求中提出明确的要求，如项目功能、承包人提供的技术方案、项目管理技术应用水平、项目综合管理和控制能力等要求。

5.3.5 货物招标文件的编制

(1) 招标文件的主要内容

货物招标文件通常基于《标准设备采购招标文件》(2017 年版) 或者《标准材料采购招标文件》(2017 年版) 进行编制。其共分六章，具体内容如下：

第一章　招标公告（或投标邀请书）

第二章　投标人须知

第三章　评标办法

第四章　合同条款及格式

第五章　供货要求

第六章　投标文件格式

(2) 招标文件的编制要点

1）招标公告（或投标邀请书）。包括适用于公开招标的招标公告及适用于邀请招标的投标邀请书，供招标人选择使用。

2）投标人须知。包括前附表和正文两部分。其中，正文包括总则、招标文件、投标文件、投标、开标、评标、合同授予、纪律和监督、是否采用电子招标投标、需要补充的其他内容等。按照不同招标标的物的特点，此部分内容会有部分差异。

3）评标办法。包括前附表和正文两部分。

《标准设备采购招标文件》（2017 年版）和《标准材料采购招标文件》（2017 年版）沿用既有标准文本的体例，明确规定了综合评估法和经评审的最低投标价法两种评标方法，并分别以序号相同的两章进行规定，供招标人选择使用。

4）合同条款及格式。包括通用合同条款、专用合同条款及合同附件格式三部分。其中，通用合同条款按照不同采购标的物的特点编写，专用合同条款部分供招标人根据实际自行补充、细化和修改。

①《标准设备采购招标文件》（2017 年版）中的通用合同条款，分别为一般约定，合同范围，合同价格与支付，监造及交货前检验，包装、标记、运输和交付，开箱检验、安装、调试、考核、验收，技术服务，质量保证期，质保期服务，履约保证金，保证，知识产权，保密，违约责任，合同的解除，不可抗力，争议的解决。其中重点考虑如下：

A. 合同价格与支付：在货物买卖惯常做法的基础上，合理确定合同价格形式，并对支付的进度、比例、支付条件作出了指导性规定；在实践中，招标人可以直接采用。

B. 监造及交货前检验：考虑到某些技术性能要求较高或非通用设备采购的需要，合同对监造和交货前检验进行了约定，同时在条款中明示可由当事人自由选择是否进行设备监造和交货前检验，以适应不同设备采购的需求。

C. 交付和风险转移：根据交易惯例，约定卖方在施工场地车板上或地面上将合同设备交付给买方；合同设备的所有权和风险自交付时起，由卖方转移至买方。

D. 检验和验收：根据设备检验的特点，合同设置了开箱检验、安装、调试、考核、验收几个环节，并针对因买方原因三次考核不成功及在最后一批合同设备交货后 6 个月内未开始考核的情况作出了公平的支付安排。

E. 质量保证期：通常合同设备整体质量保证期为验收之日起 12 个月，当事人可对关键部件的质量保证期作出特殊约定。

F. 技术服务和质保期服务：结合设备买卖需要相关服务的特点，合同约定，卖方在合同设备验收之前提供技术服务，在质量保证期内提供质保期服务。

②《标准材料采购招标文件》（2017 年版）的通用合同条款共 12 个，分别为一般约定，合同范围，合同价格与支付，包装、标记、运输和交付，检验与验收，相关服务，质量保证

期，履约保证金，保证，违约责任，合同的解除，争议的解决。其中重点考虑如下：

A. 合同价格的调整：考虑到部分工程项目的材料供应存在周期长、价格波动大的特点，通用合同条款约定对于供货周期超过 12 个月且材料价格变化超过专用合同条款约定幅度的，可对合同价格进行调整，除此以外合同价格为固定价格。

B. 支付：在总结国内材料买卖惯常做法的基础上，对支付的进度、比例、支付条件作出了指导性规定，在实践中，招标人可以直接采用。具体支付方式为：合同生效后支付签约合同价 10%的预付款，合同材料验收证书或进度款支付函签署后支付合同价格 95%的进度款，质保期届满证书签署后支付合同价格 5%的结清款。

C. 交付和风险转移：根据交易惯例，约定卖方在施工场地卸货后将合同材料交付给买方，合同材料的所有权和风险自交付时起由卖方转移至买方。

D. 检验：买方可自行检验，也可约定由拥有资质的第三方检验机构检验。买方在全部合同材料交付后 3 个月内未安排检验和验收的，卖方可签署进度款支付函提交买方，以获得进度款的支付。

E. 质量保证期：自合同材料验收之日起算，至合同材料验收证书或进度款支付函签署之日起 12 个月止（以先到的为准）。

F. 相关服务：结合材料买卖需要相关服务的特点，合同约定，卖方在质量保证期届满前向买方提供与合同材料有关的辅助服务。

5）供货要求。此部分为招标人针对具体招标项目提出的具体招标需求。由于不同招标标的物的需求差异较大，《标准文件》不宜作出，也难以作出较为统一的规定，因此《标准文件》在此部分仅给出了一些目录和内容指引，由招标人在具体招标项目中进行规定。

在《标准设备采购招标文件》（2017 年版）的供货要求中，招标人应尽可能清晰准确地提出对设备的需求，并对所要求提供的设备名称、规格、数量及单位、交货期、交货地点、技术性能指标、检验考核要求、技术服务和质保期服务要求等作出说明。

在《标准材料采购招标文件》（2017 年版）的供货要求中，招标人应尽可能清晰准确地提出对材料的需求，并对所要求提供的材料名称、规格、数量及单位、交货期、交货地点、质量标准、验收标准、相关服务要求等作出说明。

6）投标文件格式。包括投标函、法定代表人（单位负责人）身份证明、授权委托书、联合体协议书、投标保证金、商务和技术偏差表、分项报价表、资格审查资料、投标材料质量标准的详细描述、技术支持资料、相关服务计划、其他资料。

其中，《标准设备采购招标文件》（2017 年版）要求投标人对投标设备技术性能指标进行详细描述，并提供技术支持资料、提交技术服务和质保期服务计划；《标准材料采购招标文件》（2017 年版）要求投标人对投标材料质量标准进行详细描述，并提供技术支持资料、提交相关服务计划。

5.3.6 勘察、设计、监理招标文件的编制

(1) 招标文件的主要内容

工程勘察、设计或监理招标文件通常基于《标准勘察招标文件》（2017 年版）、《标准设计招标文件》（2017 年版）、《标准监理招标文件》（2017 年版）进行编制。其共分六章，

具体内容如下：

第一章　招标公告（或投标邀请书）

第二章　投标人须知

第三章　评标办法

第四章　合同条款及格式

第五章　发包人要求（委托人要求）

第六章　投标文件格式

（2）招标文件的编制要点

1）招标公告（或投标邀请书）。包括适用于公开招标的招标公告及适用于邀请招标的投标邀请书，供招标人选择使用。

2）投标人须知。包括前附表和正文两部分。其中，正文包括总则、招标文件、投标文件、投标、开标、评标、合同授予、纪律和监督、是否采用电子招标投标、需要补充的其他内容。按照不同招标标的物的特点，此部分内容会有部分差异。例如，《标准勘察招标文件》（2017 年版）对项目负责人以及其他主要人员提出要求；《标准设计招标文件》（2017 年版）对项目负责人以及其他主要人员提出要求，并有技术成果经济补偿的条款，招标人对符合招标文件规定的未中标人的技术成果进行补偿的，招标人将按投标人须知前附表规定的标准给予经济补偿，未中标人在投标文件中声明放弃技术成果经济补偿费的除外；《标准监理招标文件》（2017 年版）对总监理工程师以及其他主要人员提出要求。

3）评标办法。包括前附表和正文两部分。根据《工程建设项目勘察设计招标投标办法》的规定，勘察设计评标一般采取综合评估法进行。因此，《标准勘察招标文件》（2017 年版）、《标准设计招标文件》（2017 年版）的评标方法采用综合评估法。参照上述规定，《标准监理招标文件》（2017 年版）的评标方法同样采用了综合评估法。

4）合同条款及格式。其包括通用合同条款、专用合同条款及合同附件格式三部分。其中，通用合同条款按照不同采购标的物的特点编写，专用合同条款部分供招标人根据实际自行补充、细化和修改。

①《标准勘察招标文件》（2017 年版）的通用合同条款共 15 个，分别为一般约定，发包人义务，发包人管理，勘察人义务，勘察要求，开始勘察和完成勘察，暂停勘察，勘察文件，勘察责任与保险，设计和施工期间配合，合同变更，合同价格与支付，不可抗力，违约，争议的解决。其中重点考虑如下：

A. 勘察范围：合同适用于各类型工程勘察项目，勘察范围包括工程范围、阶段范围和工作范围，具体勘察范围应当根据三者之间的关联内容进行确定。其中，工程范围是指所勘察工程的建设内容；阶段范围是指工程建设程序中的可行性研究勘察、初步勘察、详细勘察、施工勘察等阶段中的一个或者多个阶段；工作范围是指工程测量、岩土工程勘察、岩土工程设计（如有）、提供技术交底、施工配合、参加试车（试运行）、竣工验收和发包人委托的其他服务中的一项或者多项工作。

B. 发包人义务：遵守法律、发出开始通知、办理证件和批件、支付合同价款、提供勘察资料等。合同还对发包人委派发包人代表行使权利、履行义务以及委托监理人（如有）进行勘察监理作出了约定。

C. 勘察人义务：遵守法律、依法纳税、完成全部勘察工作、保证勘察作业规范和安全环保、避免勘探对公众与他人的利益造成损害等。合同还对勘察人项目管理机构和人员安排、测绘、勘探、取样、试验等作业要求，勘察设备要求，勘察文件要求等内容作出了约定。

D. 合同价格与支付：通用合同条款约定合同价款的确定方式、调整方式，风险范围划分在专用合同条款中约定。支付分定金或预付款、中期支付、费用结算等阶段，具体支付的进度、比例、支付条件在专用合同条款中进行约定。

②《标准设计招标文件》(2017 年版) 的通用合同条款共 15 个，分别为一般约定，发包人义务，发包人管理，设计人义务，设计要求，开始设计和完成设计，暂停设计，设计文件，设计责任与保险，施工期间配合，合同变更，合同价格与支付，不可抗力，违约，争议的解决。其中重点考虑如下：

A. 设计范围：合同适用于各类型工程设计项目，设计范围包括工程范围、阶段范围和工作范围，具体设计范围应当根据三者之间的关联内容进行确定。其中，工程范围是指所设计工程的建设内容；阶段范围是指工程建设程序中的方案设计、初步设计、扩大初步（招标）设计、施工图设计等阶段中的一个或者多个阶段；工作范围是指编制设计文件，编制设计概算、预算，提供技术交底，施工配合，参加试车（试运行），编制竣工图，竣工验收和发包人委托的其他服务中的一项或者多项工作。

B. 发包人义务：遵守法律、发出开始设计通知、办理证件和批件、支付合同价款、提供设计资料等。合同还对发包人委派发包人代表行使权利、履行义务以及委托监理人（如有）进行设计监理作出了约定。

C. 设计人义务：遵守法律、依法纳税、完成全部设计工作等。合同还对设计人项目管理机构和人员安排、设计依据、设计范围和设计文件要求等内容作出了约定。

D. 合同价格与支付：通用合同条款约定合同价款的确定方式、调整方式，风险范围划分在专用合同条款中约定。支付分定金或预付款、中期支付、费用结算等阶段，具体支付的进度、比例、支付条件在专用合同条款中进行约定。

③《标准监理招标文件》(2017 年版) 的通用合同条款共 12 个，分别为一般约定，委托人义务，委托人管理，监理人义务，监理要求，开始监理和完成监理，监理责任与保险，合同变更，合同价格与支付，不可抗力，违约，争议的解决。其中重点考虑如下：

A. 监理范围：合同适用于各类型工程监理项目，监理范围包括工程范围、阶段范围和工作范围，具体监理范围应当根据三者之间的关联内容进行确定。其中，工程范围是指所监理工程的建设内容；阶段范围是指工程建设程序中的勘察阶段、设计阶段、施工阶段、缺陷责任期及保修阶段中的一个或者多个阶段；工作范围是指监理工作中的质量控制、进度控制、投资控制、合同管理、信息管理、组织协调和安全监理、环保监理中的一项或者多项工作。

B. 委托人义务：遵守法律、发出开始监理通知、办理证件和批件、支付合同价款、提供监理资料等。合同还对委托人委派委托人代表行使权利、履行义务作出了约定。

C. 监理人义务：遵守法律、依法纳税、完成全部监理工作等。合同还对监理人项目管理机构和人员安排、监理依据、监理内容和监理文件要求等内容作出了约定。

D. 合同价格与支付：通用合同条款约定合同价款的确定方式、调整方式，风险范围划分在专用合同条款中约定。支付分预付款、中期支付、费用结算等阶段。由于在实践中，监理酬金一般根据工程进度进行支付，而不同工程建设项目的进度描述差别巨大，难以作出较为统一的规定，因此具体支付的进度、比例、支付条件在专用合同条款中进行约定，并规定了委托人向监理人付款时，监理人应当提供等额的增值税发票。

5）发包人要求（委托人要求）。此部分为招标人针对具体招标项目，提出的具体招标需求。由于不同招标标的物的需求差异较大，《标准勘察招标文件》（2017 年版）不宜作出也难以作出较为统一的规定，因此《标准勘察招标文件》（2017 年版）在此部分仅给出了一些目录和内容指引，由招标人在具体招标项目中进行规定。

《标准勘察招标文件》（2017 年版）规定，发包人要求应尽可能清晰准确。对于可以进行定量评估的工作，发包人要求不仅应明确规定其功能、用途、质量、环境、安全，并且要规定偏差的范围和计算方法，以及检验、试验、试运行的具体要求。对于勘察人负责提供的有关服务，在发包人要求中应一并明确规定。发包人要求通常包括但不限于以下内容：勘察要求、适用规范标准、成果文件要求、发包人财产清单、发包人提供的便利条件、勘察人需要自备的工作条件、发包人的其他要求等内容。

《标准设计招标文件》（2017 年版）规定，发包人要求应尽可能清晰准确。对于可以进行定量评估的工作，发包人要求不仅应明确规定其功能、用途、质量、环境、安全，并且要规定偏差的范围和计算方法，以及检验、试验、试运行的具体要求。对于设计人负责提供的有关服务，在发包人要求中应一并明确规定。发包人要求通常包括但不限于以下内容：设计要求、适用规范标准、成果文件要求、发包人财产清单、发包人提供的便利条件、设计人需要自备的工作条件、发包人的其他要求等内容。

《标准监理招标文件》（2017 年版）规定，委托人要求应尽可能清晰准确，对于可以进行定量评估的工作，委托人要求不仅应明确规定其功能、用途、质量、环境、安全，并且要规定偏差的范围和计算方法，以及检验、试验、试运行的具体要求。对于监理人负责提供的有关服务，在委托人要求中应一并明确规定。委托人要求通常包括但不限于以下内容：监理要求、适用规范标准、成果文件要求、委托人财产清单、委托人提供的便利条件、设计人需要自备的工作条件、委托人的其他要求等内容。

6）投标文件格式。包括投标函及投标函附录、法定代表人身份证明、授权委托书、联合体协议书、投标保证金、勘察费用清单、设计费用清单、监理报酬清单、资格审查资料、勘察纲要、设计方案、监理大纲、其他资料。

《标准勘察招标文件》（2017 年版）要求填报勘察纲要。勘察纲要应包括（但不限于）下列内容：勘察工程概况，勘察范围、勘察内容，勘察依据、勘察工作目标，勘察机构设置（框图）、岗位职责，勘察说明和勘察方案，拟投入的勘察人员、勘察设备，勘察质量、进度、保密等保证措施，勘察安全保证措施，勘察工作重点、难点分析，对本工程勘察的合理化建议等。

《标准设计招标文件》（2017 年版）要求填报设计方案。设计方案应包括（但不限于）下列内容：设计工程概况，设计范围、设计内容，设计依据、设计工作目标，设计机构设置（框图）、岗位职责，设计说明和设计方案，拟投入的设计人员，设计质量、进度、保密等保证措施，设计安全保证措施，设计工作重点、难点分析，对本工程设计的合理化建议等。

《标准监理招标文件》(2017 年版）要求填报监理大纲。监理大纲应包括（但不限于）下列内容：监理工程概况，监理范围、监理内容，监理依据、监理工作目标，监理机构设置（框图）、岗位职责，监理工作程序、方法和制度，拟投入的监理人员、试验检测仪器设备，质量、进度、造价、安全、环保监理措施，合同、信息管理方案，组织协调内容及措施，监理工作重点、难点分析，对本工程监理的合理化建议等。

5.3.7 机电产品国际招标文件的编制

机电产品国际招标应采用商务部 2014 年版《机电产品国际招标标准招标文件（试行)》编制招标文件。

(1) 招标文件的主要内容

《机电产品国际招标标准招标文件（试行)》共八章，分装两册。各册的内容如下：

第一册

第一章　投标人须知

第二章　合同通用条款

第三章　合同格式

第四章　投标文件格式

第二册

第五章　投标邀请

第六章　投标资料表

第七章　合同专用条款

第八章　货物需求一览表及技术规格

第一册的内容为标准格式。第二册中第六章投标资料表、第七章合同专用条款分别是对第一册第一章“投标人须知”、第二章“合同通用条款”的完善、补充和修改，如果与第一册内容不同，应以第二册内容为准。

(2) 第一章“投标人须知”的编制要点

投标人须知。第一章“投标人须知”的内容包括：说明、招标文件、投标文件的编制、投标文件的递交、开标与评标、授予合同等内容。

①说明。该部分包括：招标项目与当事人、合格投标人、合格的货物和投标费用等内容。

A. 招标项目与招标当事人。

B. 合格投标人资格。投标人是响应招标、已在招标人或招标机构处领购招标文件并参加投标竞争的法人或其他组织，任何未在招标人或招标机构处领购招标文件的法人或其他组织均不得参加投标。

机电产品国际招标的投标人国别必须是中国或与中国有正常贸易往来的国家或地区。只有在法律上和财务上独立、合法运作并独立于招标人和招标机构的供货人才能参加投标。

投标人应在招标文件载明的投标截止时间前在中国国际招标网上成功注册（免费)。

C. 合格的货物。招标文件所称“货物”是指机电产品，包括机械设备、电气设备、交通运输工具、电子产品、电器产品、仪器仪表、金属制品等及其零部件、元器件。所称“原产地”是指生产、制造或加工货物的国家或地区；或者是通过制造、加工或装配，最终形成产品的国家或地区，而该产品在商业上被确认为其基本特征已与其所使用的部件有着实质性区别。货物的原产地有别于投标人的国籍。

D. 投标费用。不论投标的结果如何，投标人应承担所有与准备和参加投标有关的费用。

②招标文件。该部分包括招标文件的编制依据和构成、招标文件的澄清和修改、对招标文件的异议等内容。

招标文件以中文或中、英文两种文字编写。以中、英文两种文字编写时，两种文字具有同等效力；中文本与英文本如有差异，以中文本为准。电子介质招标文件与纸质招标文件具有同等法律效力。除另有规定外，两者出现不一致时，以纸质招标文件为准。

已领购招标文件的潜在投标人对招标文件（包括对招标文件澄清和修改的内容）有异议的，应当在投标截止时间 10 日前向招标人或招标机构提出，并将异议内容上传招标网。招标人或招标机构将在自收到异议之日起 3 日内作出答复，并将答复上传招标网。

③投标文件的编制。该部分包括投标语言、投标文件的构成、投标文件的编写、投标报价、投标货币、证明投标人合格和资格的文件、证明货物的合格性和符合招标文件规定的文件、投标保证金、投标有效期、投标文件的式样和签署。

A. 投标语言。投标人提交的投标文件以及投标人与招标人和招标机构就有关投标的所有来往函电均应使用第六章“投标资料表”中规定的语言书写。投标人提交的支持资料和已印刷的文献可以用另一种语言，但相应内容应附有投标资料表中规定语言的翻译本，在解释投标文件时以翻译本为准。

B. 投标报价。我国关境内制造的货物，报所供货物的报 EXW（出厂价）、仓库交货价、展室交货价或货架交货价的，除应包括要向中华人民共和国政府缴纳的增值税和其他税，还应包括货物在制造或组装时使用的部件和原材料是从关境外进口的已交纳或应交纳的全部关税、增值税和其他税。

投标截止时间前已经进口的货物，报仓库交货价、展室交货价或货架交货价的，除应包括要向中华人民共和国政府缴纳的增值税和其他税，还应包括货物在从关境外进口时已交纳或应交纳的全部关税、增值税和其他税。

我国关境外提供的货物，按照第六章“投标资料表”中的规定，报 CIF（指定目的港）价，或 CIP（指定目的地）价。如果第六章“投标资料表”中有规定，报 FOB（指定装运港）价，或 FCA（指定承运地点）价，或其他方式的报价。

C. 投标货币。投标人从关境内提供的货物用人民币报价；从关境外提供的货物用外币报价，具体外国货币名称由招标人在第六章“投标资料表”中明确。

D. 证明投标人合格和资格的文件。投标人应提交证明其有资格参加投标和中标后有能力履行合同的文件。需要提交的资格证明文件包括下列文件：

a. 如果投标人所投的货物不是投标人自己制造的，投标人应得到制造商同意其在本次投标中提供该货物的正式授权书。

b. 证明投标人已具备履行合同所需的财务、技术和生产能力的文件。

c. 证明投标人满足第六章投标资料表中列出的业绩要求的文件。

d. 投标人开户银行在开标日前三个月内开具的资信证明原件或复印件。

e. 第六章投标资料表中列出的其他资格证明文件。

E. 证明货物的合格性和符合招标规定的文件。投标人应对照招标文件技术规格，逐条说明所提供货物已对招标文件的技术规格做出了实质性的响应，并申明与技术规格条文的偏差和例外。特别对有具体参数要求的指标，投标人必须提供所投标设备的具体参数值。投标人对加注星号（“*”）的重要技术条款或技术参数应当在投标文件中提供技术支持资料。技术支持资料以投标货物制造商公开发布的印刷资料或检测机构出具的检测报告或招标文件第六章投标资料表中允许的其他形式为准。凡不符合上述要求的，将视为无效技术支持资料。

F. 投标保证金。中标人未按照规招标文件第六章投标资料表中的规定交纳招标服务费的，其投标保证金不予退还。

G. 投标文件的式样和签署。投标文件的正本需打印或用不褪色墨水书写，并由单位负责人或经其正式授权的代表签字。授权代表须将以书面形式出具的《单位负责人授权书》附在投标文件中。除投标资料表中另有规定外，投标文件的每一页都应由单位负责人或其授权代表用姓或首字母签字。任何行间插字、涂改和增删，必须由投标文件签字人在旁边签字才有效。

④投标文件的递交。该部分包括投标文件的密封和标记、投标截止时间、迟交的投标文件、投标文件的修改与撤回等内容。

⑤开标与评标。该部分包括开标程序、评标委员会和评标方法等内容。评标方法。评标方法分为最低评标价法和综合评价法。招标文件应当明确采用的评标方法和标准。一般招标项目应采用最低评标价法，技术含量高、工艺或技术方案复杂的大型或成套设备招标项目可采用综合评价法进行评标。

⑥授予合同。该部分包括履约能力审查、中标人的确定、终止招标或否决所有投标、中标通知书、签订合同、履约保证金等内容。

5.3.8 特许经营项目招标文件的编制

(1) 招标文件的主要内容

特许经营项目招标文件一般包括以下内容：

第一章　招标公告（或投标邀请书）

第二章　投标人须知

第三章　评标办法

第四章　项目合同

第五章　发包人要求

第六章　投标文件格式

第七章　相关参考资料

(2) 招标文件的编制要点

1）招标公告（或投标邀请书）。招标公告或投标邀请书除了包括与工程施工招标类似的内容外，还包括项目的相关条件和主要经济技术指标要求。

2）投标人须知。投标人须知应明确招标文件的组成、投标文件的编制要求、投标文件的递交、开标、评标等程序，以及投标人参加投标的相关注意事项。

3）评标办法。评标办法包括评标方法、评标因素和评审标准。

①评标方法。特许经营项目招标评标方法分为综合评估法和栅栏评标法两种。其中最常用的评标方法是综合评估法。

A. 综合评估法。综合评估法适用于技术、性能相对复杂，对投标人的财务状况和融资能力要求比较高的项目。

B. 栅栏评标法。栅栏评标法适用于对技术、性能没有特殊要求，对投标人的融资能力要求不高的项目。栅栏评标法分为两个阶段进行评标。第一阶段先对融资方案、技术和管理方案、项目协议响应方案进行评估。各部分都符合要求的投标为合格投标，进入第二阶段评审。第二阶段对所有合格投标人的投标报价按投标价格的高低排序。

②评标因素。特许经营项目招标的主要评标因素包括投标报价、技术和管理方案、融资方案和项目合同响应方案等。

A. 投标报价。对于不同类型的特许经营项目招标，投标报价的评价标准不同。BOT项目的投标报价可以是提供的服务产品的价格、提供服务的收费年限，而建设项目的总投资一般不作为价格评标因素；TOT 项目的投标报价可以是提供的服务产品的价格、提供服务的收费年限以及转让资产的价格。

B. 技术和管理方案。评估技术和管理方案的可行性、科学性、可靠性和合理性。

C. 融资方案。融资方案的评估标准重点在于是否具备满足项目实施所需要的财务实力和融资能力，其提出的项目融资方案是否可靠、项目财务分析是否客观可行。融资方案主要包括资金筹措方案和贷款筹措方案。资金筹措方案的评估主要是通过对投标文件相关文件内容的研究来核实资金来源的可靠性，可靠性越高对招标人越有利。贷款筹措方案的评估主要是通过研究银行支持文件来确定银行对项目的支持态度和项目获得贷款的可能性，可能性越大对招标人越有利。项目财务可行性分析是融资方案评估的辅助性指标，回报水平不是越高越好，也不是越低越好，而是应该处于合理的水平。

D. 项目合同响应方案。评估投标人对项目合同提出的接受和补充、修改意见，修改内容是评标因素的组成部分。投标人对项目合同提出不利于招标人的修改建议越少，或修改建议对招标人权利的负面影响越小，对招标人越有利。

4）项目合同。项目合同是特许经营项目招标文件的核心内容。2014 年，国家发展改革委和财政部分别颁布了《政府和社会资本合作项目通用合同指南》（2014 年版）和《PPP 项目合同指南（试行）》。这两个合同指南是特许经营融资项目合同的基本依据。

不同种类的融资模式，项目合同的构成也不同，但一般都包括项目特许经营协议。特许经营协议是以合同的形式确定项目中政府与投资人或项目公司权利义务关系的核心法律文件。

5）投标文件格式。为了规范投标文件格式，招标文件需要对投标文件的内容和格式提出明确要求。一般情况下，投标文件应包括投标商务文件和投标方案文件两大部分。

①投标商务文件。包括投标函、投标价格一览表、投标授权委托书以及投标人资格证明文件等内容。

②投标方案文件。不同类型的特许经营项目融资对投标方案的要求各不相同。BOT项目一般包括融资方案、技术和管理方案、项目合同响应方案等。

A. 融资方案。投标人需在融资方案中明确拟在项目公司中投入注册资本的金额、比例、出资方式以及出资的时间表等内容。同时根据项目投资估算和项目实施进度计划，制定融资方案，包括融资金额、融资成本、融资期限、还款时间表等。此外，方案还需提供有关融资方的承诺函及信用支持等书面材料，以证实所需资金来源的可靠性。

融资方案应包括项目财务分析报告。财务分析报告应包括项目总投资估算表、项目资本支出时间表、详细的融资计划明细表、投资支出明细表、银行借款本金利息归还进度明细表、维护修理资金支出明细表以及预测的年度损益表、资产负债表和现金流量表等，其内容及深度应达到国家颁布的《建设项目经济评价方法与参数》（第 3 版）的要求。

B. 技术和管理方案。技术和管理方案包括建设方案、运营维护方案和移交方案。

a. 建设方案。投标人说明其对建设方案的理解，提出按照招标文件的要求分析判断建设方案的关键点、难点及其解决方案、保证手段；提出工程建设项目设计、工程进度、质量、投资和成本控制目标及控制措施。建设方案还应包括建设期投资估算，该估算应参照可行性研究报告编制深度进行编写，与建设方案内容相对应，并与财务投资明细表保持一致。

b. 运营维护方案。提出项目运营维护方案及实施步骤，提出项目运营维护组织机构设置、部门职责和人员配置，并对其在运营和维护期内涉及的成本和费用的构成作出分析和说明。有些项目需要投标文件提供运营维护手册。

c. 移交方案。特许经营协议规定的特许经营期满后，项目公司应将项目无偿移交给政府或其指定的接收人，并保证交出的项目功能完善、设施良好、设备运行正常，资料齐全，并符合原设计要求。投标人需要按照特许经营协议项目移交条款规定的标准、时间和内容编制移交方案。

C. 项目合同响应方案。项目合同响应方案是指投标人针对招标文件的项目合同中关于招标人与投标人双方的权利、义务、责任安排条款的接受、补充、完善以及修改建议方案。投标人应对项目合同逐条作出响应，将建议修改的内容填入项目合同条款偏差表中。投标人的项目合同响应方案如果涉及修改核心或实质性条款，投标将被否决。

6）相关参考资料。特许经营项目一般投资规模大，项目周期有的可以长达几十年，招标人通常会提供社会经济、财务、法律和技术类参考资料，以及项目可行性研究报告、图纸及其他有关资料。

5.3.9 电子招标文件的编制

采用电子招标采购的，招标人或招标代理机构应当选择电子交易平台对接部署的招标文件专用制作工具，编辑数据电文形式的招标文件以及澄清修改文件，经签名上传电子交易平台或公共服务平台对外发布。招标文件制作工具应当适应招标项目定制需求和投标能力技术与商务条件，连接响应投标、开标和评标专业工具的结构化数据接口。推广智能化编制、修改和循环优化实践应用项目招标文本与合同文本的专业工具模型。

第6章　投标文件

投标文件载明了投标人的意思表达、投标报价、实施方案、拟投资源以及履约能力等相应信息。作为响应招标的要约文件，投标文件具有极其重要的法律地位。本章对投标策划、投标准备等工作进行了重点描述。其中，投标策划部分介绍了招标项目信息、投标策略以及投标分析；投标准备部分介绍了资源准备、工作准备、踏勘现场、投标预备会和招标文件的疑问与异议。另外，还介绍了投标报价、投标文件的组成、投标文件的编制、投标文件的签署、投标文件的密封、投标文件的提交、投标文件的撤回和撤销、投标内控管理、电子投标要点等内容。

6.1　投标策划

6.1.1　招标项目信息

(1) 招标项目信息获取

投标人需要从多个渠道获得招标项目信息，包括市场信息跟踪、网络信息检索、投资计划分析、立项批复公布、招标需求公示、招标计划、个人沟通信息等。在具备条件时，投标人可以主动与项目业主进行交流，展示企业形象和综合实力。

对于具体招标项目而言，公开招标项目一般通过中国招标投标公共服务平台（或省级招标投标公共服务平台）、地方政府招标投标交易平台、各级政府采购网站、央企国企招标采购网站、社会中介专业平台等各类公告媒介筛选和获取信息，或者通过搜索引擎检索和筛选招标信息。对于邀请招标项目，投标人则从招标人处获得投标邀请书，直接了解招标信息。

投标人可以从资格预审公告、招标公告或投标邀请书中大致了解项目概况和投标资格要求，并与自身资格条件进行对比。通过初步分析项目概况，如果发现有属于兴趣范围之内并符合投标资格要求的，投标人应当及时获取招标文件。

投标人应当按照招标公告或投标邀请书中规定的时间和方式获取资格预审文件或招标文件。投标人不得委托本项目的其他投标人代为领购招标文件，否则视为串通投标。采用电子招标投标的，潜在投标人在网上完成相关手续后，可直接在电子交易平台下载数据电文形式的招标文件。

招标文件需要邮寄的，投标人可将邮购款和手续费汇入招标人指定账户，并及时与招标人做好沟通和联系，要求招标人在约定时间内寄送文件。需要注意的是，招标人按约定时间寄送资格预审文件或招标文件后，不承担邮件延误或遗失的责任。

招标文件通过电子交易平台下载的，投标人应当按照招标公告或者投标邀请书中载明潜在投标人访问电子交易平台的网络地址和方法及时下载招标文件。

（2）招标项目信息评估

招标项目信息是投标人决定是否参加投标的重要因素。

1）项目类别。项目类别是指项目招标的属性，包括依法必须进行招标的项目和自愿招标项目两种。依法必须进行招标的项目可进一步划分为依法必须进行招标的工程建设项目、外资招标项目、政府采购工程招标项目、机电产品国际招标项目等。不同类别的项目在招标中所遵守的法律法规也不相同，对于投标人的吸引力存在一定的差异。依法必须进行招标的项目和自愿招标项目，对招标投标、评标方法和定标方法等的要求不同，例如，《招标投标法》第三十七条是对依法必须进行招标的项目的要求，不是对自愿招标项目的要求；外资招标项目可按照外资贷款机构的采购规则组织，外资贷款机构的采购规则没有规定而《招标投标法》有规定的，按《招标投标法》的规定执行；政府采购工程招标项目应按《招标投标法》组织招标，但应执行政府采购政策；机电产品国际招标项目应当遵守机电产品国际招标的特殊要求等。

2）所属行业。所属行业是指按照国家行业划分标准工程建设项目归属的行业。以建设工程项目施工招标为例，可分为建筑行业、市政行业、公路行业、铁路行业、水利行业、电力行业等。按照新的企业资质标准改革规定，工程建设项目分为 14 个行业。施工单位应按所属行业的资质规定和管理办法承揽工程。

3）资金性质。资金性质是指招标人用于支付合同价款的资金来源。资金性质包括政府投资、外资贷款、企业自筹等。资金性质对于投标人能否顺利结算收款的影响较为明显。一般而言，企业自筹资金或者资金来源不确定的项目对于投标人来说，可能缺乏足够的吸引力。政府投资项目和外资贷款项目的资金保障充分，受到投标人的欢迎；但也有例外情形，如一些地方政府财政资金紧缺，资金落实保障困难，投标人应当加以注意。

4）投资估算。投资估算是指招标项目对应的投资金额一般为估算或匡算级别，精度相对较差。投资估算对于投标人而言非常重要，决定了其是否继续跟踪招标项目。例如，拥有施工总承包特级资质的大型施工单位，一般不愿承接投资估算少于千万元的项目；而中小企业一般没有资源能力承接投资估算特大的项目。通过分析投资估算的大小，投标人在评估项目信息时将会自行分流。

5）建设地点。建设地点是指工程建设项目所属的行政区域和具体地点。投标人应综合考虑建设地点的气象气候、水文地质、交通运输等现场情况，项目所在地的政府管理文件、市场营商环境、招标投标办法等相关因素，可能面临的困难以及对投标工作的影响。

6）建设单位。投标人应对建设单位的背景、信用、经营情况、负债情况、合同履约情况和仲裁诉讼等信息进行调查。对于建设单位负债多、信誉差、仲裁诉讼多的，应避免参加。

7）项目工期。项目工期是指招标项目的实施工期。工期设置合理的项目，可合理控制实施成本。工期不合理压缩的项目，将会增加投标人的资源投入强度、赶工措施费用和周转材料费用等；工期不合理延长的项目，将会增加人员、资源和资金占用成本以及企业管理费用等。

8）技术要求。技术要求是指招标项目对技术及服务的具体要求，包括技术和服务的复杂程度、实现难度以及对投标人相关资质能力的要求等。

9）招标范围。招标范围是投标人关注的内容，其既决定了投标人的资格条件，包括企业资质、生产许可、类似业绩、实施能力等要求，又决定了招标项目的合同范围，是将来中标人履约的标的物。如果招标范围超越企业资质范围、业务能力范围等，则需要分析是否接受联合体投标，否则应当放弃投标。

10）资格条件。资格条件是投标人考虑的最基础的内容，只有满足资格条件才能参与投标。投标人如果不满足资格条件，一般情况下宜放弃本项目的投标。投标人认为资格条件明显不合理的，可以对招标公告或招标文件提出异议或者投诉，要求招标人予以调整。

11）评标方法。评标方法是引导投标人确定报价的基础条件，一般采用综合评估法或经评审的最低投标价法。综合评估法说明本项目除了商务和报价为刚性分值之外，还有技术评审这块柔性分值，其投标重点为技术文件；经评审的最低投标价法说明只要价格够低即可中标，相对刚性可控，其投标重点为报价文件和成本测算。

12）编标期限。编标期限是指从招标文件发售到投标截止的时间期限。编标期限是影响投标文件编制进度和编制质量的因素之一。编标期限应该是一个合理的期限，如果过短，则投标人无法制作高质量的投标文件，中标的可能性会降低。

13）投标文件提交要求。投标文件提交要求是指招标人对投标文件提交的各项要求。提交要求应该尽量简洁、合理。如果提出烦琐、不必要的提交要求，则属于以不合理的条件限制投标人的违法行为。投标人可以就此向招标人提出异议，或者不再参加该项目的投标。不合理的投标文件提交要求包括：要求投标人的法定代表人亲自提交投标文件，要求提交投标文件的人员必须参加开标，要求投标人提供各类资质证书原件，要求通过资格预审的潜在投标人提供资格证明文件，或者以其他不合理条件的排斥或限制条件等。

6.1.2　投标策略

(1) 投标策略的分类

投标策略是指投标人为了实现生产经营的目的，保证企业正常运行，而针对拟投标项目的特点，寻求中标路径并实现未来利益最大化的竞争对策，即投标人如何在满足自身利益需求的情况下获得投标项目。

投标人应当综合考虑招标项目的重点和难点、企业生产经营需求、友商同品竞价水平等各类信息，选择适用的投标策略来确定总体方向，以便在投标竞争中占有先机。在招标实践中，投标策略按中标机会划分为低风险策略与高风险策略，按利润高低划分为盈利策略和保本策略。两者相互结合，其投标策略分类如下。

1）生存型策略。生存型策略是指投标人为了维持企业生产经营的需要，降低人力资源刚性成本，避免机械设备闲置浪费，减少企业管理费用和经营成本，尽可能地不挑项目、多中项目的投标策略。生存型策略的中标机会多、利润额度小，以中标项目的现金流换取生存时间，以中标项目的规模换取生存空间。

生存型策略在经济下行时尤其多见，适用于经营不善的企业。如果没有承揽项目，企业则面临大规模裁员、机械闲置养护等情况，这些均需要投入大量费用。如此一来，还不如少盈利甚至不盈利地拿到项目，尚能解决生存危机。

生存型策略也适用于新企业或者新入行者。新企业或新入行者不是资金相对短缺，就是没有类似业绩，专业经验少，人员能力差，缺乏与行业头部企业竞争的手段和底气。采用生存型策略，尽量压低投标价格，能够快速积累项目业绩。提请注意的是，企业采取生存型策略投标时，报价不应低于企业成本，并应慎报异常低价。

2）竞争型策略。竞争性策略是指投标人在测算项目评标分值和实施成本可控的基础上，判断己方具备硬性竞争的实力，以中标项目和获取盈利为目的，通过优秀的商务文件、专业的技术文件和有竞争性的报价文件，进行竞争以获得项目的投标策略。竞争性策略对于投标人而言，应当满足资格刚性条件和商务得分条件，主要通过报价得分和技术得分进行竞争，中标机会和利润额度均等，能够保持正常地生产经营所需的利润。

竞争型策略是投标人采用最多的策略之一，是生产经营正常的企业对于投标竞争的常规做法。一旦中标，企业将获取项目业绩和预期利润，能够保障企业持续稳健地进行生产经营。如果投标人长期采用生存型策略进行投标，则无法获得利润。即使有再多项目中标，利润池中也干涸无水，无法保有人员和更迭机械设备，长此以往将面临破产局面。

3）重利型策略。重利型策略是指投标人重视利润，仅以利润是否丰厚作为项目投标的主要标准。重利型策略的中标机会少、利润额度高，一旦中标，给企业提供的利润相对丰厚。

重利型策略适用于投标人现有项目满员，无余量承接新的项目，但不参加投标意味着缺席市场，对于投标并不抱有太大中标愿望，或者中标概率比较小的情形。采用重利型策略报价，可使竞争对手无法摸清投标人竞争报价底线和规律。

重利型策略也适用于投标人凭借类似业绩丰硕、技术优势明显、综合信誉优秀、竞争对手较少等有利条件的卖方市场情形。在此种情形下，资格刚性条件和商务得分条件应当完全得分，投标人可以贴紧最高投标限价进行报价，从而中标获得丰厚利润。

（2）投标策略研究

投标策略研究步骤如下：

1）投标人应该针对所获得的招标项目信息，结合企业自身客观条件，进行过滤与筛选，决定是否参与投标。参与投标的，领取招标文件，继续开展下一步工作。

2）投标人对招标文件进行分析研究，包括招标项目的重点、难点和特点，评标方法和标准，类似业绩标准和证明材料，投标文件组成要求等。投标人对招标要求和投标材料进行客观评价和风险预测，形成记录。

3）根据投标评估和风险测算，分析采用何种投标策略（见图 6-1），如生存型策略、竞争型策略、重利型策略，三种投标策略的中标概率有多少，保证预期利润最大化。

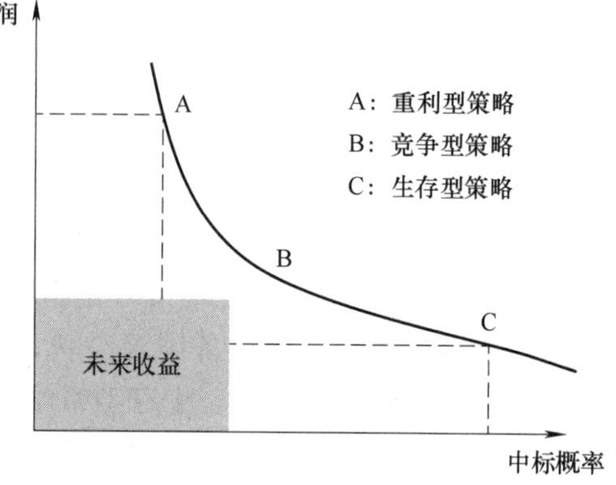

图 6-1　三种投标策略的对比

4）确定投标策略后，组织人员按此策略编制投标文件。在确定投标报价时，应当根据所选择的投标策略，采用对应的报价方式，如不平衡报价法、突然降价法、多方案报价法等，以保证投标效果。

5）如果中标，投标人应当研究合同条件。在签订合同时，确定如何规避合同风险、如何有效地组织实施，以保证合同履约效果。

6.1.3　投标分析

(1) 招标项目分析

投标人应当对招标项目的各项信息进行详细分析，包括项目概况、使用功能、规模标准、质量要求、造价要求、工期要求等项目内容，梳理技术规范、施工工艺（或供货方案/服务要求）、设计参数、验收标准等技术要点，分析招标范围、资金来源、合同条件和报价要求等商务要素，抓住项目特点、重点和难点等特征要素。

投标人应当结合已经完成的前期准备工作资料，如现场踏勘、投标预备会答疑、招标文件评审、市场信息调研等信息，尽可能全面准确地把握招标项目特点，形成项目整体意识和全局概念，针对企业自身情况和资源投入能力，形成分析结论。

(2) 资格条件分析

投标人应当仔细阅读资格预审文件/招标文件关于投标资格条件的要求，对照资格预审公告/招标公告，对比两者对于资格条件的要求是否一致。投标人应当按照资格预审文件/招标文件规定的资格条件的要求，分析自身情况和相应的证明材料，准备编制资信文件。

不同类型的招标项目，其资格条件的要求有差异。通常情况下，投标人应当具备招标文件规定的下列资格条件：

1）资质或资格。

2）工作经验与业绩。

3）人力、物力和财力。

4）其他条件。

例如，某施工招标项目要求具备有效的安全生产许可证，投标人在投标期间突发安全事故导致安全生产许可证暂被扣，则应分析在投标截止之前能否取得安全生产许可证，否则将不再具备投标资格。又如，某货物招标项目要求代理商投标的，应当提供制造商的唯一代理授权书，投标人为代理商的，应及时与制造商协商，按照招标文件的要求获得制造商的唯一代理授权书，并确保代理期限满足要求。再如，某服务招标项目要求投标人近 3 年内具备一项类似业绩，投标人则应根据类似业绩的定义，查找满足条件和年限的类似业绩，并按招标文件的要求准备相应的证明材料。

(3) 评标标准分析

投标竞争不仅是资格条件的响应和投标报价的竞争，还是投标人综合能力的竞争。当采用综合评估法时，投标人应当分析评标标准和分值的设置，根据评标标准的引导内容，针对性地准备相应材料和编制投标文件，引导评标委员会查验投标文件对应的章节内容和证明材料，以便获得相应分值。

投标人应对评标标准进行综合分析和逐项评价，重点关注资格评审、响应性评审、投标否决情形和投标无效情形等内容，结合企业的人员结构、专业特点、类似业绩、质量管理、成本控制、进度管理和合同管理等方面的能力、优势和特长，将投标文件与评标标准一一对应，选择适合企业经营能力、竞争优势较为明显、中标可能性较大的项目进行投标，避免盲目投标而产生不应有的损失。

投标人可以自行设置评分标准索引表，注明每一条评分项的对应页码，使其一目了然，便于评标委员会查阅，增加评标委员会的好感度，有利于提高投标文件主观打分项的评审分值；同时，也能避免由于编制混乱，导致评委无法找到相关内容而失分的情形。评分标准索引表能够帮助投标人检查投标文件的编制质量，针对性地提高编制水平。

（4）定标方法分析

《招标投标法实施条例》规定，国有资金占控股或者主导地位的依法必须进行招标的项目，招标人应当确定排名第一的中标候选人为中标人。此种定标方法以评标委员会的推荐顺序为准，依次确定中标人，是当前招标实践中常用的定标方法之一。

为了强化招标人的主体地位，国务院印发相关政策文件，明确招标人的定标自主权。招标人采用招标文件规定的定标方法，按照科学、民主决策原则，建立健全内部控制程序和决策约束机制，择优确定中标人。定标规则详见本书第 7 章。

项目招标文件如果约定采用常规的定标方法，即选择评标排名第一的中标候选人为中标人，说明项目定标结果取决于项目评标委员会的评标结果。如果采用独立定标方法，由招标人自主确定中标人，说明本项目的招标人具有定标自主权。不同的定标方法影响了投标文件的编制重心和报价策略。

（5）合同条件分析

合同条件是招标文件的组成部分，中标之后即成为合同文件的组成部分之一。依据《最高人民法院关于审理建设工程施工合同纠纷案件适用法律问题的解释（一）》可知，实质性内容包括工程范围、建设工期、工程质量、工程价款等。根据现行法律法规，投标人中标之后，招标人不得与中标人就合同条件进行实质性内容的谈判。

由此可见，招标文件中的合同条件对于投标人非常重要。投标人应在招标投标阶段慎重研读合同条件，排除主要履约风险。在招标业务实践中，一般来说，由于投标团队的人员紧凑和成本压缩，往往缺乏专业的合同管理人员，投标阶段对于合同条件置之不理，留待中标之后再行分析研究，这种方法不可取。

（6）市场竞争格局分析

投标竞争的本质是各个投标人之间在经验、技术、管理、服务和信誉等方面实力的综合比拼。投标人应当分析可能出现的竞争对手及其特长、信誉、管理特色及社会影响力等方面的综合信息，对市场竞争格局作出全面的分析判断，以便采用相应的投标策略。

市场竞争格局一般体现了二八定律，即 20％的头部企业占据市场的绝对份额，80％的大量企业仅仅占据市场的剩余份额。为了盯住竞争对手，集中力量办大事，投标人在分析市场竞争格局时，不宜全面进击，而应选择 20％的头部企业作为主要竞争对手进行分析研究，包括竞争对手对类似项目的投标信息、投标报价的特点和可能采取的投标策略等。

（7）招标人意愿分析

通过与招标人进行信息交流，可以分析了解招标人的潜在真实价值需求和目标意愿，包括对招标项目质量技术、进度、价格和支付等是否存在重点倾向需求，以此分析潜在投标人是否具有明显优势。准确理解招标人的潜在真实需求和意愿，从而可以精准选择和优化匹配投标的资源、质量技术、管理和投标方案策略。

6.2 投标准备

6.2.1 资源准备

(1) 投标团队准备

投标人一般设有专门的经营团队，负责企业招标信息的收集、投标策略的研究、投标文件的编制、参与开标评标活动等工作。组建一支专业结构合理、精干高效的投标团队，是投标成功的基础条件和保证措施。

根据项目要求，结合投标不同阶段的需要，投标人应准备相应的投标团队，并根据进展动态调整。投标团队包括经济管理、专业技术、商务管理、合同管理等方面的专业人员，必要时还可从外部聘请专业公司，如样品制作团队、动画展现团队、沙盘模型团队等，以形成满足投标专业能力结构需要的工作团队，提高投标竞争能力。

投标团队应当根据项目特点、投标时限、人员数量、专业结构等进行合理分工，并由项目负责人进行统筹安排。一般来说，项目负责人进行项目总控、对接招标人和代理机构、向企业领导汇报、审核投标文件、参与开标评标活动等；商务团队负责收集商务资料、编制商务文件、评估合同文件、协助技术团队等；技术团队负责现场踏勘、分析技术特点和重难点、配备人员和机械设备、编制技术文件等；报价团队负责成本测算、报价评测等。投标团队各个成员应当按专业分工和计划节点，合作完成投标任务。

(2) 配套资源准备

投标人应为投标团队提供相应的配套资源，为编制投标文件创造物质基础。配套资源包括办公设备资源、现场踏勘车辆、集中办公食宿条件、投标文件编制使用的专业交易工具软件、图纸印制设备，以及相应的投标专项资金等。

投标人对于重点项目的投标活动，不仅需要配备常规投标所需的资源，还需聘请外部专家对技术方案进行研讨把关，分析技术重点和实施难点是否准确，协助投标团队做好技术支持服务。需要现场答辩的，投标人应当协调拟投入人员，将其从现有工作中抽调出来，集中开会研讨和编制答辩预案，争取展现专业水准和企业实力。

对于投标文件提交时需要提供样品、动画、沙盘或模型的项目，投标人应当聘请专业公司协助投标团队完成投标任务。由于聘请专业公司需要签订委托协议和支付款项，投标人应当预留充分的沟通协调时间和内部评审时间，避免措手不及，影响投标工作。

6.2.2 工作准备

(1) 检查招标文件

投标人在启动投标文件编制之前，应当已经陆续完成若干前期准备工作，为投标文件编制打下良好的工作基础。

投标人应当及时办理相应的手续。一般来说，投标报名环节没有相应的法律依据，已被国家发展改革委等明令取消，但对于某些非依法必须招标的项目而言，依旧存在这一环节。作为投标人，为避免不必要的争议，应按照招标公告的要求进行投标报名，并领取招标文件。除此之外，投标人应当按照要求缴纳招标文件费用后（如需），及时办理相应手续，并保留相应的领取凭证。

投标人应当及时领取和检查招标文件。投标人领取招标文件和相应的基础资料之后，应当及时查看招标文件是否齐全，是否存在丢页或者前后不一致等情况。对于招标文件存在疑问的地方，可以按照招标文件的要求向招标人提出疑问。对于构成招标文件的图纸和工程量清单，应当安排专业工程师进行评审，查看图纸是否存在错漏碰缺的内容，工程量清单是否与图纸一一对应。

（2）整理基础材料

投标人在项目前期阶段，通过与招标人、代理机构或设计单位进行沟通，了解招标文件之外的项目特点、业主需求和招标信息等，并陆续收集与项目有关的若干基础材料，包括项目业主历史项目招标信息、近年合作单位、资金到位情况、当地民风习俗、地方物价状况、地方招标规定等。

为了全面了解招标项目信息，合理选择投标策略，投标人应当及时整理招标项目的相应基础材料，避免时间拖延之后致使基础材料遗失、重要信息遗漏或存在虚假错误等情况。此外，投标人应当积极主动地推进准备工作，采取多种渠道收集相应信息，对招标项目所在行业进行摸底，分析行业头部竞争单位及其优势、劣势等。

6.2.3 踏勘现场

（1）踏勘现场的规定

依据相关法律规定，招标人根据招标项目的具体情况，可以组织潜在投标人踏勘现场。招标人不得向他人透露已获取招标文件的潜在投标人的名称、数量，以及可能影响公平竞争的有关招标投标的其他情况。

由此可见，踏勘现场不是招标的必要程序。招标人可以根据招标项目的具体情况，在招标文件中约定是否组织所有获取招标文件的潜在投标人实地踏勘招标项目现场。如果安排统一踏勘现场，踏勘时间一般在招标文件澄清、修改或者投标预备会召开之前为宜。

投标人自主决定是否参加踏勘现场活动，即是否参加踏勘现场是投标人的权利，不是投标人的义务。无论投标人是否参加踏勘现场活动，对其投标资格均无任何影响，不会导致投标无效。

（2）踏勘现场的要点

投标人参加踏勘现场活动的，应当履行相应的保密义务，注意保密身份信息，不得对外泄露单位名称、本人姓名，以及可能影响公平竞争的有关招标投标的其他情况。鼓励自行踏勘现场。

投标人在项目现场，可以拍照、摄像，如实记录项目现场的信息资料。通过招标人、招标代理机构或设计单位的介绍，投标人应当尽量全面掌握现场信息，包括项目地形、地貌、地质、水文、气候情况以及项目现场的平面布局、交通、供水、供电等条件，以编制更有竞争力的投标文件。

投标人参加招标人统一组织的踏勘现场活动后，需要再次踏勘现场的，可与招标人联系，自行多次踏勘现场。提请注意的是，参加踏勘现场活动的费用、风险等，一般由投标人自行承担。

对于招标人组织单个或者部分潜在投标人踏勘现场的行为，投标人有权向招标人提出异议。

(3) 踏勘现场的意义

投标人应当充分了解项目信息，按照招标人的要求参加踏勘现场活动。投标人在踏勘现场时可以拍照、录像，能够掌握项目现场的第一手资料信息，对于理解招标文件、分析投标文件重难点，以及组织合同履行等具备积极的意义。

对于招标项目而言，通过踏勘现场，投标人能够全面了解现场的实际情况，直观了解地形地貌、工程地质、水文地质、作业环境、运输路线、装卸条件等。通过全面掌握真实的项目信息，投标人能够有针对性地编制相应的投标文件，获得相应的评审高分。

在踏勘现场时，可以通过照片、录像保留投标前的现状证据，在履约期间产生争议时可以保护己方权益。例如，在某施工单位进场之前，发现工地上方突然增设了一条高压线路，现场施工需要额外增加高压线的安全防护措施，由此提出索赔。建设单位辩称投标阶段即有本条高压线路，相应措施及其费用由施工单位自行承担；施工单位则以踏勘现场期间的照片和影像证明了投标阶段没有高压线路，从而保护了权益。

6.2.4 投标预备会

(1) 投标预备会的规定

依据相关法律规定，对于潜在投标人在阅读招标文件和踏勘现场中提出的疑问，招标人可以召开投标预备会予以解答。在会议期间，招标人不得向他人透露已获取招标文件的潜在投标人的名称、数量，以及可能影响公平竞争的有关招标投标的其他情况。

由此可见，投标预备会是招标人为澄清、说明潜在投标人疑问的答疑会，但投标预备会不是招标的必需程序。招标人可以根据招标项目的具体情况，在招标文件中约定是否组织召开投标预备会。

投标人自主决定是否参加投标预备会，即是否参加预备会是投标人的权利，不是投标人的义务。无论投标人是否参加投标预备会，对其投标资格均无任何影响，不会导致投标无效。

(2) 投标预备会的要点

投标人参加线上或线下投标预备会的，应履行相应的保密义务，注意保密身份信息，不得对外泄露单位名称、本人姓名，以及可能影响公平竞争的有关招标投标的其他情况。

投标预备会一般由招标人组织，宜在项目踏勘现场完成后举行；代理机构、勘察单位、设计单位等相关单位参会，会议详细介绍项目概况、项目重难点和其他关注事项。投标预备会便于投标人全面理解项目情况和关键信息等，掌握投标文件编制重点和注意事项等。

在投标预备会上，对于投标人所提出的疑问，招标人能够当场答复的，宜在会上当场答复；当场答复不了的，应在会议结束后以书面文件进行答复，并发放给全部潜在投标人。提请注意的是，参加投标预备会的费用、风险等，一般由投标人自行承担。

6.2.5 招标文件的疑问与异议

(1) 招标文件的疑问

投标人应当认真阅读招标文件、梳理基础资料、踏勘项目现场等，查看招标文件、基础资料与项目现场是否一致，是否存在疑问。如果存疑，投标人应向招标人和招标代理机构提出疑问，并附有详细说明材料等，便于招标人准确理解提问的事项，从而对招标文件进行澄清、修改或者补充说明。

一般情况下，投标人提出疑问时，应当采用书面形式；采用电子招标投标的，应以数据电文形式向招标人提出对招标文件进行澄清的要求。投标人应当按照招标文件规定的提问形式、截止期限等，向招标人及时提出疑问。

(2) 招标文件的异议

投标人认为招标文件的规定不符合法律法规有关规定的，可在提交投标文件截止时间10日前，向招标人与招标代理机构提出异议。投标人所提异议应当依据充分，证据材料准确齐全，便于招标人准确理解提出的异议事项。

招标人收到异议之后，依据相关法律规定，应当自收到异议之日起3日内作出答复；作出答复前，应当暂停招标投标活动。投标人如果逾期没有收到答复，或者对异议答复不满意，可以依法向行政监督部门提起投诉。采用电子招标投标的，应以数据电文形式予以答复。

6.3 投标报价与投标文件

6.3.1 投标报价

投标报价是投标人经过测算并向招标人递交的承揽和实施招标项目的费用报价，一般由总价和分项报价组成，分项报价之和应等于总价。投标报价是投标工作的核心。报价过高会失去中标机会，报价过低则会给投标人带来亏本风险。在投标活动中，如何确定合适的投标报价，是投标人需要重点分析和决策的核心问题。

投标报价应由专业团队负责编制，一般来说，工程报价最为复杂，需要依据设计图纸算量核量、按照行业定额和造价信息进行组价，再根据企业成本指标和类似项目竞价情况进行调整，以造价工程师团队为主进行测算和报价。货物报价应依据生产成本、运输保管成本和常规损耗标准进行组价，根据类似项目报价、友商同品售价等进行调整，以市场营销团队为主进行测算和报价。服务报价应依据人力成本、服务期限、管理费用等进行组价，根据类似项目报价进行调整，以项目服务团队为主进行测算和报价。

(1) 投标报价的方法

投标人在确定投标报价时，应通过项目特征和需求分析、预期效益目标、市场竞争格局分析，结合自身能力及其投标策略，确定有利于己方中标的报价金额。投标人能否中标，不仅取决于自身的综合能力、管理水平和技术水平，也受限于所运用的竞争策略和投标技巧。

投标人应在不违反法律法规和招标文件规定的前提下，适当运用一些有利于项目中标和保障收益的投标报价的方法和相应的技巧，以便在竞争中获得主动地位。投标报价的方法及其要点分述如下。

1）不平衡报价法。不平衡报价是常见的一种投标技巧，其实质是投标人在确定投标总价之后，在保证投标文件有效的前提下通过适当提高一些分项的单价，同时降低另外一些分项的单价来获取最大收益。投标人采用不平衡报价法的目的是在投标总价不变的基础上，获取资金的时间效益和后续工程变化带来的效益。

以工程施工招标投标为例，不平衡报价法的表现形式一般有以下几种：

①提高先期实施的项目单价，降低后期实施的项目单价。

②提高工程量可能增加的工作子目单价，降低工程量可能减少或取消的工作子目单价。

③因物价波动而进行价格调整的，当利率低于物价上涨时，提高后期施工的项目报价；反之，则降低相应项目报价。

由于不平衡报价可能损害招标人的利益，所以招标文件常常作出严格的限制。投标人在工程投标中采用不平衡报价法时，需要特别注意：

①严格遵守招标文件的限制性规定，且不平衡报价的调整幅度要适度，一般不超过行业平均单价指标的±30％。

②钢筋、混凝土等市场价格透明的常规项目，不宜采用不平衡报价法，否则价格明显高于市场，容易被招标人发现而陷入不诚信的被动局面。

③同一标段中内容完全一样的工作子目的综合单价应当一致，否则有可能导致投标被否决。

2）突然决断法。突然决断法是指由于投标竞争激烈，投标人为迷惑竞争对手，可在投标过程中有意泄露对该项目投标兴趣不大，不打算参加投标或准备高价投标，但在投标截止前突然投标或降低报价，使竞争对手措手不及。

3）微利报价法。微利报价法是指投标人为了占领某一市场，或多中标以降低成本，或为争取未来的中标数量优势，宁可目前获取微利或者不盈利或者微亏损等，而采用低价甚至成本价进行报价的投标方法。

微利报价法的前提是，招标项目采用的评标方法是经评审的最低投标价法或在综合评估法中对投标报价采用低价优先原则；同时要求投标人拥有较强的成本控制和项目管理能力。请注意的是，禁止低于企业成本价的报价，否则将有被否决投标的风险。

(2) 工程投标报价

工程投标报价的分析包括工料机消耗量分析、工程成本分析、风险分析和预期利润分析。成熟的施工企业，应编制企业工、料、机消耗定额。投标人在编制投标报价时，应当结合招标项目的特点和市场要素价格，参考企业定额和市场竞争格局，合理确定各项目的综合单价，最后汇总形成投标总价。

工程投标报价的确定一般要经过施工成本测算和投标报价确定两个阶段。工程承包合同计价类型有总价合同、单价合同、成本加酬金合同等，不同计价类型的合同，其投标报价的计算也有差别。以采用建设工程量清单报价并实行单价合同为例，投标人的报价计算过程一般分为这几个步骤：①研究招标文件；②现场考察；③依据设计图纸复核招标工程量清单；④编制施工方案；⑤计算工、料、机单价；⑥计算各分部分项和单价措施项目的综合单价与合价；⑦确定投标总报价。

工程量清单报价是指投标人根据招标文件提供的招标工程量清单内容格式以及计价要求，结合施工现场实际情况及其为招标项目编制的施工组织设计，按照企业定额或参照政府主管部门颁布的计价定额，结合市场人工、材料、机械等要素价格以及自身竞争能力进行投标报价。投标人应对招标工程量清单的项目名称、项目特征、计量单位和工程量进行仔细校核，校核的内容包括招标工程量清单项目是否重项漏项、项目特征描述是否清楚、工程量计算是否准确等，如果发现招标工程量清单存在上述错误或遗漏等问题，应要求招标人澄清说明。

对于采用工程量清单计价的建设工程招标项目，投标人在工程量清单中填写的子目单价是综合单价。招标文件中提供了材料设备暂估价的，则应当按材料设备的暂估价计入综合单价。此外，专业工程暂估价、暂列金额应按照招标文件列出的金额计算，不得修改和调整。

在实践中，招标人在招标文件中可能只列出一个措施费项目或不列措施费项目，投标人可根据工程实际情况，结合自己的施工组织设计对招标人所列的措施项目进行适当的调整。

对建设工程招标项目，投标人在投标截止时间前修改投标总价的，应同时修改或另行提供“已标价工程量清单”中的相应子目的报价。

(3) 货物投标报价

货物投标报价应当按照招标文件中的要求，明确其已经包含的价格内容，避免产生任何歧义；由不同货物构成的投标报价，在分项报价表中应当明确各分项内容的名称、单价、数量和总价；投标报价一般为货物运到招标人指定地点交货价，包含货物出厂价、包装费、运输费、运输保险费、各种应缴税费和技术服务费等。机电产品国际招标项目的投标报价应采用 EXW、FOB、CIF、CIP、DDP 等国际贸易价格术语。

货物投标应按照招标文件的货物需求一览表和统一的表式要求进行投标报价。投标人应认真阅读招标文件中的报价说明，全面、正确和详尽地理解招标文件中的报价要求，避免与招标文件的实质性要求发生偏离。

投标人应根据招标文件规定的报价要求、价格构成和市场行情，综合考虑设备、附件、备品备件、专用工具等的生产成本，以及合同条款中规定的交货条件、付款条件、质量保证、运输保险及其他伴随服务等因素报出投标价格。

货物投标报价除填写价格汇总表外，还应填写分项报价表。在分项报价表中要对主设备及附件、备品备件、专用工具、安装、调试、检验、培训、技术服务等项目逐项填写并报价。但对于简易小型的货物，一般不需要安装、培训等项目。对于复杂、大型成套设备，除了提交设计、安装、培训、调试、检验等的报价外，还应提交培训计划、备品备件、专用工具清单等。根据招标文件的相关要求，投标人还可能需要提交推荐的备品备件清单及报价。

投标人在填写价格汇总表或分项报价表时，应逐一填写，并应特别注意分项报价的准确性及与分项合价的对应性。

(4) 工程勘察投标报价

根据相关规定，工程勘察投标报价实行市场调节价。投标人可根据自身情况、市场行情、项目竞争状况等因素，按招标文件规定的格式自主报价。

工程勘察费用一般采用实物工作量进行计算，由实物工作收费和技术工作收费两大部分组成。通常，发包人承担工程勘察的工作量风险，勘察人承担工程勘察的价格风险。

工程勘察费用存在多种计价方式，适用于不同情形，简述如下。

1）固定勘察费用，即工程勘察的费用为固定价格，除合同约定的调整情形之外，结算时费用不再调整。这种方式适用于工程技术简单、项目需求明确、建设规模较小的工程勘察，由勘察人承担工作量的风险和价格风险。

2）勘察设计收费标准×投标折扣率，即参考国家计委、住房和城乡建设部联合发布的《工程勘察设计收费管理规定》㊀计算的勘察费用×投标折扣率。这种方式在实践中应用广泛，适用于全部工程。

3）勘探进尺×投标单价/米，即按照所勘察工程的勘探进尺数量（m），乘以投标单价/米，结算费用根据双方最终确认的勘探进尺数量（m）进行调整。这种方式适用于建筑工程、市政工程，如住宅、公共建筑、工业厂房、市政道路、轨道交通、市政管线等。

（5）工程设计投标报价

根据相关规定，工程设计投标报价实行市场调节价。投标人应当综合考虑项目投资额度、工程设计阶段、项目管理需求、合同履行期限等情况，按照招标文件规定的格式，对工程设计费用进行自主报价。

工程设计费用存在多种计价方式，适用于不同情形，简述如下。

1）固定设计费用，即工程设计的费用为固定价格，除合同约定的调整情形之外，结算时费用不再调整。这种方式适用于设计项目的基础资料明确、项目需求明确、设计任务明确、业主要求明确的中小建设工程。

2）建安费用×投标费率，即工程设计费用＝所设计工程对应的建筑安装费用乘以投标费率，结算时根据双方最终确认的建筑安装费用（例如竣工结算定案价）进行调整，投标费率固定不变。这种方式适用于工程技术复杂、建设周期长、设计变更多的大中型工程。

3）勘察设计收费标准×投标折扣率，即参考国家计委、住房和城乡建设部联合发布的《工程勘察设计收费管理规定》计算的设计费用×投标折扣率。这种方式在实践中应用广泛，适用于全部工程。

4）建筑面积×投标单价/平方米，即按照所设计工程的建筑面积，乘以投标的每平方米的单价费用，结算费用根据双方最终确认的建筑面积进行调整。这种方式适用于以建筑面积进行考核的工程项目，例如住宅、公共建筑、工业厂房等。

（6）工程监理投标报价

根据相关规定，工程监理投标报价实行市场调节价，价格放开竞争。投标人应当综合考虑项目投资额度、工程监理阶段、项目管理需求、合同履行期限等情况，按照招标文件规定的格式，对工程监理费用进行自主报价。

工程监理费用存在多种计价方式，适用于不同情形，简述如下。

㊀ 该规定已在2016年1月1日被废止。

1）固定监理费用，即工程监理的费用为固定价格，除合同约定的调整情形之外，结算时费用不再调整。这种方式适用于建设周期短、施工技术简单的中小建设工程。

2）建安费用×投标费率，即工程监理费用＝所监理工程对应的建筑安装费用乘以投标费率，结算时根据双方最终确认的建筑安装费用（例如竣工结算定案价）进行调整，投标费率固定不变。方式适用于工程技术复杂、建设周期长、施工变更多的大中型工程。

3）监理收费标准×投标折扣率，即参考国家发展改革委、住房和城乡建设部联合发布的《建设工程监理与相关服务收费管理规定》计算的监理费用×投标折扣率。方式在实践中应用广泛，适用于全部工程。

4）建筑面积×投标单价/平方米，即按照所监理工程的建筑面积，乘以投标的每平方米的单价费用，结算费用根据双方最终确认的建筑面积进行调整。这种方式适用于以建筑面积进行考核的工程项目，例如住宅、公共建筑、工业厂房等。

(7) 全过程工程咨询投标报价

全过程工程咨询服务酬金应当根据工程项目的规模和复杂程度，咨询服务的范围、内容和期限等进行报价，可按各专项服务酬金叠加后再增加相应统筹管理费用计取，也可按人工成本加酬金的方式计取。全过程咨询应努力提升服务能力和水平，通过降低建设成本或运行增值体现市场价值，禁止恶意低价竞争行为。

全过程工程咨询投标报价实行自主报价，可以总价额度的方式进行报价，也可根据所包含的具体服务事项，参照项目投资估算中列出的投资咨询、招标代理、勘察、设计、监理、造价、项目管理等费用进行竞争性报价。

全过程工程咨询服务酬金在项目投资估算中列支的，所对应的单项咨询服务费用不再列支。

6.3.2 投标文件的组成

(1) 施工投标文件的组成

施工投标文件包括施工总承包投标文件、工程总承包投标文件、专业承包投标文件。参照国家标准招标文件和行业主管部门示范文件。施工投标文件一般包括下列内容，非依法必须招标的项目可以参照执行。

1）投标函及投标函附录。

2）法定代表人身份证明或授权委托书。

3）联合体协议书（如有）。

4）投标保证金。

5）已标价工程量清单/价格清单。

6）施工组织设计/承包人建议书。

7）项目管理机构。

8）拟分包项目情况表。

9）资格审查资料（资格后审项目）。

10）招标文件规定的其他材料。

施工总承包投标文件、专业承包投标文件的组成一般包括已标价工程量清单、施工组织设计；工程总承包投标文件的组成一般包括价格清单、承包人建议书。

此外，实行资格预审的招标项目，其投标文件一般不包含资格审查资料。但在投标截止时间前，如果投标人的资格情况发生变化，则投标人应当主动提供资格变化的证明材料；如果资格审查资料是评标因素，则投标人应当按照招标文件的要求提供评标所需要的相关证明材料。实行资格后审的招标项目，其投标人应当在投标文件中提供完整的资格审查资料。

(2) 货物采购投标文件的组成

货物采购投标文件包括工程建设项目材料、设备和生产经营物资等投标文件。参照国家标准招标文件和行业主管部门示范文件，货物采购投标文件一般包括下列内容，非依法必须招标的项目可以参照执行。

1）投标函。

2）法定代表人身份证明或授权委托书。

3）联合体共同投标协议。

4）投标保证金。

5）商务和技术偏差表。

6）分项报价表。

7）资格审查资料。

8）投标货物质量标准的详细描述。

9）技术支持资料。

10）相关服务计划/质保期服务计划。

11）投标人须知前附表规定的其他资料。

投标人在评标过程中作出的符合法律法规和招标文件规定的澄清确认，成为投标文件的组成部分。

(3) 机电产品国际投标文件的组成

参照《机电产品国际招标投标实施办法（试行）》的规定，机电产品国际招标项目的投标文件一般包括下列内容：

1）投标书。

2）开标一览表。

3）投标分项报价表。

4）产品说明一览表。

5）技术规格响应/偏离表。

6）商务条款响应/偏离表。

7）投标保证金。

8）单位负责人授权书。

9）资格证明文件。

10）要求投标人提供的其他材料。

(4) 工程勘察/设计/监理投标文件的组成

参照国家标准招标文件和行业主管部门示范文件，工程勘察/设计/监理投标文件一般包括下列内容，非依法必须招标的项目可以参照执行。

1）投标函及投标函附录。

2）法定代表人身份证明或授权委托书。

3）联合体共同投标协议。

4）投标保证金。

5）勘察/设计/监理费用清单。

6）资格审查资料。

7）勘察纲要/设计方案/监理大纲。

8）投标人须知前附表规定的其他资料。

投标人在评标过程中作出的符合法律法规和招标文件规定的澄清确认，成为投标文件的组成部分。

6.3.3 投标文件的编制

（1）投标文件的编制要点

投标文件是反映投标人技术、经济、商务等方面的实力和对招标文件响应程度的重要文件，是招标人、评标委员会评价投标人的重要依据，也是决定投标成败的关键。因此，投标人应当认真阅读、研究招标文件，严格按照招标文件的要求编制投标文件。

投标文件应当对招标文件的项目标的、资质要求、价格、项目负责人要求、工期（交货期/服务期）、质量要求、投标有效期、投标保证金等实质性条件和要求作出响应。涉及货物投标的，所投货物如有部分偏离，应在偏离表中列明偏离项目、偏离参数，并写明原因；如无偏离，可在偏离表中填写无偏离。

投标人应当严格执行招标文件的所有编制要求，提供符合招标文件规定的格式与内容。投标人按照招标文件的规定填写投标文件后，如未能全面准确地表达自己的意思，不可修改投标文件的格式，但可另附补充说明，并且慎重选择适合位置放置。投标人应当注意，不可在投标文件中对于实质性要求增加额外条件，避免投标被否决。

此外，如果招标文件要求投标文件技术部分采用暗标格式，投标人应当严格按照暗标格式进行编制，包括字体、字号、字间距、行间距等均应满足招标要求，不得存在显示企业标识的情形，避免投标被否决。如果招标文件限制技术部分页码总数，投标人应当谨慎编制，确保页码数量满足要求。

（2）纸质投标文件的编制要点

纸质投标的，投标人应当按照招标文件的要求编制纸质投标文件，投标文件的纸张大小、版面格式等应当满足招标文件的要求。投标文件的内容一般宜逐页标注连续页码并编制目录。

投标人应当按照招标文件的规定装订投标文件。投标文件的正本与副本应分别装订成册，封面上应标记“正本”或者“副本”。投标文件的数量（包括正本和副本份数）应符合招标文件的规定。

投标文件一般采用无线胶装或者精装。塑圈装订、铁圈装订、骑马订、夹条装订以及活页夹方式由于容易拆卸，造成缺页、损坏或者内容被替换，一般不予采用。

(3) 电子投标文件的编制要点

潜在投标人通过投标文件制作系统或投标文件制作工具导入招标文件（澄清文件），依据投标文件的格式要求，编辑并生成数据电文形式的投标文件。投标文件制作工具（软件）一般允许投标人选择离线编制投标文件。

投标文件全部采用电子文档，投标文件所附证书证件一般均要求为原件扫描件，并按照招标文件的要求在相应位置加盖电子签名。投标文件中需要个人签字或者盖章的，应加盖个人电子签名或者在线下完成后扫描上传。

招标文件中明确电子投标文件解密失败的补救方案，投标人编制投标文件时应当按照招标文件的要求作出响应。

6.3.4 投标文件的签署

(1) 纸质投标文件的签署

纸质投标文件装订完毕后，投标人应当严格按照招标文件的规定加盖单位公章和签署姓名。如果招标文件未对签署作详细规定，投标人应注意以下原则：

1）投标函及投标函附录、已标价工程量清单（或者投标报价表、投标报价文件）、调价函及调价后报价明细目录等内容一般均须签署。

2）投标文件应由投标人的法定代表人或者其授权代表签署，并按照招标文件的规定加盖投标人单位印章。投标文件由授权代表签字的，应附单位法定代表人或者负责人签署的授权委托书。

3）投标文件应尽量避免涂改、行间插字或者删除。如果出现这些情况，改动之处应加盖投标人单位印章，或者法定代表人（或其授权代表）签字确认。

4）联合体投标的，投标文件应按联合体共同投标协议的约定由联合体牵头人的法定代表人或者其授权代表按规定签署，并加盖联合体牵头人单位印章，招标文件另有规定的，从其规定。

5）招标文件要求投标人加盖单位公章的，不能以投标人下属部门、分支机构的印章或者投标专用章等代替。

(2) 电子投标文件的签署

采用电子招标采购的，投标文件应当按照招标文件的签章要求，在规定的位置（模块）和签名类别处进行电子签名。

联合体投标的，投标文件封面中投标人落款处需要填写联合体各方的单位名称，投标文件封面由联合体牵头人进行电子签名。

提请投标人注意的是，某些电子交易平台存在技术缺陷，在投标文件签署方面存在些许问题，例如，无法一次性加盖印章，或者印章加盖后致使文件体量超大，错盖不同电子交易平台的电子签章等。建议投标人提前试用，避免在投标截止之前无法完成投标文件的签署。

6.3.5 投标文件的密封

(1) 纸质投标文件的密封

投标人完成纸质投标文件的签署后，应当按照招标文件的要求对投标文件进行密封。

例如，使用投标文件专用密封袋进行密封，或者在密封处粘贴密封条，并加盖骑缝章等。

投标文件密封的意义是防止招标人或招标代理机构私自提前拆封投标文件，向他人泄露投标报价、工期、质量标准等实质性内容，避免投标文件被人替换或者篡改等，从而保护投标人的合法权益不受侵害。投标文件在接收之后如果密封被破坏，投标人可在开标现场当众质疑或提起异议。

提请投标人注意的是，未按照招标文件的要求进行密封的，投标文件将被招标人拒收。

（2）电子投标文件的加密

采用电子招标采购的，应当通过选择相应数字证书（CA），对数据电文形式的投标文件进行加密。

提请投标人注意的是，未按照招标文件的要求进行加密的，投标文件将被电子交易平台拒收。

6.3.6 投标文件的提交

（1）纸质投标文件的提交

投标人应认真阅读招标文件的相关要求，尤其是纸质投标文件提交的特别规定，例如，经办人需要出示身份证原件、提交投标样品，或者提交投标证明材料原件等；应当提前准备妥当，避免由于时间紧张而造成工作遗漏。

一般来说，提交纸质投标文件采用邮寄或者快递的方式对于能否按时提交具有较大的不确定性。投标人应全面考虑提交投标文件经办人的身体状况、车辆状况、路上交通状况、天气状况等方面的影响，以免超过提交投标文件的截止时间。投标文件提交完成后，投标人应要求招标人出具签收回执。

值得注意的是，未按招标文件的要求密封的投标文件将被招标人拒收，但是并非绝对拒收。投标人采取补救措施进行密封后，可以在投标截止前再次提交，招标人应当接收。

投标文件接收后，应当放在投标人的视野范围之内，任何组织和个人不得在开标前拆封投标文件。

（2）电子投标文件的上传

投标人通过电子交易平台或文件递交工具，在投标截止时间前将加密的投标文件递交至招标文件指定的系统或位置。

电子交易平台应当向投标文件递交成功的投标人出具回执。同时，一般应当拒绝在递交时间截止时尚未完成递交的投标文件。电子交易平台一般记录成功递交投标文件的时间、IP 地址、计算机设备 MAC 地址等信息数据，并集中交互至电子开标系统或开标工具，同时自动进行归档、存储和备查，主动接受监督。

对于电子交易平台故障导致投标人无法正常上传（传输）加密的投标文件，投标人应及时与招标人或者电子交易平台运营机构联系。

一般来说，未通过资格预审的投标人提交的投标文件、未按照招标文件的要求加密的投标文件，以及逾期上传的投标文件，电子交易平台将会拒收。对于未按要求加密的投标文件，投标人采取补救措施加密完成后，可以在投标截止时间之前再次提交，电子交易平台应当予以接收。

6.3.7 投标文件的撤回与撤销

(1) 投标文件的撤回

在投标文件截止时间前，投标人有权以书面形式通知招标人撤回已递交的投标文件。投标人撤回并取回投标文件后，可以决定终止投标，也可以修改补充投标文件后，按照招标文件要求方式和截止时间重新封装递交。

电子投标文件撤回与修改。在投标截止时间前，投标人如果需要终止投标或者修改已经递交的电子投标文件，可以向电子交易平台原接收投标文件系统，发出“撤回投标”通知，电子交易平台收到“撤回投标”通知后，应自动锁定该投标文件失效，并向投标人发出确认收到“撤回投标”的回执。同时，投标人在投标截止时间前，可以重新按照招标文件要求，修改编辑、签名加密并向电子交易平台递交投标文件。

实务中应注意两点：一是投标人撤回投标文件，不再参加投标竞争，投标人已提交投标担保的，留意招标人是否在书面撤回通知之日起 5 日内退还投标担保；二是投标人撤回投标文件，对投标文件补充、修改的，补充、修改的内容应当作为投标文件的组成部分，应当按照招标文件的要求签署、密封或者加密后再次提交。

(2) 投标文件的撤销

投标截止之后，投标文件已经生效，对投标人有约束力。投标人不得撤销已提交的投标文件，确认撤销的，其投标文件将被否决，失去中标资格。除此之外，招标人依法可以不予退还其已提交的投标保证金。

提请投标人注意的是，如果撤销投标文件，本项目在重新招标时，招标人可能拒绝其投标。

6.3.8 投标内控管理

投标文件是投标人对外提交的法律文件，投标人应建立投标内控管理制度，对投标决策，投标文件的制作、审核、签署等流程关键节点实施内控管理，防止出现人为等因素导致的投标决策失误、投标文件内容缺失、资料篡改，甚至造假等情况，规范业务人员的投标行为，督促业务人员依法合规投标，加强投标安全管理，防范信息泄露给企业造成损失或声誉影响。

许多央国企招标采购实行“高风险名单”制度，将出现围标串标、资质业绩造假、行贿受贿等行为的投标人纳入“高风险名单”管理，禁止其在一定期间内参与投标，甚至永久取消其投标资格。

投标人应建立投标后评价制度，从投标决策、投标过程、中标概率、投标成本、中标收益、竞争对手等多方面进行评价分析，为后续优化投标决策提供依据。

第 7 章　开标、评标和中标

开标、评标和中标是招标投标程序中的重要环节，也是招标投标各方当事人和参与人的关注焦点，应当遵循公开、公平、公正和诚实信用的法律原则。本章重点介绍了开标、评标、定标、中标等各环节的实施程序和操作要点，简要描述了重新招标与终止招标、合同签订与履约管理等内容。

7.1　开标

开标是体现招标投标公开和公平原则的主要程序方式。招标人应按照招标文件规定的时间、地点，对所有投标人及其送达的投标文件进行查验密封、拆封解密，公开宣读、展示并记录投标文件竞争报价的主要信息。

7.1.1　开标准备

开标准备包括接收投标文件、确认投标人数量、其他准备工作等。

(1) 接收投标文件

招标人或招标代理机构应按招标文件规定的时间、地点，安排专人负责接收投标文件，并详细记录投标文件的送达人、送达时间、份数、包装密封、标识等查验情况。经投标人确认后，向其出具投标文件的接收凭证。投标文件未按招标文件要求密封的，招标人或者代理机构应当要求投标人在投标截止时间前，按照招标文件的要求重新密封。

根据《招标投标法实施条例》的相关规定，招标人应当拒收投标文件的三种情形是：一是未通过资格预审的申请人提交的投标文件；二是逾期送达的投标文件；三是不按照招标文件的要求密封的投标文件。

投标截止前，投标人书面通知招标人撤回其已提交的投标文件的，招标人应当自收到并核实投标人书面撤回通知之日起 5 日内，退还投标人已提交的投标保证金。

(2) 确认投标人数量

投标截止后，招标人通过电子交易平台确认提交投标文件的投标人数量。投标人少于 3 个的，不得开标。

依法必须招标项目和机电产品国际招标项目的投标人少于 3 个的，招标人应当分析真实原因并采取相应纠正措施后，依法重新组织招标。重新招标后投标人仍不足 3 个的，可以按照招标文件约定规则继续开标评标，或者经监督机构核准备案后，转而采用谈判或者直接采购的方式。

机电产品国际招标项目开标后，因为 2 个以上不同投标人使用相同制造商产品而被评标委员会认定为同一个投标人，以致认定开标前的实际投标人少于 3 个（含其他无效投标人）的，应当终止评标，重新组织招标。

(3) 其他准备工作

纸质招标开标的，招标人或招标代理机构应当提前布置开标会议室，准备开标需要的录音录像设备或者调试好会议室内的声像监控等，将所有投标文件码放在会议室指定位置并安排专人妥善保管。招标人应当准备开标相关资料，如招标文件、开标记录表、最高投标限价或标底文件（如有）、投标文件接收登记表、会议签到表、投标文件签收凭证等。电子招标采购开标的，招标人和相关服务机构应当检查并保障电子交易平台和专业开标系统的电源、通信网络、服务器和数据库等正常运行。

招标人或者招标代理机构应当通知与开标有关的工作人员按时到达开标现场，包括主持人、开标人、唱标人、记录人、监督人员（如有）、公证人员（如有）等。

7.1.2 开标程序

(1) 纸质开标程序

1）宣布开标纪律。主持人宣布开标程序和纪律，参加开标会议的人员在开标过程中不得喧哗，通信工具应调整到静音状态，投标人应按规定流程和方式回答提问和响应确认等。

2）宣布有关人员名单。主持人介绍招标人代表，依次宣布开标人、唱标人、记录人、监督人员（如有）、公证人员（如有）等有关人员。

3）核验投标人代表的身份。参加开标会议的投标人代表应当按照招标文件的要求办理签到记录并提交招标人核验身份证明，招标人宣布或展示通过核验参加开标会议的投标人名称和授权代表姓名。

4）公布投标文件接收情况。招标人公布投标截止时间前收到投标文件的投标人名称、标包数量、提交时间以及投标人撤回投标文件等情况。

5）检查投标文件密封情况。投标人代表各自检查投标文件的密封状况与投标递交时是否一致，是否存在破损或被提前开启等迹象。如果发现投标文件被提前开启，应当摄影记录投标文件开启现状，可以停止开标或者继续开标，事后依法调查研究处理方案并追究相关责任，但是，发现被提前开启的投标文件不能单独予以废除或者不予开标。

6）宣布开标顺序。招标人一般应在招标文件中事先规定开标顺序。例如，按照“先到后开、后到先开的顺序”进行开标，或者按照“投标人提交投标文件的顺序”进行开标。

7）唱标。唱标人应当根据招标文件规定的内容和要求进行唱标，宣读投标人名称、投标报价、工期、项目负责人和招标文件规定需要宣布的其他内容信息。对于投标截止时间前收到的所有投标文件，开标均应当予以拆封、宣读。未经开标唱标公布的投标文件不得进入评标环节。投标截止时间前撤回投标文件的，应宣读其撤回投标文件的书面通知。

8）确认开标记录。工作人员应做好开标记录和现场录音录像，如实记录开标时间、地点、程序和参加开标的单位和代表信息。认真核验并如实记录、展示投标文件接收、密封开启、投标报价、工期、投标保证金等投标信息，形成开标记录表。招标人代表、唱标人、记录人、监督人员（如有）、投标人代表等应在开标记录表上签字确认。

投标人代表未参加现场开标或者未能确认开标记录的，视同确认开标结果，但是不影响投标文件的有效性。对于机电产品国际招标项目，招标人应当在开标后3个工作日内将开标记录表上传至中国国际招标网存档。

9）开标结束。主持人宣布开标结束。

（2）电子开标程序

1）系统调试。电子交易平台专业开标系统（工具），以及展示浏览器，需要提前安装、升级和调试匹配，并对数字证书（CA）的运营状态进行预验，以保证正常开标。

2）投标人签到。投标人应按照招标文件规定的方式，远程或现场登录电子交易平台地址，使用专业开标系统（工具）办理“签到”，以示参加开标会议并进入相应的投标段开标室，准备响应开标。招标人或招标代理机构应登录电子交易平台使用专业开标系统（工具）准备开标，开启会议直播和互动交流工具，查验投标人“签到在席”情况并提示开标时间。

3）开标。

①公布投标文件和投标保证金递交情况。招标人或招标代理机构应按照招标文件规定的时间和方式，查验并公布投标截止时间前，传输送达规定电子交易平台网址的投标文件和投标保证金的数量以及文件加密等情况信息。

②投标文件解密。投标人应登录电子交易平台，按照招标文件规定的时间、方式以及专业开标系统（工具）的开标操作流程提示，使用数字证书（CA）解密开启已递交的投标文件。未及时响应和成功解密开启投标文件的，应按照招标文件约定的开标方案规则进行处理，补救开标或者退回处理。

因投标人原因造成投标文件未成功解密开启的，应按照招标文件约定的异常情形补救方案处理。事后查明，如因投标人原因造成投标文件解密开标失败的，视为其撤销投标文件；如因投标人之外的原因造成投标文件未解密开标的，投标人有权要求责任人赔偿直接损失，不可抗力原因除外。

③展示开标记录。电子交易平台按照专业开标系统（工具）解密开启投标文件的时序，依次同步公开展示招标项目名称、标段（包）号、投标人名称、投标报价、工期、投标保证金提交方式和金额、项目负责人等招标文件约定的开标信息并生成开标记录表。

④确认开标结果。电子交易平台根据专业开标系统（工具）开标信息生成开标记录表，参加开标的投标人代表应使用数字证书（CA）对开标记录表在线签名确认。投标人未在招标文件规定的时间内签名确认的，视为默认开标记录内容。

4）开标结束。主持人宣布开标结束。

（3）双信封开标程序

双信封投标和开标评标，有利于评标委员会不受投标人报价方案的影响，客观公正地评审投标技术方案。对于采用双信封投标和评标的项目，其投标文件的开标和评标先后分两次交替进行。第一次仅对全部投标文件的技术方案（第一信封）进行开标评标。如果采用暗标评审，即同时要求投标文件的技术方案隐去投标人标识并独立封装和开标评标。第一次也可以对投标文件商务方案和技术方案一起进行开标和评标。第二次对全部投标文件的报价方案（第二信封）进行开标评标，或者对投标文件的报价方案和商务方案一起进行开标和评标。最后，按照招标文件规定的评标办法和标准，将两次评标结果叠加，获得最终评标结果并推荐中标候选人。为了减少双信封开标评标的工作量，一般适用于资格预审项目。

(4) 开标异议处理

1）投标人对开标过程有异议的，应当按照招标文件规定的开标时间和方式，在开标现场或者通过电子交易平台开标交流系统及时提出，招标主持人应当立即答复澄清、纠正或者明确后续交由评标委员会研究处理，同时，提出异议的情况与回复内容应在开标记录表中详细记载。

2）任何组织和个人不得在开标现场对投标文件是否有效作出判断，除投标文件未能成功解密的情形外，均应由评标委员会按照招标文件规定的标准和方法评审和判断。

3）投标人未参加开标会议或未对开标记录进行确认的，除了导致电子投标文件解密开启失败的情形之外，不影响投标文件的效力。

7.2 评标

评标是指由招标人依法组建的评标委员会，按照招标文件规定的评标标准和方法，审查投标文件是否符合招标文件规定的资格条件和实质性要求，对有效投标文件进行比较和评价，向招标人推荐中标候选人的活动。

7.2.1 评标委员会

(1) 评标专家库

评标专家库由法律、行政法规规定的组建单位，依照《招标投标法》《招标投标法实施条例》以及国家统一的评标专家专业分类标准和评标专家库共享技术标准等规定，自主组建，专家总人数不得少于 2000 人。评标专家库的组建活动应当公开，接受公众监督。国务院发展改革部门指导和协调全国评标专家和评标专家库管理工作。国务院有关招标投标行政监督部门按照职责分工，对评标专家的评标活动和评标专家库的组建、使用、共享实施行政监督。

专业人员入选评标专家库，实行个人申请和单位推荐相结合的方式，并应当具备下列条件：

1）具备良好的职业道德。

2）从事相关专业领域工作满八年并具有高级职称或者同等专业水平。

3）具备参加评标工作所需要的专业知识和实践经验。

4）熟悉有关招标投标的法律法规。

5）熟练掌握电子化评标技能。

6）具备正常履行职责的身体和年龄条件。

7）法律、法规、规章规定的其他条件。

评标专家库组建单位结合实际确定评标专家的聘期，一般为三年至五年，聘期届满自动解除聘任关系。评标专家库组建单位承担评标专家档案记录、教育培训、履职考核、动态调整等日常管理责任，加强评标专家全周期管理。评标专家库组建单位应当结合评标专家年度履职考核结论、在库年限、参加评标频次等开展履职风险评估，并根据评估情况调整抽取频次、设置抽取间隔期，防范评标专家履职风险。

评标专家库管理系统应具有专家入库申请与审核、自我信息更新维护、培训教育、续聘与退库以及专家精准定位与抽取、专家通知、评标行为分析与反馈、专家评价考核、统计分析等专家服务和管理功能。同时通过公共服务平台互联节点与其他专家库管理系统、专家抽取与反馈工具、电子交易平台评标工具、评标现场监控系统等实现信息对接交互与协同。

（2）评标委员会

招标人依法组建评标委员会。评标委员会成员名单在中标结果确定前应当保密。

1）依法必须招标项目。评标委员会由招标人中熟悉相关专业的代表，以及技术、经济等方面的专家组成，成员人数为 5 以上的单数，其中技术、经济等方面的专家不得少于成员总数的 2/3。

依法必须进行招标项目的评标专家，应当从评标专家库中随机抽取。在一个评标专家库中无法随机抽取到足够数量专家的，应当从其他依法组建的相关评标专家库中随机抽取。技术复杂、专业性强或者国家有特殊要求的依法必须进行招标项目，采取随机抽取方式确定的专家难以胜任评标工作的，招标人可以依法直接确定评标专家，并向有关行政监督部门报告。政府投资项目的评标专家，应当从国务院有关部门组建的评标专家库或者省级综合评标专家库中抽取。

评标专家依法对投标文件进行独立评审，提出评审意见，不受任何单位或者个人的干预。评标专家应当协助、配合招标人处理异议，按规定程序复核、纠正评标报告中的错误。评标专家对评标行为终身负责，不因退休或者与评标专家库组建单位解除聘任关系等免予追责。

2）依法必须招标的机电产品国际招标项目。除应当按照依法必须招标项目评标委员会的规定组建外，还应遵守以下规定：

①抽取评标所需的评标专家的时间不得早于开标时间 3 个工作日。

②在同一项目评标中，来自同一法人单位的评标专家不得超过评标委员会总人数的 1/3。

③一次招标金额在 1000 万美元以上的国际招标项目，所需专家的 1/2 以上应当从国家级专家库中抽取。

④抽取工作应当使用中国国际招标网评标专家随机抽取自动通知系统。除专家不能参加和应当回避的情形外，不得废弃随机抽取的专家。

⑤特殊招标项目，可以由招标人直接确定评标专家的，招标人应先报相应的主管部门。

3）自愿招标项目。自愿招标项目应当组建评标委员会负责评标。招标人可自行决定评标委员会的人数（须为单数）、评标专家所占比例、选择时间和选择方式等。

4）评标委员会组长。评标委员会设有组长，组长应由评标委员会成员推举产生或者由招标人确定。评标委员会组长与评标委员会的其他成员享有同等的表决权。

5）评标委员会成员更换。依法组建确定的评标委员会成员不得擅自更换。评标委员会成员存在回避事由、擅离职守、私自接触投标人、违法违规和违纪评标，或者出于健康等特殊原因不能继续履行评标的，应当及时更换。被更换的评标委员会成员已经作出的评审结论无效，由更换后的评标委员会成员重新进行评审。

7.2.2 评标的基本原则

（1）评标原则

评标活动应当遵循公平、公正、科学、择优的原则。

(2) 评标专家职责

1) 评标专家应当认真、公正、诚实、廉洁、勤勉地履行专家职责，按时参加评标。

2) 评标专家与投标人有利害关系的，应当主动提出回避。

3) 评标专家可以在评标委员会内部研究讨论投标文件技术经济方案和法律规则，但是不得对其他评标专家评标施加不正当干扰，不得与投标人和外部任何主体交流评审投标文件的相关信息。

4) 评标专家不得私下与投标人接触交流，不得收受投标人、中介人、其他利害关系人的财物或者其他好处，不得接受任何单位或者个人明示或者暗示提出的倾向或者排斥特定投标人的要求。

5) 评标专家不得透露评标委员会成员身份和评标项目，不得透露对投标文件的评审和比较、中标候选人的推荐情况、在评标过程中知悉的国家秘密和商业秘密以及与评标有关的其他情况。

6) 评标专家不得故意拖延评标时间，或者敷衍塞责随意评标；不得在合法的评标劳务费之外额外索取、接受报酬或者其他好处。

7) 严禁评标专家组建或者加入可能影响公正评标的微信或 QQ 等网络通信群组。

(3) 招标人代表的职责

1) 招标人应当选派具有采购专业评审能力、熟悉项目需求、认真客观、公正廉洁的业务人员作为招标人代表参加评标，并遵守利益冲突回避原则。

2) 严禁招标人代表与投标人、评标专家或相关利害关系人私下接触交流和非法交易。

3) 严禁招标人代表在评标过程中除了讨论技术经济方案和法律规则外，擅自发表无客观事实理由基础的主观倾向性、误导性和指定性的评审意见和建议，强行压制和干扰其他评标委员会成员公正独立评标。

4) 招标人代表发现其他评标委员会成员不按照招标文件规定的评标标准和方法评标的，应当及时提醒、劝阻纠正并向有关招标投标行政监督部门报告。

(4) 评标注意事项

1) 评标委员会成员应当认真研究招标文件，根据招标文件规定的评标标准和方法，对投标文件进行系统的评审和比较。

2) 评标委员会发现招标文件内容违反有关强制性规定或者存在歧义、重大缺陷导致评标无法进行的，应当暂停评标并向招标人提出处理建议。

3) 评标委员会发现投标文件中存在含义不明确、表述不一致、有明显文字和计算错误，或者投标报价可能异常低而影响履约的，应当先请投标人作必要的澄清答复，根据答复研究评审结论，不得直接否决投标。

4) 有效投标文件不足 3 个的，应当充分论证本次招标是否明显缺乏竞争而需要否决全部投标，并在评标报告中记载论证过程和结果。

5) 发现违法行为的，以及评标过程和结果受到非法影响或者干预的，应当及时向行政监督部门报告。

(5) 评标专家不得存在的情形

评标专家不得存在下列情形：

1）评标专家是投标人或者投标人主要负责人的近亲属。

2）评标专家是项目主管部门或者行政监督部门的人员。

3）评标专家与投标人有经济利益关系，可能影响对投标公正评审的。

4）评标专家曾因在招标、评标以及其他与招标投标有关的活动中从事违法行为而受过行政处罚或者刑事处罚。

评标专家有上述情形之一的，应当主动提出回避。招标人可以要求评标委员会成员签署承诺书，确认其不存在上述法定回避情形。在评标中，发现某个评标委员会成员存在法定回避情形的，该评标委员会成员已完成的评标结果无效，招标人应当按照规定重新确定评标委员会成员，并由其重新进行评标。

7.2.3 评标程序

评标程序一般包括评标准备、初步评审、详细评审、起草评标报告等环节。

（1）评标准备

评标准备工作主要包括以下内容：

1）确定评标时间。招标人应根据招标项目的规模、技术复杂程度、投标文件数量、评标标准和方法及评标需要完成的工作量，确定评标的开始时间和持续时间。在评标过程中，如果超过1/3的评标委员会成员认为评标时间不够，招标人应当适当延长评标时间。

对于机电产品国际招标项目，评标委员会应当在开标当日开始进行评标。有特殊原因当天不能评标的，应当将投标文件封存，并在开标后48h内开始进行评标。

2）核验评标专家身份。评标委员会成员进入评标场所（工位）和登录评标系统应当核验证明评标专家身份。评标委员会根据评标需要，可以推举或者由招标人代表指定评标委员会负责人。

3）宣布评标纪律，公布投标人名单，告知评标委员会成员应当回避的情形。

4）介绍招标项目基本情况。招标人可以在评标前向评标委员会介绍招标项目背景和采购需求，介绍内容不得对投标人含有歧视性、倾向性意见，不得超出招标文件所述范围。

5）招标人应提前准备评标需要的资料和设施，主要包括：

①资格预审文件及其澄清与修改、资格审查报告、招标文件及其澄清与修改、开标记录等。

②全部资格预审申请文件和投标文件。

③评标现场需要的录音录像设备、计算机、打印机、投影仪、计算器等设施。

④根据招标文件的评标标准和方法，编制评标需要的评审打分、统计分析的表格、工具模块等。

6）掌握招标文件。评标委员会应当研究掌握招标文件，熟悉招标项目需求内容范围和清单，以及主要技术标准和商务要求、评标标准与方法、评标需要遵守的规则和否决投标的规定。

如果招标文件中存在歧义和漏洞缺陷，或者违反法律政策规定的内容，应由招标人代表负责澄清解释并由评标委员会表决确定释义和处理方案。如果涉及严重影响评标公正性的问题，应当停止评标，向招标人报告情况并提出处理建议。

(2) 初步评审

初步评审主要评审投标文件是否符合招标文件规定的资格条件和响应招标文件的实质性要求，以确定投标人是否为合格有效的投标人，是否可以进入详细评审的重要评审环节。不符合招标文件规定的资格条件或者未能响应招标文件的实质性要求的投标文件，评标委员会应当否决。

初步评审一般包括形式评审、资格评审和响应性评审。形式评审是指审查投标文件是否符合招标文件规定的形式，评审内容一般包括投标人名称、投标函及其附录、投标文件格式等。资格评审是指审查投标人是否符合招标文件规定的资格条件，评审内容一般包括营业执照、资质证书、财务报告、业绩、信誉、项目负责人等。招标采用资格预审方式的，投标人资格业绩信用属于资格预审程序的评审内容，专家评标时仅需要复核。响应性评审是指核查判断投标价格、技术、经济、管理等实质性内容是否响应招标文件总体目标和分项因素指标需求，评审内容包括投标价格与价款支付，投标内容范围，投标有效期，投标保证金，项目技术设计方案及其功能、性能、效能指标，组织实施管控方案，工期进度计划（交货期/服务期），质量验收标准，履约担保以及合同条件响应等。

投标文件未通过初步评审的不得进入详细评审程序。按照招标项目需求和投标人响应情况，招标文件可以规定，对合格投标文件的技术或商务响应方案进行评价、打分、排序，并由此确定进入详细评审的投标人数量和名单。

(3) 详细评审

评标委员会按照招标文件中规定的评标方法和标准，对初步评审合格的投标文件进行比较、评价和排序。经评审的最低投标价法和综合评估法的详细评审方法与内容不尽相同。

1）经评审的最低投标价法的详细评审。评标委员会以投标人的投标价格为基础，按照招标文件规定的投标价格评审方法，对投标价格进行必要的计算调整，调整后的价格为经评审的投标价格。评标委员会按照经评审的投标价格由低到高对投标人进行排序，并推荐中标候选人。详细评审一般包括以下内容：

① 投标价格缺漏偏差调整。属于投标分项数量不足，投标文件有价格依据的，按照投标价格补足数量，增加的价格计入评标价格；属于漏报项目，例如漏报零部件、配件等投标人自定价格项目没有价格依据的，按照其他投标人该项内容价格的最高价格，计入评标价格；属于暂估价、暂列金额漏报的，按照招标文件的规定金额计入评标价格；属于漏报费用的，例如漏报进口关税、增值税、报关费用、运输费、保险费等费用的，评标委员会可查询相关部门公布的费率后计入评标价格；投标报价超过招标清单范围多报的费用，计算评标价格一般规定不予扣减。

评标委员会发现投标报价与招标清单内容范围存在漏报、少报或多报的偏差费用，经过投标人澄清确认，可以按照上述规则调整计算评标价格。如果投标报价发生严重偏离，造成异常低价的，评标委员会经过论证表决，可以否决其投标。同时，经过投标人澄清确认，对于投标人漏报、少报的费用，签订中标合同时，不予调整增加；对于投标人超过范围多报的费用，可以从中标合同价中减去相应多报的费用。

②合同价款支付方式偏差调整。投标人建议的合同价款支付计划与招标文件提出的支付方式有偏差，但是招标人可以接受的，应按照提前支付或延后支付发生资金的时间价值变化，调整投标报价的评标价格。

【例 1】招标文件要求合同生效后支付 10％预付款，交货后支付 90％货款。投标人要求合同生效后支付 30％预付款，交货后支付 70％货款。投标价格为 100 万元，交货期为合同生效后 6 个月。假设 6 个月的现值系数为 0.837。

如果按招标文件规定的支付方式付款，合同价款的现值为：P＝100×10％＋100×90％×0.837＝85.33（万元）。

如果按投标文件要求的付款方式付款，合同价款的现值为：P＝100×30％＋100×70％×0.837＝88.59（万元）。

现值差为：88.59－85.33＝3.26（万元）。

按照投标文件要求的支付方式，招标人需要多支付 3.26 万元合同价款，应计入评标价。投标人如果提出不需要支付 10％预付款，合同价款的现值为 100×0.837＝83.70（万元），则招标人由此可以减少支付 85.33－83.7＝1.63（万元）的合同价款，则评标价应该扣减调整为 83.70 万元。

③提前竣工或提前交货给招标人带来收益的。招标人可以将提前竣工或提前交货带来的直接经济收益，调减计算投标人评标价格。招标文件应规定提前竣工或提前交货带来的经济收益以及评标价格调减计算方法和标准（元/每天工期）。同理，投标人如果延迟竣工或延迟交货，且招标人可以接受，应该按招标文件规定的延迟竣工或延迟交货造成的直接经济损失和处罚金额的计算方法和标准（元/每天工期）调增计算评标价格。

④按投标人评标价格由低至高排序，推荐 1～3 个中标候选人；或者可以按照招标文件的约定规则，推荐中标候选人。

2）综合评估法的详细评审。评标委员会应当按照招标文件规定的投标价格、技术经济、商务服务等各项因素进行综合评审，量化计算和列表比较每一个投标人报价、各因素综合评分或者量化货币价格，按照综合评分由高至低，或者评标价格由低至高的顺序，推荐 1～3 个中标候选人。当投标人综合评分相同时，可优先推荐评标价格低的为中标候选人，或者按照招标文件约定的其他规则，推荐中标候选人。

（4）起草评标报告

评标委员会应当按照招标文件规定的办法和标准完成评标工作，起草完成书面评标报告并签名确认。评标报告应当记录整理和总结分析投标人的开标记录、评标委员会评审过程和评标结果，按照招标文件约定的规则推荐 3 个以内的中标候选人。同时对各中标候选人的利弊、优劣以及存在的风险进行客观分析，并对定标和履约提出相应的对策与建议提示，提交招标人审核验收。

1）评标报告一般包括以下内容：

①基本情况和数据表。

②评标委员会成员名单。

③开标记录。

④评审合格投标人一览表。

⑤否决投标的情况说明。

⑥评标标准、评标方法或者评标因素一览表。

⑦经评审的投标价格或者评分汇总比较表。

⑧按评标价格或者综合评分排序的投标人名单。

⑨推荐的中标候选人名单。

⑩澄清、说明事项纪要，以及订立合同要注意的事宜。

对于机电产品国际招标项目，评标委员会的每位成员要分别填写评标意见表并作为评标报告的组成部分。机电产品国际招标项目采用综合评价法评标的，评标报告还应当详细载明综合评价得分的计算过程，包括但不限于这些表格：评标委员会成员评价记录表、商务最终评分汇总表、技术最终评分汇总表、服务及其他评价内容最终评分汇总表、价格最终评分记录表、投标人最终评分汇总及排名表和评审意见表。

2）评标报告的签署确认。评标委员会全体成员应当签署确认评标报告。评标委员会成员对需要共同认定的事项存在争议的，应当按照少数服从多数的原则得出结论。评标专家对评标报告的评审办法和结论坚持保留不同意见的，可以在评标报告中说明不同意见和理由。评标委员会成员拒绝在评标报告上签字又不书面说明其不同意见和理由的，视为同意评标结果。

3）推荐中标候选人。评标委员会的评标报告应根据招标文件的约定规则，推荐 3 个以内中标候选人。

7.2.4　评标的基本规则

(1) 否决投标

评标委员会经过评审认定投标人存在违法违规行为，按照招标文件的规定确认投标人不符合规定的资格条件，投标文件没有实质性响应招标文件要求，或者存在招标文件规定的否决情形的，应当否决投标或者取消投标人资格。评标委员会不得否决法律法规和招标文件没有明确规定的投标情形。

1）评标委员会确认投标人存在以下情形之一的，应否决投标：

①投标文件未经投标人盖章和单位负责人签字，或者招标文件约定的情形。

②投标联合体没有提交联合体共同投标协议。

③投标人不符合招标文件规定的资格条件。

④同一投标人提交两个以上不同的投标文件或者投标价格，但招标文件要求提交备选投标的除外。

⑤投标价格低于成本或者高于招标文件设定的最高投标限价。

⑥投标文件没有对招标文件的实质性要求和条件作出响应。

⑦投标人本次投标有串通投标、弄虚作假、行贿等违法行为。

⑧没有按照招标文件的要求提供投标担保或者所提供的投标担保有瑕疵。

⑨投标文件载明的招标项目完成期限超过招标文件规定的期限。

⑩投标响应方案明显不符合技术规格、技术标准的要求。

⑪投标文件载明的货物包装方式、检验标准和方法等不符合招标文件的要求。

⑫投标文件附有招标人不能接受的条件。

2）投标人存在以下情形之一的，评标委员会可以视为串通投标，或者取消投标资格：

①不同投标人的投标文件由同一单位或者个人编制。

②不同投标人委托同一单位或者个人办理投标事宜。

③不同投标人的投标文件载明的项目管理成员为同一人。

④不同投标人的投标文件异常一致或者投标价格呈规律性差异。

⑤不同投标人的投标文件相互混装。

⑥不同投标人的投标保证金从同一单位或者个人的账户转出。

(2) 澄清投标文件

投标文件澄清是为了使评标委员会可以更准确地理解投标文件的内容，把握投标人要约的真实意思，同时，可以消除招标、投标双方歧义并堵塞双方漏洞，从而可以专业科学与客观公正地评价投标文件，避免中标人与招标人签约后，在合同履行过程中出现不必要的争议。

投标文件递交后，对投标人已经产生法律约束力，故不得随意修改投标文件的实质性内容。评标委员会发现投标文件存在含义不明确、表述不一致、有明显的文字或者计算错误等歧义、偏差、漏洞，以及投标价格异常低等可能影响对投标文件客观公正地评价和产生中标签约争议，或者履约结果情形的，需要投标人予以澄清并确认说明，但是不得通过澄清改变投标文件响应的实质性内容。

投标文件澄清需要注意以下问题：

1）评标委员会不得要求投标人澄清补充和修改投标文件缺漏和偏离招标文件的实质性内容要求。例如，招标文件要求必须响应并标注星号（“*”）的重要技术和商务指标（参数）等实质性要求，或者要求提供响应实质性要求的支持和证明材料等，投标人不得澄清补充和更改投标文件缺漏和偏离的内容。

2）投标人的澄清说明不得超出评标委员会要求澄清的内容范围；招标人和评标委员会不得暗示诱导和接受投标人主动递交的澄清说明。

3）澄清问题和答复说明应当以书面通知为准，准确表述需要澄清说明和答复的具体问题，但不排除使用见面交流的方式。

4）投标文件的澄清说明作为投标文件的组成部分，应由其法定代表人或者授权代表签字确认，对投标人具有约束力。投标澄清说明对中标合同履行产生影响的，应当作为合同的组成部分。

5）投标人应在规定的时间之前向评标委员会提交澄清说明文件。

(3) 投标报价错误修正

评标委员会发现投标总报价（开标价格）与分项报价不一致的，一般以投标总报价为准，修正分项报价，除非招标文件约定可以修正投标总报价的具体情形；投标报价存在大写金额和小写金额不一致的，以大写金额为准；投标分项总价金额与分项单价金额不一致的，以分项单价金额为准，但单价金额小数点有明显错误的除外；投标文件内容前后不一致的，按照文件效力等级以及后递交时间顺序优先解释。

招标文件应载明投标报价错误的修正规则。修正后的投标报价经投标人书面确认后产生约束力。投标人拒绝确认的，评标委员会可以否决其投标。

（4）异常低价投标

禁止投标人以低于成本的价格竞标。评标委员会发现投标价格明显低于其他有效投标价格，或者明显低于标底合理价格，或者符合招标文件规定的异常低价确认标准的，应当要求投标人作出专业论证说明并提供相关证明材料。

投标人对于异常偏低的投标价格，应当按照评标委员会的要求，提交专业论证说明和相关证明材料。投标人如果未能按照要求论证说明其投标价格合理可信，评标委员会可以否决其投标。

（5）投标失去竞争

通过初步评审或者详细评审后的投标人数量不足 3 个，而且评标委员会依据相似项目价格信息并通过充分论证，表明项目投标失去竞争性的，评标委员会可以否决全部投标，并建议招标人重新组织招标或者转变采购方式。评标报告应当记载论证依据和过程。

（6）备选投标方案

招标文件允许提交投标备选方案的，评标委员会应当首先评审投标人的主选方案。对于投标人主选方案排名第一的，可以评审投标人备选方案，如果投标人备选方案实质性响应招标文件，且优于主选方案，则可以推荐备选方案为中标候选方案。

（7）暗标评审

暗标评审应当注意以下事项：

1）暗标评审的基本要求是投标文件隐藏投标人标识并替换为代码标识，由此隔离评审专家与投标人暗标之间的信息联系。

2）鼓励招标项目依托电子招标投标系统网络，实行评标专家跨区域网络异地分布式暗标评审。

3）招标文件可以约定，如果发现投标文件带有投标人名称标识，或者可以明显识别投标人身份的文字符号等，予以否决投标。

4）评标委员会可以通过电子招标投标交易网络和会议系统交流讨论暗标投标文件的技术经济方案和评审意见，可以书面要求投标人对暗标投标文件进行书面澄清说明。

（8）停止评标

1）存在下列情形之一的，评标委员会可以停止评标，并安全保留和保密已有的投标文件与评标信息，待具备条件后恢复评标：

① 评标委员会成员存在法定更换情形，但无法及时更换的。

② 采用网络远程异地分布评标，因主场或者副场电子交易网络技术设备或者评标系统故障，或者其他原因导致一定时间内无法继续评标的。

③招标文件及其评标办法存在影响公平投标与公正评审的重大理解和争议，等待相关争议调解与仲裁机构以及行政监督部门裁决的。

2）存在下列情形之一的，评标委员会应当停止评标，招标人确认后终止评标：

①招标文件内容违反法律政策强制规定，或者招标文件存在严重歧义、偏差和缺陷，导致无法依法客观公正评标的，应当停止评标并向招标人提出后续处理建议。

②对于机电产品国际招标项目，开标后实际认定的投标人少于 3 个的，应当停止评标。

7.2.5 评标报告验收

(1) 审查评标报告

招标人应当在约定时间内并在中标候选人公示前，及时审查验收评标委员会提交的书面评标报告，并重点关注以下问题：

1）评标委员会的组建是否违反相关规定，评标委员会的成员是否存在应当回避但未回避的情形。

2）评标委员会是否存在违法违纪评标，以及存在违反或者干扰影响客观公正原则的倾向性、歧视性评标行为。其他相关参与单位或个人是否对评标施加不正当干预与影响行为。

3）评标委员会专家是否严格按照招标文件规定的评标标准、规则和方法评标，是否依法规范进行符合性和响应性评审，是否存在随意否决投标的情况。

4）评标委员会专家是否存在缺漏、偏差、重复、超标准范围评标，以及评标价格与评分计算错误的情形。

5）评标委员会对可能低于成本或者影响履约的异常低价投标和严重不平衡报价进行分析研判。

6）评标委员会对于投标文件存在缺漏、偏差和失误，以及可能影响公正评价投标人和影响中标签约履行的情形，是否要求投标人进行规范澄清说明和确认。

(2) 验收评标报告

招标人审查验收评标报告发现问题和异常情形的，招标人有权要求评标委员会依照规定程序进行复核评审，确认存在问题的应当依照规定程序予以纠正。评标报告未发现异常的，应当及时予以验收确认。

7.2.6 电子评标

(1) 评标系统集成

招标人通过电子交易平台互联接口，选择集成关联与招标项目匹配的专业评标工具系统、互联评审专家库、评审场所工位或者通过招标投标公共服务网络分布式部署评审场所工位。电子专业评标工具需要提前安装并更新调试驱动程序和相关软件系统及其数据交互接口。

评标专家可以使用本人身份信息和数字证书使用招标项目的专业评标工具以及登录相关匹配系统。

(2) 电子评标程序

1）专家签到。评标委员会成员到达评标场所工位，一般应当通过身份认证和事先通知的项目编码进入电子专业评标工具系统签到以证明其出席评标。

2）评标程序。

①投标文件评审。评标委员会成员根据招标文件评标办法，使用专业评标工具，对投标人的电子投标文件进行形式性、合格性和响应性初步评审，对投标文件技术和商务方案

进行详细评审。

实现电子招标投标全流程交易，对投标人资格业绩和信用进行合格性评审和客观可量化因素评审，与项目评标分离，并前移招标项目资格预审阶段，依托公共服务平台网络归集共享市场交易主体资格业绩信用信息，采用数字化智能方式评审，或者采用数字智能评审和专家评审相结合的方式，由此可以有效避免和减少人工主观封闭评审投标人资格业绩信用而导致失实、失误以及诱发弄虚作假的现象。

②澄清说明确认。评标委员会应当通过电子专业评标工具和指定会议交流系统，向投标人发出投标澄清通知和接受其响应澄清文件；投标人通过会议交流系统予以澄清说明或者确认。评标委员会可以通过指定会议交流系统，与投标人直接使用语音交流澄清问题。

③评审结果。评标委员会使用电子专业评标工具，按照评标办法和要素标准逐项进行合格性评审或者综合评分。评标工具自动计算和汇总每个评标专家的评分结果，或者按照评标办法规则要求和专家评分结果进行排序，评标委员会成员对汇总评标结果和推荐中标候选人进行电子签名确认。

④评标报告。评标委员会签名确认评标结果和中标候选人后，可以使用电子专业评标工具，并选择评标报告电子示范文本模块，输入各评标专家的各项要素评价结果，生成评标报告初稿，并补充完善评标项目个性和特殊的内容，以及有关的支持信息与材料，同时对项目评标结果和推荐中标候选人以及签约履行提出优劣、利弊风险分析总结和对策、意见、建议。评标委员会整理完善并签名确认评标报告。

⑤ 验收评标报告。评标委员会复核评标报告并完成电子签名，提交招标人验收评标报告。招标人应当在约定时间内核查验收评标报告，如果发现评标报告存在错误问题或者评标专家违规评标的问题，应当要求更换评标委员会成员，修正评审和评标报告或者重新组织评审。

(3) 远程异地网络分布式评标

远程异地网络分布式评标是指处于两个以上区域（鼓励分布在 3 个以上区域）的项目评标委员会专家，分散在两个以上跨区域和可规范监控的评标场所工位，通过招标投标系统公共服务网络，对使用同一电子交易平台的招标项目实行网络协同评标。远程异地网络分布式评标场所工位一般要求一个评标主场和两个以上评标副场。招标人选择和登记招标项目的电子交易平台及其注册所在区域的评标场所工位为评标主场，选择部署主场以外的其他区域的评标场所为评标副场。远程异地网络分布式评标可以隔离评标专家与投标人之间长期密切的物理空间以及利益交换联系，有利于提高专家评标的客观公正性，可有效提升双信封评审与暗标评审的功能效果。

评标主场和评标副场各自支持和保障本区域评标场所的评标委员会专家使用评标主场的电子交易平台和专业评标工具进行身份核验、签到和登录评标项目，通过电子招标投标系统网络实现协同评标和交互信息，同时按照招标项目监管要求传输和保存评标场所工位视频监控信息，以及提供现场评审需要的保障服务工作。评标委员会成员可以使用音视频会议系统沟通评审信息和研讨交流评审技术经济问题。评标场所工位应当保存在一定时间内可追溯项目评审全过程的音视频数据和文档。

7.3 标准招标文件评标程序

7.3.1 工程勘察招标项目评标程序

《标准勘察招标文件》(2017 年版)规定，工程勘察招标项目的评标程序如下：

(1) 初步评审

工程勘察招标项目的初步评审包括形式评审、资格评审和响应评审。评标委员会按照评审标准对投标文件进行评审，投标文件有一项不符合评审标准的，评标委员会应当否决投标。

(2) 详细评审

工程勘察招标项目的详细评审因素包括资信业绩、勘察纲要和投标报价等。资信业绩一般包括信誉、类似项目业绩、项目负责人资历和业绩、其他主要人员资历和业绩、拟投入的勘察设备等。勘察纲要，一般包括勘察范围、勘察内容，勘察依据、勘察工作目标，勘察机构设置和岗位职责，勘察说明和勘察方案等。

评标委员应当按照量化因素和分值对投标人的资信业绩、勘察纲要和投标报价等进行打分，然后汇总相加计算出每位投标人的综合评分。按照综合评分由高到低对投标人进行排序，确定中标候选人的顺序。当综合评分相等时，可以按照投标报价低的或者勘察纲要得分高的优先顺序，或者按照招标文件约定的其他规则顺序推荐中标候选人。

7.3.2 工程设计招标项目评标程序

工程设计招标项目主要有两类：第一类是选择工程项目设计概念性或者实施性方案；第二类是选择工程设计单位。基于《标准设计招标文件》(2017 年版)，主要介绍第二类工程设计招标项目的评标程序。

(1) 初步评审

工程设计招标项目的初步评审包括形式评审、资格评审和响应评审。评标委员会按照评审标准对投标文件进行评审，投标文件有一项不符合评审标准的，评标委员会应当否决投标。

(2) 详细评审

工程设计招标项目的详细评审因素包括资信业绩、设计方案和投标价。资信业绩一般包括信誉、类似项目业绩、项目负责人资历和业绩、其他主要人员资历和业绩等。设计方案一般包括设计范围、设计内容、设计依据、设计工作目标和设计说明等。

评标委员应当按照量化因素和分值对投标人的资信业绩、设计方案和投标价等进行打分，然后汇总相加计算出每位投标人的综合评分。按照综合评分由高到低对投标人进行排序，确定中标候选人的顺序。当综合评分相等时，以投标价低的或者以设计方案得分高的优先顺序推荐中标候选人；或者按照招标文件约定的其他规则顺序推荐中标候选人。

工程设计招标项目初步评审和详细评审的内容参考《标准设计招标文件》(2017 年版)，见表 7-1。

表 7-1　工程设计招标项目初步评审和详细评审内容一览表（综合评估法）

条款号		评审因素	评审标准
2.1.1	形式评审标准	投标人名称	与营业执照、资质证书一致
		投标函及投标函附录签字盖章	有法定代表人或其委托代理人签字或加盖单位章。由法定代表人签字的，应附法定代表人身份证明，由代理人签字的，应附授权委托书，身份证明或授权委托书应符合第六章“投标文件格式”的规定
		投标文件格式	符合第六章“投标文件格式”的要求
		联合体投标人	提交符合招标文件要求的联合体协议书，明确各方承担连带责任，并明确联合体牵头人
		备选投标方案	除招标文件明确允许提交备选投标方案外，投标人不得提交备选投标方案
		……	……
2.1.2	资格评审标准	营业执照和组织机构代码证	符合第二章“投标人须知”第 3.5.1 项规定，具备有效的营业执照和组织机构代码证
		资质要求	符合第二章“投标人须知”第 1.4.1 项规定
		财务要求	符合第二章“投标人须知”第 1.4.1 项规定
		业绩要求	符合第二章“投标人须知”第 1.4.1 项规定
		信誉要求	符合第二章“投标人须知”第 1.4.1 项规定
		项目设计负责人资格	符合第二章“投标人须知”第 1.4.1 项规定
		项目负责人	符合第二章“投标人须知”第 1.4.1 项规定
		其他主要人员	符合第二章“投标人须知”第 1.4.1 项规定
		其他要求	符合第二章“投标人须知”第 1.4.1 项规定
		联合体投标人	符合第二章“投标人须知”第 1.4.2 项规定
		不存在禁止投标的情形	不存在第二章“投标人须知”第 1.4.3 项规定的任何一种情形
		……	……
2.1.3	响应性评审标准	投标报价	符合第二章“投标人须知”第 3.2 款规定
		投标内容	符合第二章“投标人须知”第 1.3.1 项规定
		设计服务期限	符合第二章“投标人须知”第 1.3.2 项规定
		质量标准	符合第二章“投标人须知”第 1.3.3 项规定
		投标有效期	符合第二章“投标人须知”第 3.3.1 项规定
		投标保证金	符合第二章“投标人须知”第 3.4.1 项规定
		权利义务	符合第二章“投标人须知”第 1.12.1 项规定和第四章“合同条款及格式”中的实质性要求和条件
		设计方案	符合第五章“发包人要求”中的实质性要求和条件
		……	……

（续）

<table>
<tr><th colspan="2">条款号</th><th>条款内容</th><th>编列内容</th></tr>
<tr><td colspan="2">2.2.1</td><td>分值构成（总分 100 分）</td><td>资信业绩部分：____分
设计方案部分：____分
投标报价：________分
其他评分因素：____分（如有）</td></tr>
<tr><td colspan="2">2.2.2</td><td>评标基准价计算方法</td><td></td></tr>
<tr><td colspan="2">2.2.3</td><td>投标报价的偏差率
计算公式</td><td></td></tr>
<tr><th colspan="2">条款号</th><th>评分因素（偏差率）</th><th>评分标准</th></tr>
<tr><td rowspan="5">2.2.4（1）</td><td rowspan="5">资信业绩评分标准</td><td>信誉</td><td>……</td></tr>
<tr><td>类似项目业绩</td><td>……</td></tr>
<tr><td>项目负责人资历和业绩</td><td>……</td></tr>
<tr><td>其他主要人员资历和业绩</td><td>……</td></tr>
<tr><td>……</td><td>……</td></tr>
<tr><td rowspan="10">2.2.4（2）</td><td rowspan="10">设计方案评分标准</td><td>设计范围、设计内容</td><td>……</td></tr>
<tr><td>设计依据、设计工作目标</td><td>……</td></tr>
<tr><td>设计机构设置和岗位职责</td><td>……</td></tr>
<tr><td>设计说明和设计方案</td><td>……
……</td></tr>
<tr><td>设计质量、进度、保密等保证措施</td><td>……
……</td></tr>
<tr><td>设计安全保证措施</td><td>……
……</td></tr>
<tr><td>设计工作重点、难点分析</td><td>……</td></tr>
<tr><td>合理化建议</td><td>……</td></tr>
<tr><td>……</td><td>……</td></tr>
<tr><td>……</td><td>……</td></tr>
<tr><td rowspan="2">2.2.4（3）</td><td rowspan="2">投标报价评分标准</td><td>偏差率</td><td>……</td></tr>
<tr><td>……</td><td>……</td></tr>
<tr><td>2.2.4（4）</td><td>其他因素评分标准</td><td>……</td><td>……</td></tr>
</table>

7.3.3 工程监理招标项目评标程序

《标准监理招标文件》（2017 年版）规定，工程监理招标项目的评标程序如下：

（1）初步评审

工程监理招标项目的初步评审包括形式评审、资格评审和响应评审。评标委员会按照评审标准对投标文件进行评审，投标文件有一项不符合评审标准的，评标委员会应当否决投标。

(2) 详细评审

工程监理招标项目的详细评审因素包括资信业绩、监理大纲和投标价。资信业绩一般包括信誉、类似项目业绩、项目负责人资历和业绩、其他主要人员资历和业绩、拟投入的试验监测仪器设备等。监理大纲一般包括监理范围、监理内容，设计依据、监理工作目标，监理工作程序、方法和制度等。

评标委员应当按照量化因素和分值对投标人的资信业绩、监理大纲和投标价等进行打分，然后汇总相加计算出每位投标人的综合评分。按照综合评分由高到低对投标人进行排序，推荐中标候选人。当综合评分相等时，可以按照投标价低的或者监理大纲得分高的优先顺序，或者按照招标文件约定的其他规则顺序，推荐中标候选人。

工程监理招标项目初步评审和详细评审的内容参考《标准监理招标文件》(2017 年版)。

7.3.4 工程总承包招标项目评标程序

《标准设计施工总承包招标文件》(2012 年版) 规定，工程总承包招标项目的评标程序如下：

(1) 初步评审

工程总承包招标项目的初步评审包括形式评审、资格评审和响应评审。评标委员会按照评审标准对投标文件进行评审，投标文件有一项不符合评审标准的，评标委员会应当否决投标。

(2) 详细评审

评标委员应当按照量化因素和分值对通过初步评审的承包人建议书、资信业绩、承包人实施方案、投标价等进行打分，然后汇总相加计算出每位投标人的综合评分。按照综合评分由高到低对投标人进行排序，确定中标候选人的顺序。当综合评分相等时，以投标价低的优先；投标价也相同的，以实施方案得分高的优先；或者按照招标文件约定的其他规则顺序推荐中标候选人。

工程总承包招标项目初步评审和详细评审的内容参考《标准设计施工总承包招标文件》(2012 年版)。

7.3.5 工程施工招标项目评标程序

《标准施工招标文件》(2007 年版) 规定，工程施工招标项目评标程序如下：

(1) 初步评审

工程施工招标项目的初步评审包括形式评审、资格评审和响应评审。评标委员会按照评审标准对投标文件进行评审，投标文件有一项不符合评审标准的，评标委员会应当否决投标。

工程施工招标项目初步评审的内容参考《标准施工招标文件》(2007 年版)，见表 7-2。

表 7-2　工程施工招标项目初步评审内容一览表

条款号		评审因素	评审标准
2.1.1	形式评审标准	投标人名称	与营业执照、资质证书、安全生产许可证一致
		投标函签字盖章	有法定代表人或其委托代理人签字或加盖单位章
		投标文件格式	符合第八章“投标文件格式”的要求
		联合体投标人	提交联合体协议书，并明确联合体牵头人（如有）
		报价唯一	只能有一个有效报价
		……	……
2.1.2	资格评审标准	营业执照	具备有效的营业执照
		安全生产许可证	具备有效的安全生产许可证
		资质等级	符合第二章“投标人须知”第 1.4.1 项规定
		财务状况	符合第二章“投标人须知”第 1.4.1 项规定
		类似项目业绩	符合第二章“投标人须知”第 1.4.1 项规定
		信誉	符合第二章“投标人须知”第 1.4.1 项规定
		项目经理	符合第二章“投标人须知”第 1.4.1 项规定
		其他要求	符合第二章“投标人须知”第 1.4.1 项规定
		联合体投标人	符合第二章“投标人须知”第 1.4.2 项规定（如有）
		……	……
2.1.3	响应性评审标准	投标内容	符合第二章“投标人须知”第 1.3.1 项规定
		工期	符合第二章“投标人须知”第 1.3.2 项规定
		工程质量	符合第二章“投标人须知”第 1.3.3 项规定
		投标有效期	符合第二章“投标人须知”第 3.3.1 项规定
		投标保证金	符合第二章“投标人须知”第 3.4.1 项规定
		权利义务	符合第四章“合同条款及格式”规定
		已标价工程量清单	符合第五章“工程量清单”给出的范围及数量
		技术标准和要求	符合第七章“技术标准和要求”规定

（2）详细评审

1）经评审的最低投标价法的详细评审

评标委员会应当按照招标文件的规定对通过初步评审的投标文件进行详细评审。评标委员会应当按照量化因素及量化标准对投标人的投标价进行调整并计算评标价。按照评标价由低到高对投标人进行排序，确定中标候选人顺序。当评标价相等时，投标价低的优先；投标价也相同的，按照招标文件的规定确定中标候选人顺序。招标文件未规定价格调整因素的，投标人的投标价为评标价。

2）综合评估法的详细评审

评标委员会应当按照招标文件的规定对通过初步评审的投标文件进行详细评审。评标委员应当按照量化因素和分值对商务、技术、投标报价等进行打分，然后汇总相加计算出每位投标人的综合评分。按照综合评分由高到低对投标人进行排序，确定中标候选人顺序。当综合评分相等时，按照投标报价低的或者技术得分高的优先顺序推荐中标候选人；或者按照招标文件约定的其他规则顺序推荐中标候选人。

工程施工招标项目综合评估法详细评审内容参考《标准施工招标文件》（2007 年版），见表 7-3。

表 7-3　工程施工招标项目综合评估法详细评审内容一览表（综合评估法）

<table>
<tr><td colspan="2">条款号</td><td>条款内容</td><td>编列内容</td></tr>
<tr><td colspan="2">2.2.1</td><td>分值构成（总分 100 分）</td><td>施工组织设计：____分
项目管理机构：____分
投标报价：____分
其他评分因素：____分</td></tr>
<tr><td colspan="2">2.2.2</td><td>评标基准价计算方法</td><td></td></tr>
<tr><td colspan="2">2.2.3</td><td>投标报价的偏差率计算公式</td><td>偏差率＝100％×（投标人报价－评标基准价）/评标基准价</td></tr>
<tr><td colspan="2">条款号</td><td>评分因素</td><td>评分标准</td></tr>
<tr><td rowspan="8">2.2.4（1）</td><td rowspan="8">施工组织设计评分标准</td><td>内容完整性和编制水平</td><td>……</td></tr>
<tr><td>施工方案与技术措施</td><td>……</td></tr>
<tr><td>质量管理体系与措施</td><td>……</td></tr>
<tr><td>安全管理体系与措施</td><td>……</td></tr>
<tr><td>环境保护管理体系与措施</td><td>……</td></tr>
<tr><td>工程进度计划与措施</td><td>……</td></tr>
<tr><td>资源配备计划</td><td>……</td></tr>
<tr><td>……</td><td>……</td></tr>
<tr><td rowspan="4">2.2.4（2）</td><td rowspan="4">项目管理机构评分标准</td><td>项目经理任职资格与业绩</td><td>……</td></tr>
<tr><td>技术负责人任职资格与业绩</td><td>……</td></tr>
<tr><td>其他主要人员</td><td>……</td></tr>
<tr><td>……</td><td>……</td></tr>
<tr><td rowspan="2">2.2.4（3）</td><td rowspan="2">投标报价评分标准</td><td>偏差率</td><td>……</td></tr>
<tr><td>……</td><td>……</td></tr>
<tr><td>2.2.4（4）</td><td>其他因素评分标准</td><td>……</td><td>……</td></tr>
</table>

7.3.6　工程货物招标项目评标程序

《标准设备采购招标文件》（2017 年版）和《标准材料采购招标文件》（2017 年版）规定，工程货物招标项目评标程序如下：

（1）初步评审

工程货物招标项目的初步评审包括形式评审、资格评审和响应评审。评标委员会按照评审标准对投标文件进行评审，投标文件有一项不符合评审标准的，评标委员会应当否决投标。

工程货物招标项目初步评审的内容参考《标准设备采购招标文件》(2017 年版)，见表 7-4。

表 7-4　工程货物招标项目初步评审内容一览表

条款号		评审因素	评审标准
2.1.1	形式评审标准	投标人名称	与营业执照、资质证书一致
		投标函签字盖章	有法定代表人（单位负责人）或其委托代理人签字或加盖单位章。由法定代表人（单位负责人）签字的，应附法定代表人（单位负责人）身份证明，由代理人签字的，应附授权委托书，身份证明或授权委托书应符合第六章“投标文件格式”的要求
		投标文件格式	符合第六章“投标文件格式”的要求
		联合体投标人	提交符合招标文件要求的联合体协议书，明确各方承担连带责任，并明确联合体牵头人
		备选投标方案	除招标文件明确允许提交备选投标方案外，投标人不得提交备选投标方案
		……	……
2.1.2	资格评审标准	营业执照和组织机构代码证	符合第二章“投标人须知”第 3.5.1 项规定，具备有效的营业执照和组织机构代码证
		资质要求	符合第二章“投标人须知”第 1.4.1 项规定
		财务要求	符合第二章“投标人须知”第 1.4.1 项规定
		业绩要求	符合第二章“投标人须知”第 1.4.1 项规定
		信誉要求	符合第二章“投标人须知”第 1.4.1 项规定
		其他要求	符合第二章“投标人须知”第 1.4.1 项规定
		联合体投标人	符合第二章“投标人须知”第 1.4.2 项规定
		不存在禁止投标的情形	不存在第二章“投标人须知”第 1.4.3 项规定的任何一种情形
		投标设备制造商的资质要求（如有）	符合第二章“投标人须知”第 1.4.1 项规定
		投标设备的业绩要求（如有）	符合第二章“投标人须知”第 1.4.1 项规定
		……	……
2.1.3	响应性评审标准	投标报价	符合第二章“投标人须知”第 3.2 款规定
		投标内容	符合第二章“投标人须知”第 1.3.1 项规定
		交货期	符合第二章“投标人须知”第 1.3.2 项规定
		交货地点	符合第二章“投标人须知”第 1.3.3 项规定
		技术性能指标	符合第二章“投标人须知”第 1.3.4 项规定
		投标有效期	符合第二章“投标人须知”第 3.3.1 项规定
		投标保证金	符合第二章“投标人须知”第 3.4.1 项规定

（续）

条款号		评审因素	评审标准
2.1.3	响应性评审标准	权利义务	符合第二章“投标人须知”第 1.11.1 项规定和第四章“合同条款及格式”中的实质性要求和条件
		投标设备及技术服务和质保期服务	符合第五章“供货要求”中的实质性要求和条件
		技术支持资料	符合第二章“投标人须知”第 1.11.3 项规定
		……	……

（2）详细评审

1）经评审的最低投标价法的详细评审。评标委员会应当按照招标文件评标办法前附表规定的价格调整因素，例如付款条件、交货期等，对通过初步评审的投标人的投标价进行调整，并计算评标价。按照评标价由低到高对投标人进行排序，确定中标候选人顺序。评标价相等时，投标价低的优先；或者按照招标文件约定的其他规则顺序推荐中标候选人。招标文件未规定价格调整因素的，投标人的投标价为评标价。

2）综合评估法的详细评审。评标委员会应当按照招标文件的规定对通过初步评审的投标文件进行详细评审。评标委员会应当按照量化因素和分值对商务、技术、投标价等进行打分，然后汇总相加计算出每位投标人的综合评分。按照综合评分由高到低对投标人进行排序，确定中标候选人顺序。当综合评分相等时，投标价低的优先；或者按照招标文件约定的其他规则推荐中标候选人。

工程货物招标项目综合评估法详细评审内容参考《标准设备采购招标文件》（2017 年版），见表 7-5。

表 7-5　工程货物招标项目详细评审内容一览表（综合评估法）

条款号		条款内容	编列内容
2.2.1		分值构成（总分 100 分）	商务部分：____分 技术部分：____分 投标报价：____分 其他评分因素：____分（如有）
2.2.2		评标基准价计算方法	
2.2.3		投标报价的偏差率计算公式	
条款号		评分因素	评分标准
2.2.4（1）	商务评分标准	对投标人履约能力的评价	……
		对招标文件商务条款的响应程度	……
		投标设备的业绩	……
		……	……
2.2.4（2）	技术评分标准	对投标设备整体评价	
		投标设备技术性能指标的响应程度	……

（续）

条款号		评分因素	评分标准
2.2.4（2）	技术评分标准	对投标人技术服务和质保期服务能力的评价	……
		……	……
2.2.4（3）	投标报价评分标准	偏差率	……
		……	……
2.2.4（4）	其他因素评分标准	……	……

7.3.7 机电产品国际招标项目评标程序

《机电产品国际招标标准招标文件（试行）》规定，机电产品国际招标项目评标程序如下：

（1）初步评审

机电产品国际招标项目的初步评审包括符合性检查、商务评议和技术评议。

1）符合性检查。符合性检查是指检查投标文件的完整性。

2）商务评议。商务评议是指对投标文件商务内容的响应性进行审查。

3）技术评议。技术评议是指对投标文件技术内容的响应性进行审查，主要审查投标文件对招标文件技术部分的响应程度。对于主要技术参数是否响应招标文件的要求，应依据投标文件中的技术支持资料作出判断，而不能仅依据投标人的承诺。技术支持资料是指制造商公开发布的印刷资料、检测机构出具的检测报告或者招标文件规定的其他资料。任何一项主要参数不满足招标文件要求的，视为对招标文件的实质性不满足，投标应被否决。一般参数可以允许偏离，但是偏离的范围或者项数都不得超过招标文件规定的最大范围或者最多项数。

评审时发现两家以上投标人的投标产品为同一家制造商或者集成商生产的，应按一家投标人认定。两家以上集成商或者代理商使用同一制造商相同产品作为其投标的一部分，且相同产品的价格总和均超过该项目各自投标总价60%的，按一家投标人认定。认定投标人少于三个的应当停止评标。

机电产品国际招标项目初步评审内容参考《机电产品国际招标标准招标文件（试行）》，见表7-6。

表7-6 机电产品国际招标项目初步评审内容一览表

评审内容	评审因素	评审标准
符合性检查	投标书	“有”或“无”
	投标保证金	“有”或“无”
	单位负责人授权书	“有”或“无”
	资格证明文件	“有”或“无”
	技术文件	“有”或“无”
	投标分项报价表	“有”或“无”
	……	……

（续）

评审内容	评审因素	评审标准
商务评议	投标人的合格性	1. 投标人应是响应招标、参加投标竞争的法人或其他组织； 2. 投标人应是中国或与中国有正常贸易往来的国家或地区的法人或其他组织； 3. 投标人或其制造商不得与招标人存在利害关系可能影响招标公正性； 4. 投标人不得接受委托参与项目前期咨询和招标文件编制； 5. 投标人单位负责人不得与其他投标人为同一人或者与其他投标人存在控股、管理关系； 6. 投标人应在法律上和财务上独立、合法运作并独立于招标人和招标机构； 7. 投标人是联合体的，提交联合体投标协议，并符合“投标人须知”规定
	投标的有效性	1. 是否按照招标文件的要求小签； 2. 是否由单位负责人或授权代表签署，由授权代表签署的，应附单位负责人有效授权书
	投标有效期	符合“投标人须知”规定
	投标保证金	金额、有效期、保函格式符合“投标人须知”规定
	投标人资格声明	符合“投标文件格式”规定
	制造厂家资格声明	符合“投标文件格式”规定
	作为代理的贸易公司的资格声明（如适用）	符合“投标文件格式”规定，投标人为代理商时提供
	制造商授权书（如适用）	符合“投标文件格式”规定
	证书	符合“投标文件格式”规定
	银行资信证明	是投标截止时间前三个月由投标人基本账户开户银行出具的原件或复印件
	经营范围	符合“投标人须知”规定
	类似业绩	符合“投标人须知”规定
	交货期	符合“投标人须知”规定
	质量保证期	符合“投标人须知”规定
	付款条件和方式	符合“合同条款”规定
	适用法律	符合“合同条款”规定
	仲裁	符合“合同条款”规定
	其他	符合“投标人须知”和“合同条款”规定
	……	……
技术评议	主要参数	必须满足招标文件技术规格中加注星号（“*”）的重要条款（参数）要求．加注星号（“*”）的重要条款（参数），应依据制造商公开发布的印刷资料、检测机构出具的检测报告或招标文件中允许的其他形式的技术支持资料
	一般参数	不满足招标文件“技术规格”要求的一般参数项数或范围超过“投标人须知”规定的，应作否决其投标处理

（续）

评审内容	评审因素	评审标准
技术评议	其他	投标文件有以下情况的应作否决其投标处理： a. 投标文件技术规格中的响应与事实情况不符或虚假投标的； b. 投标人复制招标文件的技术规格相关部分内容作为其投标文件中一部分的； c. 存在招标文件中规定的否决投标的其他技术条款的
	……	……

评标委员会按照上述评审标准对所有投标文件进行符合性检查和商务评议、技术评议，并对所有未通过评审的情况进行说明；投标文件存在以上任何一项被评审不合格的，评标委员会应当否决投标。

（2）详细评审

机电产品国际招标项目的详细评审包括最低评标价法的详细评审和综合评价法的详细评审。

1）最低评标价法的详细评审。最低评标价法是指在投标满足招标文件商务、技术等实质性要求的前提下，按照招标文件中规定的评价因素和方法进行评价，确定各投标人的评标价，并按投标人的评标价由低到高确定中标候选人的评标方法。

详细评审是指对投标价进行评审和调整，将各种不同货币、不同价格术语、不同供货范围和不同技术水平的投标调整为统一标准下的评标价，并进行比较排序。计算评标价以货物到达招标人指定的国内交货地点为依据。国外贷款项目计算评标价应以货物到达中国关境前（即 CIF 或者 CIP 价格）为依据。评标价的计算包括以下步骤：

①计算投标价格。计算投标价格应按以下步骤进行：

A. 算术性错误修正。单价计算的结果与总价不一致的，以单价为准修改总价；大写表示的数值与小写表示的数值不一致的，以大写为准。

B. 价格调整。如投标人在投标截止时间前提交了投标价格修改函，应按照修改函的声明对投标价格进行调整。

C. 评标货币转换。按照开标当日中国银行总行首次发布的外币对人民币的现汇卖出价将投标货币转换为评标货币。使用国内资金的项目一般应以人民币为评标货币；使用国外资金的项目应以资金提供方规定的货币为评标货币。

D. 计算 CIF 或者 CIP 价格。关境外货物一般应以 CIF 或者 CIP 为投标价格术语。如果投标人采用 EXW、FOB、CFR 或者 CPT 价格术语投标，应转换为 CIF 或者 CIP 价格术语。相关计算公式为：

$$\text{CIF 价格}=\text{FOB 价格}+\text{国际运费}+\text{国际运输保险费}$$

$$\text{国际运输保险费}=\text{CIF 价格}\times\text{国际运输保险费率}\times\text{投保加成系数}$$

$$\frac{\text{国际运输保险费}=(\text{FOB 价格}+\text{国际运费})\times\text{国际运输保险费率}\times\text{投标加成系数}}{(1-\text{国际运输保险费率}\times\text{投保加成系数})}$$

$$\text{CIF 价格}=\frac{(\text{FOB 价格}+\text{国际运费})}{(1-\text{国际运输保险费率}\times\text{投保加成系数})}$$

【例 2】在某机电产品国际招标项目中，投标人的投标价格为 25000 美元 FOB 美国纽约。国际运费为 100 美元，国际运输保险费率为 1‰，投保加成系数为 110%。请将 FOB 价格转换为 CIF 价格。

解：

$$\text{国际运输保险费}=\frac{(\text{FOB 价格}+\text{国际运费})\times\text{国际运输保险费率}\times\text{投保加成系数}}{(1-\text{国际运输保险费率}\times\text{投保加成系数})}$$

$$=\frac{(25000+100)\times 1‰\times 110\%}{(1-1‰\times 110\%)}=27.64(\text{美元})$$

CIF 价格＝FOB 价格＋国际运费＋国际运输保险费＝25000＋100＋27.64＝25127.64（美元）

关境内货物计算偏离加价时，若包含增值税的，应扣除增值税后作为计算评标价格的基准。相关计算公式如下：

$$\text{增值税}=\text{不含税价格}\times\text{增值税税率}$$

$$\text{不含税价格}=\frac{\text{含税价格}}{(1+\text{增值税税率})}$$

【例 3】在某机电产品国际招标项目中，投标人的投标价为 10000 元人民币，增值税税率为 17%，请计算不含税价格。

解：

$$\text{不含税价格}=\frac{\text{含税价格}}{(1+\text{增值税税率})}=\frac{10000}{(1+17\%)}=8547.01(\text{元})$$

②计算供货范围偏离调整额。供货范围偏离调整只针对不构成实质性偏离的缺漏项内容。构成实质性偏离的，应在初步评审环节商务评标时被评标委员会否决。对于招标文件允许范围或者比重内的缺漏项，评标委员会应当要求投标人确认缺漏项是否包含在投标价格中，确认包含的，应将其他有效投标中该项的最高价格（CIF 或者 CIP 价格，关境内货物应当扣除增值税等相关税费）作为偏离调整额计入其评标总价，并依据此评标总价对其一般商务和技术条款（参数）偏离进行价格调整；确认不包含的，评标委员会应当否决其投标；如果投标中包含了招标文件要求以外的内容，评标时不予核减。中标价即签约合同价均以投标价格为准，不予调整。

③计算商务和技术偏离调整额。以步骤①计算的投标价格加上步骤②供货范围偏离调整额之和为计算商务和技术偏离调整额的基准。

A. 商务偏离调整。商务偏离调整分两种情形：

一是对于付款条件和交货期等可以直接量化为价格的因素，应按照招标文件的规定直接将偏离的内容计算为价格调整额。对于付款条件的偏离，可按投标人提出的付款方案将每次支付的金额折算为招标文件规定时间的现值，例如在书面合同订立时，与按招标文件提出的付款方案中每次支付的金额折算为同一时间的现值进行比较。前者高于后者的，高过的部分，按照招标文件的规定作为评标加价计入评标价格。

商务偏离调整的原则是“只加不减”。例如，对于要求付款期提前的，应计算提前付款的利息并计入评标价格；对于要求延期付款的，不予核减评标价格。对于交货期的偏离，延期交货的可以规定按照误期赔偿金额作为评标加价计入评标价格；提前交货的不予扣减评标价格。

二是对于投标人的资信、资质、服务承诺等不能量化为价格的因素，应按照招标文件的规定按偏离项数计算调整额。例如，招标文件规定，按偏离项数计算调整的，每项偏离的调整额最多不超过投标总价（含供货范围偏离调整额）的 1%。

【例 4】在某机电产品国际招标项目中，招标文件规定的付款进度为订立书面合同并生效时支付合同价的 10%，6 个月后支付 70%，10 个月后支付余下的 20%。某投标人的投标价格为 1000 万美元，投标文件提出的付款进度为订立书面合同并生效时支付合同价的 40%，6 个月后支付 50%，10 个月后支付余下 10%。计算付款条件偏离加价。$(P/F, i,$ 6 个月）为 0.942、$(P/F, i,$ 10 个月）为 0.905。

解：将各次付款的金额按照合同生效时的价值进行折现。

$$
\begin{aligned}
P_{招标} &= 1000\times10\%+1000\times70\%\times(P/F,i,6)+1000\times20\%\times(P/F,i,10)\\
&= 100+700\times0.942+200\times0.905
\end{aligned}
$$

$$
\begin{aligned}
P_{投标} &= 1000\times40\%+1000\times50\%\times(P/F,i,6)+1000\times10\%\times(P/F,i,10)\\
&= 400+500\times0.942+100\times0.905
\end{aligned}
$$

付款条件偏离加价：$P_{投标}-P_{招标}=(400+500\times0.942+100\times0.905)-(100+700\times0.942+200\times0.905)=21.1$（万美元）。

B. 技术偏离调整。技术偏离调整应按偏离项数计算价格调整额，每项偏离的调整额最多不超过修正后该设备投标价格的 1%。投标文件中没有单独列出该设备分项报价的，评标价格调整时按投标总价（含供货范围偏离调整额）计算。技术偏离调整只计算对一般技术指标负偏离的加价。对于优于一般技术指标的正偏离不计算减价。

④计算进口环节税。进口环节税包括进口关税、消费税和增值税。进口关税以 CIF 价格或者 CIP 价格为基础计算。相关计算公式如下：

$$进口环节税=进口关税+消费税+增值税$$

$$进口关税=\text{CIF 价格}\times进口关税税率$$

$$消费税=(\text{CIF 价格}+进口关税)\times\frac{消费税税率}{(1-消费税税率)}$$

$$进口增值税=(\text{CIF 价格}+进口关税+消费税)\times增值税税率$$

【例 5】某进口机电产品 CIF 价格为 200 万美元，进口关税税率为 10%，消费税税率为 20%，增值税税率为 17%，请计算进口环节税。

解：

进口关税 $=\text{CIF 价格}\times进口关税税率=200\times10\%=20$（万美元）

$$
\begin{aligned}
消费税 &= (\text{CIF 价格}+进口关税)\times\frac{消费税税率}{(1-消费税税率)}\\
&= \frac{(200+20)\times20\%}{(1-20\%)}=55\ (万美元)
\end{aligned}
$$

$$
\begin{aligned}
进口增值税 &= (\text{CIF 价格}+进口关税+消费税)\times增值税税率\\
&= (200+20+55)\times17\%=46.75\ (万美元)
\end{aligned}
$$

进口环节税 $=进口关税+消费税+增值税=20+55+46.75=121.75$（万美元）

⑤计算国内运保费。国内运保费包括国内运输费和国内运输保险费，以招标项目要求的货物到达地点为目的地计算。国内运输费和国内运输保险费可以按货值为基准计算。国内货物货值为出厂价（含增值税）。进口货物货值为货物完税以后的价格，即应在 CIF 价

格的基础上，加上进口关税、消费税和增值税。货值应为实际货值，不包括供货范围偏离调整额。国内运输费费率应以公路、铁路、航空和邮政部门公布的运费标准为依据。国内运输保险费费率应以保险公司公布的合理保费费率标准为依据。

⑥计算其他费用。其他调整是指投标未包括但需要招标人支付的其他费用。需要招标人支付的其他费用在 CIF 价格或者 CIP 价格条件下，可能包括卸货费、仓储费、商检费、报关费、进口代理费、银行财务费等。这些费用应按实际费用或者参考相关费用计算。

⑦计算评标价格并排序。招标文件应当明确计算评标总价时关境内、外产品价格的计算方法，并应当明确指定到货地点。除国外贷款、援助资金项目外，评标总价应当包含货物到达招标人指定到货地点之前的所有成本及费用。

关境外产品为：CIF 价＋进口环节税＋国内运输、保险费＋缺漏项加价＋技术商务偏离加价＋其他费用（采用 CIP、DDP 等其他报价方式的，参照此方法计算评标总价）。其中，投标截止时间前已经进口的产品为：销售价（含进口环节税、销售环节增值税）＋国内运输、保险费＋缺漏项加价＋技术商务偏离加价＋其他费用。

关境内产品为：出厂价（含增值税）＋消费税（如适用）＋国内运输、保险费＋缺漏项加价＋技术商务偏离加价＋其他费用。

评标委员会应当根据各投标人的评标价格由低到高排出名次。当评标价格相等时，投标价格低的优先；投标价格也相同的，评标委员会应当按照招标文件评标办法前附表中的规定确定中标候选人顺序。

⑧确定中标候选人及其排序。评标委员会应当确定评标价格最低的投标人为排名第一的中标候选人，按照招标文件的规定推荐不超过 3 个中标候选人，并标明排序。

2）综合评价法的详细评审。综合评价法是指在投标满足招标文件实质性要求的前提下，按照招标文件中规定的各项评价因素和方法对投标进行综合评价后，按投标人综合评价的结果由优到劣确定中标候选人的评标方法。

详细评审是指评标委员会应当按照招标文件设定的投标价格、商务、技术、服务及其他评价内容的标准和权重，对投标文件进行综合评价。

①价格评分。在进行价格评分之前，评标委员会应当按照招标文件的规定首先对各项价格要素进行调整，调整后应使所有投标价格为统一的尺度。价格要素的调整方法与最低评标价法的价格调整方法相同。价格评分可以采用公式计算或者列表对比的方法，并应符合低价优先的原则，即评审后价格最低的应为最高分值，价格评分的最大可能分值和最小可能分值应当分别为价格满分和 0 分。

②技术和商务因素评分。评标委员会应当按照招标文件规定的各项技术和商务评审因素评价分值的具体标准和计算方法进行客观评审评分。对于因为技术方案的评价等确实难以量化的因素而采用主观评价法的，评标委员会应当按照招标文件的规定采用两步法评价进行评分。

③对投标人评分。评标委员会成员对投标人的投标文件独立评分，计算各投标人的商务、技术、服务及其他评价内容的分项得分和综合评分。当评标委员会成员对同一投标人的商务、技术、服务及其他评价内容的分项评分结果出现差距时，应当按照招标文件规定的原则予以调整。

例如，招标文件规定评标委员会成员对某一投标人的分项评分偏离超过评标委员会全体成员的评分均值±20%的，该成员的该项分值将被剔除，以其他未超出偏离范围的评标委员会成员的该项评分均值替代。

评标委员会应当根据投标综合评价值的高低排出名次。综合评价值相同的，将依照价格、技术、商务、服务评价值的高低进行排序。

④确定中标候选人及其排序。评标委员会应当确定综合评价最优投标人为排名第一的中标候选人。

排名第一的中标候选人出现招标文件规定的下列情形之一的，不得被评标委员会推荐为排名第一的中标候选人，评标委员会应当从中标候选人名单中确定其他中标候选人为排名第一的中标候选人：

A. 其评标价格超过全体有效投标人的评标价格平均值一定比例以上的。

B. 其技术得分低于全体有效投标人的技术得分平均值一定比例以上的。

上述规定比例由招标文件具体规定，例如，招标文件规定A项中所列的比例不得高于40%，B项中所列的比例不得高于30%。

7.4 定标

7.4.1 定标概述

定标是指招标人根据评标委员会的评标报告，深度验证核实中标候选人的投标响应方案以及实际履约资格能力信用，并与招标项目实际需求应用场景、技术功能、质量进度等价值目标匹配，进行科学论证分析和综合精准比较，选择确定履约可靠、可信度高、风险度低以及实现项目全生命周期综合效益最高的项目中标人。

（1）定标的基本规则

国有资金占控股或者主导地位的依法必须进行招标的项目，按照现行法律法规的要求，主要适用以下两类定标的基本规则：

1）招标人授权项目评标委员会按照招标文件评标和定标规则，依据评标报告结论，直接确定评标价格最低的或者综合评分最高的投标人为中标人。此规则适用于技术简单和规模较小的招标项目。

2）招标人根据评标委员会评标报告及其推荐1～3个中标候选人，按照招标文件的定标规则，公示并调查核实中标候选人的履约能力信用，研究确定最优匹配的中标人。

（2）优化定标的规则

目前，地方政府和国有企业招标采购实践依据《国务院办公厅关于创新完善体制机制推动招标投标市场规范健康发展的意见》（国办发〔2024〕21号）文件的要求，已经积极落实招标人的自主交易和定标的权利责任地位，科学调整和完善评标委员会咨询评标与招标人自主定标的权利职责定位关系，创新优化定标方法规则。招标人依据评标委员会推荐排序或者不排序的中标候选人，按照招标文件规定的定标方法规则，不受评标价格、评分和排序的单项要素限制，通过核实验证、专业分析、通过核实验证、专业分析、科学评估和综合比较中标候选人的履约能力信用和投标响应方案，综合研究确定招标项目全过程和全生命周期系统价值最优匹配的中标人。

1）创新完善定标机制的基本要求。总结地方和行业探索招标采购主体自主自律定标实践的基本要求：

①依法确立和清晰界定项目招标、评标、定标全过程、分阶段环节和分层责任主体相关责任人的相应职责权利配置，务必避免相关岗位职责权利错位错配和脱节断链。

②招标采购项目应当实现全过程网络数字化交易和监督。

③基于评标委员会评标报告推荐的 3～6 个中标候选人以及优劣评价意见为基础，复核验证招标项目实际场景需求规格、数量和实施条件；复核验证中标候选人实际供应资格能力信用的真实情形；复核验收和按约定规则修正和补救招标文件、投标文件和评标报告可能存在的遗漏和偏差瑕疵。

④基于评标委员会评标报告，组织科学评估论证和综合比较中标候选方案的价值利益和存在风险，为公正定标决策提供专业科学论证依据。

⑤招标项目定标责任主体依据对评标报告推荐中标候选方案进行的复核验证和科学评估的结论意见，采用民主集中决策方式研究确定综合价值最优匹配中标人。

⑥招标项目定标基本规则和决策方式应在招标文件中公布。招标人应事先制订项目定标方案，包括项目评标委员会推荐中标候选人方式和数量、定标主体责任人员、定标评估因素、规则和评估测算方法、定标决策方式等，并在项目投标截止前报送招标采购行政监管部门或者企业集团招标采购管理部门及其监管平台密封备案，项目定标并公示中标人后解密或者公布定标方案，以此监督检查招标人公正决策定标。

⑦ 招标采购交易和评标、定标全过程相关环节应当相互支持衔接、相互补充和相互监督制约。应当如实记录保存招标采购交易全过程完整材料和数据，满足招标采购绩效价值和目标责任考核以及依法监督检查与永久追溯的要求。

2）制订科学定标评估方案。招标人定标责任主体应在投标截至之前，根据项目需求特点和技术功能、性能和效能等价值目标，制订科学定标评估方案。招标人可以自行组织或者委托专业咨询机构对评标报告推荐的中标候选人及其候选实施方案的真实可信价值和存在风险进行核实验证和科学评估论证。包括验证评估候选中标人真实可信履约能力风险；综合评估论证中标方案可信技术功能、性能和效能价值；综合评估论证和优选基于招标采购中标方案下项目全过程和供应链系统的实施质量、成本效益、效率、绿色、智慧、能效、安全等可信价值方案。结合应用大数据和人工智能技术，为专业精准和廉洁公正选择项目实施全过程和全生命周期综合价值最优匹配的中标人和实施方案，提供可信的科学依据和技术支撑。

3）定标决策方式。招标人责任主体以评标报告推荐的中标候选方案与评价建议为基础，结合招标人组织核实验证与科学评估分析论证的结论意见，采用综合评估排序法、集体票决法、集体议事法等科学民主决策方式定标，综合研究确定系统价值最优匹配的候选方案中标。定标方式应当事先选择并在招标文件公布。

(3) 定标评估要素

招标人应当根据项目需求特点和建设运营全生命周期价值目标；项目中标方案可实现

的技术功能性能效能等需求因素；中标人真实可信的履约能力信用等相关因素作为科学评估和定标决策的依据，但不能将谈判、修改和变更投标人报价、技术质量标准等影响公平竞争的实质性因素作为定标依据。

1）核验验证比较中标候选人投标文件响应方案，以及真实履约资格能力信用的可信可靠度和风险度。项目技术复杂、定制化和集成程度高的复杂产品生产系统，以及投资规模大、专业领域多、建设周期长的工程建设项目，需要采用现场调查、当面质询、资料审查、产品技术第三方检测等方法，对中标候选人的履约资格、业绩、能力和信用进行核查验证。

2）综合评估和比较中标候选人承诺履行合同项目建设全过程和全生命周期运营可达到的技术功能性能效能、质量、进度、报价、运维服务等响应方案的系统效益价值水平，与招标项目实际应用场景和价值需求目标的匹配程度。企业供应链生产采购的货物和技术服务产品项目，特别需要综合评估论证项目全生命周期技术经济、绿色低碳、能效和安全稳定等价值目标。

3）定标阶段复核发现资格预审文件、招标文件评标办法、合同条件以及投标文件、评标报告存在影响科学评标定标和合同履行结果的遗漏和偏差瑕疵，可以按照评标委员会与定标评估责任主体事先规定的职责范围和基本规则，分别对由此产生的影响结果进行验收更正、复核验证、澄清说明和补救修正。

7.4.2 定标程序

招标人应当在投标有效期内和招标文件约定的时间内完成项目定标决策工作，综合评估和研究确定中标人并公示发布。

（1）科学评估

招标人根据招标项目评标委员会评标报告推荐 3～6 个中标候选人，按照投标截至之前制订的定标评估规则方法，组织对中标候选方案进行核实验证和评估论证比较。

（2）定标决策

招标人定标决策责任主体按照招标文件规定的定标决策方式，依据综合价值评估论证比较结果，择优研究确定项目中标人或者预中标人（下同）。

（3）公示中标人

招标人按照规定要求在中国招标投标公共服务平台，或者项目所属省级招标投标公共服务平台公示中标人和中标合同要素。中标人公示期不得少于 3 日并应载明以下内容：

①中标人名称、投标价格、质量、工期（交货期），以及评标结果。

②中标人响应招标文件承诺的项目负责人姓名及资格证书名称与编码。

③中标人响应招标文件要求的资格能力信用资格条件。

④投标人公示期内提出异议与答复的渠道和方式。

⑤招标文件规定公示的其他内容。

（4）机电产品国际招标项目评标公示

对于机电产品国际招标项目，招标人应当依据评标报告填写评标结果公示表，并自收到评标委员会提交的书面评标报告之日起 3 日内在“中国招标投标公共服务平台”和“中国国际招标网”一次性公示评标结果。公示期不得少于 3 日。

采用最低评标价法评标的，评标结果公示表中的内容包括中标候选人排名、投标人及制造商名称、评标价格和评议情况等。每个投标人的评议情况应当按商务、技术和价格评议三个方面在评标结果公示表中分别填写，填写的内容应当明确说明招标文件的要求和投标人的响应内容。对一般商务和技术条款（参数）偏离进行价格调整的，评标结果公示应当明确公示价格调整的依据、计算方法、投标文件偏离内容及相应的调整金额。

采用综合评价法评标的，评标结果公示表中的内容包括中标候选人排名、投标人及制造商名称、综合评价值、商务、技术、价格、服务及其他等大类评价项目的评价值和评议情况等。每个投标人的评议情况应当明确说明招标文件的要求和投标人的响应内容。

(5) 定标监督

1）项目定标评估基本规则和定标决策方式应在招标文件公布。招标人应在投标截至之前，研究制订定标评估基本规则方法、评估主要因素和指标参数等定标评估方案并同时报招标采购交易行政监管部门或者企业集团监管部门及其监管平台密封存真备案，监督部门在定标公示后可以解密方案，以此监督检查和约束定标决策主体专业科学和客观公正定标。

2）中标异议投诉。在中标公示期内，如果产生异议和投诉，招标人或者行政监督机构应当及时受理和依法答复处理。由此如果影响或者改变中标人公示结果的，招标人应当依法重新组织定标和发布中标公示。

3）报告招标情况。对于依法必须进行招标的项目，招标人应当自确定中标人之日起 15 日内，向有关行政监督部门提交招标投标情况书面报告。对于机电产品国际招标项目，招标人应当在中标结果公示后 20 日内向中标人发出中标通知书，并在中标结果公示后 15 日内将项目评标情况报告提交相应的主管部门。

4）定标监督机制。招标人应建立完善招标、评标与定标全过程内部外部、前后程序、上下分层责任主体之间相互结合、相互补充完善和相互监督制约机制，明确分层责任主体及其相关责任人的职责权利，强化招标采购绩效目标考核评估，规范建立定标决策全过程数据信息记录存真与追溯体系。同时，定标决策监督管理制度和组织体系应纳入企业“三重一大”审议事项和廉政监督范围。

7.5 重新招标与终止招标

7.5.1 重新招标

依法必须招标项目存在下列情形之一的，招标人应当依法重新组织招标。招标人依法重新组织招标后，投标人仍少于 3 个的，报有关行政监督部门核准后可以不再进行招标。

（1）招标人编制的资格预审文件、招标文件的内容违反法律、行政法规的强制性规定，违反公开、公平、公正和诚实信用原则，影响资格预审结果或者潜在投标人公平投标的。

（2）通过资格预审的申请人少于 3 个的；

（3）在投标截止时，提交投标文件的投标人少于 3 个的。

（4）评标委员会否决所有投标的。

（5）对于机电产品国际招标，评标实际认定的投标人少于 3 个的。

（6）国家法律法规或者政策有重大变化调整，需要调整相关招标采购需求内容或者技术要求的。

（7）违反《招标投标法》及其实施条例的规定，对中标结果造成实质性影响，且不能采取补救措施予以纠正，招标无效的，应当依法重新招标。

7.5.2 终止招标

终止招标是指在发布招标公告或者发出投标邀请书之后，在发出中标通知书之前，由于客观原因导致招标无法继续或者招标项目不再存在，招标人终止本次招标的活动。

（1）终止招标的情形

一是因国家产业政策调整、规划改变、用地性质变更等非招标人原因而发生变化，招标项目不再存在从而终止招标。二是因不可抗力，继续招标将使当事人遭受更大损失的，例如地震、洪水、海啸、暴动、战争等终止招标。招标人不得擅自终止招标。

（2）终止招标的义务

①招标人应当及时发布终止招标公告，或者以书面形式通知已获取资格预审文件、招标文件的潜在投标人。

②已发售资格预审文件、招标文件或者已经收取投标保证金的，招标人应当及时退还所收取的资格预审文件、招标文件的费用，以及所收取的投标保证金及银行同期存款利息。

③在投标截止之后，发出中标通知书之前，招标人违反先合同义务，除不可抗力之外，招标人应向投标人依法赔偿损失。

7.6 中标、签约与履约管理

7.6.1 发放中标通知书

中标通知书是指招标人在确定项目中标人，且中标结果公示期满后向中标人发出的招标合同承诺文件。中标通知书的内容应当简明扼要，至少包括中标单位名称、中标项目名称、签订合同的时间和地点等内容；招标人需要对合同细节商谈的，中标通知书应当载明有关合同商谈组织安排工作。

招标人向中标人发出中标通知书，同时应以约定的方式，将中标结果通知所有未中标的投标人。中标通知书应在投标有效期内发出。中标通知书到达中标人后，即表示招标合同成立，对招标人和中标人产生法律约束力。如果招标人改变项目中标人和中标结果，或者项目中标人放弃中标，应当依法承担法律责任。

7.6.2 签订合同

招标人和中标人应在中标通知书发出之日起 30 日内，且在投标有效期内，按照招标文件、中标人的投标文件和中标通知书订立书面合同，合同应当按照招标投标结果，明确双方责任、权利和义务，一经双方签订，即表示依法生效。合同项目、价款、质量、履行期限等主要条款应当与招标文件和中标人的投标文件以及中标通知书的内容一致。

招标人和中标人双方签订合同，应当严格遵守招标投标结果，双方可以协商补充细化和修订完善合同条款内容，除发生客观变更情形可以签订补充协议外，双方不得订立背离和随意变更招标要约邀请、投标要约和中标承诺的实质性约束条件，或者另行违法订立其他阴阳合同。对于任意改变招标投标实质结果的合同，属于非法无效合同，不受法律保护。

招标文件要求中标人在合同签订时提交履约保证金的，中标人应当按照要求提交；未按招标文件要求提交的，其投标保证金可以按照约定不予退还并可能导致合同不能生效。

7.6.3　履约管理

合同各方当事人应当依法维护合同的效力和主体权益，全面诚信履行合同约定的权利义务和责任，有效管控合同内容范围、价格、期限和质量标准等目标，保证完成合同项目预期目标和各项任务。

合同双方应当依据合同约定的权利义务，全面及时地投入合同履行所需的项目专业团队、资金、机械、设备、材料、劳务以及项目环境等各项要素资源。诚实守信履约是首要原则，是指各方应当秉持诚实，恪守承诺；全面履约是指各方应当全面履行合同义务，包括法律规定的先合同义务与后合同义务等；实际履行是指切实履行合同义务，不能以违约金或赔偿金代替履行；协作履行是指不仅履行己方义务，还应协助对方履行义务。

项目招标人应当明确设定履约管理目标，建立健全履约管理体系，规范优化履约管理流程，包括管理目标、组织结构、职责分工、管理流程、管理工具、考核方法等。招标人应当依据项目实际特点和履约影响因素，分解设立履约考核指标和评价标准；发现合同己方和相关方存在履约风险问题时应当及时分析原因，采取有效的控制和纠正措施，提高履约风险防控能力水平，保障实现合同管控目标。

7.6.4　合同验收

合同项目中标人履行完成合同项目后，应当依据合同文件、设计图纸、规范标准等，编制合同项目竣工（完工）验收申请文件，提交至项目招标人。招标人应当邀请相关参与单位或者委托第三方专业机构，成立合同竣工验收组织，在规定期限内检测、鉴定、验收合同项目的各项任务内容和质量。

合同验收一般先行组织合同书面文件验收，书面文件验收通过后，再行组织现场实物验收。合同项目全部验收通过后，项目招标人应向合同中标人发放合同验收证书，证明中标人已按合同约定完成合同义务和责任。合同项目验收未通过的，项目中标人应当按照鉴定验收意见进行整改，并重新提交合同项目验收申请文件；如果造成合同项目遗漏缺陷问题，或者导致招标人产生经济损失的，中标人应当承担违约责任或赔偿招标人的经济损失。

合同项目通过竣工验收并投入使用后，项目招标人应当组织项目后评估以及招标采购合同履行绩效考核，以持续优化和提升招标采购价值和项目合同管理能效。

案例 7-1 投标文件传输与解密

某采用全流程电子化招标的项目，在投标截止时间前，3 个投标人登录交易平台上传了加密的投标文件。招标人要求投标人在投标截止时间后 30 分钟内使用数字证书对投标文件进行解密，但是有一家投标人未在规定的时间内对投标文件进行解密，剩余两家投标人对投标文件进行了解密。

【问题 1】

如果因投标人自身原因造成投标文件未解密，是否可以继续开标？

【问题 2】

如果因交易平台故障造成投标文件未解密，是否可以继续开标？

【问题 1 参考答案】

《电子招标投标办法》第三十一条第一款规定，因投标人原因造成投标文件未解密的，视为其撤销投标文件；因投标人之外的原因造成投标文件未解密的，视为撤回其投标文件，投标人有权要求责任方赔偿因此遭受的直接损失。部分投标文件未解密的，其他投标文件的开标可以继续进行。

《招标投标法实施条例》第四十四条第二款规定，投标人少于 3 个的，不得开标；招标人应当重新招标。

综上可知，本项目如果因投标人自身原因造成投标文件未解密，视为其撤销其投标文件。如果本项目开标时投标人数量大于 3 个（含），即使有一个投标人被视为撤销投标，也不影响开标时投标人的数量，仍然可以继续开标。

【问题 2 参考答案】

答案 A：如果该投标人因交易平台故障造成投标文件未解密，视为其撤回其投标文件，即开标时投标人有 2 个。依据《招标投标法实施条例》第四十四条第二款的规定，不得开标。

答案 B：投标人均已在投标截止时间之前上传电子投标文件，即已经提交电子投标文件，其身份已经从潜在投标人转换为投标人身份。此时投标人共有 3 家，达到了《招标投标法》第二十八条第一款的规定和《招标投标法实施条例》第四十四条第二款的规定，开标结果有效，招标人应当继续组织开展下一步评标工作。

由于投标文件解密的投标人仅有 2 个。依据《评标委员会和评标方法暂行规定》第二十七条的规定，因有效投标不足 3 个使得投标明显缺乏竞争的，评标委员会可以否决全部投标。当然，评标委员会也可以认为两家或一家有效投标，存在明显的竞争关系，从而继续评审，并推荐中标候选人。

案例 7-2　工程施工招标采用综合评估法评标

某依法必须招标的市政工程施工项目采用综合评估法评标。共有五个投标人投标，均为有效投标人。招标文件规定如下：

1）所有有效投标人中最低的投标价为评标基准价。

2）投标价得分=(评标基准价/投标价)×100。

3）投标价、商务得分和技术得分见下表。

序号	评标因素	权重	投标人 A	投标人 B	投标人 C	投标人 D	投标人 E
1	投标价/万元	60%（得分权重）	8906	9012	9057	8968	8944
2	商务得分	10%	80	85	90	85	80
3	技术得分	30%	77	73	72	80	78

4）综合得分计算公式为：

$$F=F_1\times A_1+F_2\times A_2+F_3\times A_3$$

式中　F——综合得分；

F_1——投标价得分；

F_2——商务得分；

F_3——技术得分；

A_1——投标价得分权重；

A_2——商务得分权重；

A_3——技术得分权重。

【问题】

请计算各投标人综合评分，并推荐排名第一的中标候选人（计算过程和结果保留小数点后两位小数，小数点后第三位四舍五入）。

【参考答案】

1）确定评标基准价：投标人 A 的投标价为所有有效投标人中最低的，所以评标基准价为投标人 A 的投标价 8906 万元。

2）计算各投标人投标价得分：

投标人 A 投标价得分=（8906/8906）×100=100 分

投标人 B 投标价得分=（8906/9012）×100=98.82 分

投标人 C 投标价得分=（8906/9057）×100=98.33 分

投标人 D 投标价得分=（8906/8968）×100=99.31 分

投标人 E 投标价得分=（8906/8944）×100=99.58 分

3）计算各投标人综合评分：

投标人 A 综合评分=100×60%+80×10%+77×30%=91.1 分

投标人 B 综合评分=98.82×60%+85×10%+73×30%=89.69 分

投标人 C 综合评分=98.33×60%+90×10%+72×30%=89.60 分

投标人 D 综合评分 99.31×60%+85×10%+80×30%=92.09 分

投标人 E 综合评分 99.58×60%+80×10%+78×30%=91.15 分

4）推荐排名第一的中标候选人

投标人 D 综合评分 92.09 分最高，因此评标委员会推荐投标人 D 为排名第一的中标候选人。

案例 7-3　货物招标采用经评审的最低投标价法评标

某办公楼工程招标采购电梯，采用经评审的最低投标价法评标。有五个投标人参加投标。招标文件规定的价格调整因素为：

1）交货地点为北京市。交货地点不是北京市的，按距离北京市每公里 100 元计算运费。

2）投标价中包含暂列金额安装配合费 10 万元，评标时予以扣除。

3）供货范围中备品备件缺项的，按其他投标人该项最高价进行加价。

4）提前交货的在投标价的基础上减价 2%（每周），延迟交货的在投标价的基础上加价 2%（每周）。

5）提前或者延迟付款的，提前或者延迟付款部分按周利率 0.3%计算与正常付款进度的现值差作为加价或者减价。

投标人 A、B 和 C 的投标情况见下表。

项目	招标文件要求	投标人 A	投标人 B	投标人 C
投标价	—	1000 万元	1200 万元	900 万元
交货地点	北京市	北京市	北京市	上海市，距北京市 1500km
暂列金额	安装配合费 10 万元	安装配合费 10 万元	安装配合费 10 万元	未含安装配合费
供货范围	应含备品备件	包含备品备件 3 万元	包含备品备件 5 万元	无备品备件
交货期	52 周	52 周	48 周	55 周
付款条件	①合同签订后预付 10% ②交货后付 85% ③1 年质保期后付 5%	①合同签订后预付 20% ②交货后付 75% ③1 年质保期后付 5%	①合同签订后预付 10% ②交货后付 85% ③1 年质保期后付 5%	①合同签订后预付 10% ②交货后付 85% ③1 年质保期后付 5%

【问题】

请计算各投标人的评标价，并推荐排名第一的中标候选人。

【参考答案】

计算各投标人的评标价：

1）投标人 A 的评标价。投标人 A 付款条件与招标文件要求有偏差，应予以调整。投标人 A 要求将应在交货时付款的 10%货款作为预付款提前 12 个月支付，可按 52 周计算 10%货款与正常付款进度时的现值差。报价中的暂列金额也应扣除。

10%货款的现值为：$P=F\times(1+i)^{-n}=1000\times10\%\times(1+0.3\%)^{-52}=85.5759$（万元）。

现值差为：100－85.5759＝14.4241（万元）。

扣除报价中的暂列金额后，投标人 A 的评标价：1000＋14.4241－10＝1004.4241（万元）

2）投标人 B 的评标价。投标人 B 的交货期与招标文件要求有偏差，应予以调整；报价中的暂列金额也应扣除。

交货期偏差价格调整为：1200×2%×(48－52)＝－96（万元）。

投标人 B 的评标价：1200－96－10＝1094（万元）。

3）投标人 C 的评标价。投标人 C 的交货地点、交货期与招标文件要求有偏差，漏报备品备件，应予以调整。报价中未报暂列金额，计算评标价不必扣除。

交货地点偏差价格调整为：1500×100=15（万元）。

交货期偏差价格调整为：900×2%×(55-52)=54（万元）。

漏报备品备件价格调整为：5 万元

投标人 C 的评标价：900+15+54+5=974（万元）。

4）中标候选人排序。投标人 A、B、C 的评标价分别为 1004.4241 万元、1094 万元和 974 万元，投标人 C 的评标价最低。因此，评标委员会推荐投标人 C 为排名第一的中标候选人。

案例 7-4　机电产品国际招标采用最低评标价法评标

某机电产品国际招标项目采用最低评标价法评标。招标文件规定如下：

1）采购内容及交货期、付款条件见下表。

序号	采购内容	数量/台	交货期和付款条件
1	主机	1	交货期：合同生效后 4 个月 付款时间：合同生效时付合同总价的 10%，交货时付 90%
2	配件 A	10	
3	配件 B	5	
4	配件 C	1	
5	配件 D	1	

2）技术规格中标记“*”号的参数为关键指标，如果投标偏离，则投标应被否决；技术规格中其他参数为一般指标，如果投标偏离，则评标价格的加价为每项偏离指标增加该指标所属主机或者配件投标价的 0.5%。可以接受的一般指标偏离项数为 10 项，超过 10 项则投标被否决。

3）交货期提前不降低评标价。交货期延迟则增加评标价，每延期 1 周，评标价增加 0.5 万美元，不足 1 周的按 1 周计算；交货期最多允许延迟 5 周，超过 5 周的投标被否决。

4）付款条件有偏离的，应比较按投标文件付款条件计算的合同价款现值和按招标文件付款条件计算的合同价款现值，将现值的差额计入评标价。现值的折算时间为合同生效时间，折现率为月利率 1%，按复利计算。

5）进口关税税率为 10%，进口增值税税率为 17%。

6）评标货币为美元，1 美元≈6.5 元人民币。

有效投标人分别为甲公司、乙公司和丙公司，各投标人的投标情况如下：

1）在甲公司的投标文件中，标记“*”号的参数均符合要求，主机有 2 个一般参数负偏离、4 个一般参数正偏离。

甲公司投标价见下表。

序号	内容	数量	单价/万美元（CIP 项目现场）	合计/万美元	交货期和付款条件
1	主机	1	90	90	交货期：合同生效时 5 个月 付款时间：合同生效时付合同总价的 30%，交货后付 70%
2	配件 A	10	0.3	0.3	
3	配件 B	5	0.1	0.5	
4	配件 C	1	2.5	2.5	
5	配件 E	1	2	2	
6	配件 F	1	2	2	
7	国内运输费、国内运输保险费	—	0	0	
	投标总价			97.3	

2）乙公司投标价情况见下表。

序号	内容	数量	单价/万元人民币（EXW）	合计/万元人民币
1	主机	1	840	840
2	配件 A	10	0.4	4
3	配件 B	5	0.1	0.5
4	配件 C	1	2.5	2.5
5	配件 D	1	6	6
	……		……	

3）丙公司投标价情况见下表。

序号	内容	数量	单价（万元人民币，EXW）	合计（万元人民币）
1	主机	1	855	855
2	配件 A	10	0.7	7
3	配件 B	5	0.1	0.5
4	配件 C	1	2.5	2.5
5	配件 D	1	6.5	6.5
		……	……	

4）现值系数表如下。

n	1	2	3	4	5	6	7	8	9	10
$(P/A,1\%,n)$	0.990	1.970	2.941	3.902	4.853	5.795	6.728	7.652	8.566	9.471
$(P/F,1\%,n)$	0.990	0.980	0.971	0.961	0.951	0.942	0.933	0.923	0.914	0.905

【问题】

分步骤计算甲公司的评标价（评标价以万美元为单位，计算过程和结果保留小数点后两位，小数点后第三位四舍五入）。

【参考答案】

1）计算甲公司的投标价：配件 A 合计价格计算错误，配件 A 合计价格应将 0.3 修正为 3，即增加 2.7 万美元，修正后的投标价为 97.3＋2.7＝100（万美元）。

2）供货范围偏离调整：甲公司漏报配件 D，按乙公司和丙公司配件 D 的最高价 6.5 万元人民币加价，调整额为 6.5÷6.5＝1（万美元）。

计算商务和技术调整额的基准价为 100＋1＝101（万美元）。

3）交货期偏离调整：甲公司交货期 5 个月，比要求延迟交货 1 个月。1 个月 30 天或者 31 天，按 5 周计，调整额为 0.5×5＝2.5（万美元）。

4）付款条件偏离调整。按投标文件规定的付款计划：

$$\begin{aligned} PV_1 &= 101\times 30\%+101\times 70\%\times(P/F,1\%,5) \\ &= 101\times 30\%+101\times 70\%\times 0.951 \\ &= 30.3+67.24=97.54\text{（万美元）} \end{aligned}$$

按招标文件规定的付款计划：

$$
\begin{aligned}
PV_0 &= 101\times10\%+101\times90\%\times(P/F,1\%,4)\\
&=101\times10\%+101\times90\%\times0961\\
&=10.1+87.35=97.45\text{（万美元）}
\end{aligned}
$$

调整额为 97.54－97.45＝0.09（万美元）

5）技术偏离调整额：主机 2 项一般参数负偏离，加价调整额为 90×2×0.5%＝0.9（万美元）。4 项一般参数正偏离，评标价计算不受影响。

6）进口关税：计算进口关税的基准价格为实际的 CIF 或者 CIP 价格，供货范围偏离调整不应计入。进口关税为 100×10%＝10（万美元）。

7）进口增值税：（100＋10）×17%＝18.7（万美元）。

8）计算甲公司的评标价：评标价＝投标价＋供货范围偏离调整额＋交货期偏离调整额＋付款条件偏离调整额＋技术偏离调整额＋进口关税＋进口增值税＝100＋1＋2.5＋0.09＋0.9＋10＋18.7＝133.19（万美元）

案例 7-5 机电产品国际招标采用综合评价法评标

某国有企业国际招标采购全套实验室仪器。共有 A、B、C 三个投标人参加投标。投标价分别为 55.55 万美元 CIP 项目现场，60.8 万美元 DDP 上海市，400 万元人民币项目现场交货价。上海市到项目现场的运费和保险费分别为 10 万元人民币和 3.2 万元人民币。实验室仪器进口关税税率为 6%，进口增值税税率为 17%；1 美元≈6.6 元人民币。评标采用综合评价法，评标过程如下：

进行初步评审，包括符合性检查、商务评议和技术评议。

符合性检查时，三个投标人均合格，进入商务评议。商务评议时，投标人 C 投标价中遗漏计算机 1 台，但不是实质性偏差。投标人 A 和投标人 B 投标价中均包含了计算机，价格分别为 0.4 万美元和 0.35 万美元。投标人 C 确认遗漏计算机项包含在其投标价中。三个投标人商务评议合格，进入技术评议。三个投标人技术评议合格，进入详细评审。

【问题】

推荐排名第一的中标候选人。

【参考答案】

1）评标价计算。投标人 A 投标价为 CIP 项目现场，没有包含进口关税和进口增值税，计算评标价应当予以增加。

进口关税：55.55×6%=3.33（万美元）。

进口增值税：(55.55+3.33)×17%=10.01（万美元）。

投标人 A 评标价：55.55+3.33+10.01=68.89（万美元）。

投标人 B 投标价为 DDP 上海市，已经包含进口关税和进口增值税，但没有包含上海市到项目现场的运费和保险费，计算评标价应当予以增加。

国内运保费：(10+3.2)÷6.66=2（万美元）。

投标人 B 评标价为：60.8+2=62.8（万美元）。

投标人 C 投标为国内产品，没有进口关税和进口增值税。投标价为项目现场交货价，已经包含到项目现场的运费和保险费，但投标中遗漏计算机 1 台。应以其他投标人该项的最高价作为其加价，应加价 0.4 万美元。

投标人 C 评标价为：400÷6.6+0.4=60.01（万美元）。

2）商务、技术和服务评价和评分。共有七名评标委员会成员分别对三个投标人的商务、技术和服务因素进行评价和评分。各评标委员会成员对投标人商务、技术和服务进行评分。其中投标人 A 商务评分汇总情况见下表。

评标委员会成员	商务评分	商务评分均值	是否存在评分偏离±20%以上情况	商务评分修正值	最终评分
甲	10	10.86	无	10	10.6
乙	12		无	12	
丙	11		无	11	
丁	11		无	11	
戊	15		有	10.6	
己	8		有	10.6	
庚	9		无	9	

经计算，七名评标委员会成员对投标人 A 的商务评分平均为 10.86 分。评标委员会成员戊和己的评分与全体评标委员会成员评分均值偏离超出 20％，应以其他未超出偏离范围评标委员会成员的评分均值 10.6 分替代。因此，投标人 A 的商务评分为 10.6 分。

各投标人商务、技术和服务评分见下表。

投标人	商务评分	技术评分	服务评分
A	10.6	38	7
B	10	37	8
C	9	35	9

3）价格评分。价格所占权重 40％，价格评分计算公式为：（最低评标价÷评标价）×40％×100。评分结果见下表。

投标人	投标价	评标价/万美元	价格评分
A	55.55 万美元	68.89	35.42
B	60.8 万美元	62.80	38.86
C	400 万元人民币	61.01	40

4）最终评分汇总见下表。

投标人	商务评分	技术评分	服务评分	价格评分	综合评分	排名
A	10.6	38	7	35.42	91.02	3
B	10	37	8	38.86	93.86	1
C	9	35	9	40	93	2

5）推荐排名第一的中标候选人。投标人 B 综合评分最高，综合评价最优。因此，评标委员会推荐投标人 B 为排名第一的中标候选人。

案例 7-6　全寿命周期成本计算法评标

某国有企业招标采购一台造纸机，评标采用经评审的最低投标价法。招标文件规定计算评标价时，以设备的全寿命周期成本为其评标价进行比较。设备采购付款、设备安装费、生产耗电成本、生产人工成本、修理费支出及残值全部折算为合同生效时的现值。折现计算时不考虑设备修理停工因素。某投标人投标文件的主要内容见下表。

项目	内容	付款说明
交货安装时间	合同生效后六个月	
付款进度	合同生效后第一个月末付 30%， 安装完成后付 70%	
设备价格/万元	800	按照付款进度支付
设备安装费/万元	15	安装完成后支付
生产耗电成本/（万元/月）	10	按月核算
生产人工成本（万元/月）	20	按月核算
小修周期/月	6	
小修费用/万元	5	每次小修完成后核算
大修周期/月	24	
大修费用/万元	10	每次大修完成后核算

【问题】

假设该设备寿命为 10 年，月复利率为 0.5%，设备寿命期满后残值为设备原值的 10%。请根据以下现值系数表，计算该投标人投标设备的全寿命周期成本。

n	1	6	12	18	24	30	36	42	48	54	60
$(P/F, 0.5\%, n)$	0.995	0.971	0.942	0.914	0.887	0.861	0.836	0.811	0.787	0.764	0.741
$(P/A, 0.5\%, n)$	0.995	5.896	11.619	17.173	22.563	27.794	32.871	37.798	42.580	47.221	51.726
n	66	72	78	84	90	96	102	108	114	120	126
$(P/F, 0.5\%, n)$	0.720	0.698	0.678	0.658	0.638	0.620	0.601	0.584	0.566	0.550	0.533
$(P/A, 0.5\%, n)$	56.097	60.340	64.457	68.453	72.331	76.095	79.748	83.293	86.734	90.073	93.314

【参考答案】

1）设备采购进度付款折现计算：$800\times30\%\times(P/F,0.5\%,1)+800\times70\%\times(P/F,0.5\%,6)=240\times0.995+560\times0.971=782.56$（万元）。

2）安装费折现计算：$15\times(P/F,0.5\%,6)=15\times0.971=14.565$（万元）。

3）生产耗电成本折现计算：$10\times(P/A,0.5\%,120)\times(P/F,0.5\%,6)=10\times90.073\times0.971=874.609$（万元）。

4）生产人工成本折现计算：$20\times(P/A,0.5\%,120)\times(P/F,0.5\%,6)=20\times90.073\times0.971=1749.218$（万元）。

5）小修费用折现计算：$5\times[(P/F,0.5\%,12)+(P/F,0.5\%,18)+(P/F,0.5\%,24)+$

$(P/F,0.5\%,36)+(P/F,0.5\%,42)+(P/F,0.5\%,48)+(P/F,0.5\%,18)+(P/F,0.5\%,60)+(P/F,0.5\%,66)+(P/F,0.5\%,72)+(P/F,0.5\%,84)+(P/F,0.5\%,90)+(P/F,0.5\%,96)+(P/F,0.5\%,108)+(P/F,0.5\%,114)+(P/F,0.5\%,120)]=5\times(0.942+0.914+0.887+0.836+0.811+0.787+0.741+0.720+0.698+0.658+0.638+0.620+0.584+0.566+0.550)=54.76$（万元）。

6）大修费用折现计算：$10\times[(P/F,0.5\%,30)+(P/F,0.5\%,54)+(P/F,0.5\%,78)+(P/F,0.5\%,102)]=10\times(0.861+0.764+0.678+0.601)=29.04$（万元）。

7）残值折现计算：$800\times10\%\times(P/F,0.5\%,126)=80\times0.533=42.64$（万元）

8）该投标人投标设备的全寿命周期成本为：$782.56+14.565+874.609+1749.218+54.76+29.04-42.64=3462.112$（万元）。

案例 7-7　性价比法和综合评分法评标

某招标项目有甲、乙、丙三个投标人参加投标，投标价分别为 3500 万元、3200 万元和 3700 万元。经评审，各投标人商务得分和技术得分见下表。

项目	投标人甲	投标人乙	投标人丙
商务得分	85	70	90
技术得分	90	80	95

【问题】

如果采用性价比法评标，商务得分和技术得分权重分别为 40%和 60%，排名第一的中标候选人应为哪个投标人？如果采用综合评分法评标，商务、技术和投标价得分权重分别为 10%、50%和 40%，排名第一的中标候选人应为哪个投标人？

【参考答案】

(1) 采用性价比法评标。

1）性价比计算公式为：

$$F=K\times(F_1\times A_1+F_2\times A_2)/P$$

式中　F——性价比；

K——扩大倍数；

P——投标价；

F_1——商务得分；

A_1——商务得分权重；

F_2——技术得分；

A_2——技术得分权重。

为使计算结果便于比较，设扩大倍数 K 为 1000。

2）投标人甲的性价比为：$F=1000\times(85\times10\%+90\times50\%)/3500=15.286$。

3）投标人乙的性价比为：$F=1000\times(70\times10\%+80\times50\%)/3200=14.6875$。

4）投标人丙的性价比为：$F=1000\times(90\times10\%+95\times50\%)/3700=15.270$。

5）性价比排序及推荐排名第一的中标候选人。投标人甲的性价比最高，排名第一的中标候选人是投标人甲。

(2) 采用综合评分法评标。

1）价格得分计算公式为：

$$(\text{最低投标价}/\text{投标价})\times40\%\times100$$

2）综合得分计算公式为：

$$F=F_1\times A_1+F_2\times A_2+F_3\times A_3$$

式中　F——综合得分；

F_1——商务得分；

A_1——商务得分权重；

F_2——技术得分；

A_2——技术得分权重；

F_3——价格得分；

A_3——价格得分权重。

3）投标人甲的综合得分为：$F=85\times10\%+90\times50\%+(3200/3500)\times40\%\times100=90.07$（分）。

4）投标人乙的综合得分为：$F=70\times10\%+80\times50\%+(3200/3200)\times40\%\times100=87$（分）。

5）投标人丙的综合得分为：$F=90\times10\%+95\times50\%+(3200/3700)\times40\%\times100=91.09$（分）

6）综合得分排序及推荐排名第一的中标候选人。投标人丙的综合得分最高，排名第一的中标候选人是投标人丙。

第 8 章　非招标方式采购

公共采购既依法广泛应用招标方式实施采购，又大量应用非招标方式实施采购。非招标方式采购又可按采购应用主体范围划分为政府采购领域与其他主体采购领域。本章主要介绍企业和其他采购主体的非招标方式采购。

8.1　非招标方式采购概述

8.1.1　非招标方式采购的国家政策与标准

(1) 非招标方式采购的政策文件

2024 年 5 月，《国务院办公厅关于创新完善体制机制推动招标投标市场规范健康发展的意见》提出，要“探索形成符合企业生产经营和供应链管理需要的招标采购管理机制。加强招标采购与非招标采购的衔接，支持科技创新、应急抢险、以工代赈、村庄建设、造林种草等领域项目采用灵活方式发包。”在国家政策层面对企业非招标方式采购管理提出要求。

2024 年 7 月，国务院国资委会同国家发展改革委印发《关于规范中央企业采购管理工作的指导意见》(以下简称《意见》)，明确中央企业招标及非招标方式采购的适用范围，提出除依法必须招标项目和企业自愿招标项目外，中央企业应当选择询比采购、竞价采购、谈判采购和直接采购等非招标方式实施采购。该《意见》同时要求各中央企业应参考相关国家标准、行业标准，制定或修订采购管理制度和实施细则，明确采购计划、采购实施、合同签订与履行等操作程序和全流程管控要点，建立健全覆盖各类采购方式的采购管理制度体系。

(2) 非招标方式采购国家标准

2024 年 3 月，国家市场监督管理总局和国家标准化管理委员会联合发布由中国招标投标协会牵头起草的国家推荐性标准《电子采购交易规范 非招标方式》(GB/T 43711—2024，以下简称国家标准)，这是我国首个规制非招标方式电子采购交易的国家标准，规定了询比采购、谈判采购、竞价采购、直接采购四种非招标方式采购，以及电子采购交易的定义、程序和适用情形、范围、条件；明确了战略采购、集中采购、框架协议采购、电子商城采购和分散采购五种采购组织形式的适用情形、条件。

本章按照《意见》及国家标准的规定，主要介绍采用电子交易方式实施的询比、谈判、竞价等非招标方式采购，以及框架协议采购、电子商城采购等组织形式。采用纸质载体实施的非招标方式采购交易活动，可参考执行。采购主体应按照统一的交易规则和分类统一的技术标准，要求客观招标方式与非招标方式电子交易系统和专业交易工具功能分离研发一体化、部署和协同运作服务，并实现交易数据互联共享和在线监督等基本功能，形成共建、共享的电子采购交易网络体系。

8.1.2 非招标方式的定义和适用情形

(1) 非招标方式的定义

《意见》和国家标准规定的非招标方式包括询比采购、谈判采购、竞价采购、直接采购四种。

1）询比采购。询比采购是指采购人邀请3家以上特定或不特定供应商一次性递交响应文件，择优确定匹配需求的成交供应商的竞争性采购交易方式。

采用询比采购的，采购人应发布采购公告或发出采购邀请书，邀请3家以上供应商参与一次性竞争报价，按照采购文件约定的评审办法，组建评审小组评审响应文件，确定成交供应商。

2）谈判采购。谈判采购是指采购人邀请2家以上特定或不特定供应商通过一轮或多轮沟通协商，择优确定匹配需求的成交供应商的竞争性采购交易方式。谈判采购包括竞争谈判采购和合作谈判采购。

采用谈判采购的，采购人应发布采购公告或发出采购邀请书，邀请2家以上供应商参与采购活动，按照采购文件约定的规则，组建评审小组与响应供应商进行一轮或多轮协商，按照供应商最终响应方案和报价，确定匹配需求的成交供应商。

3）竞价采购。竞价采购是指采购人邀请3家以上特定或不特定的合格供应商参与多轮次公开竞争报价，并根据价格要素匹配确定成交供应商的竞争性采购交易方式。

采用竞价采购的，采购人应发布采购公告或发出采购邀请书，邀请3家以上通过资格预审的合格供应商参与多轮次竞争报价，按照采购文件约定的规则，对供应商每次报价自动排序，并按最终排序确定成交供应商。

4）直接采购。直接采购是指采购人与单一来源或特定的供应商进行一轮或多轮协商，并根据协商情况确定成交供应商并签订合同的一种非竞争性采购交易方式。

采用直接采购的，采购人应直接邀请单一来源或特定的供应商进行协商，根据协商结果签订合同。

(2) 非招标方式的适用情形

《意见》和国家标准对于各种非招标方式的适用情形基本相同，采购人可以参照《意见》和国家标准的规定选择相应的非招标方式实施采购。《意见》和国家标准关于各种非招标方式的适用情形见表8-1。

表8-1 各种非招标方式适用情形对比表

非招标方式	《意见》所规定的适用情形	国家标准所规定的适用情形
询比采购	①采购人能够清晰、准确、完整地提出采购需求 ②采购标的物的技术和质量标准化程度较高 ③市场资源较丰富、竞争充分，潜在供应商不少于3家	询比采购适用于采购人能够清晰、准确、完整地提出采购需求，且市场竞争比较充分，潜在供应商不少于3家的采购项目

（续）

非招标方式	《意见》所规定的适用情形	国家标准所规定的适用情形
谈判采购	①采购标的物技术复杂或性质特殊，采购方不能准确提出采购需求，需要与供应商谈判后研究确定 ②采购需求明确，但有多种实施方案可供选择，采购人需要通过与供应商谈判确定实施方案 ③市场供应资源缺乏，符合资格条件的供应商只有 2 家的 ④是采购由供需双方以联合研发、共担风险模式形成的原创性商品或服务，如首台（套）装备、首批次材料、首版次软件，以及《中央企业科技创新成果推荐目录》内的成果等	竞争谈判采购适用于： ①采购人不能准确地提出采购项目需求及其技术要求，需要与供应商谈判后研究确定的 ②采购需求明确，但有多种实施方案可供选择，采购人需要通过与供应商谈判优化、确定实施方案的 ③已知采购项目潜在供应商比较少，或通过公开采购交易方式验证有效响应的供应商只有 2 家的 ④采购首台（套）产品且不适用于招标方式的 合作谈判采购适用于通过合作研发、共担风险方式采购原材料、组部件、装备及技术等原创性产品或服务的采购
竞价采购	①采购人能够清晰、准确、完整地提出采购需求 ②采购标的物的技术和质量标准化程度较高 ③采购标的物以价格竞争为主 ④市场资源较丰富、竞争充分，潜在供应商不少于 3 家	竞价采购适用于技术参数明确、完整，规格标准统一，市场竞争充分，且以价格竞争为主的采购项目。物资出售、权益出让等以价格竞争为主的出让交易，可参照竞价采购程序开展交易活动
直接采购	①涉及国家秘密、国家安全或企业重大商业秘密，不适宜竞争性采购的 ②因抢险救灾、事故抢修等不可预见的特殊情况需要紧急采购的 ③需采用不可替代的专利或者专有技术的 ④需向原供应商采购，否则将影响施工或者功能配套要求的 ⑤有效供应商有且仅有 1 家的 ⑥为保障重点战略物资稳定供应，需签订长期协议定向采购的 ⑦国家有关部门文件明确的其他情形	直接采购适用于因资源或客观条件限制等因素，需要直接从单一或特定供应商处采购的项目

8.2　非招标方式采购程序

8.2.1　询比采购的程序

询比采购的程序包括采购发起、采购响应、采购评审、采购成交、采购合同实施五个阶段。

(1) 采购发起

在采购发起阶段，采购人完成建立采购项目、编制采购方案、编制采购文件（或资格预审文件）、发布采购公告（或发出采购邀请书）、组织资格预审（如有）、发出采购文件等环节工作。

1）建立采购项目。采购人应通过电子采购交易平台建立采购项目，注明采购项目名称、采购项目编码、采购范围、采购需求、合同估算价等相关信息。

2）编制采购方案。采购人应针对建立的采购项目编制采购方案。采购方案的内容一般包括采购项目名称、采购需求（包括采购内容和数量、技术规格和服务要求等）、采购需求人和采购实施人名称、标段（标包/份额）划分、采购交易方式、供应商资格条件、评审规则、采购活动时间安排、合同条款和计价类型、风险管控措施等内容。

在采购方案编制过程中，采购人可根据需要组建专门的采购工作小组，承担采购需求调查梳理、分析研究等工作。采购工作小组可通过市场调研、技术咨询、专家论证等方式确定采购需求。必要时还可与潜在供应商就采购方案开展交流研讨，最终确定采购需求。采购人与潜在供应商的交流成果，在不影响公平竞争的前提下，可作为编制采购方案的参考依据，用以指导采购文件的编制。

3）编制采购文件（或资格预审文件）。采购文件通常包括采购公告或采购邀请书、供应商须知、评审办法、合同条款及格式、采购需求书和响应文件格式等章节。资格预审文件应包括资格预审公告或邀请书、申请人须知、采购项目概况、资格审查标准和方法、申请文件格式及递交截止时间等内容。

①采购人可使用电子专业交易工具编制采购文件（或资格预审文件）。采购文件应合理设置交易双方权利和义务，采购文件（或资格预审文件）不得通过设置不合理条件排斥或者限制供应商。采购人可根据采购项目特点，在采购文件中约定是否设置响应担保。采购文件中对响应文件的形式要求应尽可能精简易操作，不应将排版格式、明显的文字错误等列为响应文件无效的情形。采购人如委托代理机构组织采购活动，应当认真审查采购代理机构编制的采购文件（或资格预审文件），确保采购文件（或资格预审文件）科学合理、符合采购需求；对于技术复杂、专业性强的项目，采购人还可就采购文件（或资格预审文件）向社会公众、行业专家或潜在供应商征询意见。

②询比采购的评审方法包括综合评估法和经评审的最低价法。综合评估法是在响应文件满足采购文件实质性要求的前提下，按照采购文件中规定的各项评价因素和方法对响应文件进行评分后，依据供应商综合得分由高到低的顺序确定供应商优先次序的评审方法。

综合评估法通常适用于技术、服务复杂的采购项目。采用综合评估法评审的询比采购项目，采购文件应明确评审要素和评审标准。综合评估法的评审因素通常包括商务因素、技术因素、报价和其他因素。评审小组按照各供应商响应文件的综合得分排序推荐候选供应商。

经评审的最低价法是在响应文件满足采购文件实质性要求的前提下，按照供应商评审后的价格由低到高的顺序确定供应商优先次序的评审方法。经评审的最低价法适用于需求简单、技术标准规格统一货物、服务和简单小型工程采购项目。

③采购人可参考《非招标方式采购文件示范文本》中的询比采购文件示范文本编制采购文件。

4）发布采购公告（或发出采购邀请书）。采购人可以通过发布采购公告的方式公开邀请不特定的供应商，也可以直接通过向供应商发出采购邀请书的方式邀请特定的供应商参加采购。

采购人发布采购公告邀请供应商的，应编制采购公告或资格预审公告，通过电子采购交易平台和国家或省级招标投标公共服务平台发布；采购人直接邀请特定供应商的，应当以有效的方式向特定供应商发出采购邀请书。

采购公告（或采购邀请书）通常包括采购项目名称和编码、采购人名称、采购交易方式、供应商资格条件、采购文件（或资格预审文件）的获取方法、响应文件（或资格预审申请文件）的递交方法和截止时间、采购公告发布媒介、提出异议的渠道和方式等内容。

5）组织资格预审（如有）。采购人可根据采购项目的需要优先选择对供应商进行资格预审。不进行资格预审的项目，由评审小组在评审响应文件时对供应商进行资格后审。

资格预审可采用集中资格预审或单项资格预审。采购人可自行或组建专门的资格审查小组对潜在供应商提交的资格预审申请文件进行评审。资格审查要素通常包括供应商的经营资质资格、技术能力、管理能力、经营状况、业绩信用等。资格预审相关内容见本书第 3 章 3.1.1。

采用集中资格预审的采购项目，采购人应集中同类项目的需求特点和实施周期，发布集中资格预审公告，组织对潜在供应商进行集中资格预审。资格预审合格的供应商获得参与约定内容范围和期限内采购项目竞争的基本资格。集中资格预审通常采用合格制，潜在供应商数量过多时可采用有限数量制。采购人通过电子采购交易平台向通过资格预审的供应商发出资格预审合格通知书，向未通过资格预审的供应商告知其未通过资格预审的原因。

采用集中资格预审的采购项目，采购人在实施具体项目采购时，可根据具体项目的技术规格需求，在采购文件中细化技术资格能力（包括类似业绩）条件，并在评审阶段和推荐成交候选人阶段再次对供应商的资格条件进行审查确认。

6）发出采购文件。采购文件应通过电子采购交易平台发出。在响应文件递交截止时间前，采购人对已经发出的采购文件进行澄清或修改的，应以公告或其他有效方式告知潜在供应商。采购文件的澄清或修改属于采购文件的组成部分。

潜在供应商应按照采购公告或采购邀请书规定的时间、方式和要求下载获取采购文件。采购项目需要踏勘现场的，采购人应为潜在供应商现场踏勘提供必要的条件或通过拍摄视频、网络直播等形式展示项目现场环境。

采购人应合理设置响应文件上传（递交）截止时间，保证潜在供应商有足够的时间编制、传输响应文件。

（2）采购响应

采购响应阶段的主要工作包括编制响应文件、递交响应文件、接收响应文件、解密响应文件、开启响应文件。

1）编制响应文件。潜在供应商应按照采购文件约定的内容、格式和时间要求，使用专业交易工具编制响应文件。供应商应对响应文件内容的真实性承担责任。响应文件编制完成后，按照采购文件要求对响应文件进行签名、签章、加密。

2）递交响应文件。潜在供应商应在采购文件规定的递交响应文件的截止时间前，将响应文件上传到电子采购交易平台。响应文件上传结束后，采购人应通过电子采购交易平台向潜在供应商反馈是否上传成功，并为潜在供应商提示后续操作指引。较大规模采购项目需要提供响应担保的，潜在供应商应按采购文件的要求方式，选择提交响应担保，否则可能被认定为响应文件无效。

响应文件递交截止时间前，潜在供应商可补充、修改或撤回响应文件。潜在供应商提交的补充、修改文件为响应文件的组成部分。潜在供应商撤回响应文件的，采购人应退还已收取的响应保证金。

在响应文件上传（递交）截止时间前，任何单位和个人不得提前解密、提取响应文件。

3）接收响应文件。采购人通过电子采购交易平台接收、存储响应文件，并向供应商反馈接收信息。响应文件有以下情形之一的，电子采购交易平台应拒绝接收，并告知供应商：

①文件格式类型或字节容量不符合采购文件要求的。

②加密方式不符合采购文件要求的。

③未在递交截止时间前完成传输的。

4）解密响应文件。供应商应按照采购文件约定的方式和时间，登录电子采购交易平台，解密响应文件。采购文件应约定响应文件未解密的责任界定和解密失败的救济措施。在响应文件解密过程中，如发生部分响应文件未解密的，其他响应文件可继续开启。

5）开启响应文件。采购人应公开开启响应文件。电子采购交易平台应自动读取响应文件中的相关信息生成响应文件开启一览表，展示采购项目名称和编码、供应商名称、报价等采购文件约定的内容。

递交响应文件的供应商少于采购文件约定数量的，采购人应区分不同原因，按照采购文件的约定选择终止采购、继续采购或改变采购方式后继续采购。询比采购项目一个标段（标包/份额）可确定多家成交供应商。采购文件规定一个标段（标包/份额）成交供应商为1家的，递交响应文件的供应商应不少于3家；如果采购文件规定一个标段（标包/份额）成交供应商为多家，采购人应按照竞争择优的原则，确定递交响应文件的供应商的最少数量。

如果采用公告邀请方式，且采用资格后审，当递交响应文件的供应商数量少于3家或者少于采购文件规定的供应商最少数量时，采购人可按照下述情形分别处理：

①终止询比采购。采购文件或采购过程存在影响公平竞争情形的，采购人应当终止询比采购。采购文件或采购过程不存在影响公平竞争情形的，采购人同样可以选择终止询比采购。终止询比后采购人可重新组织询比采购。

②继续询比采购。采购项目不存在应该终止询比采购的情形，且采购人不选择终止询比采购的，应按照采购文件规定的程序继续开启响应文件，组织响应文件评审，直至完成后续采购。

③改变采购方式后继续采购。评审小组认为竞争性不足或所有响应文件均无效，且认为原采购文件不影响公平竞争无需修改的，经采购人审核确认后，可按采购文件的约定转为谈判采购或直接采购，并告知供应商。

如采用直接邀请方式，当递交响应文件的供应商数量少于三家时，采购人应选择如下其中一种方式处理：

①补充邀请供应商，使之满足三家以上供应商响应的要求。

②改为公告邀请。

③修改采购文件后重新组织询比采购。

（3）采购评审

在采购评审阶段，采购人按规定组建评审小组，由评审小组负责对供应商提交的响应文件进行评审，向采购人推荐候选供应商。

1）组建评审小组。评审小组通常由3人以上单数组成，评审小组成员不应与供应商存在利害关系，否则应当回避。评审小组应选取专业要求、工作经历等匹配的专家，鼓励包含采购企业外部专家。

2）评审。评审小组应当按照采购文件约定的评审办法、标准和程序评审响应文件。采购人应保证评审活动在安全保密、不被干扰的环境下进行，评审环境宜具备音视频信息记录功能。采购人可采用网络远程异地分散评审或采用现场集中在线评审的方式组织评审。具备条件时，采购人可采用智能化方式评审响应文件的客观可量化指标，或对响应文件的主观评审技术方案实行无主体标识评审。

评审分为初步评审和详细评审两个环节。

①初步评审。评审小组对响应文件的形式、供应商资格和响应文件的响应性进行审查，以判断响应文件的形式是否符合要求、供应商是否符合资格条件、响应文件是否实质性响应采购文件的要求。

响应文件的形式或供应商资格不符合采购文件的要求、响应文件未实质性响应采购文件要求的，响应文件无效，评审小组应告知有关供应商。如果响应文件中有含义不明确、同类问题表述不一致或有明显文字和计算错误的内容，评审小组应书面要求供应商在规定时间内进行澄清、说明和补正，澄清、说明和补正不得改变响应文件的实质性内容。澄清、说明和补正的内容作为响应文件的组成部分。

只有形式评审和资格评审合格，且实质性响应采购文件要求的供应商，才可通过初步评审。

②详细评审。通过初步评审的响应文件方可进入详细评审环节。

采用综合评估法评审的采购项目，评审小组成员按照采购文件规定的评分标准，对供应商的商务、技术和其他因素独立进行评审并打分。按照评审后的综合得分由高到低的顺序对供应商排序。当供应商的综合得分相等时，按照采购文件的事先约定确定供应商优先顺序。

采用经评审的最低价法评审的采购项目，评审小组对评审后的价格进行比较，按照评审后的价格由低到高的顺序对供应商排序。当供应商评审价格相等时，按照采购文件的事先约定确定供应商优先顺序。

供应商评审价格超过最高限价时，响应文件无效。当评审小组经过对供应商的报价进行比较或基于专业经验认为某一供应商的报价过低，可能对其履约造成影响时，应当要求该供应商作出书面说明并提供相应的证明材料。供应商不能合理说明或者不能提供相应证明材料的，其响应文件将被视为无效。

在评审过程中，评审小组发现采购文件存在重大缺陷，影响公正评审和不符合采购需求的，可停止评审并向采购人说明情况，并提出后续处理建议。

评审小组认为竞争性不足或所有响应文件均无效，且认为原采购文件有误，影响供应商公平竞争的，经采购人审核确认后，可终止采购并告知供应商；评审小组认为竞争性不足或所有响应文件均无效，且认为原采购文件不影响供应商公平竞争无需修改的，经采购人审核确认后，可按采购文件的约定转为谈判采购或直接采购，也可终止采购。

初步审查和详细审查的相关内容见本书第 3 章。

3）推荐候选供应商。评审结束后，评审小组应编写评审报告，根据采购文件的规定基于每个采购标段（标包/份额）向采购人推荐 1～3 名候选供应商。评审报告的内容包括评审小组成员名单，评审过程和评审结果说明，候选供应商及其履约能力分析、履约风险提示（如有）等内容，以及需要采购人处理的其他事项。评审报告应客观、完整地记录采购项目评审的全部过程和结果。

评审小组成员对评审结论有争议的，应按少数服从多数的原则进行表决。评审报告由评审小组的所有成员签名，评审小组成员拒绝签名且不说明不同意见和理由的，视为同意评审结果。

采购人应当对评审小组提交的评审报告进行审查。如发现存在评审错误、遗漏等情形并影响评审结果的，可组织原评审小组予以纠正，必要时可更换评审小组成员重新评审。

（4）采购成交

在采购成交阶段，采购人可对候选供应商的履约能力进行核查，通过集体决策等方式和相应程序确定预成交供应商和备选成交供应商（如有）并进行公示，公示结束后发出成交通知书、发布成交公告，与成交供应商签订采购合同，并对合同信息进行公告。

1）候选供应商履约能力核查。在确定预成交供应商之前，采购人可对候选供应商的资格、业绩、信用等履约能力进行核查并对其履约风险进行评估，必要时还可根据采购文件的约定，组织现场考察、产品核验等，或要求候选供应商补充相应的证明文件。如候选供应商均未通过履约能力核查，采购人可要求评审小组重新评审来推荐候选供应商或重新组织采购。评审报告中要求采购人核实供应商资质、业绩等事项的，采购人应组织核实。

2）确定预成交供应商。采购人应按照采购文件的规定从候选供应商中确定预成交供应商。采购文件规定设置备选成交供应商的，采购人还应确定备选成交供应商。

3）预成交公示。采购人应按照采购文件的规定，在电子采购交易平台和公告公示发布媒介上对预成交供应商进行公示。公示内容通常包括采购项目名称和编码、采购标段（标包/份额）、预成交供应商名称、项目负责人姓名、成交标段（标包/份额）、成交价格、工期/交货期/服务期限、提出异议的渠道和方式等内容。采购文件设置了备选成交供应商的，采购人还应公示确定的备选成交供应商。

4）发出成交通知书和发布成交公告。预成交供应商公示结束后，未收到供应商异议、投诉的，或供应商的异议、投诉不成立的，采购人可确定其为成交供应商。采购人应及时向成交供应商发出成交通知书，并对成交结果予以公告。

成交通知书通常包括采购项目名称和编码、采购人名称、成交价格与成交数量或者份额、工期/交货期/服务期限、签订合同的时间期限。

如异议或投诉成立导致预成交供应商不具备成交资格，备选成交供应商为成交供应商。没有备选成交供应商的，采购人可从其他合格候选供应商中重新确定预成交供应商，也可重新组织评审或重新组织采购。

成交供应商存在弄虚作假或串通行为、存在影响或失去合同履行能力的情形、不按采购文件要求提交履约担保或拒绝签订合同的，采购人应取消其成交资格，并确定备选成交供应商为成交供应商；没有备选成交供应商的，从其他合格候选供应商中确定成交供应商，也可重新组织采购。

5）签订采购合同。采购人应当与成交供应商在成交通知书规定的期限内订立采购合同。采购合同通常包括采购项目名称和编码、合同编码、当事人的名称和地址、标的、数量、质量、价款、履行期限、履行地点和方式、违约责任、解决争议的方法等内容。

采购合同的实质性内容应当与采购文件、成交供应商的响应文件和成交通知书一致。

采购人收取响应保证金的，应按照采购文件约定的时间和方式及时退还供应商。成交供应商无正当理由拒绝签订合同，或提出采购人不能接受的附加条件，或不按照采购文件要求提交履约担保的，响应保证金可不予退还。

6）合同信息公告。采购合同签订后，除保密项目外，采购人通常应在电子采购交易平台和公告公示发布媒介上发布采购合同信息公告。采购合同信息公告包括采购项目名称和编码、当事人名称、合同价款、签约时间、合同期限等内容。在发布采购合同信息公告时，涉及商业秘密的相关内容可不予公开。

（5）采购合同实施

在采购合同实施阶段，采购人与供应商均应当严格按照采购合同的规定，全面、完整地履行采购合同。采购人应当根据采购合同约定的标准和要求，组织对合同履约验收。

1）合同履行。采购人与成交供应商应按照采购合同约定的数量、质量、价格、期限、地点、结算等要素履行合同。采购人应对合同履行实施的全过程协同管理，必要时可委托第三方专业化机构实施管理。

2）合同解除和变更。成交供应商不能按照合同约定履行全部义务，且合同双方确认符合合同解除或变更条件的，采购人可按采购文件约定规则从其他成交供应商或公示合格的备选成交供应商中，选择成交供应商并协商签订合同。

3）合同验收。采购人应根据采购合同约定的标准和要求，组织合同履约验收并出具验收报告。合同验收后，采购人可通过电子采购交易平台和公告公示发布媒介公布合同履行情况，包括采购标的、数量、质量、价格、期限等履约结果信息。询比采购的程序如图 8-1 所示。

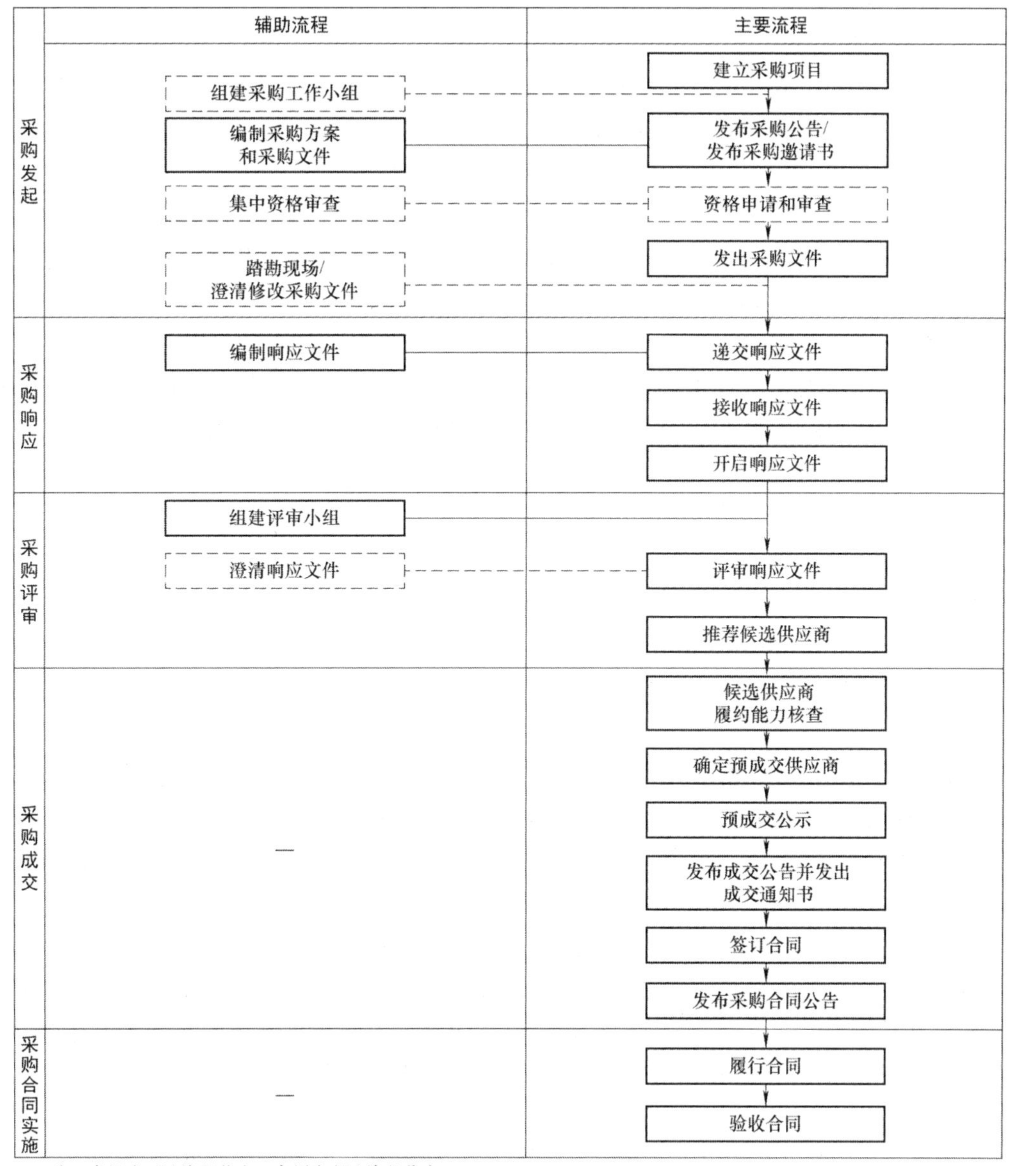

图 8-1　询比采购的程序示意图

8.2.2 谈判采购的程序

谈判采购包括合作谈判和竞争谈判。与询比采购类似，谈判采购的程序也包括采购发起、采购响应、采购评审、采购成交、采购合同实施五个阶段。

(1) 采购发起

与询比采购相同，谈判采购项目的采购发起阶段也包括建立采购项目、编制采购方案、编制采购文件（或资格预审文件）、发布采购公告（或发出采购邀请书）、资格预审（如有）、发售采购文件等环节。各环节的工作要求与询比采购基本一致。谈判采购与询比采购的主要不同之处有：

1）竞争谈判采购发起

①编制竞争谈判采购方案。采购人在编制采购方案时，采购需求内容可以相对简单。在谈判过程中可以通过谈判逐步明晰采购需求特征；合同条款部分内容可以不确定，在谈判中确定。

②编制竞争谈判采购文件。采购人可参考《非招标方式采购文件示范文本》中的“谈判采购文件示范文本”编制竞争谈判采购文件。采购人应当在采购文件中明确可以通过谈判改变的技术、服务要求和合同条款。

③竞争谈判的评审方法。竞争谈判采购的评审方法包括综合评估法、经评审的最低价法和投票法。投票法是评审小组按照采购文件中规定的各项评价因素对响应文件进行综合评价后，通过投票确定供应商优先次序的评审方法。投票法适用于对供应商提交的方案难以量化为分值进行比较，需要评审小组成员依据自身学识、经验等得出评审结论的项目。

2）合作谈判采购发起

①编制合作谈判采购方案。采购人编制的采购方案应当包括研发目标、研发产品用途、研发费用和采购人补偿范围、研发期限、研发中期谈判安排、研发产品和技术的知识产权权属、研发产品的迭代升级服务要求、研发合同主要条款、研发风险分析和风险管控措施等内容。

②对供应商进行资格预审。采购人可以发布采购公告的方式公开邀请不特定的供应商参加合作谈判采购资格预审，也可以邀请书的方式直接向特定的供应商发出邀请。采购人按照资格预审文件的规定，对供应商提交的申请文件进行审查，确定符合资格条件的供应商。

③与供应商进行概念交流。采购人邀请符合资格条件的供应商讨论交流，以采购需求为基础形成采购文件。采购文件除了采购需求外，还应当包括响应文件要求、响应文件递交截止时间、研发供应商数量、确定研发供应商的评审方法和规则等。合作谈判采购的评审方法一般采用综合评估法。评审因素主要包括研发方案和研发目标、研发费用、研发完成时间、研发产品的售后服务方案等。

④向供应商提供采购文件。采购人向所有参与概念交流的供应商提供采购文件。

（2）采购响应

竞争谈判采购项目对供应商编制递交响应文件的基本要求与询比采购项目大体相同。

参加合作谈判的供应商编制的响应文件应当包括研发方案和研发目标、研发费用、研发产品价格、研发产品的验收方法与验收标准、研发产品的迭代升级服务方案和售后服务方案等内容。

需要注意的是，以发布采购公告方式邀请供应商的谈判采购项目，首次递交响应文件的供应商不足两家的，采购人可按采购文件的约定转为直接采购或终止采购，并告知供应商。

（3）采购评审

1）竞争谈判采购评审。其包括组建评审小组、初步评审、谈判等环节。

①组建评审小组。竞争谈判采购组建评审小组的要求与询比采购相同。

②初步评审。初步评审主要对响应文件的形式、供应商资格和响应文件的响应性进行审查，以判断响应文件的形式是否符合要求、供应商是否符合资格条件、响应文件是否实质性响应采购文件的要求。

如果响应文件的形式或供应商资格不符合采购文件的要求、响应文件未实质性响应采购文件的要求，或响应文件中有含义不明确、同类问题表述不一致或有明显文字和计算错误的内容，评审小组应书面要求供应商在规定时间内进行澄清、说明和补正。澄清、说明和补正的内容作为谈判响应文件的组成部分。经供应商澄清、说明和补正后仍未通过初步评审的谈判响应文件将被视为无效，评审小组应告知有关供应商。只有初步评审合格的供应商才可参加谈判。

③谈判。谈判过程如下：

A. 谈判前准备。准备阶段是采购谈判最重要的阶段，科学、合理、成功的采购谈判需要谈判小组根据谈判文件确定谈判对象，了解采购背景、供应商相关信息、市场供求态势，制定谈判的目标和策略。

B. 谈判实施。围绕谈判目标，谈判小组与供应商开展一轮或多轮谈判，谈判实施过程中根据双方博弈态势，不断调整和优化谈判技巧与策略，达成共识。

C. 评审小组应当与单一供应商逐一分别进行谈判，并给予所有参加谈判的供应商平等的谈判机会。评审小组可在采购人授权范围内优化完善采购需求中的技术、服务要求和合同草案，并要求供应商根据修改完善后的采购需求补正、完善谈判响应文件。

D. 当首次提交响应文件的供应商超过采购文件约定数量时，评审小组可在初步评审阶段按约定规则选择采购文件约定数量的供应商参加谈判。

E. 评审小组可根据采购项目特点和实际需要，与参加谈判的供应商进行多轮谈判，通过谈判完善采购需求和合同方案，或者从供应商提供的多个方案中选出优秀实施方案。采购文件没有事先规定谈判轮次的，评审小组应当在最后一轮谈判前，告知所有参与谈判的供应商。

F. 当某个供应商未准时参加某一轮次谈判时，应视为其放弃参加该轮次谈判，其仍有权参加后续轮次谈判。采购人不允许该供应商参与后续轮次谈判的，应当在采购文件中事先明确。

G. 最后报价。谈判结束后，评审小组应要求供应商按照优化完善后的采购文件的要求，提交最终响应文件和最后报价。

H. 推荐候选供应商。评审小组应当按照采购文件的规定，对供应商提交的最终响应文件进行评审。

谈判采购价格评审以最后报价为准。评审后的价格超过采购文件规定的最高限价的，响应文件无效。如供应商的最后报价有计算错误的，评审小组可对其修正后再进行评审。最后报价的修正要求同询比采购。

在评审过程中，评审小组发现采购文件存在重大缺陷，影响公正评审和不符合采购需求的，可停止评审并向采购人说明情况，提出后续处理建议。

评审结束后，评审小组应编写评审报告，根据采购文件的规定，基于每个采购标段（标包/份额）向采购人推荐候选供应商。相关工作要求同询比采购。

2）合作谈判采购评审。其包括组建评审小组、谈判确定研发方案和研发合同、供应商最后报价、评审最终响应文件和推荐候选研发供应商、签订研发合同、中期谈判、研发产品验收、推荐候选成交供应商等环节。

①组建评审小组。组建评审小组的要求与询比采购相同。

②谈判确定研发方案和研发合同。评审小组对响应文件进行评审，分别与供应商进行谈判。在谈判中，评审小组可以根据谈判情况实质性变动采购文件有关内容，但不得改变研发目标、研发产品用途，以及采购文件中的评审因素和评审标准。谈判确定研发方案和研发合同主要条件后，评审小组应要求供应商在统一的时间提交最终响应文件和最后报价。

③供应商最后报价。供应商根据与评审小组谈判后确定的研发方案，提交最终响应文件和最后报价。

④评审最终响应文件和推荐候选研发供应商。评审小组按照采购文件确定的评审因素和评审标准对最终响应文件和最后报价进行评审，推荐 2 家以上候选研发供应商。

⑤签订研发合同。采购人在候选研发供应商中确定 2 家以上供应商为研发供应商，并分别签订研发合同。研发合同应当包括项目研发目标、研发期限、研发费用和补偿费用、研发产品价格、研发产品质量和服务标准、研发中期谈判安排、研发产品和技术的知识产权权属、研发产品的迭代升级服务要求、最终评审规则和标准、研发供应商淘汰标准等。

⑥中期谈判。评审小组与研发供应商根据研发合同约定，在研发的不同阶段就研发时间、标志性成果、研发费用补偿等进行谈判。谈判应在每一阶段开始前完成。约定期限到期后，研发供应商应提交成果报告和成本说明，采购人据此支付研发成本补偿费用。研发供应商未按照约定完成阶段性成果目标的，研发合同终止。

⑦研发产品验收。研发期结束后，研发供应商按照研发合同要求提交研发产品样品或者完整的解决方案等研究成果。采购人按照研发合同约定的验收方法和验收标准组织对研发产品进行验收。采购人对通过验收的研发产品，应当支付全部研发、试制或者改造的费用。

⑧推荐候选成交供应商。评审小组应按照研发合同中的最终评审规则对研发供应商的研发产品进行评审。只有一家研发供应商的研发产品通过验收的，评审小组可以推荐其为候选成交供应商。有 2 家以上研发供应商的研发产品通过验收的，评审小组应根据研发合同约定的最终评审规则和标准对通过验收供应商的研发产品进行综合评审并按照综合得分排序，推荐 2 家以上候选成交供应商。

(4) 采购成交

与询比采购项目类似，竞争谈判项目在采购成交阶段，采购人可对候选供应商进行履约能力核查，确定预成交供应商和备选成交供应商并进行公示，公示结束后发出成交通知书、发布成交公告，与成交供应商签订采购合同，并对合同信息进行公告。

合作谈判项目，评审小组只推荐 1 家候选成交供应商的，采购人应确定其为成交供应商；评审小组推荐 2 家以上候选成交供应商的，采购人可以根据采购文件的约定并结合实际情况确定 1 家或 2 家成交供应商。确定成交供应商后，采购人应向成交供应商发出成交通知书并发布成交公告，在规定时间内与成交供应商签订采购合同，并对合同信息进行公告。

(5) 采购合同实施

谈判采购项目采购合同实施阶段的工作程序和要求，与询比采购项目相同。谈判采购的程序如图 8-2 所示。

8.2.3　竞价采购的程序

竞价采购的程序包括采购发起、采购响应、采购评审、采购成交、采购合同实施五个阶段。

(1) 采购发起

竞价采购项目的采购发起阶段包括建立采购项目、编制采购方案、编制采购文件、发布竞价采购公告（或发出采购邀请书）、竞价资格审查等环节。

1）建立采购项目。建立采购项目环节的工作要求与询比采购基本相同。

2）编制采购方案。编制采购方案环节的工作要求与询比采购基本相同。

3）编制采购文件。采购人应当根据采购计划、采购预算、采购需求等，利用专业编辑工具编制采购文件。采购文件中应明确竞价规则。起始价、报价梯度等要求应在采购公告（或采购邀请书）中载明。

采购人可参考《非招标方式采购文件示范文本》中的“竞价采购文件示范文本”编制采购文件。

4）发布竞价采购公告（或发出采购邀请书）。采购人可以发布竞价采购公告的方式公开邀请不特定的供应商参加竞价，也可以邀请书的方式直接向特定的供应商发出邀请。采购人应将采购文件同步加载至电子采购交易平台，供应商可按要求下载。采购人应保证在网络报价开始前，供应商均可以下载获取采购文件，并为供应商预留合理的准备报价的时间。

供应商应在电子竞价平台进行注册，并在电子竞价平台上下载采购文件。只有获取采购文件并通过竞价资格审查的供应商，才可参与后续的网络报价。

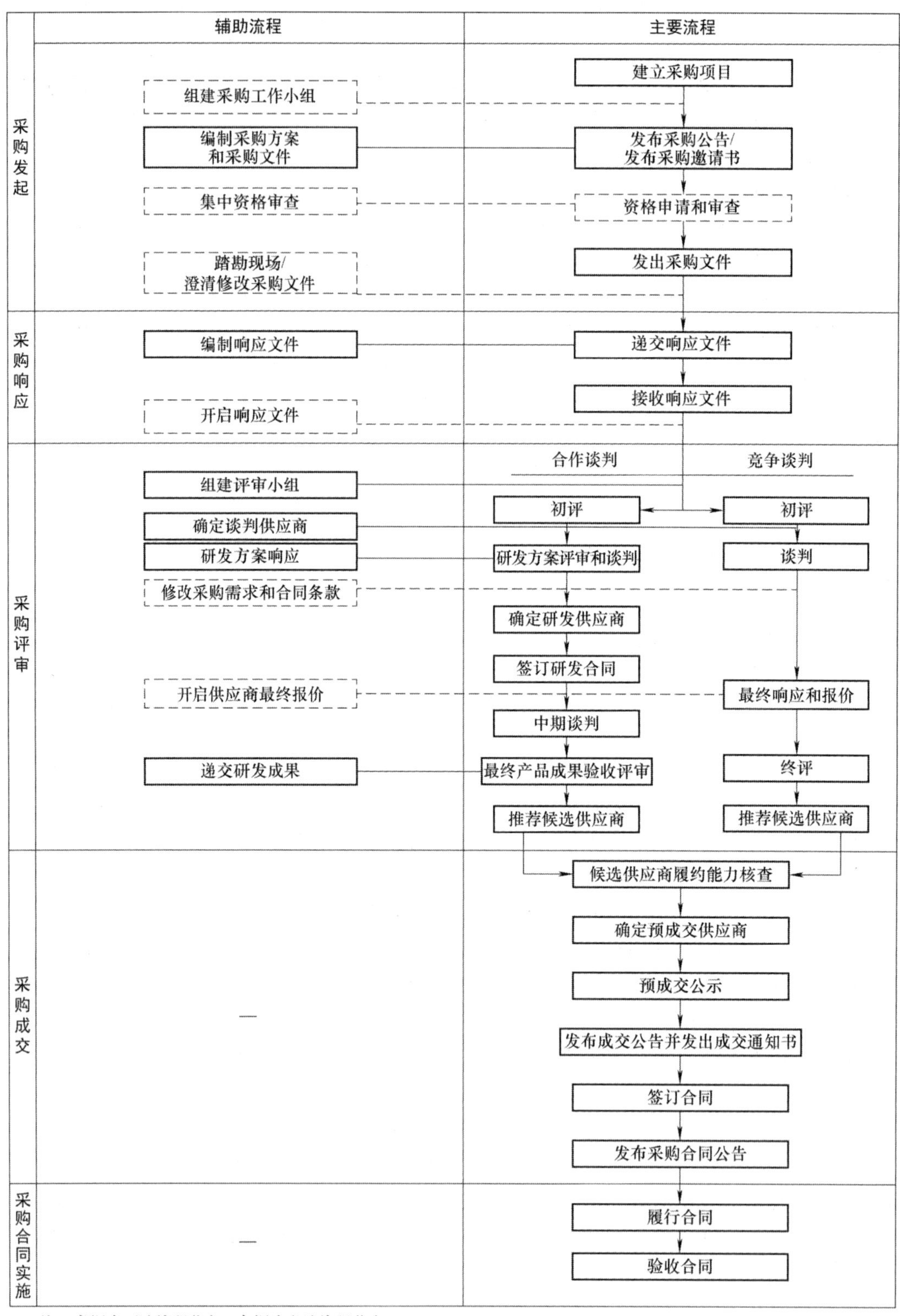

注：虚框为可选流程节点，实框为必选流程节点。

图 8-2 谈判采购的程序示意图

在网络报价开始前，采购人可对已发出的采购文件进行必要的澄清或修改，澄清或修改可通过电子采购交易平台予以公告，并以有效的方式告知已获取采购文件的潜在供应商从电子采购交易平台获取，同时应保证供应商有足够的时间准备报价活动。

5）竞价资格审查。采用竞价资格审查的项目，供应商应通过电子竞价平台上传提交资格证明文件和标的物情况说明等资料。采购人负责组织对供应商提交的资格证明文件和标的物情况说明等资料进行审查，确定供应商是否具备竞价资格。对部分资格要求复杂、判断难度较高的采购项目，采购人也可聘请专家进行资格审查。采购人通过电子采购交易平台向通过竞价资格审查的供应商发出竞价资格审查合格通知书，向未通过竞价资格审查的供应商告知未通过审查的原因。

（2）采购响应

供应商按照规定的竞价时间和规则，在电子采购交易平台上进行在线竞价。电子采购交易平台按采购文件约定的规则记录、反馈供应商实时报价信息。竞价截止时间前，宜隐藏参与竞价的供应商的名称和数量。

若参加竞价的供应商数量少于 3 家，采购人应当首先核实采购文件和组织实施程序是否存在影响公平竞争的实质性缺陷。采购文件和组织实施程序存在影响公平竞争情形的，或无供应商参与竞价的，采购人应当采取相应的纠正措施，重新组织采购。采购文件和组织实施程序不存在影响公平竞争情形的，采购人可以继续竞价活动。

（3）采购评审

竞价结束后，电子采购交易平台自动计算各供应商排名，按照价格由低至高排序，并推荐排名第一的为候选供应商。

（4）采购成交

1）履约能力核查。在采购成交阶段，采购人可对候选供应商进行履约能力核查。履约能力核查工作的要求同询比采购。

采购人认为候选供应商报价异常可能影响履约的，可组织评审小组对异常报价进行评审，按采购文件约定的规则作出响应是否有效的决定。响应无效的，评审小组可重新推荐候选供应商，或者建议采购人重新采购。

2）确定成交供应商。采购人确定排名第一的候选供应商为预成交供应商．

3）预成交公示。采购人应按照采购文件的规定，在电子采购交易平台和公告公示发布媒介上对预成交供应商进行公示。公示内容与询比采购相同。

4）发出成交通知书和发布成交公告。预成交公示期结束后，采购人确定预成交供应商为成交供应商并发出成交通知书，在电子采购交易平台和公告公示发布媒介发布成交公告。

5）签订合同。采购人应在成交通知书约定期限内与成交供应商签订采购合同。

6）合同信息公告。采购人应通过电子采购交易平台和公告公示发布媒介发布采购合同公告。采购合同公告信息宜包括采购项目名称和编码、当事人名称、合同价款、签约时间、合同期限等内容。

（5）采购合同实施

竞价采购项目采购合同实施阶段的工作程序和要求，与询比采购项目相同。

竞价采购的程序如图 8-3 所示。

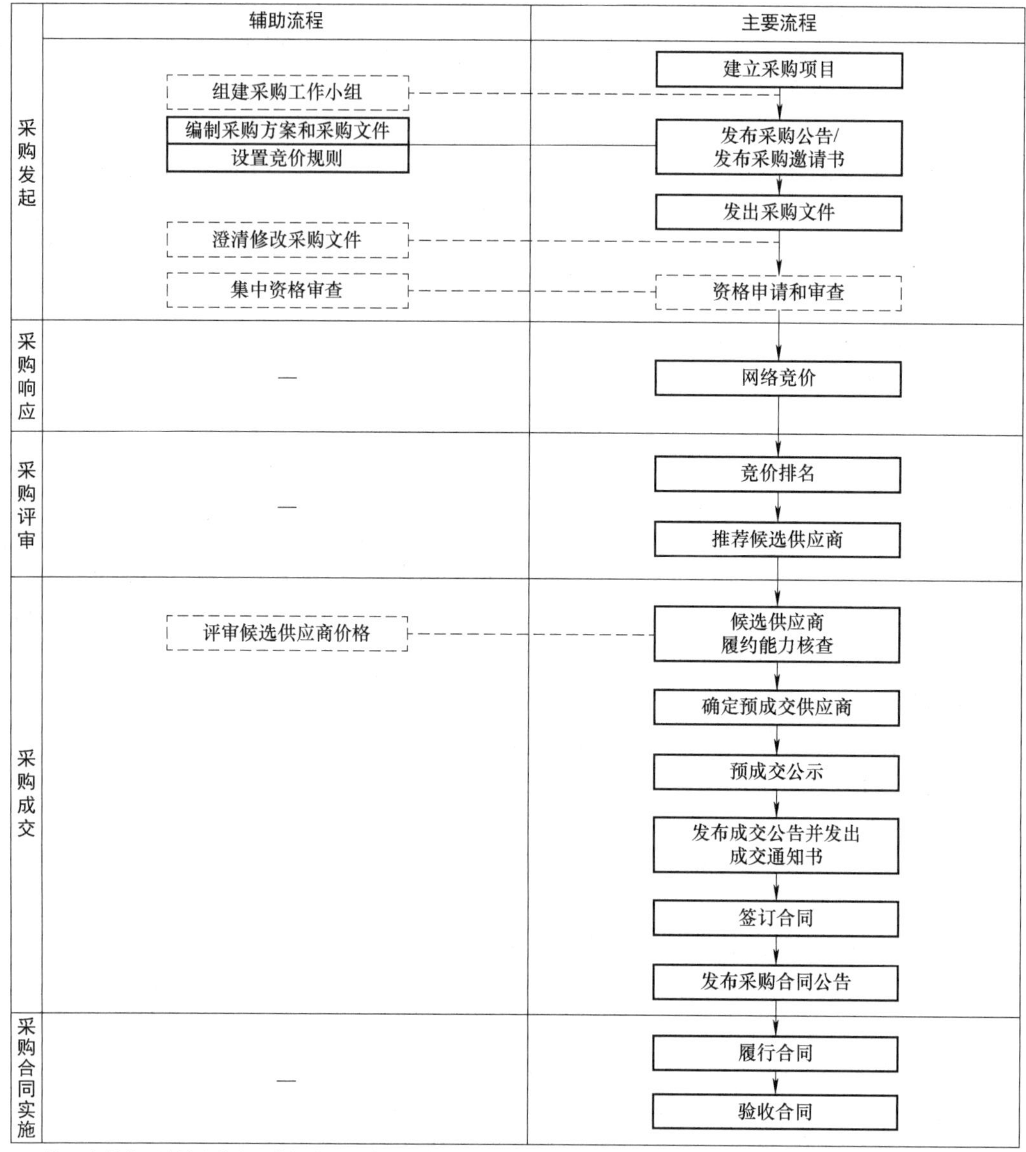

图 8-3 竞价采购的程序示意图

8.3 采购组织形式

8.3.1 采购组织形式的定义

采购组织形式包括战略采购、集中采购、分散采购、框架协议采购、电子商城采购。采购人可根据采购组织形式的内涵特征，结合企业采购管理的具体特点，分类细化或组合采购组织形式。

（1）战略采购

战略采购是指采购人基于生产经营、战略发展需要和市场供应趋势，对维护供应链安全稳定所必需匹配的原材料、组部件、装备、技术或服务等，采用长期采供协议或合资、合作等方式建立相对稳定的战略采购供应关系。战略采购协议宜约定合作范围、价格等调整要素及终止条件。

战略采购宜采用竞争性采购交易方式，在 2 家以上供应商中选择确定战略供应商；不具备市场竞争条件的项目可采用直接采购交易方式。

（2）集中采购

集中采购是指采购人集中各采购需求人一定时期内所需的工程、货物或服务，按照分类分级集中采购目录清单，授权或委托采购实施人统一实施采购的组织形式。集中采购适用于企业大宗或批量物品，价值高或总价多的物品，关键零部件、原材料或企业其他战略资源。

集中采购按照实施方式还可以分为批量集中采购、框架协议采购等。在特殊情况下，没有隶属关系的单位也可以进行联合采购，联合采购也是集中采购的表现形式之一。联合采购也可以达到集中采购的效果。集中采购有利于发挥规模采购优势、优化供应链管理、推进采购标准化和信息化、强化供应商竞争，从而取得降低采购成本、提高采购效率的结果，获取总体竞争优势。集中采购是目前集团型企业特别是国有企业集团重要的采购组织形式。

《意见》明确，中央企业应大力推广标准化设计、标准化选型，整合同类型需求，积极推行集中采购，增强企业议价和协调能力、提高整体效益。集团汇总各子企业一定时期内所需的工程、货物或服务，按照分类分级集中采购目录清单，统一组织多项目联合打捆采购或框架协议采购，可采用“统谈统签”或“统谈分签”的模式。对于相似度高、采购量大的产品品类，在不违背反垄断市场竞争规则的前提下，支持中央企业在特定区域开展联合采购。

按照《意见》的要求，中央企业实施集中采购，一是要建立分类分级集中采购目录清单，明确各级集中采购的范围。在目前国务院国资委中央企业采购与供应链管理对标是指标体系中，集中采购是指在集团或二级企业采购或供应链管理部门的统一管理下，发挥集团化整体优势，组织实施集中统一的对外采购，包括集团级集中采购、二级企业集中采购两级。二是要明确集中采购部门和实施主体。中央企业实施集中采购的主体可以是集团总部或二级企业总部集中采购管理部门，也可以是集团或二级企业明确的专业集中采购机构。三是要明确集中采购的模式。常见的模式有“统采统签”和“统采分签”。“统采统签”模式是指由集中采购机构统一组织定商定价，签订合同，调拨给各需求单位，或者统一签订框架协议，由各需求单位执行项下订单或合同的采购组织方式；“统采分签”模式是指由集中采购机构统一组织定商定价，由各需求单位签订合同或框架协议的采购组织方式。目前执行“统采分签”方式的中央企业居多。

（3）分散采购

分散采购是指采购需求人对采购人集中采购目录以外所需的工程、货物或服务分别组织采购。

（4）框架协议采购

框架协议采购是指采购人归集一定时期内具有相同属性特征但无法一次性确定采购项目时间、地点、数量的采购需求要素，采用竞争方式并分阶段选择入围供应商和确定成交供应商，签订和实施采购合同或订单的采购组织形式。

框架协议采购分为两个阶段进行，分步确定采购项目交易的规格、质量、价格、数量、时间、地点等关键合同要素。框架协议采购第一阶段选择确定入围供应商，第二阶段确定成交供应商。两个阶段应至少进行一次价格竞争。因此，框架协议采购也属于竞争性采购的范畴。

框架协议采购的流程见本章 8.3.2。

(5) 电子商城采购

电子商城采购是指采购人归集各采购需求人一定时期内计划采购商品，依托电子商城汇聚供应商品，通过规范有效的竞争交易方式和组织形式，比较、遴选、协商确定采购供应商品范围及其相应技术规格、质量标准、商品价格等交易要素，约定供应服务期内商品价格调整与风险分担办法等交易规则，并在采购人归集的平台货架展示；采购需求人按照实际需求，分别从采购人归集的平台上直接选择采购所需商品。电子商城采购也属于竞争性采购的范畴。

电子商城采购适用于市场供应充分且无须定制技术方案，高频重复、可快速响应采购，并可以直观描述和识别比较商品用途、质量性能、技术规格和价格的标准工业品、低值易耗品和服务。

电子商城采购相关内容见本章 8.3.3。

8.3.2 框架协议采购的流程

框架协议采购是分为两个阶段完成采购活动的特殊采购组织形式。第一阶段，采购人确定入围供应商并与入围供应商签订框架协议；第二阶段，采购需求人或采购实施人在入围供应商中确定成交供应商并签订采购合同或采购订单。

(1) 采购准备

1) 建立采购项目

采购人应集成采购需求人报送的采购需求，结合企业年度计划、年度预算和历史采购信息等，对一定周期内的物资和服务需求进行预测，并整合采购规划需求预测结果形成集中采购计划。采购人在电子采购交易平台登记采购项目名称和编码、采购项目范围与需求、合同估算价等信息，建立采购项目。

2) 编制采购方案

采购人综合考虑不同项目的特点和需求，确定框架协议类型、确定框架协议定价模式、确定采购交易方式、确定入围供应商的数量和比例等内容，形成采购方案。

①确定框架协议类型。按第一阶段选择入围供应商时约定的合同要素，分为定商框架协议、定商定价框架协议和定商定价定量框架协议；按供应商入围方式，可分为开放式框架协议和封闭式框架协议。

A. 定商框架协议。定商框架协议只约定入围供应商名称、入围供应商资格条件和入围产品或入围产品类别、应用框架协议的采购需求人范围。其他合同要素在框架协议采购的第二阶段确定。

B. 定商定价框架协议。定商定价框架协议是在定商框架协议的基础上，还约定入围产品名称、入围产品技术规格、入围产品基准价格或计价规则等。采购数量、采购时间、履约地点等其他合同要素在框架协议采购的第二阶段确定。

C. 定商定价定量框架协议。定商定价定量框架协议是在定商定价框架协议的基础上，还约定采购数量。采购时间、履约地点等其他合同要素在框架协议采购的第二阶段确定。

D. 开放式框架协议。在开放式框架协议有效期内，供应商可以随时申请加入和退出。定商框架协议属于开放式框架协议。

E. 封闭式框架协议。一般只在建立封闭式框架协议时，供应商可以申请加入，通过竞争择优确定入围。在封闭式框架协议有效期内，入围供应商数量保持不变，入围供应商不可以随意加入和退出。定商定价框架协议和定商定价定量框架协议都属于封闭式框架协议。

②确定框架协议定价模式。框架协议的定价模式分为一次定价模式和两次定价模式。一次定价模式是指在框架协议采购的两个阶段中，选择其中一个阶段进行价格竞争；两次定价模式是指框架协议采购的两个阶段都进行价格竞争。

定商框架协议和定商定价定量框架协议都是一次定价框架协议。定商框架协议采购的第一阶段不确定价格，在第二阶段才进行价格竞争并确定采购合同的价格。

定商定价框架协议可以采用一次定价模式，也可以采用两次定价模式。定商定价框架协议采用一次定价模式时，应当在第一阶段定价，在第二阶段只确定采购数量、履约时间、履约地点等。定商定价框架协议采购的第一阶段确定的是固定单价或有调价规则的可调单价；采用两次定价模式时，在第一阶段和第二阶段都要进行价格竞争。第一阶段确定的通常是最高限价。

采购人应根据采购标的的准确程度和市场竞争的充分程度确定框架协议采购的定价模式。在采购标的准确清晰、市场竞争充分的采购项目中，适于采用一次定价模式；在采购标的不清晰、不准确或者市场竞争不充分、市场价格变动频繁无法预测价格变化趋势的采购项目中，适于采用两次定价模式。

③确定采购交易方式。采购人可以根据框架协议采购实施阶段和实施类型，采用适当的采购交易方式。

A. 框架协议第一阶段。

a. 采用资格审查方式确定定商框架协议的入围供应商。

b. 采用招标、询比和谈判采购方式确定定商定价框架协议和定商定价定量框架协议的入围供应商。

B. 框架协议第二阶段。

a. 采用招标、询比、谈判和竞价采购方式确定定商框架协议的成交供应商。其中小额采购项目可以采用询比和竞价采购方式。

b. 采用询比、谈判和竞价采购方式，确定定商定价框架协议的成交供应商。

c. 采用直接选定或竞争方式确定定商定价框架协议、定商定价定量框架协议的成交供应商。

④确定入围供应商的数量和比例。国家标准规定，采用一次定价模式时，淘汰的供应商数量宜不少于 50%；采用两次定价模式时，每次淘汰的供应商数量宜不少于 30%。

采购人应根据采购项目需求和竞争性要求，确定入围供应商的数量和比例，并在采购文件中予以明确。

（2）框架协议采购第一阶段

1）编制采购文件。采购人应以采购方案为基础，参考《非招标方式采购文件示范文本》中“框架协议采购组织实施指引”的要求，利用专业交易工具编制框架协议采购文件。框架协议采购文件应明确框架协议类型、框架协议定价模式、框架协议采购标的物描述、框架协议预估总采购金额、入围供应商数量或比例、入围供应商管理办法、入围供应商的退出和补充、框架协议的有效期限、框架协议采购的程序、第一阶段签订的框架协议和第二阶段签订的采购合同等内容。

2）发布采购公告。采购人根据框架协议采购文件的内容编制采购公告，并在电子采购交易平台和公告公示发布媒介发布采购公告。

采购公告发布后，采购人需要更正公告内容且更正的内容可能影响供应商参加竞争的，应在原采购公告发布媒介上发布更正公告。

3）确定入围供应商。采购人可选择招标、询比、谈判或资格审查等方式组织框架协议入围竞争，并确定入围供应商。采用招标和资格审查的，招标程序和资格审查程序应符合招标投标法的规定；采用询比和谈判的，采购程序应符合国家标准的规定。

采用资格审查方式确定入围供应商的，潜在供应商在框架协议有效期内可随时提出入围申请，并提交资格审查文件，经采购人审核通过后，确定为入围供应商；通过招标、询比、谈判等方式确定入围供应商的，评标委员会或评审小组按照采购文件规定的评审标准进行综合评审，确定供应商排序。采购人根据评审结果和采购文件规定的淘汰比例，确定不超过采购文件规定数量的供应商入围。确定入围供应商后，采购人应在电子交易平台和公告公示发布媒介上发布相关公告。

如果框架协议采购文件和实施程序存在影响公平竞争的实质性缺陷，导致参加竞争的供应商数量不满足采购文件规定的最少数量，应终止框架协议采购程序。

4）签订框架协议。框架协议可由采购人或采购实施人与入围供应商签订，具体签约主体应在采购文件中予以明确。入围供应商拒不签订框架协议的，取消其入围资格。

采用定商框架协议的，采购人可在采购文件中约定通过电子采购交易平台和公告公示发布媒介发送入围供应商通知书或发布入围供应商公告，视为签订框架协议。

5）调整入围供应商

①入围供应商退出框架协议。定商框架协议入围供应商可随时申请退出框架协议。定商定价框架协议和定商定价定量框架协议入围供应商无正当理由，不得主动放弃入围资格或者退出框架协议，否则应按框架协议的约定承担相应责任。

②清退入围供应商。采购人应对入围供应商实施监督管理，入围供应商存在以下情形之一的，可将其清退：

A. 存在恶意串通谋取入围或合同成交的。

B. 提供虚假材料谋取入围或合同成交的。

C. 无正当理由拒不接受合同授予的。

D. 不履行合同义务或履行合同义务不符合约定，且经采购人请求履行后仍不履行或仍未按约定履行的。

E. 在框架协议有效期内，因违法行为被禁止或限制参加采购活动的。被清退的供应商不得参加同一框架协议补充征集，或者重新申请加入同一框架协议。

③补充入围供应商。在定商定价框架协议或者定商定价定量框架协议有效期内，供应商退出或者被清退而使得入围供应商的数量未达到采购文件要求数量的，采购人可按照框架协议的

约定针对入围供应商数量不足的部分，重新组织框架协议采购，通过竞争补充入围供应商。

6）变更或终止框架协议

①变更框架协议。框架协议有效期超过一年以上，或预期市场价格波动较大的，采购人可在框架协议中约定价格调整机制，约定合同价格调整条件、要素和调整办法。框架协议采购需求范围、技术规格、供应商资格等要求或国家相关法律规定发生变化，应变更框架协议的，如已约定比例上下限进行执行控制，因紧急项目需求造成超限额执行，采购人应与入围供应商协商变更框架协议。

②终止框架协议。在框架协议期内，发生相关法律规定、采购文件或框架协议约定允许终止协议的情形，框架协议自动终止，但执行中的采购合同应继续履行，直至合同约定的内容完成为止。

当出现以下情形时，由采购人与供应商协商一致，可终止框架协议，双方签署合同终止协议：

A. 国家政策发生重大变化的。

B. 采购实际需求发生重大变化，原协议无法满足需求的。

C. 供应商自身情况发生重大变化，无法履约或不适宜履约的。

D. 市场态势发生重大变化，原框架协议价格机制严重失灵的。

E. 不可抗力。

(3) 框架协议采购第二阶段

1）编审采购计划。采购需求人应按照框架协议的约定，结合实际采购需求编制采购计划，并履行内部审批手续。

2）确定成交供应商。采购需求人或采购实施人应根据框架协议的约定，在入围供应商中采用招标、询比、谈判、竞价、直接选定等方式确定成交供应商。

①招标。具体采购程序见本书第 2 章 2.4.1。

②询比、谈判、竞价。具体采购程序见本章 8.2.1、8.2.2 和 8.2.3。

③直接选定。采购需求人或采购实施人根据采购项目需求，通过电子采购交易平台向直接选定的成交供应商发出采购订单；采购订单应包括采购数量，成交标的物的技术规格、价格，履行合同的时间和地点等内容。

3）签订采购合同。采购需求人或采购实施人应在框架协议有效期内，按照框架协议中的合同格式与确定的成交供应商签订采购合同。采购需求人或采购实施人直接选定供应商的，可约定采购订单与框架协议中的合同格式构成采购合同，不再单独签订采购合同。

框架协议采购的流程如图 8-4 所示。

8.3.3 电子商城采购

电子商城采购在实践中主要有两种模式。第一种模式是对接电子商务平台，即企业电子交易平台对接国内一些知名电子商务平台，采购需求人通过企业对接的电子商务平台直接在线购买所需货物和服务。第二种模式是组建企业电子商城，即企业建立自己的电子商城，通过集中采购或集中资格预审等手段，择优确定入驻电子商城的供应商和电子商城的上架商品，采购需求人在电子商城的入驻供应商和上架产品中选择合适的标的。

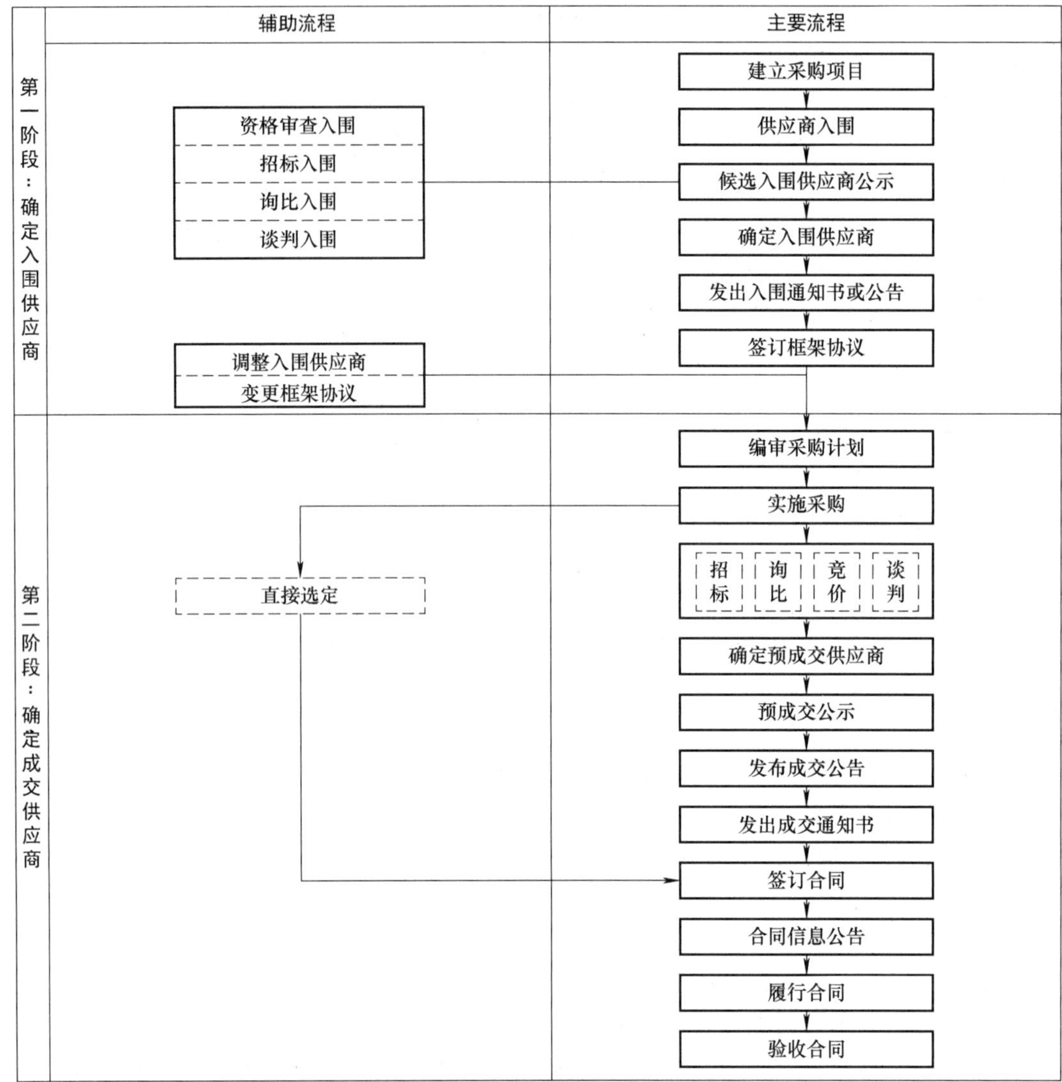

图 8-4　框架协议采购的流程示意图

(1) 对接电子商务平台

这种模式借助互联网平台的强大搜索、汇聚功能，以及知名电子商务平台对供应商的筛选、对比和评价功能，选购符合条件的商品和服务。例如，企业可以对接市场上的一些综合电商平台，从这些综合电商平台上汇聚的大量的供应商和商品信息中，可便捷快速地采购到标的。该模式的主要优点有：

1）提高采购效率。通过互联网平台采购，可以方便快捷地与供应商进行沟通，节省时间和人力资源。企业可以通过平台搜索、筛选、对比、评价供应商，快速实现供应商选择和采购决策。

2）降低采购成本。由于电子商务平台信息透明度高，企业可以更加全面地了解供应商的价格、质量、交期等信息，从而更好地控制采购成本。此外，企业也可以通过电子商务平台与多个供应商竞价，降低采购成本。

3）提高采购质量。电子商务平台提供的供应商信息和产品信息全面、准确、透明，企业可以通过平台筛选和选择优质的供应商和产品，提高采购的质量和标准。

4）降低采购风险。电子商务平台的采购信息透明，采购成果全程自动记录，可溯可查，廉政风险低，采购资料归档简便，采购活动监管简单便捷。

（2）组建企业电子商城

其采购流程大致分为组织商品上架、订购商品、订单结算等阶段。

1）组织商品上架。组织商品上架的程序一般如下：

①确定采购需求。采购需求人结合年度计划、年度预算和历史采购信息等，对一定周期内的物资需求进行预测，并登录电子采购商城，填写、提报自身的采购需求。采购人依托电子采购商城汇总各采购需求人的采购需求，形成采购计划，组织实施采购活动。

②遴选铺货供应商。采购人可采用招标、询比、谈判等竞争性采购方式遴选铺货供应商。采购人在确定采购方式时，应统筹考虑市场供需状况、采购需求特点等因素。

③商品上架展示。铺货供应商按照约定的商品价格、技术规格、质量标准等要素，将商品条目推送电子商城相应商品类别下。采购人按照供应商的响应文件组织开展上架商品审核。完成审核的商品将在电子商城展示供采购需求人浏览、下单购买。

2）订购商品。订购商品的程序如下：

①商品选购。采购需求人登录电子商城，在线查看商品的品牌、型号、实物图片、价格、配送条件、服务、质量保证等信息，充分比质、比价、择优选择商品，确定商品的采购数量、规格型号、交货期等信息。

对于采用固定价标价的商品，如果电子商城存在相同商品价格不同的情形，采购需求人应对不同供应商的价格以外的其他条件进行比选，选择适宜的商品。

对于采用实时价格标价机制的商品，即上架价格与供应商在公开电商平台上的销售价格保持动态一致的商品，采购需求方需综合考虑其价格水平、品牌信誉、产地来源、物流配送效率以及售后服务质量等要素，并进行同类商品的细致比价分析，从而挑选出最符合需求的优质商品。

对于采用最高限价标价的商品，采购需求人在电子商城相应业务模块提报具体需求，邀请相关供应商参与竞价。竞价结束后，采购需求人通常应选择排名第一的供应商成交。

采购需求人在商品页面直接下单，经审批后，形成正式订单。据此完成下单采购。

②订单确认。供应商在收到采购需求人通过电子商城发出的电子订单后，进行订单确认。订单经确认后合同成立。

③商品配送。供应商按照承诺的条件实施配送。采购需求人可通过电子商城实时追踪物流状态信息，了解物流状态。

3）订单结算。订单结算的程序大致如下：

①订单验收。采购需求人在收到供应商配送的商品后，及时进行验收。验收后向供应商支付货款。货款一般通过电子商城第三方支付平台在线支付。

②售后服务。供应商提供商品退货、换货等售后服务，对采购需求人在电子商城提出的退货、换货申请及时予以处理，并将处理结果记录在电子商城相应栏目。

③履约评价。订单履约结束后，采购需求人对供应商供货、商品质量、服务质量、售后质量保证等方面的内容进行评价。

第9章　采购绩效评价

采购管理是为保障工程、物资及服务供应而对采购活动进行计划、组织、协调和控制的管理活动。本章主要阐述采购绩效评价、供应商管理、采购合同管理、供应商退出管理、招标采购档案五个方面。

9.1　采购绩效评价概述

9.1.1　采购绩效评价的定义和意义

(1) 采购绩效评价的定义

采购绩效评价是指通过建立科学、合理的评估指标体系，全面反映和评估采购人的采购政策功能目标和经济有效性目标实现的过程。

(2) 采购绩效评价的意义

采购绩效评价对于采购人具有重要意义。通过实施有效的采购绩效评价，采购人可以提高采购效率、降低采购成本、提升产品质量、优化供应链管理和增强企业竞争力。采购人应该重视采购绩效评价，不断完善和优化相关制度和方法，以适应不断变化的市场环境。

1) 提高采购效率。通过采购绩效评价，采购人可以优化采购流程，减少不必要的环节，提高采购效率。这有助于采购人更快地响应市场变化，抓住商机。

2) 降低采购成本。采购绩效评价可以帮助采购人寻找性价比更高的供应商和产品，从而降低全寿命周期采购成本。在市场竞争激烈的今天，降低采购成本是企业提高竞争力的关键。

3) 提升产品质量。通过对供应商的考核评价，采购人可以找到更可靠的供应商，确保产品质量。同时，通过与供应商的紧密合作，采购人还可以提升产品质量。

4) 优化供应链管理。采购绩效评价不仅关注单个企业的利益，还考虑整个供应链的利益。通过与供应商协同合作，采购人可以优化整个供应链的管理，提高供应链的效率和竞争力。

5) 增强企业竞争力。有效的采购绩效评价可以使采购人在激烈的市场竞争中保持领先地位。通过优化采购流程、降低采购成本、提升产品质量和优化供应链管理，采购人可以增强整体竞争力。

9.1.2　采购绩效评价的分类

采购绩效评价主要包括三种类型：一是企业整体采购绩效评价；二是项目采购绩效评价；三是供应商履约评价。本节针对这三种不同类别分别进行阐述。

（1）企业整体采购绩效评价

为了提高企业采购的运营效率，需要进行绩效评价以监控企业采购的表现，并为管理者提供正确的采购管理导向，从而提高企业的核心竞争力。企业整体采购绩效评价应该强调供应链组织之间的协调、合作、运营管理；强调供应链的安全、持久、可控和稳定性的绩效，而不是强调短期企业各分支机构的绩效。因此，企业整体采购绩效评价应该是基于业务流程的协同的、整体的绩效评价。

企业采购管理的目标是缩短新产品的研发时间、提升质量、降低成本、缩短交货周期、提高采购整体效率和服务水平。因此，企业整体采购绩效评价体系不仅要考核企业自身的采购绩效，还需要考虑供应链采购整体运行状况及上下游采购人之间的运营关系。

企业整体采购绩效评价从内容来看应包括三个层次，即战略、规划和运作。从时间来看，不仅考核当前协调状况，也关注长期发展能力。从目标来看，应围绕有效性和效率性要求来进行。从采购综合评价的具体指标来看，战略绩效包括及时性、效率性、满意性、合作性和环保性；规划绩效包括预测精度、产品开发、供应与配送；运作绩效包括成本、效益和能力利用。

在实践操作中，企业整体采购绩效评价多为定期评价，对企业在一定时间内的采购管理效率、业绩等进行综合评定，以便多维度、系统性地衡量企业整体的采购绩效。企业可以按照实际管理需求或根据企业管理层对采购管理的要求，对采购管理绩效评价的期限进行设置，如季度、半年度、年度等短期绩效评价。除此之外，有的企业还增加了中期绩效评价，其期限设定为 3～5 年。

（2）项目采购绩效评价

项目采购的基本原则是以最少的资源消耗实现预定的采购目标，因而衡量其绩效可以从采购效果和采购效率两个方面着手。其中，采购效果对应项目采购工作范围各个环节的运作状况，而采购效率对应某个具体项目的采购部门的工作能力。

项目采购绩效评价主要包括项目实施前、项目实施中和项目结束后这三个阶段的绩效评价。在项目实施前的采购绩效评价阶段，需要关注的是项目采购需求、采购计划的制订是否科学合理、是否与项目整体的战略规划保持一致；在项目实施中的采购绩效评价阶段，需要关注的是供应商供货的成本、时间、数量、质量、服务水平是否与项目采购合同一致；在项目结束后的采购绩效评价阶段，需要关注的是供应商供货的成本、质量、后期维修保养服务水平等能否达到项目的设计要求。

（3）供应商履约评价

供应商履约评价主要是指采购人对供应商在履约合作中的综合能力和表现进行的评价，并以此作为供应商奖惩和后续使用、维护合作关系的重要依据。供应商履约评价旨在通过对供应商合作表现的持续反馈，准确评估供应商的真实能力和合作意愿，帮助企业动态调整与供应商的合作关系，实现供应商资源的优胜劣汰。

对于长期合作的供应商，供应商履约评价通常分为供应商定期评价和供应商不定期抽检两种。在供应商定期评价中，采购人可以根据需要（如采购品项、需求特征等的不同）设定评价周期，如季度、半年度、年度等。在供应商不定期抽检中，采购人可以根据需要对供应商实施临时性的抽查，以发现供应商在质量、交付、服务响应等方面可能存在的问题。

9.1.3 采购绩效评价要素

（1）企业整体采购绩效评价要素

一个完善而有效的供应链环境下的企业整体采购绩效评价体系主要由以下几个基本要素组成：

1）评价对象。评价对象包括企业内部及企业所属的供应链整体及各组成成员。这里所指的供应链是处于企业外部集成阶段的集成化供应链，它是由供应商、核心企业和销售商等成员构成的多级系统，且各成员之间通过协调、合作以及信息的共享，保障物流、商流、资金流和信息流的畅通。

2）评价目标。企业整体采购绩效评价体系的目标是体系设计的指南，整个体系设计和运行都围绕着目标来进行。企业供应链战略管理下的采购绩效评价体系的目标就是为管理者制定最优供应链战略及实施战略提供有用的信息。一方面，基于供应链战略和目标确定采购绩效评价的目标，将进一步引导供应链采购的每一个环节朝着整体目标努力，最终形成有效的目标管理。另一方面，评价作为一种反馈信息，有利于对采购计划和决策乃至供应链的战略和目标进行调整，以保证企业预定战略的顺利实现。

3）评价指标体系。企业整体采购绩效评价指标体系是实施供应链采购绩效评价的基础。供应链采购管理中存在大量数据，在绩效评价时应该选取哪些或多少数据，对这些数据如何进行加工组织等问题的解决需要构建指标体系。企业整体采购绩效评价指标体系可以通过层次结构来描述，评价指标的选择要依据评价客体的特性和系统目标并按照系统设计的原则进行。

4）评价标准。供应链采购的评价标准是判断评价对象绩效优劣的基准。选择什么标准作为评价的基准取决于评价的目的。企业整体采购绩效评价标准可参照供应链采购过去的绩效评价数据来进行比较，以反映绩效的改进程度。企业也可以与同行业的竞争者的供应链采购绩效进行比较，以辨别优秀供应链及其优秀的采购管理，发现本企业供应链采购深层次的问题和矛盾，保持本企业供应链采购的持续发展。

5）评价方法。供应链采购绩效评价方法是指将各具体指标的评价进行适当的统计与计算，得出最终目标评价值，最后再与评价标准比较，以取得公正的评价结果。如果没有科学、合理的评价方法，其他要素就失去了本身存在的意义。

6）评价报告。供应链采购绩效评价报告是评价体系的结论性文件，是管理者制定供应链战略、实施激励措施和改进绩效的重要依据。通过对比评价对象的各项评价指标数值与预先设定的评价标准，并进行细致的差异分析，识别出造成这些差异的根本原因、相关责任方及其对供应链绩效的具体影响，从而得出一个关于供应链绩效优劣的综合评价结论，并最终形成一份内容详实、结论明确的评价报告。

上述六个基本要素共同组成了一个完整的供应链采购绩效评价体系，它们之间相互联系、相互影响。不同的目标决定了不同的对象、指标、标准、方法的选择，可以说目标是绩效评价的中枢。

（2）项目采购绩效评价要素

项目采购绩效评价要素涵盖了采购部门在完成任务、成本控制、供应保障、供应商管理、日常工作管理和人员素质等方面的表现和发展潜力。通过对这些要素的全面评估，可以客观反映采购部门的整体绩效水平，为改进和提升采购工作提供有力支持。项目采购绩效评价要素包括：

1）评价主体。项目采购绩效评价主体包括四类，由企业根据自身实际选择一类主体或多类主体的组合：

①上级评价。直接上级在绩效管理过程中自始至终都起着十分关键的作用，上级评价也是最常用的评价方式。直接上级最熟悉下级的工作情况，而且也比较熟悉评价的内容。同时对于直接上级而言，绩效评价作为绩效管理的一个重要环节，为他们提供了一种监督和引导下级行为的手段，从而可以帮助他们促进部门或团队工作的顺利开展。

②同级评价。同级评价是由评价对象的同级对其进行评价，这里的同级主要是指来自研发、需求、使用等部门的与采购活动相关的人员。这些人员一般与评价对象处于组织同一层级，并且与评价对象经常有工作联系。

③自我评价。自我评价有利于采购部门及时总结采购中的经验教训，不断提升采购专业能力和专业水平。

④客户和供应商评价。客户的评价是评价采购质量的重要依据，供应商的评价有助于了解采购人员在采购过程中的表现以及采购的公平公正性等。

2）评价对象。项目采购绩效评价是指评价主体根据绩效评价指标体系针对具体采购项目从采购需求、采购方案、采购实施、合同履行等方面进行全方位的考核与评价。

3）评价目标。科学、合理的采购绩效评价可以实现项目采购管理的持续优化和提升。常见的项目采购绩效评价目标包括以下几个方面：

①确保采购目标达成。评价采购过程是否按照预定的目标和要求进行，包括采购的商品或服务的数量、质量、价格、交货期等是否满足项目需求。

②提高采购效率。通过评价采购过程，找出可能存在的瓶颈和问题，优化采购过程，提高采购效率。

③控制采购成本。评价采购过程中的成本控制情况，包括采购价格、运输费用、库存成本等，以寻求降低成本、提高效益的途径。

④保障采购质量。评价供应商的商品或服务质量，确保采购的商品或服务符合项目要求，避免因质量问题导致的项目风险。

⑤促进供应商合作。通过评价供应商的履约情况和服务质量，为优秀的供应商提供更多的合作机会，促进双方的长期合作。

⑥提高采购人员的素质。评价采购人员的工作绩效，激励优秀采购人员，提升采购团队的素质和能力。

⑦履行社会责任。通过评价采购政策、采购文件、采购过程、采购结果，促使企业遵守国家法律法规、产业政策要求，自觉履行社会责任，提升企业社会声誉。

4）评价指标体系

①采购效果。采购效果是指通过完成采购流程各个环节的工作能够实现预定目标的程度。衡量采购效果的主要指标通常包括以下几个方面：

A. 项目质量。项目质量是指项目成果的优劣程度，需要考虑项目是否已经达到了预期的质量标准，以及项目质量是否符合客户的需求和期望。不同类型的交付物对质量的衡量标准不同。对于工程类项目，可以从施工质量、材料质量、交付能力、验收情况等方面展开评价。

B. 项目成本。项目成本对于项目的成功实施至关重要。它可以帮助项目团队全面了解项目所需的资源和成本，为项目的规划和执行提供参考。项目成本评价指标包括成本降低率、成本效益比、投资回报率等。

C. 项目交付能力。项目交付能力评价可以从交付准时性、交付准确性等方面开展，例如，是否按合同约定时间交付，是否按合同约定范围交付，是否存在错交、漏交情况等。

D. 服务。服务评价指标主要包括风险预防能力、服务的响应速度、异议和争议处理的及时性和满意度、索赔及处理情况、事故处理情况及满意度、沟通积极性等。此外，项目团队稳定性、成员专业性等也可以纳入服务类指标进行评价。

E. 库存。库存评价指标包括库存规模、库存周转率、库存结构等。库存评价包括识别有效库存和积压库存，并分析造成库存积压的原因。库存评价可为合理控制库存规模、优化库存结构提供参考。

②采购效率。订单处理速度、库存管理、采购流程优化等是衡量采购效率的重要指标。高效的采购过程可以提高企业的运营效率，降低运营成本。常用的采购效率评价指标包括：

A. 采购周期时间。衡量从需求识别到物品到货所需的总时间。较短的采购周期时间通常意味着更高的采购效率。

B. 采购订单周期时间。衡量从生成采购订单到订单完成（包括接收、检查、入库等）所需的时间。这一指标有助于发现流程中的瓶颈和改进机会。

C. 采购订单准确性。衡量采购订单的准确性，如物品名称、规格、数量、供应商等是否无误。高准确性可以减少错误和退货，提高采购效率。

D. 供应商交货准时率。衡量供应商按时交货的比例。准时交货可以减少库存积压和延误，提高采购效率。

E. 供应商合作满意度。衡量与供应商的合作满意度，包括沟通、响应速度、问题解决等方面。良好的供应商合作关系有助于提高采购效率。

③社会责任。主要评价企业采购履行社会责任的情况，评价指标一般包括：

A. 遵纪守法。评价企业的采购政策、采购文件、采购过程是否符合国家法律法规。企业要做到依法采购，依法经营。

B. 绿色低碳。评价企业践行绿色采购政策的情况，包括绿色采购标准、采购绿色产品、绿色包装、绿色回收处置情况等。

C. 产业扶持情况。认真落实党中央、国务院关于全面推进乡村振兴和援疆、援藏、援青的决策部署，预留一定份额的采购预算，科学合理确定采购方式，同等条件下优先采购脱贫地区、革命老区、民族地区和边疆地区的产品。积极支持定点帮扶和对口支援地区的企业、产品入驻自有电商平台和市场销售渠道。

（3）供应商履约评价要素

1）评价主体。供应商履约评价一般遵循“谁使用、谁评价”的原则，由参与供应商管理的上下游各环节成员对供应商的合作履约表现进行评价。根据评价范围的不同，又分为对单个合同的履约评价和年度评价，其评价指标也各有侧重。此外，对于可量化的评价指标，还可以通过信息化系统自动采集客观数据，由系统自动完成对该类指标的评价。例如，在衡量供应商交付能力时，可以通过物流系统自动获取供应商的预期交付时间、实际交付时间，计算供应商的交付延迟比例，并形成与其他供应商的对比数据，从而更为客观、准确地得知该供应商在同类供应商中的交付表现。

2）评价对象。合同履约评价应当在合同履约结束后发起，对合同履行方进行评价。对于由联合体履约的多方合同，可以分别根据其分工对参与合同履约的供应商进行评价。年度评价作为供应商评级的直接依据，一般由供应商管理部门发起，参与评价的供应商应当包括评价期限内所有存在合作关系的供应商。在实践中，一些企业也会对具有合作意愿但还没有合同关系的备选供应商进行评价，以持续更新供应商在本企业统一评价维度下的评级数据，为后续使用备选供应商提供参考。

3）评价目标。供应商履约评价的核心目标是基于评价结果为后续使用供应商提供指导，其反映出供应商在合同履约过程中的真实能力表现与合作意愿。通过评价结果树立企业理想合作伙伴形象，可以加强企业与供应商的沟通、联系，建立正向反馈渠道。此外，还能帮助企业确定其在同类供应商中的合作优先级，为供应商激励、淘汰和后续遴选提供可靠的决策依据。

4）评价指标体系。供应商履约评价指标体系，由于评价类型的不同略有差异。供应商履约评价指标体系通常包括以下几类：

①质量。合同交付的产品或服务的质量是衡量供应商合同履约能力的首要指标，从根本上决定了本次采购能否达成预期目标。不同类型交付物的质量衡量因素也是不同的。对于货物类，对其质量的评价可以从商品包装完好度、性能满足度、外观、工艺技术、资源消耗、用户使用体验等方面展开；服务类因其具有无形性、异质性等特征，对质量的衡量也是最难的，服务使用者的体验和感知绝大程度上决定了其对服务质量的满意度。

②成本。合同履约完成后，对成本的评价不仅包括采购成本，还包括产品使用的全生命周期成本、总拥有成本、资金价值等。这类成本在前期选择供应商时难以考量，在实际使用过程中则能得到真实有效的反馈。此外，供应商对成本控制的能力、是否有主动降本的意愿也可以作为评价因素的一部分。

③交付能力。对供应商交付能力的评价可以从交付及时性、交付准确性、安全性等方面开展，例如，是否按合同约定时间交付，是否按合同约定范围交付，是否存在错交、漏交情况，是否能够保持长期稳定的交付等。

④服务。服务指标主要包括供应商承诺服务的响应速度、异议和争议处理的及时性和满意度、索赔及处理情况、事故处理情况及满意度、沟通积极性等。

⑤管理水平。管理水平主要是指对供应商自身的管理能力进行评价，包括供应商内部管理系统的完善性、质量管理机制的落实情况、主要生产及运营流程的信息化程度、是否使用有效的管理工具来提升生产运行效率等。

⑥信用。信用主要指的是供应商在经营过程中的诚信和信誉的综合性反映。供应商信用度是指产品质量保证、按时交货、往来账目处理和生产能力等方面的承诺履行程度。

除了上述几类主要评价指标外，企业还可以根据自身采购规划和供应品类定位，对供应商在合同履约过程中表现的创新能力、环保和绿色服务意识、企业社会责任、可持续性等进行评价。

5）评价标准。供应商履约评价标准依托于评价指标的选用和比较目的。例如，可以将供应商绩效表现与同类的其他供应商进行横向对比，以确定该供应商在同类供应商中的相对优势；也可以基于理想目标值设定评价标准，以激励供应商按照此标准持续提升。

6）评价方法。供应商履约评价可以采用定性或定量评价方法进行，确定供应商各项指标的评价值，并进行汇总计算得出最终的评价结论。

7）评价报告。供应商履约评价报告可以针对单个供应商的绩效评价结果编制，也可以针对本次纳入评价范围的全体供应商绩效评价结果编制。评价报告应当体现供应商的基本信息、评价周期、各项指标的评价结果及理由、总体评价结论、绩效改进建议等。

9.1.4 采购绩效评价的流程

采购绩效评价的流程包括采购绩效影响因素分析，绩效评价指标体系的确定和分解，绩效标准的确定，信息和数据的收集整理，绩效评价与分析、报告等环节。它是一个将绩效评价体系的基本构成要素有机结合的过程。

9.1.5 企业采购绩效评价方法

在实践中，企业采购绩效评价方法各具特色，通常采用的绩效评价方法有定性评价法、历史动态比较法、360°绩效考核法、供应链平衡记分法以及标杆绩效管理法五种方法。

（1）定性评价法

企业采购绩效的定性评价是指根据企业对供应商平时的表现、状态或文献资料的观察和分析，直接得出定性结论（即优、良、中、差或合格、不合格等）。它强调观察、分析、归纳与描述，由评价者直接定性。例如，对于供应商的质量评价，如果由评价者在好与不好之间作出主观选择，就属于定性评价法。

（2）历史动态比较法

这种方法是指通过对某一类型采购支出的历史采购绩效数据进行动态分析比较，掌握过去绩效的波动变化情况，然后对采购支出进行绩效评价。通过对历史采购绩效数据的分析，采购方可以了解供应商绩效变化的特征和规律。对不同类别的历史数据进行比较有助于采购方理解供应商的发展趋势和各影响因素的影响程度，分析供应商在不同时期的发展情况，分析供应商绩效差异的原因，总结过去经验并提出具有针对性的供应商改进计划项目。

（3）360°绩效考核法

360°绩效考核法又称全方位绩效考核法或多源绩效考核法，是指从与被考核者有工作关系的多方主体那里获得被考核者的信息，以此对被考核者进行全方位、多维度的绩效评估的过程。

传统的采购绩效评估是单源化的评估，通常由企业的采购管理部门对采购绩效进行评估，评价结果的客观性、准确性、公正性饱受质疑。将360°绩效考核法运用到企业采购绩效评价中，就是从单源化的评估改为多源化的评估，将与供应商有工作关系的企业内外各部门等都纳入考核者的范畴，全方位、多角度对供应商的绩效进行评估。例如，除了采购管理部门以外，可以将企业内部的研发、生产、财务、质检、技术、仓储、营销、售后、产品使用等部门，以及企业外部的销售商、用户、物流公司等都纳入考核者的范畴，有助于促使供应商各方面的绩效表现满足各考核者的要求。

(4) 供应链平衡记分法

平衡计分卡（BSC）是一种全面、系统、有效地考察和评价企业经营业绩的财务和非财务指标体系的方法。供应链平衡记分法将平衡计分卡与供应链管理（SCM）整合，结合供应链和企业战略，从财务、客户、内部流程、学习与成长四个角度，将组织的战略落实为可操作的衡量指标和目标值。

供应链平衡记分法将采购绩效与供应链管理流程相结合，为企业采购绩效考核提供了一个完整的框架。供应链采购绩效管理和平衡计分卡之间的对应关系见表 9-1。

表 9-1　供应链采购绩效管理和平衡计分卡之间的对应关系

供应链采购绩效管理	平衡记分卡
供应链整体目标、降低浪费、压缩时间、弹性反应、降低单位成本	客户角度
财务收益、提高利润水平、提高现金流、收入增长、资产回报率提高	财务角度
客户收益、提高产品/服务质量、提高时效性、提高弹性、提高价值	内部流程角度
供应链提升、产品/流程创新、伙伴关系管理、信息流	学习与成长角度

(5) 标杆绩效管理法

标杆绩效管理法又称对标法，即对经营管理活动状况进行观察和检查，通过与组织内外部相同或者相似经营管理活动的最佳实务进行比较，来考核和评价绩效。它被定义为“一个将产品、服务和实践与最强大的竞争对手或是行业领导者相比较的持续流程”。

标杆绩效管理法是指将标杆管理法运用到采购绩效管理中，将本企业的采购绩效与行业领先企业的采购绩效对标，找出差距，分析差距产生的原因，提出采购绩效提升计划，力争赶上甚至超过行业领先企业的采购绩效。

上述五种评价方法无论是对于企业整体的采购绩效，还是对于某个具体的项目采购绩效或供应商履约绩效，都可以根据采购方具体的情况选择使用，也可以根据自身的需要对上述评价方法进行调整修改或整合使用，以实现企业采购绩效评价的目标，最终提升企业的采购效果与效率，有效促进供应商持续改善。

9.1.6　采购绩效评价的应用

(1) 采购绩效评价的完善

采购绩效评价的完善是一个多维度、系统性的工作，通过不断完善采购绩效评价体系，可以提高采购活动的效率和效益，增强企业与供应商之间的长期合作关系，为企业的长期发展提供有力保障。

1）定期评价与反馈。设定合适的评价周期，如季度、半年度或年度，定期对采购绩效进行评价。评价结果应及时反馈给相关部门和人员，以便他们了解自身表现，制定改进措施。

2）分析问题和原因。针对绩效评价中发现的问题和不足，进行深入分析和探讨，找出问题产生的原因。这些原因可能包括采购流程不规范、供应商管理不到位、采购成本过高等。

3）制定改进措施。根据问题和原因的分析，制定相应的改进措施和优化方案。改进措施可能包括优化采购流程、加强供应商管理、降低采购成本等。改进措施应该具体、可行、有效。

4）实施改进措施。将制定的改进措施付诸实施，确保措施的有效实施和执行。在实施过程中，应该加强监控和反馈，及时发现问题并进行调整和改进，包括调整评价指标、优化评价流程、更新信息化手段等。通过持续改进，提高采购绩效评价体系的有效性和适应性。

总之，采购绩效评价的完善是一个持续的过程，需要企业不断关注采购活动的变化和发展，及时发现并解决采购过程中存在的问题和不足，提高采购效率和质量，降低采购成本，不断完善和优化评价体系，提升采购绩效管理水平，为企业的长远发展奠定坚实基础。

（2）采购绩效评价结果的应用

采购绩效评价结果在企业运营中发挥着重要作用，其应用广泛且深远。采购绩效评价主要应用于以下领域：

1）决策支持。企业采购绩效评价结果可以为高层管理者提供有关采购活动的关键信息和洞察。其可以支持决策制定，如是否调整供应商、优化采购规划或调整库存管理。

2）供应商管理。通过评估供应商采购绩效，企业可以了解供应商的表现，并据此进行供应商的选择、合作和续约决策。采购绩效评价结果可以帮助企业识别出表现优秀的供应商，并与其建立长期稳定的合作关系。

3）采购流程优化。采购绩效评价结果还可以提供对采购流程中各个环节和活动的深入洞察。企业可以根据评价结果，识别出流程中的瓶颈和低效环节，从而进行针对性的优化和改进。

4）预算与成本控制。采购绩效评价结果可以为企业的预算和成本控制提供重要依据。通过分析采购成本、采购效率等因素，企业可以制订更加科学合理的预算计划，并进行成本控制，以提高整体经济效益。

5）风险管理。采购活动中存在一定的风险，如供应商违约、价格波动等。通过采购绩效评价，企业可以及时发现潜在风险，并采取相应的风险管理措施，以减少风险对企业运营的影响。

6）员工激励与培训。采购绩效评价结果还可以用于员工激励和培训。通过对采购人员的绩效进行评估，企业可以识别出表现优秀的员工，并给予其相应的奖励和晋升机会。同时，根据评价结果，企业还可以为员工提供针对性的培训和发展机会，以提升其专业能力和素质。

综上所述，采购绩效评价结果的应用涉及决策支持、供应商管理、采购流程优化、预算与成本控制、风险管理以及员工激励与培训等多个方面。这些应用可以帮助企业提升采购管理水平和效果，从而为企业创造更大的价值。

9.2 供应商管理

9.2.1 供应商管理概述

（1）供应商管理的内涵

供应商管理是采购管理的重要部分，也是供应链采购管理中的关键环节。广义上，供应商管理也曾被代指采购管理，采购过程本质上是与供应商建立联系的过程。特别是对于生产型企业而言，企业的采购成本往往占据总成本的 60%～70%，采购职能的执行效果往往直接影响采购成本的降低与企业利润的增加。而对供应商进行科学有效的管理是企业提升采购管理质量，进而实现价值创造的重要手段。狭义上，供应商管理是指对供应商的全生命周期管理，通常包含事前的寻源准入、资质评估等，事中的供应商资源应用、关系管理、风险管控，以及事后的履约评价、退出等相关环节。供应商管理的具体内涵包括：

1）供应商选择与评估。这是供应商管理的基础，需要对供应商的能力、质量、价格、信誉等方面进行全面的评估，以确保供应商能够满足企业的需求。

2）供应商开发。当现有供应商无法满足自身需求时，企业需要通过市场调研等方式来寻找更合适的供应商。

3）供应商关系管理。需要与供应商建立长期、稳定、互利的关系，以实现双方的共同发展。这需要制定相应的管理策略，包括合同管理策略、交货期管理策略、质量控制策略等。

4）供应商履约评价。定期对供应商的履约情况（包括质量、交货期、价格、服务响应、信用等方面）进行评估，以便及时发现问题并采取相应的措施。

5）供应商质量控制。对供应商提供的产品进行质量检查和控制，以确保产品的质量和规格符合企业的要求。

6）供应商风险管理。预测和识别潜在的供应商风险，并制定相应的应对措施，以降低供应商风险对企业的影响。

总之，供应商管理是企业采购管理中的重要组成部分，通过有效的供应商管理，可以提高企业的生产效率、降低成本、提高产品质量，进而提升企业的竞争力。

（2）供应商管理的目标

供应商管理的目标主要包括以下几个方面：

1）确保供应。确保供应商能够按时、按量、保质、保价地提供所需的物品或服务，满足企业生产和经营的需要。

2）降低成本。通过与供应商进行合理的谈判和合作，降低采购成本，提高企业的竞争力。

3）优化供应商资源。通过科学的管理和评估，优化供应商资源，选择优秀的供应商建立长期合作关系，提高供应商的可靠性和稳定性。

4）提升质量。通过与供应商合作，提高采购物品或服务的质量，减少质量问题的发生。

5）风险管理。建立有效的供应商管理体系，降低供应商风险，避免供应中断或质量事故对企业造成重大损失。

6）合作共赢。与供应商建立良好的合作关系，实现互利共赢，共同发展。

为了实现这些目标，企业需要建立完善的供应商管理体系，包括供应商的筛选、评估、谈判、合同签订、订单跟踪、质量控制等环节。同时，企业还需要加强与供应商的沟通与合作，建立有效的信息共享和反馈机制，不断优化供应商管理流程，提高管理效率。

（3）传统供应商管理误区

在传统的经济模式中，供应商与采购方常被视为竞争关系。这类早期采购管理思想具有对抗性、竞争性、合同性的特征，使得采购组织往往更注重从供应商手中获取最低价格，而忽略供应商在合作关系中的需求与感受。采购方与供应商之间信息沟通不畅，使得采购方难以及时获取供应市场信息，产生额外的采购成本，也使得供应商不能准确了解采购方的需求，扩大了供货误差。传统供应商管理误区主要表现在以下几个方面：

1）供应商价值认识不足。许多采购组织仍将供应商视为企业外部的供应者，在这种角度下，双方均以自身利益最大化为出发点进行考虑，企业不会深入思考与供应商建立合作双赢的关系，更不会帮助供应商进行提升和改进，使其介入自身的运营。

2）供应商选择与供应目标不匹配。许多企业在选择供应商之前，没有对采购品的特点与供应市场进行科学而详细的分析，对供应目标认识不明确，这样就导致在拟定供应商的选择标准时缺乏清晰的指导原则。例如，对于标准化程度高，货源充足的 A 产品，过于注重其可获得性而忽视其价格；对于价值高，风险性高的 B 产品，过于注重其价格而忽视其质量与可获得性。这种偏差的存在不仅造成了企业采购成本的上升，而且在后续执行合同的过程中使得供应风险增加。

3）供应商分类管理缺失。一些企业尽管拥有丰富的供应商资源，但由于精力所限或对供应商关系不够重视，很少对供应商进行科学的分类管理。然而，对于拥有庞大供应商群体的生产型企业而言，对供应商实施分类管理是十分必要的。一是由于企业所需采购品众多，其重要性与供应状况各不相同，而采购部门能投入的精力是有限的，因此对各类供应商实施不同的管理策略就十分必要。二是不同的供应商对本企业采购业务的重视程度与业务表现也不尽相同。如果能对供应商实施分类管理，不仅能够对供应商群体起到激励作用，也能通过优胜劣汰保证拥有良好的供应商资源。

9.2.2 供应商全生命周期管理的内容

供应商全生命周期管理是一种完整地贯穿供应商与企业关系的高效透明化、立体化的供应商整体管理方法，分为考察期、形成期、稳定期、退出/优选期，包括准入管理、分级分类管理、关系管理、风险管理、合同管理、履约评价、退出管理、档案管理八个模块。

在供应商全生命周期管理体系中，准入管理为供应商分级分类管理提供供应商基本信息来源。分级分类的结果是关系管理差异化举措的基础。供应商履约评价为供应商关系管理、风险管理、分级管理、退出管理提供依据，例如，履约评价的结果是供应商等级评定标准之一，也是供应商处罚和退出的触发点之一，可作为供应商激励措施选择的依据。连续多次履约考核不合格的供应商是供应商风险管理的重点关注对象。档案管理则贯穿供应商全生命周期管理的过程，与供应商有关的具有保存价值的信息都归集档案管理，采购合同执行完毕或供应商退出后的相关信息也需要归档。

(1) 供应商寻源与准入

供应商的开发及准入管理主要是指寻找潜在供应商，评价供应商的能力，筛选供应商以及确定供应商准入名单。它是企业与供应商建立关系的开始，可帮助企业建立稳定的供应商资源库，初步筛选和甄别诚意合作关系，为后续供应商使用奠定基础。供应商准入管理的流程如图 9-1 所示。

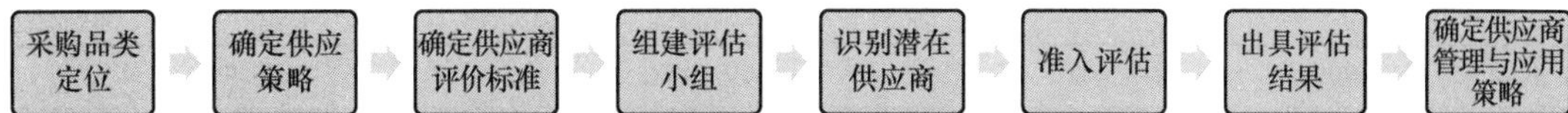

图 9-1　供应商准入管理的流程

其中，采购品类定位和确定供应策略，确定供应商评价标准和识别潜在供应商，准入评估和确定供应商管理与应用策略是供应商准入管理的重要环节。

1）采购品类定位和确定供应策略。采购部门在开展供应商寻源工作之前，应首先对采购品类进行分析与定位，针对不同的采购品类，确定其供应市场的竞争态势、供应成本占比、采购风险等情况，再根据这些情况确定供应策略。常用的工具有卡拉杰克模型等，其意义在于为各类供应商建立适合的评价标准，确定各类供应商的评价重点，并选择有效渠道搜寻和甄别潜在供应商。

2）确定供应商评价标准和识别潜在供应商。供应商评价标准以供应策略为指导原则，全面考核供应商的资质业绩、服务能力、商业信誉以及合作积极性等，旨在评估供应商是否具备合作的基本条件与意愿。在设定评价标准时，可以根据具体需求与实际情况细化评价指标，采用定性与定量相结合的方式设置评价标准，并基于采购品类的适用供应策略对重要指标的权重进行倾斜。采购部门可以通过公开征集、内部推荐、展会寻访、协会名录等多种方式识别和开发潜在供应商，并邀请潜在供应商参与准入审核。

3）准入评估和确定供应商管理与应用策略。负责开展准入评估的小组可以依据供应商评价标准，采用资料搜集与审核、现场考察、样品检测或选型测试等多种方式对供应商进行准入评估，并出具评估结果。在实践中，通过集中资格审查方式建立合格供应商名录也属于供应商准入评估的一种类型。评估结果不仅应当包含供应商能否进入供应商库或具备合作条件，也应当包含为供应商改善或提升自身能力以满足采购方的合作要求提出的建议。根据通过准入评估的供应商的供货品类与评估结果确定适用它们的管理与应用策略。

企业常用的供应商寻源渠道见表 9-2。

表 9-2　常用的供应商寻源渠道

供应商寻源渠道	适用情形	具体内容	特点
公开征集	供应商资源过少，需要大量补充供应商资源 有明确采购项目或需求，但库内供应商资源无法满足	供应商管理人员为丰富平台供应商资源或满足项目采购需要对外发布公开征集公告，可将公告发布至平台官网或公共媒介，邀请潜在供应商响应征集公告，供应商报名并提交资质材料，经审核通过后即可入库	优点：潜在供应商基数大，有利于提高项目的竞争性，也有利于补充供应商资源 缺点：用时较长，供应商质量参差不齐
外部购买		购买第三方供应商数据库资源，获取供应商数据，再对供应商数据进行二次筛选	优点：用时较短，质量可控性较高，有利于快速补充供应商资源 缺点：成本较高，需要对合适供应商进行入库邀请

（续）

供应商寻源渠道	适用情形	具体内容	特点
外部推荐	有确定的采购项目或采购需求 有外部推荐资源	合作企业、供应商、其他采购专业人员或其他外部人员推荐，并由供应商管理人员审核并录入供应商库	优点：用时短，获取供应商的质量较高 缺点：不利于提高项目竞争性，同时存在没有合适供应商的风险
人工线上搜索	有确定的采购项目或采购需求 无合适的供应商获取渠道，或从已有渠道获取的供应商无法满足企业需求	印刷的或网站上的供应商名录和有库存的商家名录；商业登记名录；可以查询的数据库“专业资源” 在线市场交易所、拍卖和评论网站、供应商/采购商论坛贸易或行业出版物和专业采购期刊 商品交易会、展览会和行业会议	优点：适用范围广 缺点：用时较长，信息获取率低，投入产出比较低；针对性弱，很难选到合适的供应商

（2）供应商分类分级管理

供应商分级分类管理是开展供应商关系管理的前提。供应商分类是指以供应商所服务的采购品类为基础，依据供应商供货金额的比重和供应稳定性对采购组织的影响程度，对供应商进行分类管理，使采购组织能够集中精力关注和管理重要核心供应商，提高供应商管理效率，有效管控潜在供应风险。供应商分级是指根据确定的等级评定标准对供应商的服务能力、履约质量等进行综合评定，根据评定结果确定等级，并施以差异化的激励和惩戒措施，给予高级别供应商更多的合作机会，将有限资源向优质供应商倾斜，提高供应商合作积极性，实现供应商资源最优配置。

1）供应商分类。供应商分类可使用的工具包括供应定位模型、ABC 分类法等。

①供应定位模型：又叫卡拉杰克模型，是指基于所采购产品支出金额的多少和其对 IOR（企业的影响、供应存在的机会、风险程度）将采购产品分为关键品、瓶颈品、日常品和杠杆品四个品类，如图 9-2 所示。企业可以根据四个品类的采购特征与供应策略来管理供应商。

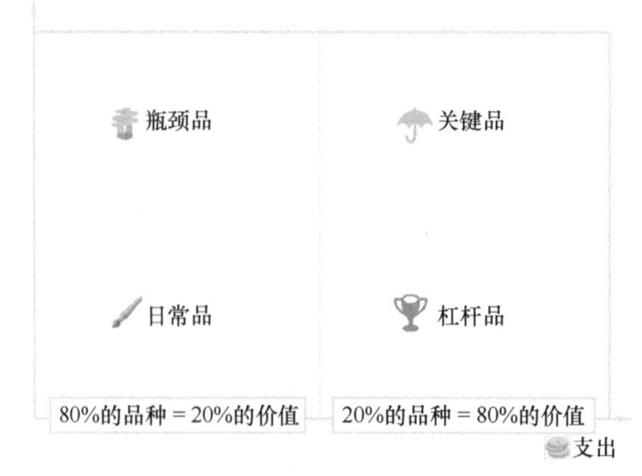

图 9-2　供应定位模型

日常品的特征是低支出，低 IOR，市场供应商数量多，对供应商的吸引力小。针对此类产品，应降低采购管理成本，减少精力投入。

瓶颈品的特征是低支出，高 IOR，市场供应商数量少，对供应商的吸引力小。针对此类产品，应重点关注如何降低采购风险。

杠杆品的特征是高支出，低 IOR，市场供应商数量多，对供应商的吸引力大。针对此类产品，应重点考虑如何如何降低采购成本。

关键品的特征是高支出，高 IOR，市场供应商数量少，对供应商的吸引力大。此类产品通常是企业采购工作的重点，需要对其价格、质量、交付、服务、管理、技术创新等全面关注。

②ABC 分类法：ABC 法则，即二八法则，企业内 80%的价值仅由占比 20%的数量来创造。其中 A 类供应商的数量占供应商总数量的 10%左右，该类供应商所所提供的产品价值却占企业采购成本的 60%～70%。这类供应商应重点关注。B 类供应商的数量占供应商总数量的 20%左右，该类供应商所提供的产品价值可以占企业采购成本的 20%左右。C 类供应商的数量占供应商总数量的 60%～70%，但该类供应商所提供的产品价值仅占采购成本的 10%～20%。企业应缩减对该类供应商的管理成本，避免人力资源的浪费。

以卡拉杰克模型为例，可以基于供应商所服务采购品类的特性对供应商进行初步分类，并对供应商实施差异化管理，见表 9-3。

表 9-3　基于采购品类特性的供应商分类

采购品类	特性	供应商类别	供应商战略
关键品	采购数量或者采购金额很大 市面上可选择的供应源很少 一段时期内只有少数几家可使用的供应商，并且不能在短期内进行替换或改变 对采购总成本影响很大，具有战略意义 断供会导致企业生产运营受到显著影响	战略供应商	战略协同
杠杆品	在总成本中占有较大的份额 供应商数量较多，转换成本较低，有选择供应商的自由 对企业生产运营有一定的影响	重要供应商	竞标
瓶颈品	在金额上只占相对有限的一部分 供应源稀缺，通常只能从独家供应商那里获得 可替代的供应商较少，通常无法自由选择供应商 交货期常常不能保证 供应短缺会产生“卡脖子”现象		保证现有供应，积极寻找替代品
日常品	价值较低 市场上存在大量可供选择的供应商 供应源转换成本低 单次采购数量少，金额较小 采购频次可能较高	一般供应商	电子商城

企业在选择分类管理工具时，应根据企业的整体采购情况与供应战略进行选择。采购品种较少、采购支出较为集中的企业，可以优先考虑 ABC 分类法。采购品种复杂繁多的

企业，可以采用更为详细与具有针对性的供应定位模型进行划分。此外，也可以结合多种分类思想，如根据供应定位模型、供应商受信任程度、供应商合作意愿等综合制定供应商分类标准，并配套相应的管理策略进行分类管理。

2）供应商分级，主要有基于供应商绩效的分级和基于供应链环境的供应商分级两种：

①基于供应商绩效的分级。根据管理的视角不同，基于供应商绩效的分级方法有以下四类：

A. 根据供应商的重要性，即供应商对采购方业务的影响程度、市场份额、技术实力和创新能力，将供应商分为 A、B、C 级供应商。其中，A 级供应商是对采购方业务影响较大，市场份额较高，具有较高的技术实力和创新能力，对企业战略起到重要支持作用的供应商。B 级供应商对采购方业务影响适中，市场份额有一定的竞争力，具有一定的技术实力和创新能力。C 级供应商对采购方业务影响较小，市场份额较低，技术实力和创新能力相对较弱。

B. 根据供应商的风险程度，即供货能力、交付准时率、产品质量、合规性、供货稳定性、业务可持续性，将供应商划分为 1、2、3 级供应商。其中，1 级供应商是指供货能力强，交付准时率高，产品质量严格控制，合规性强，供货稳定性高，业务可持续性好的供应商。2 级供应商的供货能力一般，交付准时率一般，产品质量控制一般，合规性一般，供货稳定性较好，业务可持续性较好。3 级供应商的供货能力较弱，交付准时率较差，产品质量控制有待提升，合规性较差，供货稳定性一般，业务可持续性较差。

C. 根据供应商的资质、综合实力、采购金额、风险大小、信用等将供应商分为合格供应商、战略合作伙伴、不合格供应商、黑名单供应商。其中，合格供应商是指资质审核通过、合作过的供应商，可直接用于项目建设、施工以及服务的组织。战略合作伙伴是指行业排名靠前的企业或知名企业，经审核和公司管理层认定为战略合作伙伴关系。不合格供应商是指供应商提交注册信息后，资质审查未通过采购方指定的标准要求，判定为不合格供应商。黑名单供应商是指在采购或合同履行过程中存在违法、违规、严重违约等行为的供应商。

D. 根据供应商的整体履约评价结果将其按照星级评级，从一星级到五星级，一星级为最差，五星级为最优，实现对供应商的分级管理。此外，也有采购方根据供应商的整体评价将其分为 A、B、C、D 四类。以某企业供应商分级标准为例，对供应商的评级结果以全体供应商年度绩效考核的排名为基准进行区间划分，同时对特定等级的供应商提出单项指标达标要求，这有助于更精准地识别出表现卓越的供应商以及在群体中的确需要提升或替换的供应商，见表 9-4。

表 9-4　某企业供应商评级标准

等级	评级标准
A 级供应商	年度评价考核在同类供应商中排名前 10% 履约满意度不低于 80 分；无处罚记录
B 级供应商	年度评价考核在同类供应商中排名前 60% 无强制措施及处罚记录

（续）

等级	评级标准
C级供应商	年度评价考核在同类供应商中排名前90%
D级供应商	年度评价考核在同类供应商中排名后10%且履约满意度低于60分

供应商分级结果是基于对供应商的评价结果的确定，评级结果可作为后续供应商推荐、供应商激励与惩戒、供应商开发和退出等管理的重要依据。通常，这一评价结果是供应商能力、配合度与合作意愿在合作关系中的综合体现，因此可以基于对供应商多维度的考核评价综合建立等级评定标准，包括供应商准入审核、采购过程评价、履约评价、定期绩效考核等。

供应商分级的核心是对分级结果的应用，因此分级机制中必不可缺的是针对各级别供应商制定激励或绩效改进策略。某企业供应商分级应用策略见表9-5。

表9-5　某企业供应商分级应用策略

等级	分级应用策略
A级供应商	1. 开放所有项目合作机会 2. 寻源阶段优先推荐 3. 紧急采购优先选择 4. 颁发表彰证书
B级供应商	1. 开放所有项目合作机会 2. 紧急采购优先选择
C级供应商	1. 在寻源环节，增加履约保证金金额 2. 针对其中业务份额大、合作意愿强的供应商，协助进行绩效改进 3. 针对其中合作意愿弱、实力弱的供应商，开发备选供应商
D级供应商	1. 在寻源环节，增加履约保证金金额 2. 逐步减少交易份额直至终止合作关系 3. 原则上不予参与集中采购项目（独家供应除外）

②基于供应链环境的供应商分级。在供应链环境下，供应商分级是根据供应商对供应链的重要性把供应商逐层分级的过程。根据业务或最终产品的密切程度分级，通常分为三个层级：一级供应商是采购方的直接供应商；二级供应商是一级供应商的供应商或分包商；三级供应商是二级供应商的供应商或分包商。

一级供应商是供应链中的顶级供应商。它们提供符合严格规定的高质量产品和服务，通常被认为是最可靠的选择。一级供应商的规模和综合实力较强，通常与采购方保持长期合作关系，除提供产品外，还经常提供额外的咨询或技术服务。这类供应商还能获得大量资源，因此它们的交货速度可能比其他等级的供应商更快。一级供应商可以是最终产品（如T恤衫）的直接供应商，也可以是组合成最终产品的完整部件的供应商。

二级供应商为一级供应商提供原材料或制成品的组件。二级供应商为原始设备制造商提供完成最终产品（如汽车、手机）所需的组件和基本部件。一、二级供应商在供应链流程中都发挥着重要作用。不过，一级供应商通常有责任保证高质量的产品和服务符合所有要求，包括设计和规格方面的要求。二级供应商通常是专门从事特定供应链领域的小型企业。它们提供的解决方案比一级供应商更具成本效益，但可能无法获得与更高级别供应商同样多的资源或同样高水平的专业知识。因此，它们也许能提供优质的产品或服务，但可能无法满足需要大订单或复杂要求的客户。以棉质 T 恤实物产品为例，二级供应商是棉织厂，即从棉花工厂生产织物的公司。二级供应商是一级供应商的下级供应商或分包商。

三级供应商通常是中小型企业，它们的利润率很低，能为客户降低成本。它们通常专注于某一特定领域，专门以快速且廉价的方式提供某些商品或服务。虽然这些供应商可以节约成本，但它们通常不具备与更高级别供应商相同的专业知识或资源，可能无法满足更大的订单或更复杂的要求。继续以 T 恤衫为例，三级供应商就是种植棉花的农场（原材料的来源）。不过，三级供应商不一定都是原材料商。但无论如何，三级供应商都是二级供应商的供应商或下级供应商。

以下以棉质 T 恤衫为例，供应链环境下供应商的分级示意图（见图 9-3）。

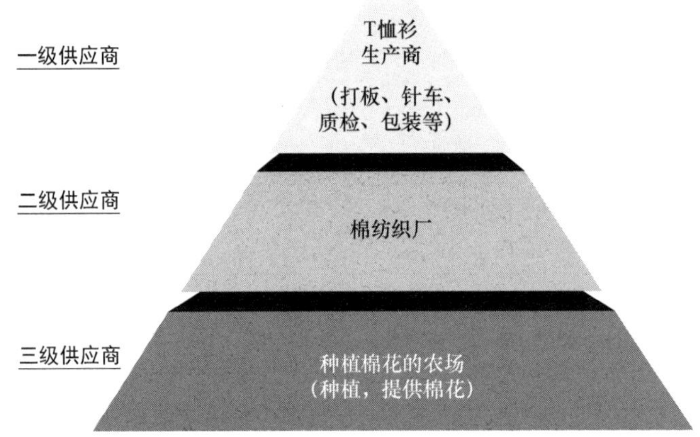

图 9-3　供应链环境下 T 恤衫供应商的分级示意图

传统的采购管理通常是单层管理，即由一级供应商管理二级供应商，二级供应商管理三级供应商。而在供应链管理中，采购方对供应商的管理是全链路的管理，即采购方对各层级供应商都要做到全程监督控制；而一级供应商也不仅仅管理二级供应商，还需要管理三级供应商，即对供应商的供应商进行全链路全流程的综合管理，以实现供应链整体绩效最优。

（3）供应商关系管理

供应商关系管理是指基于供应商类别、定位、绩效表现等因素，开展相应的供应商日常管理、激励、沟通及改进提升的活动，主要包括供应商日常管理，供应商激励和绩效改进机制，供应商沟通机制，供应商培养机制等。

1）供应商日常管理。供应商日常管理主要是指对供应商基本信息的管理，包括供应商基本信息的采集、维护和更新，确保供应商信息的准确性和有效性。供应商基本信息主要是指供应商自入库至退出全生命周期过程中提供的和产生的信息，包括供应商注册入库时提供的基本信息（工商信息、财务信息、发票信息、银行信息、联系信息等），供应商认证环节的认证信息（资质信息、业绩信息、信用信息等），以及供应商在本企业的履约信息、处罚信息和履约评价信息等。越来越多的采购组织依托于信息化系统实现对供应商的管理和业务协同，而供应商基本信息的采集、维护、更新贯穿供应商全生命周期管理和应用的全过程。采购组织可以通过定期开展资质审核、定期通知供应商更新基本信息或通过外部工商信息系统获取更新供应商的信息。

2）供应商激励和绩效改进机制。供应商激励是指对合作过程中表现优秀的供应商进行激励，促使供应商不断提升，为双方合作主动贡献更大价值的管理手段。而供应商绩效改进则是指对合作过程中表现不佳的供应商开展沟通反馈，通过采取相关措施督促并共同帮助供应商予以改善的管理手段。供应商激励和绩效改进机制的建立有助于发挥供应商的主动性，促使供应商积极改进和提升技术与管理水平，提高服务能力。激励和绩效改进策略的设计应根据供应商的等级加以区分，并考虑企业的实际供应环境、采购品类以及供应商能力。例如，对于等级较高的供应商，可以在付款期限、价格折扣、合作深度等方面提供更多优惠条件。

常见的激励措施有以下几种：

A. 商誉激励：通过召开供应商表彰大会，设定不同的供应商奖项，如“质量优秀奖”“信誉突出奖”“交期配合奖”，对供应商予以商誉激励。

B. 优先选择：同等条件下优先选择或推荐该供应商。例如，在竞标过程中对该类供应商进行额外加分，或在邀请名单中优先推荐，或在框架协议采购中优先选择。

C. 保证金优惠：给予投标保证金和履约保证金减免或免除。

D. 订单满足级别：在订单量有限的情形下，订单优先分配给该供应商。

E. 订单分配比例：在订单量充足的情形下，提供更高的分配比例。

F. 提前付款：给予更短的账期或合同达标时提前付款。

G. 新产品和新技术的共同开发：给予新产品或新技术的共同开发机会。

对于需要绩效改善的供应商，可以采取约谈、督促整改、加强履约跟踪、介入现场管理等方式，帮助供应商分析问题并共同商定具体改善措施，还可以通过加收履约保证金、加强合同要求宣贯等方式降低合作风险。对于持续表现不佳的供应商，也可以考虑逐步减少合作关系直至终止合作。

3）供应商沟通机制。与供应商建立良好的沟通渠道，实现信息分享是维护双方关系的重要举措。特别是对于战略供应商等关注层级较高的供应商，采购部门可以设置联系专员沟通双方业务，并与其就降低成本、改进质量和服务水准、联系和交流机制、新兴技术与发展等方面进行沟通和讨论。对于一般供应商，可以展开定期访问，维护与稳固合作关系。同时，应设置畅通的逆向沟通渠道，鼓励供应商主动反馈信息。

4）供应商培养机制。基于与供应商发展长期关系、维护供应稳定性和可持续性的需要，采购方可以根据生产运营与采购需求对合作供应商开展系统性培训，包含安全生产管理、可持续或绿色采购政策、供货或服务质量要求等内容。对于具有长期合作潜力的供应商，还可以在生产技术、管理与创新、服务响应性等方面帮助供应商提升。

(4) 供应商风险管理

供应商风险管理是指通过对供应商管理过程中风险的认识、衡量和分析，选择最有效的方式，主动地、有目的地、有计划地处理风险，以最小的成本争取获得最大的安全保证。

如图 9-4 所示，供应商风险管理的基本程序通常包括风险识别、风险评估、风险计划及风险应对四个阶段。

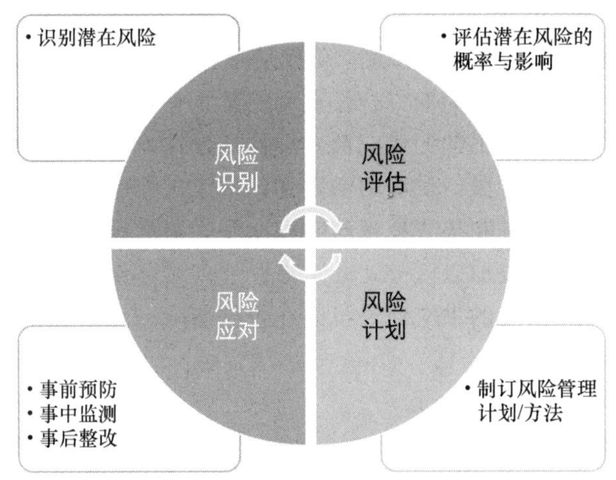

图 9-4　供应商风险管理的基本程序

1）风险识别。供应商风险的来源主要包括供应商自身的经营风险、供应商道德风险与供应商履约风险。供应商自身的经营风险包括供应商的反洗钱风险、P2P（网络借贷平台）风险、经营异常、财务风险、涉诉风险、违法违规风险等；供应商道德风险包括供应商围标串标风险、弄虚作假骗取中标等风险；供应商履约风险包括供应商恶意违约、供货中断、供货超期、质量事故等。企业可以根据供应商的使用和管理流程，进一步梳理流程中的潜在风险来源。

2）风险评估。识别潜在风险后，企业需要对风险发生的可能性和影响程度进行评估，以判断采取何种应对风险的措施。风险评估的公式为：风险＝风险的可能性（概率）×风险影响（负面的后果）。风险的可能性是指在特定的环境、条件和风险管理措施下，某一风险事件实际发生的可能性大小。风险影响是指给组织造成的可能损失或成本，或者对组织完成其目标的能力可能的影响水平。通过对这两个因素的分级，可以对风险的综合等级进行划分。

3）风险计划。它是指针对已识别的供应商风险制订相应的管理计划和措施。以流程中识别的风险为例，可以采取对应的手段减轻或者消除风险的影响。

4）风险应对。供应商相关风险的应对根据治理的阶段可分为事前预防、事中监测和事后整改。事前预防是指在决定使用某供应商前，对供应商可能存在的风险进行识别防控，降低供应商风险发生的可能性，常用的识别手段是对同一项目的投标人进行关联关系校验。事中监测是指对采购过程和项目履约过程中可能发生的风险进行监测，对监测发现的风险采取相应的应急措施，降低风险带来的损失，例如，通过对供应商工商信息变更和舆情监测，预先掌握该供应商可能影响正常生产运营的重大变动，并为合同履约做好备选方案。事后整改是指对已经发生的风险制定改进措施，降低未来发生的可能性。供应商风险应对措施具体见表 9-6。

表 9-6　供应商风险应对措施

序号	风险	应对措施
1	单一品类采购比例分配过于集中或采购额占供应商营收比重过高带来的供应风险	制度性控制，规定单一品类单个供应商的订单比例限额及采购额占供应商营业收入比重限额（单一品类可选供应商数量较少的情形除外）
		订单比例达到临界点，系统自动预警
2	招标人、供应商和评审专家之间的围标串标风险	围标串标风险校验
		关联关系校验
		设置最高限价
3	供应商提交虚假资料的骗标风险	购买第三方供应商数据，系统对照第三方工商数据自动校验
		根据所提供的虚假资料的关键性，对供应商进行处罚
4	合同条款不明确带来的法律纠纷风险	严格制定合同审批流程及责任划分
5	定标环节供应商拒签合同的风险	处罚违约供应商
		启用备选供应商
6	项目履约过程中的履约风险	供应商处罚校验，加大履约保证金比例
		实施监造和过程控制
		对于长距离运输或跨关境运输的货物，购买保险转移物流风险
		对于履约能力下降的供应商，可以通过调整订单配额、发送整改函降低风险
		对已造成的重大损失，可进行索赔、上黑名单

9.3　采购合同管理

9.3.1　采购合同管理的内容

采购合同管理的主要任务是确保合同的有效执行和买卖双方权益的保护。采购合同管理包括采购合同规划、采购合同的谈判、采购合同的签订、采购合同的履行、采购合同的验收、采购合同的变更、采购合同解除和采购合同终止等各个环节，涉及供应商的选择、合同条款的确定、合同履行过程的监控以及合同纠纷的处理等方面。有效的采购合同管理对于降低采购成本、提高采购质量、保障供应稳定具有重要意义。

(1) 采购合同规划

采购合同规划是指在工程、货物、服务项目实施过程中，为了确保招标采购工作顺利进行，根据整个项目的目标期待、自身特点及内外部条件，对招标采购过程中需要订立的合同进行统筹计划与安排的活动。

采购合同规划关系到项目建设实质性推进、组织结构及管理体制，直接影响合同各方权利、义务和工作的划分。采购合同规划成果文件是采购方案编制的重要依据和组成部分。

（2）采购合同的谈判

为了更有利于采购合同的顺利实施，对于通过竞争性方式采购的项目，采购人可以在中标（成交）通知书发出后、采购合同签署前，就采购合同中的标的、价款、质量、履行期限等主要条款以外的非实质性内容与中标（成交）供应商进行谈判。

（3）采购合同的签订

采购合同中的标的、价款、质量、履行期限等主要条款应当与采购文件和中标（成交）供应商的投标（响应）文件的内容一致，不得再行订立背离合同实质性内容的其他协议。采购合同的订立应采取书面形式。采用数据电文方式签署的合同文件具有同等法律效力。

（4）采购合同的履行

采购合同的履行主要涉及买卖双方的权利和义务，以及约定的时间、地点、方式等具体条款。在采购合同中，供应商和采购方应明确约定交付物品的时间、地点和方式，确保双方都能按照合同要求履行各自的义务。此外，双方还应约定质量标准、验收方法、付款方式等关键条款，以确保采购过程的顺利进行。

在合同履行过程中，双方应遵循诚实信用原则，积极协作，确保合同顺利履行。如果出现任何可能影响合同履行的情况，双方应及时沟通并协商制定解决方案。同时，采购方应定期对供应商的履约情况进行监督和评估，确保供应商能够按照合同要求提供优质的货物和服务。

（5）采购合同的验收

验收是确保供应商履约的关键步骤。在验收过程中，采购方应严格按照合同约定的验收标准和方法进行检验。这包括检查实际交付的数量、规格、型号、质量等方面是否符合合同约定。如果发现存在质量问题或不符合约定的规格等问题，采购人应及时向供应商提出异议并要求其进行整改或更换。

此外，采购方还应注意保存好相关的验收记录和证据，以便在出现争议时能够证明自己的权益。同时，双方应就验收结果进行确认并签署验收报告，作为合同履行完毕的凭证。

（6）采购合同的变更

采购合同生效后，非因中标（成交）供应商的原因导致合同发生重大变更的，宜经过企业制度规定的程序审批。

1）合同价款变更超过内控制度规定的比例或限额的。

2）合同标的、数量、质量、履行期限、履行地点和方式、违约责任和解决争议方法等发生重大变化的。

3）其他采购归口管理部门认为的合同重大变化。

（7）采购合同解除

发生以下情况之一的，采购人可与供应商依法解除项目合同。

1）由于不可抗力致使项目合同的全部义务不能履行。

2）由于合同一方在合同约定的期限内没有履行合同，且在被允许推迟履行的合理期限内仍未履行。

3）由于一方违约，以致严重影响订立项目合同时所期望实现的目标或致使项目合同的履行成为不必要。

4）合同解除后，尚未履行的，应终止履行；已经履行的，根据履行情况和合同性质，当事人可以要求恢复原状、采取其他补救措施，并要求赔偿损失。

(8）采购合同终止

除因不可抗力或合同约定可以终止的情形外，采购合同的双方当事人不得擅自终止合同。采购合同继续履行将损害国家利益和社会公共利益的，双方当事人应当变更、中止或者终止合同。有过错的一方应当承担赔偿责任，双方都有过错的，各自承担相应的责任。

9.3.2　采购合同管理与供应商履约评价的关系

采购合同管理与供应商履约评价两者相辅相成，互相促进。通过供应商履约评价，企业可以了解供应商供应活动的效率和效果，从而发现供应商管理中存在的问题和改进的空间，为优化采购合同管理提供依据。反过来，好的采购合同管理也是供应商履约评价的重要参考依据。

将供应商履约评价与采购合同管理相结合，可以实现以下目标：

(1）优化供应商选择

通过供应商履约评价，企业可以评估不同供应商的绩效表现，包括交货准时率、产品质量、售后服务等方面。这有助于企业在选择供应商时更加明智，优先选择那些绩效表现优秀的供应商，从而确保采购合同的有效执行。

(2）完善合同条款

供应商履约评价可以揭示企业采购活动中存在的问题和风险，企业可以根据这些信息和经验来完善合同条款，明确双方的权利和义务，减少合同履行过程中的纠纷和风险。

(3）加强合同履行监控

通过供应商履约评价，企业可以建立合同履行监控机制，定期对合同的履行情况进行检查和评估。这有助于及时发现合同履行过程中的问题并采取相应措施加以解决，确保合同的有效执行。

(4）促进持续改进

供应商履约评价是一个持续的过程，企业可以根据评价结果不断调整和优化采购合同管理工作。同时，通过与其他企业或行业的绩效进行比较，企业可以发现自身的不足和优势，从而制定改进措施并不断提升采购合同管理水平。

9.4　供应商退出管理

供应商退出管理是指对不再与企业合作提供产品或服务的供应商进行清退，不再对其采取评级、使用、培养等各类管理策略。科学的供应商退出机制一方面能够帮助企业淘汰不合格供应商，并尽量降低供应源切换对生产运营的影响；另一方面有助于维护供应商库的质量，减少供应商日常管理成本。供应商退出包括正常退出和异常退出两种情形。

正常退出是指出于合同关系结束或供应商不再承揽相关业务等原因，供应商出库或从合格供应商名录中被移除。异常退出是指供应商在采购过程中或日常履约行为中违反供应商管理相关规定，被列为不合格供应商，被禁止在一定范围、一定时限或永久列入不合作名单的情况，以及供应商因自身条件变化出现重大履约风险需要终止合作关系等情形。某企业供应商退出规则见表 9-7。

表 9-7 某企业供应商退出规则

退出类型	退出规则	备注
常规出库	供应商自行申请退出	常规出库供应商可再次入库
	不活跃供应商系统自动清退。不活跃供应商是指长期无业务往来的供应商，包括已有合作但在一定年限内未再次合作、无合作且在一定年限内无合作。标记为不活跃供应商后，在一定期限内再无合作，系统自动清退	
异常出库	在采购过程中或日常行为违反供应商管理相关规定，被列为“淘汰”供应商的，系统自动清退	异常出库供应商通常不可再次入库，或者设置禁入年限，在禁入年限内不可入库

综上所述，基于供应商履约评价的采购合同管理是一个系统性的过程，它涉及采购活动的各个方面和环节。通过有效地将两者相结合，企业可以优化采购合同管理活动，提高采购效率和效果，为企业整体运营和战略目标的实现提供有力支持。

9.5 档案管理

9.5.1 招标采购档案

招标采购档案是指各主体在招标采购活动中形成的，具有保存价值的各种文字、图表、声像等不同形式的历史记录。电子交易档案仅以电子形式进行存储、归档，实现档案单套管理，不再保存纸质文件。电子文件格式包括文本、图形、图像、数据、音频、视频等数据格式，归档文件包含电子文件以及对应的元数据。

9.5.2 组织管理与职责

(1) 业务部门

业务部门负责根据电子文件存储及档案归档目录、范围，收集整理并保存招标采购业务过程中的电子文件；负责对收集的电子文件进行真实性、完整性、可用性和安全性检测（“四性检测”）；负责形成电子交易档案并提交归档。

(2) 档案管理部门

档案管理部门指导业务部门进行电子文件归档工作；负责审核业务部门发起的归档请求；参与电子交易档案管理系统建设，评估系统功能；负责电子交易档案的接收、编目、检测、归档及保管、处置等工作。

(3) 档案利用部门

档案利用部门发起档案的借阅、借调等利用请求；利用完后归还档案。

(4) 信息技术部门

信息技术部门负责为电子文件存储及电子档案管理提供信息技术支持；负责电子档案管理系统的建设和运行维护；组织电子档案管理系统接口的开发、对接调试和维护工作。

9.5.3 管理原则

(1) 来源可靠

招标采购档案的信息来源要可靠，包括责任者、活动、接口、系统等多个方面的来源要可查可证，保证电子文件从产生、审批到提交归档完全受自身系统控制。

(2) 要素合规

招标采购档案的构成要素要合规，电子文件的内容、结构、背景要素要全面符合法律法规，保证能正确地表达其所反映的事务、活动或事实的性质。

(3) 安全管理

招标采购档案的管理要安全可信，按照国家法律法规和标准规范，采取技术措施保证招标采购档案过程可溯、长期可用、风险可控。

(4) 完整及时

招标采购档案的归档要完整及时，应确保招标采购活动过程中产生的电子文件内容完整并及时归档，保证能全面记录招标采购活动的过程和结果。

9.5.4 归档范围

1）招标归档范围包括但不限于与招标方案、投标邀请、资格预审、招标、开标、评标、定标、中标、招标异常、合同备案、异议投诉等交易活动记录有关的电子文件和元数据。非招标采购归档范围包括采购方案、采购公告/采购邀请书、资格审查资料、采购文件、成交和候选供应商的响应文件、开启记录、评审报告、预成交公示、成交公告、成交通知书、采购合同、验收报告，以及采购交易争议解决文件等相关资料。电子交易文件存储和归档目录见表 9-8。

表 9-8　电子交易文件存储和归档目录一览表

序号	项目阶段	电子交易文件名称	存储	归档
1	招标方案/采购方案	项目审批（核准备案）文件	■	■
2		资金来源证明	■	■
3		进场交易申请书	■	■
4		招标项目、采购项目	■	■
5		招标项目计划、采购项目计划	■	■
6		采购委托单（合同）	■	■

（续）

序号	项目阶段	电子交易文件名称	存储	归档
7	投标邀请/采购发起	招标公告、采购公告或投标邀请书、采购邀请书	■	■
8	投标邀请/采购发起	投标邀请确认回执函、采购邀请确认回执函	■	■
9	资格预审	资格预审公告	■	■
10	资格预审	资格预审文件	■	■
11	资格预审	资格预审澄清、说明文件	■	■
12	资格预审	资格预审澄清确认回执函	■	■
13	资格预审	资格预审申请文件	■	■
14	资格预审	资格预审场地预约及变更情况	■	■
15	资格预审	资格预审申请人汇总表	■	■
16	资格预审	专家抽取结果及专家签到表	■	■
17	资格预审	专家回避、无利害关系声明及评标纪律	■	■
18	资格预审	资格审查报告	■	■
19	资格预审	通过资格预审的申请人名单	■	■
20	资格预审	资格预审结果通知	■	■
21	招标/响应	开评标场地预约	■	■
22	招标/响应	招标文件、采购文件	■	■
23	招标/响应	图纸文件（另册）	■	■
24	招标/响应	答疑澄清、说明文件	■	■
25	招标/响应	最高投标限价文件（另册）	■	■
26	招标/响应	各类文件下载回执	■	■
27	开标/开启	开标记录、开启记录	■	■
28	开标/开启	开标音视频（含现场开标、不见面开标等）	■	■
29	开标/开启	投标人（供应商）代表签到表等其他开标资料	■	■
30	评标/评审	评标专家抽取结果表、评审小组组建结果表	■	■
31	评标/评审	专家签到表	■	■
32	评标/评审	招标人代表授权书、供应商代表授权书	■	■
33	评标/评审	评标委员会（评审小组）廉洁保密承诺书	■	■
34	评标/评审	主、副场评标相关音视频（含评标室环境、评委机位、评委计算机桌面等）	■	■
35	评标/评审	澄清、说明相关资料	■	■
36	评标/评审	投标文件、响应文件（解密后文件，含标书链接中的原文件）	■	■
37	评标/评审	评标报告、评审报告 （含个人评分表、汇总表、结果表）	■	■
38	评标/评审	评标结果公告	■	■
39	评标/评审	评标专家评价表、评审专家评价表	■	■

（续）

序号	项目阶段	电子交易文件名称	存储	归档
40	定标、中标/成交	定标委员会成员确认及签到表	■	■
41		定标报告	■	■
42		履约能力审查报告	■	■
43		中标通知书、成交通知书	■	■
44		中标结果公告、预成交公示、成交公告	■	■
45		招标投标情况报告	■	■
46	异常	暂停/终止公告	■	■
47		暂停/终止公告相关附件	■	■
48		异常说明材料、处理材料	■	■
49	异议投诉	异议函、异议答复函，投诉书以及不予受理通知书、投诉处理决定书	■	■
50	合同备案	合同备案及公告	■	■
51		合同变更、合同订立信息等相关附件	■	■
52	其他	投标保证金提交及退还情况	■	■
53		系统访问日志、系统操作日志、服务器日志等	■	□
54		流程审批记录、见证服务记录、监督记录	■	■
55		评标专家费用发放情况、评审费用发放情况	■	■
56		其他需要保存、存档的资料	■	■

注：1.■表示如果有此文件，需要保存。

2.□表示可选择性的保存，不强制要求。

2）采购活动过程中音频、视频类电子文件归档范围包括但不限于开标、评标和专家抽取等音视频记录。音频、视频文件的存储期限应不少于 6 个月。

3）远程异地评标（评审）副场产生的音视频文件应传输至主场进行归档。

9.5.5 归档程序

（1）电子文件存储收集

业务部门通过电子交易平台完成电子文件的采集工作。纸质形式的文件由业务部门扫描形成电子格式的文件进行存储。需要补充相关电子文件的，业务部门可追加补充对应的文件，但不得变更、修改、删除原电子文件。

业务部门按照文件存储格式的要求转换、保存电子文件并生成元数据，建立电子文件与元数据之间的关联关系。元数据文件一般采用 XML 的格式封装，文件内容包括但不限于文件名称、编制日期、编制单位、年度、文件所属单位（部门）、电子文件大小、提交人、提交时间等。采用技术手段加密的电子文件应当解密后存储，文件无法解密的应保存其原文件，压缩的文件应当解压后存储。

未划分标段（标的）的招标采购项目，宜以项目为单元进行存储；已划分标段（标的）的招标采购项目，宜以标段（标的）为单元分别进行存储。

（2）电子交易档案交接

业务部门应在电子文件存储工作完成后 30 日内，发起归档操作。业务部门在提交归档审核之前应当对电子文件进行真实性、完整性、可用性和安全性检测，检测不合格应及时解决。档案管理部门接收并核验完业务部门提交的档案后，交接双方应办理交接手续，填写电子交易档案提交与接收登记表，登记表应当由双方采取电子形式并以加盖双方电子签名确认留存。

（3）电子交易档案检测

档案归档完成后，档案管理部门应定期对电子交易档案的真实性、完整性、可用性和安全性进行质量检测，检测分为自动检测和人工检测。

自动检测是指在档案归档审批通过后，通过系统设定检测日期，由系统定期自动进行四性检测。系统按照检测要求自动生成检测结果，对于检测不通过的项目展示理由，检测完成后生成四性检测报告。

人工检测是指档案管理部门可在档案管理的任意时间，不定期在系统中对已归档的档案发起四性检测并生成检测报告。

（4）电子交易档案保存

档案管理部门以“件”为单元进行归档，一般一个项目或标段（标的）的招标采购全过程的电子文件为一件。件内文件按照按电子交易文件归档目录、文件形成时间顺序排列。

档案管理部门通过电子交易档案管理系统按照编号规则对档案自动进行编号。编号遵循唯一性、合理性、扩充性、简单性的原则。档案管理部门完善档案对应的题名、密级、管理期限、档案所属单位、归档意见等信息，并通过电子交易档案管理系统生成电子格式的档案目录清单，档案目录清单核验确认后完成归档。

电子交易档案及元数据在移交至国家或同级档案馆之前保存期限应不少于 15 年。

采购项目电子档案保管期限根据其作为凭证的价值划定，应分为永久、30 年、10 年（保管期限一般自归档日期起算）。

9.5.6 档案管控

（1）档案借阅与借调

档案利用部门可通过模糊检索、精确检索、全文检索等方式，在档案信息库中查找相关的档案。

档案利用部门应在线发起借阅、借调申请，档案管理部门审批通过后提供借阅、借调服务，并记录申请人、申请时间、阅读内容、阅读时间等信息。

档案管理部门应对电子交易档案借阅、借调做安全控制，包括在线浏览、在线打印、下载、防复制、防篡改、防扩散等。

（2）档案鉴定与销毁

档案管理部门会同业务部门组成鉴定小组定期对已达到保管期限的档案进行鉴定处置。对仍需继续保存的档案，应重新划定保管期限并做出标注和续存；对确无保存价值的档案，按规定予以销毁。

档案管理部门按照国家关于档案销毁的有关规定与程序履行审批手续，并从在线存储设备、异地容灾备份系统中彻底删除应销毁的电子交易档案，销毁清册应形成记录并归档保存。采购档案归档程序流程如图 9-5 所示。

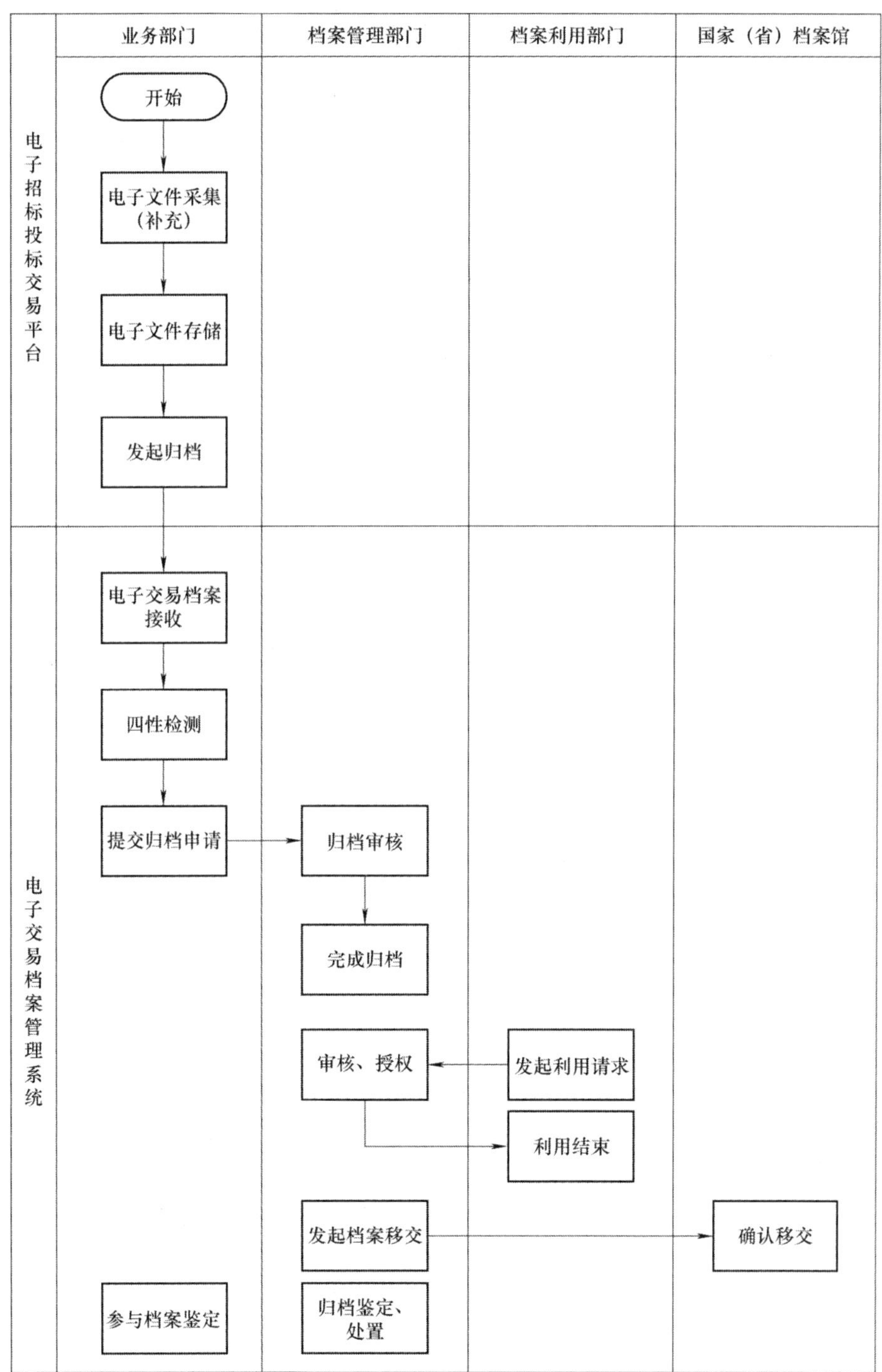

图 9-5　采购档案归档程序流程图

第 10 章　政府采购

政府采购是公共采购的重要组成部分。政府采购不仅是指具体的采购过程，还是采购政策、采购程序、采购过程及采购管理的总称。

10.1　政府采购管理

政府采购管理是国家对政府采购活动实施管理，使得政府采购严格按采购预算和计划进行，以实现政府采购政策功能和政府采购目标的一项工作。

10.1.1　政府采购的概念

《政府采购法》第二条第二款规定："本法所称政府采购，是指各级国家机关、事业单位和团体组织，使用财政性资金采购依法制定的集中采购目录以内的或者采购限额标准以上的货物、工程和服务的行为。"依据这一规定，政府采购的概念可以从采购主体、采购资金和采购标的三个维度进行界定。同时满足这三个维度的采购项目，属于政府采购项目。

（1）采购主体

政府采购的主体为各级国家机关、事业单位和团体组织，不包括国有企业。国家机关是指行使国家权力、管理国家事务的机关，包括国家权力机关、国家行政机关、审判机关、检察机关和军事机关等，如全国人民代表大会、国务院、最高人民法院、最高人民检察院和地方各级人民代表大会、人民政府、人民法院、人民检察院等。事业单位是指政府为实现特定目的而批准设立的事业法人。团体组织是指纳入财政预算管理的各党派及依法批准设立的社会团体。

（2）采购资金

政府采购使用的资金应为财政性资金。财政性资金是指纳入各级政府财政预算管理的资金。事业单位的经营收入应纳入各级政府财政预算管理，属于财政性资金。

以财政性资金作为还款来源的借贷资金视同财政性资金。国际金融组织和外国政府向中国政府提供的贷款，由财政资金作为还款担保，属于财政性资金。

财政性资金与非财政性资金无法分割采购的，统一适用政府采购法。

（3）采购标的

政府采购的标的包括集中采购目录以内或分散采购限额标准以上的货物、工程和服务。其中，货物是指各种形态和种类的物品，包括原材料、燃料、设备、产品等；工程是指建设工程，包括建筑物和构筑物的新建、改建、扩建及其相关的装修、拆除、修缮等；服务是指除货物和工程以外的其他政府采购对象，包括政府自身需要的服务和政府向社会公众提供的公共服务。

10.1.2 政府采购管理制度

(1) 基本原则

政府采购应遵循公开透明原则、公平竞争原则、公正原则和诚实信用原则，与《招标投标法》确立的招标投标原则基本一致。“三公”和“诚信”原则是建立和规范市场经济秩序的要求，也是由财政性资金应当接受社会公众监督的特性所决定的。

1）公开透明原则。公开透明原则要求政府采购的相关法规和规章制度、采购信息、中标或成交结果、开标活动全过程、投诉处理结果或司法裁决决定等公开，能够使政府采购活动在透明状态下运作，全面、广泛地接受社会公众监督。

2）公平竞争原则。公平竞争原则要求在竞争的前提下公平地开展政府采购活动。要将竞争机制引入采购活动中，实行优胜劣汰，让采购人通过优中选优的方式，获得价廉物美的货物、工程或服务，提高财政性资金的使用效益。同时，政府采购的竞争是有序竞争，不能设置妨碍充分竞争的不正当条件，公平地对待每一个供应商，不能有歧视某些潜在的符合条件的供应商参与政府采购活动的现象。

3）公正原则。公正原则要求政府采购要按照事先约定的条件和程序进行，对所有供应商一视同仁，不得有歧视条件和行为，任何单位或个人无权干预采购活动的正常开展。尤其是在评审期间，要严格按照统一的评审方法和评审标准推荐中标候选人、成交候选供应商，不得存在任何主观倾向。

4）诚实信用原则。诚实信用原则要求政府采购当事人在政府采购活动中，本着诚实、守信的态度履行通知、协助、保密等义务，恪守承诺，不得有散布虚假信息、欺诈、串通、隐瞒等行为，不伪造、变造、隐匿、销毁需要依法保存的文件，不刻意规避法律法规相关要求，不损害第三人的利益。

(2) 基本属性

1）公共性。政府采购的资金来源于政府财政收入，或是由财政资金进行偿还的借款，这些资金最终来源于公众的纳税、公共事业服务和其他公共收入；同时，政府采购主要是为了保障公共机构的正常运转，或向社会提供公共产品和公共服务。

2）强制性。《政府采购法》及其配套法律政策文件规定了属于政府采购范围的采购项目，采购需求管理、采购方式、采购程序以及采购资金的使用等必须严格按照有关法律法规组织实施和规范管理。

3）政策性。政府采购要发挥政府财政支出的职能，促进社会经济协调平衡发展。

4）经济性。政府采购活动应遵循市场经济规律，追求财政资金使用效益的最大化。

5）非营利性。政府采购活动不应以营利为目标，应当以追求社会公共利益为最终目标。

(3) 政策功能

政府采购应当有助于实现国家的经济和社会发展政策目标，包括保护环境、扶持不发达地区和少数民族地区、促进中小企业发展等。国务院财政部门根据国家的经济和社会发展政策，会同有关部门制定政府采购政策，通过制定采购需求标准、预留采购份额、价格评审优惠、优先采购等措施，实现节约能源、保护环境、扶持不发达地区和少数民族地区、促进中小企业发展等目标，政府采购政策功能详见本章10.1.3。

(4) 集中与分散采购管理

我国政府采购采用集中采购和分散采购相结合的组织形式。政府采购范围涵盖集中采购目录以内的项目和集中采购目录以外的采购限额标准以上的分散采购项目。其中，集中采购目录及采购限额标准由国务院或省、自治区、直辖市人民政府或其授权的机构确定并公布。省、自治区、直辖市人民政府或者其授权的机构可以确定分别适用于本行政区域省级、设区的市级、县级的集中采购目录和采购限额标准。

1）集中采购目录。中央预算政府采购项目，集中采购目录由国务院确定并公布；地方预算政府采购项目，集中采购目录由省级人民政府或其授权的机构确定并公布。

集中采购目录中的采购项目分为集中采购机构采购项目和部门集中采购项目。在集中采购项目中，属于采购人本单位有特殊要求的项目，经省级以上人民政府批准，可以自行采购。

①集中采购机构采购项目。集中采购目录中技术、服务等标准统一，各采购人普遍使用的项目，如计算机、打印机、会议服务、汽车维修、保险、加油等一般列为集中采购机构采购项目。集中采购机构采购项目应当由采购人委托集中采购机构代理采购。集中采购机构由设区的市、自治州以上人民政府根据需要设立，接受采购人的委托办理采购事宜。

②部门集中采购项目。本部门、本系统基于业务需要有特殊要求，需要由部门或系统统一配置的货物、工程和服务类专用项目，如防汛抗旱和救灾物资、医疗设备和器械、气象专用仪器、警用设备和用品、质检专用仪器、海洋专用仪器等一般列为部门集中采购项目。中央预算单位的主管预算单位（即各级政府中负有编制部门预算的职责，向本级财政部门申报预算的国家机关、事业单位和团体组织）可按实际工作需要确定，报财政部备案后组织实施部门集中采购。地方预算单位是否实行部门集中采购，由省级人民政府决定。

2）政府采购限额标准。政府采购限额标准是指分散采购项目纳入政府采购的最低金额。集中采购目录以外的、预算金额在采购限额标准以上的，实行分散采购；集中采购目录以外的、预算金额在采购限额标准以下的，不纳入政府采购。

政府采购限额标准的制定实行分级管理。中央预算单位政府采购限额标准由国务院确定。《中央预算单位政府集中采购目录及标准（2020年版）》规定，除集中采购机构采购项目和部门集中采购项目外，各部门自行采购单项或批量金额达到100万元以上的货物和服务的项目、120万元以上的工程项目应按《政府采购法》和《招标投标法》有关规定执行。

地方预算单位政府采购限额标准由省、自治区、直辖市人民政府或其授权的机构确定。《关于印发〈地方预算单位政府集中采购目录及标准指引（2020年版）〉的通知》规定，省级单位政府采购货物、服务项目分散采购限额标准不应低于50万元，市县级单位政府采购货物、服务项目分散采购限额标准不应低于30万元，政府采购工程项目分散采购限额标准不应低于60万元。

需要注意的是：政府采购限额标准与公开招标数额标准是两个不同的概念。前者是指纳入政府采购分散采购的最低采购金额；后者是指必须公开招标的政府采购项目的规模标准。《中央预算单位政府集中采购目录及标准（2020年版）》规定，政府采购货物或服务项目单项采购金额达到200万元以上的，必须采用公开招标方式。政府采购工程以及与工程建设有关的货物、服务公开招标数额标准按照国务院有关规定执行。

(5) 资金预算管理

政府采购预算是指采购单位根据采购工作任务编制的，并经过规定程序批准的年度资金使用计划。它反映各采购单位年度采购项目及资金使用计划，是部门预算的组成部分，是开展政府采购的前提。采购单位在编制下一财政年度部门预算时应当将该财政年度政府采购项目及资金预算在政府采购预算表中单列，按程序逐级上报主管部门。政府采购预算一般包括采购项目、采购资金来源、采购数量、采购预算参考型号和单价，以及采购项目截止时间等。

主管预算单位在编制下一财政年度部门预算时，单独列出该财政年度政府采购项目及资金预算报本级财政部门汇总，年度政府采购预算经财政部门审核和人民代表大会批准方可实施。未编报政府采购实施计划的临时性采购项目或追加预算的采购项目由采购人提出申请说明，经财政部门按照职责权限批准后，才能组织实施。

（6）政府采购工程的法律适用

根据《政府采购法》及其实施条例的相关规定，政府采购工程以及与工程建设有关的货物和服务采购项目进行招标投标的，适用《招标投标法》及其实施条例；不进行招标的，适用《政府采购法》及其实施条例。政府采购工程以及与工程建设有关的货物和服务，无论是适用《招标投标法》还是《政府采购法》，都应当执行政府采购政策。

《政府采购法实施条例》第二十五条规定："政府采购工程依法不进行招标的，应当依照政府采购法和本条例规定的竞争性谈判或者单一来源采购方式采购。"根据《政府采购竞争性磋商采购方式管理暂行办法》可知，按照《招标投标法》及其实施条例必须进行招标的工程建设项目以外的工程建设项目，可以采用竞争性磋商方式开展采购。

（7）采购意向公开

《关于促进政府采购公平竞争优化营商环境的通知》提出，为便于供应商提前了解采购信息，各地区、各部门创造条件积极推进采购意向公开（涉密信息除外）。自 2020 年起，选择部分中央部门和地方开展公开采购意向试点。在试点基础上，逐步实现各级预算单位采购意向公开。《关于开展政府采购意向公开工作的通知》明确，原则上省级预算单位 2021 年 1 月 1 日起实施的采购项目，省级以下各级预算单位 2022 年 1 月 1 日起实施的采购项目，应当按规定公开采购意向。

1）公开主体。采购意向由预算单位负责公开。中央预算单位的采购意向在中国政府采购网中央主网公开，地方预算单位的采购意向在中国政府采购网地方分网公开。

2）公开要求。采购意向按采购项目公开。除以协议供货、定点采购方式实施的小额零星采购和由集中采购机构统一组织的批量集中采购外，按项目实施的集中采购目录以内的或者采购限额标准以上的货物、工程、服务采购均应当公开采购意向。

3）公开内容。公开内容包括采购项目名称、采购需求概况、预算金额、预计采购时间等。其中，采购需求概况应当包括采购标的名称，采购标的需实现的主要功能或者目标，采购标的的数量，以及采购标的需满足的质量、服务、安全、时限等要求。采购意向应当尽可能清晰完整，便于供应商提前做好参与采购活动的准备。采购意向仅作为供应商了解各单位初步采购安排的参考，采购项目实际采购需求、预算金额和执行时间以预算单位最终发布的采购公告和采购文件为准。

4）公开依据。采购意向由预算单位定期或不定期公开。部门预算批复前公开的采购意向，以部门预算"二上"（即部门根据预算控制数编制本部门预算草案报送财政部门）内容为依据；部门预算批复后公开的采购意向，以部门预算为依据。预算执行中新增采购项目应当及时公开采购意向。

5）公开时间。采购意向公开时间应尽量提前，原则上不得晚于采购活动开始前30日。因预算单位不可预见的原因急需开展的采购项目，可不公开采购意向。

（8）特殊采购规定

1）涉密政府采购。涉密政府采购是一种特殊的政府采购，由于其涉及国家秘密，对采购人、采购代理机构、评审人员、供应商等采购活动当事人和参与者的管理，以及采购程序、信息披露等方面的规定，都与一般的政府采购有所不同。

①涉密政府采购项目的定义及范畴。涉密政府采购项目是指因采购对象、采购渠道、采购用途等涉及国家秘密，泄露后可能损害国家在政治、经济、国防、外交等领域的安全和利益，需要在采购过程中控制国家秘密的知悉范围，并采取保密措施的采购行为。

②涉密政府采购项目的法律适用。《政府采购法》第八十五条规定，对因严重自然灾害和其他不可抗力事件所实施的紧急采购和涉及国家安全和秘密的采购，不适用本法。涉密政府采购项目在组织采购活动时，应遵守《中华人民共和国保守国家秘密法》（以下简称《保密法》）的各项规定。

③涉密政府采购项目的保密范围。涉密政府采购项目的保密范围包括涉密政府采购项目相关的采购预算、采购文件，以及中标、成交结果，采购合同，投诉处理结果等采购信息，针对相关的中标、成交结果可以以适当的方式告知参与采购活动的供应商。此外，涉密政府采购项目完成后，相关集中采购机构和供应商需要及时整理采购全过程的所有资料，并向采购人正式移交。

④涉密政府采购项目的安全审查。安全审查是政府采购需求管理的一个环节，凡可能涉密的采购项目，都应对采购需求和采购实施计划进行重点审查，并且同步进行安全审查。通过安全审查，可以论证采购项目是否涉密、哪些环节涉密、涉密内容的级别、涉密内容可以知悉的范围、应该采取的保密措施等内容。负责进行安全审查的成员一般由采购人内部有关部门人员组成，可以包括本单位的采购、财务、业务、监督等内部机构相关人员。同时，考虑到涉密的特点，应严格控制参加审查人员的范围。

⑤涉密政府采购项目的定密。《保密法》规定，国家秘密的密级分为绝密、机密、秘密三级。绝密级国家秘密是最重要的国家秘密，泄露会使国家安全和利益遭受特别严重的损害；机密级国家秘密是重要的国家秘密，泄露会使国家安全和利益遭受严重的损害；秘密级国家秘密是一般的国家秘密，泄露会使国家安全和利益遭受损害。机关、单位负责人承担定密责任人的角色，也可指定其他人员为定密责任人。定密责任人在各自的职责范围内，负责确定、变更和解除本机关或单位涉及的国家秘密。在实践中，经过安全审查认为政府采购项目涉密的，由定密责任人按照《保密法》的规定对采购项目进行定密。为避免以"涉密"为由规避竞争程序，在确定涉密政府采购项目时，应该坚持最小化原则。如果某一采购项目的涉密部分和非涉密部分可以拆分，那么只能将涉密的部分认定为涉密政府采购项目，非涉密的部分应依据《政府采购法》的相关要求进行采购。对于在采购过程中进行国家秘密信息隐蔽处理后可以通过公开方式进行采购的项目，不应被确定为涉密政府采购项目。

2）军事采购。《政府采购法》第八十六条规定，军事采购法规由中央军事委员会另行制定。这一规定表达了两层意思：一是军事采购属于政府采购；二是由于军事采购的特殊性，军事采购活动不适用《政府采购法》的相关规定，由中央军事委员会另行制定相关法规进行规制。军事采购是为满足国防需要，由军队或政府实施的获取军事活动所需物资、工程、服务的行为。其中，物资包括总装备部管辖的武器装备与总后勤部管辖的通用物资。

军事采购具有采购主体和资金来源的公共性、采购对象的广泛性以及取得方式的特殊性等特征。一是采购主体和资金来源的公共性，军事采购的主体是公共部门，主要是军事机关，也包括国家权力机关以及具有武装力量建设管理职责的国家行政机关；采购资金来源为公共资金，包括预算军费和其他公共资金，如抢险救灾紧急拨款等。二是采购对象的广泛性，既包括武器装备和其他各种物资，也包括工程和服务。三是取得方式的特殊性，由于其公共性特征，军事采购必须体现一定程度的公开透明、公平竞争、公正和诚实信用等原则，通过招标采购、竞争性谈判、询价和合作创新采购等方式进行。

3）外资项目采购。《政府采购法实施条例》规定，以财政性资金作为还款来源的借贷资金，视同财政性资金。因此，财政部代表国家接受的赠款，代表国家统一筹借并形成政府外债的贷款，以及与上述贷款搭配使用的联合融资，都视同财政性资金。使用该类资金的采购活动按照政府采购项目管理，应遵守财政部《国际金融组织和外国政府贷款赠款项目采购管理工作指南》的规定。

需要注意的是，使用国际金融组织和外国政府贷款进行的政府采购，贷款方、资金提供方与中方达成的协议对采购的具体条件另有规定的，可以适用其规定，但不得损害国家利益和社会公共利益。

10.1.3　政府采购政策功能

政府采购应当有助于实现国家的经济和社会发展政策目标，包括优先采购节能环保产品、扶持不发达地区和少数民族地区，促进中小企业发展、支持国内产业发展、扶持自主创新政策等。

（1）优先采购节能环保产品

《财政部　环保总局关于环境标志产品政府采购实施的意见》规定，各级国家机关、事业单位和团体组织（以下统称采购人）用财政性资金进行采购的，要优先采购环境标志产品，不得采购危害环境及人体健康的产品。采购人或其委托的采购代理机构应当在政府采购招标文件（含谈判文件、询价文件）中载明对产品（含建材）的环保要求、合格供应商和产品的条件，以及优先采购的评审标准。

《国务院办公厅关于建立政府强制采购节能产品制度的通知》明确，各级政府机构使用财政性资金进行政府采购活动时，在技术、服务等指标满足采购需求的前提下，要优先采购节能产品，对部分节能效果、性能等达到要求的产品，实行强制采购。

《关于调整优化节能产品、环境标志产品政府采购执行机制的通知》规定，对政府采购节能产品、环境标志产品实施品目清单管理，不再发布“节能产品政府采购清单”和“环境标志产品政府采购清单”。对于已列入品目清单的产品类别，采购人可在采购需求中提出更高的节约资源和保护环境要求，对符合条件的获证产品给予优先待遇。2019 年，财政部联合生态环境部、发展改革委共同确定了 50 类环境标志产品政府采购品目和 18 类节能产品政府采购品目。

（2）扶持不发达地区和少数民族地区

政府采购是公共财政支出管理的重要方式，通过制定配套政策措施能够在一定程度上促进不发达地区和少数民族地区的经济发展，助力实现区域协调发展。

《关于运用政府采购政策支持脱贫攻坚的通知》明确，鼓励采用优先采购、预留采购份额方式采购贫困地区农副产品，鼓励优先采购聘用建档立卡贫困人员物业公司提供的物业服务。《关于运用政府采购政策支持乡村产业振兴的通知》规定，自2021年起，各级预算单位应当按照不低于10%的比例预留年度食堂食材采购份额，通过脱贫地区农副产品网络销售平台（原贫困地区农副产品网络销售平台）采购脱贫地区农副产品。通过组织预算单位采购脱贫地区农副产品，以稳定的采购需求持续激发脱贫地区发展生产的内生动力。《关于深入开展政府采购脱贫地区农副产品工作推进乡村产业振兴的实施意见》规定，各级预算单位按照不低于10%的预留比例在“832平台”填报预留份额，并遵循质优价廉、竞争择优的原则，通过“832平台”在全国832个脱贫县范围内采购农副产品。《政府采购领域“整顿市场秩序、建设法规体系、促进产业发展”三年行动方案（2024—2026年）》要求，推动脱贫地区农副产品网络销售平台（“832平台”）逐步实现业务范围双向拓展，吸纳除现有地区外的更多符合资质标准的中小企业成为供给方，面向除采购人外的单位工会、社会公众等更广大需求方，推进服务提质升级，助力打造农业特色品牌，推动乡村产业振兴。

（3）促进中小企业发展

《政府采购法》第九条规定：“政府采购应当有助于实现国家的经济和社会发展政策目标，包括保护环境，扶持不发达地区和少数民族地区，促进中小企业发展等。”中小企业是市场经济中最具活力和创造力的主体之一。中小企业可以发挥其在调节产业结构、增加就业机会、满足人们多样化生活需要、活跃经济等方面的优势。政府采购是财政支出的重要组成部分。扶持中小企业发展是一项重要的政策功能。《政府采购法实施条例》将支持中小企业发展的措施细化为制定采购需求标准、预留采购份额、价格评审优惠、优先采购等。

1）中小企业的概念。中小企业是指在我国境内依法设立，依据国务院批准的中小企业划分标准确定的中型企业、小型企业和微型企业，但不包括与大企业的负责人为同一人，或者与大企业存在直接控股、管理关系的企业。《政府采购促进中小企业发展管理办法》强调，采购人在政府采购活动中应当合理确定采购项目的采购需求，不得以企业注册资本、资产总额、营业收入、从业人员、利润、纳税额等规模条件和财务指标作为供应商的资格要求或者评审因素，不得在企业股权结构、经营年限等方面对中小企业实行差别待遇或者歧视待遇。

2）享受扶持政策的条件。供应商提供的货物、工程或者服务符合下列情形的，享受中小企业扶持政策：

①在货物采购项目中，货物由中小企业制造，即货物由中小企业生产且使用该中小企业商号或者注册商标。

②在工程采购项目中，工程由中小企业承建，即工程施工单位为中小企业。

③在服务采购项目中，服务由中小企业承接，即提供服务的人员为中小企业依照《中华人民共和国劳动合同法》订立劳动合同的从业人员。

在货物采购项目中，供应商提供的货物既有中小企业制造货物，也有大型企业制造货物的，不享受中小企业扶持政策。以联合体形式参加政府采购活动，联合体各方均为中小企业的，联合体视同中小企业。其中，联合体各方均为小微企业的，联合体视同小微企业。

3）主管预算单位应统筹制定面向中小企业预留采购份额的具体方案。采购限额标准以上，200 万元以下的货物和服务采购项目、400 万元以下的工程采购项目，适宜由中小企业提供的，采购人应当专门面向中小企业采购。超过 200 万元的货物和服务采购项目、超过 400 万元的工程采购项目中适宜由中小企业提供的，预留该部分采购项目预算总额的 30％以上专门面向中小企业采购，其中预留给小微企业的比例不低于 60％。《政府采购领域“整顿市场秩序、建设法规体系、促进产业发展”三年行动方案（2024—2026 年）》进一步明确，对超过 400 万元的工程采购项目中适宜由中小企业提供的，预留份额由 30％以上阶段性提高至 40％以上的政策延续至 2026 年底。

预留份额通过下列措施进行：

①将采购项目整体或者设置采购包专门面向中小企业采购。

②要求供应商以联合体形式参加采购活动，且联合体中中小企业承担的部分达到一定比例。

③要求获得采购合同的供应商将采购项目中的一定比例分包给一家或者多家中小企业。

组成联合体或者接受分包合同的中小企业与联合体内其他企业、分包企业之间不得存在直接控股、管理关系。

符合下列情形之一的，可不专门面向中小企业预留采购份额：

①法律法规和国家有关政策明确规定优先或者应当面向事业单位、社会组织等非企业主体采购的。

②因确需使用不可替代的专利、专有技术，基础设施限制，或者提供特定公共服务等原因，只能从中小企业之外的供应商处采购的。

③按照《政府采购促进中小企业发展管理办法》规定预留采购份额无法确保充分供应、充分竞争，或者存在可能影响政府采购目标实现的情形。

④框架协议采购项目。

⑤省级以上人民政府财政部门规定的其他情形。

除上述情形外，其他均为适宜由中小企业提供的情形。

4）对于经主管预算单位统筹后未预留份额专门面向中小企业采购的采购项目，以及预留份额项目中的非预留部分采购包，采购人、采购代理机构应当对小微企业报价给予价格扣除，用扣除后的价格参加评审。根据《关于进一步加大政府采购支持中小企业力度的通知》，货物服务采购项目给予小微企业的价格扣除优惠为 10％～20％。工程项目采用综合评估法但未采用低价优先法计算价格分的，评标时应当在采用原报价进行评分的基础上增加其价格得分的 3％～5％作为其价格分。

接受大中型企业与小微企业组成联合体或者允许大中型企业向一家或者多家小微企业分包的采购项目，对于联合协议或者分包意向协议约定小微企业的合同份额占到合同总金额 30％以上的，采购人、采购代理机构应当对联合体或者大中型企业的报价给予 2％～3％（工程项目为 1％～2％）的扣除，用扣除后的价格参加评审。工程项目采用综合评估法但未采用低价优先法计算价格分的，评标时应当在采用原报价进行评分的基础上增加其价格得分的 1％～2％作为其价格分。组成联合体或者接受分包的小微企业与联合体内其他企业、分包企业之间存在直接控股、管理关系的，不享受价格扣除优惠政策。

价格扣除比例或者价格分加分比例对小型企业和微型企业同等对待，不作区分。具体采购项目的价格扣除比例或者价格分加分比例，由采购人根据采购标的相关行业平均利润率、市场竞争状况等确定。

预留份额的采购项目或者采购包，通过发布公告方式邀请供应商后，符合资格条件的中小企业数量不足 3 家的，应当中止采购活动，视同未预留份额的采购项目或者采购包，重新组织采购活动。中小企业参加政府采购活动，应当出具《政府采购促进中小企业发展管理办法》规定的《中小企业声明函》，否则不得享受相关中小企业扶持政策。

5）采购项目涉及中小企业采购的，采购文件应当明确以下内容：

①预留份额的采购项目或者采购包，明确该项目或相关采购包专门面向中小企业采购，以及相关标的及预算金额。

②要求以联合体形式参加或者合同分包的，明确联合协议或者分包意向协议中中小企业合同金额应当达到的比例，并作为供应商资格条件。

③非预留份额的采购项目或者采购包，明确有关价格扣除比例或者价格分加分比例。

④享受扶持政策获得政府采购合同的，小微企业不得将合同分包给大中型企业，中型企业不得将合同分包给大型企业。

⑤采购人认为具备相关条件的，明确对中小企业在资金支付期限、预付款比例等方面的优惠措施。

⑥明确采购标的对应的中小企业划分标准所属行业。

⑦法律法规和省级以上人民政府财政部门规定的其他事项。

中标、成交供应商享受中小企业扶持政策的，采购人、采购代理机构应当随中标、成交结果公开中标、成交供应商的《中小企业声明函》。适用招标投标法的政府采购工程建设项目，应当在公示中标候选人时公开中标候选人的《中小企业声明函》。对于通过预留采购项目、预留专门采购包、要求以联合体形式参加或者合同分包等措施签订的采购合同，应当明确标注本合同为中小企业预留合同。其中，要求以联合体形式参加采购活动或者合同分包的，应当将联合协议或者分包意向协议作为采购合同的组成部分。

此外，监狱企业和残疾人福利性单位在政府采购活动中，视同小型、微型企业，享受预留份额、评审中价格扣除等促进中小企业发展政策。

（4）支持国内产业发展

《政府采购法》第十条规定："政府采购应当采购本国货物、工程和服务。"鉴于政府采购资金和采购目的的公共性，支持国内产业发展是政府采购一项重要的政策功能。通过政府采购提高民族产业和国内产品的市场竞争力，加大国内产业扶持力度，推动国内产品走向国际市场，也是政府履行其职能，为本国产业创造政策环境和物质基础的重要手段。

《政府采购进口产品管理办法》规定，政府采购应当采购本国产品，确需采购进口产品的，实行审核管理。采购人需要采购的产品在中国境内无法获取或者无法以合理的商业条件获取，以及法律法规另有规定确需采购进口产品的，应当在获得财政部门核准后，依法开展政府采购活动。

《关于政府采购进口产品管理有关问题的通知》进一步明确，财政部门审核同意购买进口产品的，应当在采购文件中明确规定可以采购进口产品，但如果因信息不对称等原因，仍有满足需求的国内产品要求参与采购竞争的，采购人及其委托的采购代理机构不得对其加以限制，应当按照公平竞争原则实施采购。

采购人采购进口产品时，必须在采购活动开始前向财政部门提出申请并获得财政部门审核同意后，才能开展采购活动。在采购活动开始前没有获得财政部门同意而开展采购活动的，视同为拒绝采购进口产品，应当在采购文件中明确作出不允许进口产品参加的规定。未在采购文件中明确规定不允许进口产品参加的，也视为拒绝进口产品参加。采购活动组织开始后才报经财政部门审核同意的采购活动，属于违规行为。

（5）扶持自主创新政策

《中共中央 国务院关于深化体制机制改革加快实施创新驱动发展战略的若干意见》明确，建立健全符合国际规则的支持采购创新产品和服务的政策体系，落实和完善政府采购促进中小企业创新发展的相关措施，加大创新产品和服务的采购力度；鼓励采用首购、订购等非招标采购方式，以及政府购买服务等方式予以支持，促进创新产品的研发和规模化应用。《政府采购领域“整顿市场秩序、建设法规体系、促进产业发展”三年行动方案（2024—2026 年）》明确，建立健全政府采购合作创新采购制度，以采购人应用需求为导向，以公平竞争以及采购人与供应商风险共担为基础，实施订购首购，建立创新产品研发与应用推广一体化的管理机制，发挥政府采购对创新的带动作用，助力高质量发展。2024 年 4 月，财政部颁布《政府采购合作创新采购方式管理暂行办法》，为采购人邀请供应商合作研发，共同承担研发风险，并购买研发成功的创新产品出台了适用的政府采购方式。

10.1.4 政府采购需求管理

政府采购需求管理主要包括确定采购需求、编制采购实施计划、管控采购风险、采购需求管理监督。

采购人对采购需求管理负有主体责任，按照相关规定开展采购需求管理各项工作，对采购需求和采购实施计划的合法性、合规性、合理性负责。采购需求管理应当遵循科学合理、厉行节约、规范高效、权责清晰的原则。

（1）确定采购需求

政府采购项目的采购需求，是指采购人为实现项目目标，拟采购的标的及其需要满足的技术、商务要求。其中：技术要求是指对采购标的的功能和质量要求，包括性能、材料、结构、外观、安全，或者服务内容和标准等；商务要求是指取得采购标的的时间、地点、财务和服务要求，包括交付（实施）的时间（期限）和地点（范围），付款条件（进度和方式），包装和运输，售后服务，保险等。

1）对采购需求的要求。采购需求应当符合法律法规、政府采购政策和国家有关规定，符合国家强制性标准，遵循预算、资产和财务等相关管理制度规定，符合采购项目特点和实际需要。

采购需求应当清楚明了、表述规范、含义准确。技术要求和商务要求应当客观，量化指标应当明确相应等次，有连续区间的按照区间划分等次。需由供应商提供设计方案、解决方案或者组织方案的采购项目，应当说明采购标的的功能、应用场景、目标等基本要求，并尽可能明确其中的客观、量化指标。

采购需求可以直接引用相关国家标准、行业标准、地方标准等标准、规范，也可以根据项目目标提出更高的技术要求。

2）采购需求的确定。采购需求应依据部门预算确定，应当明确实现项目目标的所有技术、商务要求，功能和质量指标的设置要充分考虑可能影响供应商报价和项目实施风险的因素。

简单小型项目，采购人可通过历史信息、使用经验、信息检索等方式直接确定采购需求。大型复杂项目和社会关注度较高的项目，采购人可通过咨询、论证、问卷调查等方式开展需求调查，确定采购需求。

下列采购项目应当开展需求调查：

①1000 万元以上的货物、服务采购项目，3000 万元以上的工程采购项目。

②涉及公共利益、社会关注度较高的采购项目，包括政府向社会公众提供的公共服务项目等。

③技术复杂、专业性较强的项目，包括需定制开发的信息化建设项目、采购进口产品的项目等。

④采用框架协议采购方式的采购项目。

⑤主管预算单位或者采购人认为需要开展需求调查的其他采购项目。

采购需求调查的内容通常包括了解相关产业发展、市场供给、同类采购项目历史成交信息，可能涉及的运行维护、升级更新、备品备件、耗材等后续采购，以及其他相关情况等。

编制采购需求前一年内，采购人已就相关采购标的开展过需求调查的可以不再重复开展。按照法律法规的规定，对采购项目开展可行性研究等前期工作，已包含需求调查内容的，可以不再重复调查；对在可行性研究等前期工作中未涉及的部分，应当按规定开展需求调查。

（2）编制采购实施计划

1）采购实施计划。采购实施计划应根据法律法规、政府采购政策和国家有关规定，结合采购需求的特点确定。

采购实施计划主要包括：

①合同订立安排，包括采购项目预（概）算、最高限价，开展采购活动的时间安排，采购组织形式和委托代理安排，采购包划分与合同分包，供应商资格条件，采购方式、竞争范围和评审规则等。

②合同管理安排，包括合同类型、定价方式、合同文本的主要条款、履约验收方案、风险管控措施等。

采购人在编制采购实施计划时，应当通过确定供应商资格条件、设定评审规则等措施，落实支持创新、绿色发展、中小企业发展等政府采购政策功能。

2）采购组织形式。采购人采购纳入政府集中采购目录的项目，必须委托集中采购机构采购。政府集中采购目录以外的项目可以自行采购，也可以委托采购代理机构采购。

3）采购包的划分。采购项目划分采购包的，应分别确定每个采购包的采购方式、竞争范围、评审规则和合同类型、合同文本、定价方式等相关合同订立、管理安排。

4）采购方式、评审办法和合同定价方式的选择。达到公开招标数额标准拟采用其他采购方式的，应当依法获得批准。

采购需求客观、明确且规格、标准统一的采购项目，如通用设备、物业管理等，一般采用招标或者询价方式采购，以价格作为授予合同的主要考虑因素，采用固定总价或者固定单价的定价方式；采购需求客观、明确，且技术较复杂或者专业性较强的采购项目，如大型装备、咨询服务等，一般采用招标、谈判（磋商）方式采购，通过综合性评审选择性价比最优的产品，采用固定总价或者固定单价的定价方式。

不能完全确定客观指标，需由供应商提供设计方案、解决方案或者组织方案的采购项目，如首购订购、设计服务等，一般采用谈判（磋商）方式采购，综合考虑以单方案报价、多方案报价以及性价比要求等因素选择评审方法，并根据实现项目目标的要求，采取固定总价或者固定单价、成本补偿、绩效激励等单一或者组合定价方式。

5）供应商资格条件的设置。根据采购需求特点提出的供应商资格条件，要与采购标的的功能、质量和供应商履约能力直接相关，且属于履行合同必需的条件，包括特定的专业资格或者技术资格、设备设施、业绩情况、专业人才及其管理能力等。

采购人不得以不合理的条件对供应商实行差别待遇或者歧视待遇，不得以特定行政区域或者特定行业的业绩、奖项作为加分条件或者中标、成交条件，不得限定或者指定特定的专利、商标、品牌或者供应商，不得限定供应商的所有制形式、组织形式或者所在地；不得将投标人的注册资本、资产总额、营业收入、从业人员、利润、纳税额等规模条件作为资格要求或者评审因素，也不得将除进口货物以外的生产厂家授权、承诺、证明、背书等作为资格要求，对供应商实行差别待遇或者歧视待遇。

业绩情况作为资格条件时，要求供应商提供的同类业务合同一般不超过 2 个，并明确同类业务的具体范围。涉及政府采购政策支持的创新产品采购的，不得提出同类业务合同、生产台数、使用时长等业绩要求。

6）评审因素的设置。采用综合性评审方法的，评审因素应当根据项目实际情况确定。采购需求客观、明确的采购项目，采购需求中客观但不可量化的指标应当作为实质性要求，不得作为评分项；参与评分的指标应当是采购需求中的量化指标，评分项应当按照量化指标的等次，设置对应的不同分值。不能完全确定客观指标，需由供应商提供设计方案、解决方案或者组织方案的采购项目，可以结合需求调查的情况，尽可能明确不同技术路线、组织形式及相关指标的重要性和优先级，设定客观、量化的评审因素、分值和权重。价格因素应当按照相关规定确定分值和权重。

采购项目涉及后续采购的，如大型装备等，应考虑兼容性要求，可以要求供应商报出后续供应的价格，以及后续采购的可替代性、相关产品和估价，作为评审时考虑的因素。需由供应商提供设计方案、解决方案或者组织方案，且供应商经验和能力对履约有直接影响的，如订购、设计等采购项目，可以在评审因素中适当考虑供应商的履约能力要求，并合理设置分值和权重。需由供应商提供设计方案、解决方案或者组织方案，采购人认为有必要考虑全生命周期成本的，可以明确使用年限，要求供应商报出安装调试费用、使用期间能源管理、废弃处置等全生命周期成本，作为评审时考虑的因素。

7）合同条款的设置。政府采购合同类型应按照民法典规定的典型合同类别，结合采购标的的实际情况确定。合同文本应当包含法定必备条款和采购需求的所有内容。政府采购货物买卖合同文本应参考使用《政府采购货物买卖合同（试用）》。

采购项目涉及采购标的的知识产权归属、处理的，如订购、设计、定制开发的信息化建设项目等，应当约定知识产权的归属和处理方式。采购人可以根据项目特点划分合同履行阶段，明确分期考核要求和对应的付款进度安排。对于长期运行项目，要考虑成本、收益以及可能出现的重大市场风险，在合同中约定成本补偿、风险分担等事项。

8）履约验收要求。政府采购项目应当在合同中约定履约验收方案。履约验收方案要明确履约验收的主体、时间、方式、程序、内容和验收标准等事项。采购人、采购代理机构可以邀请参加本项目的其他供应商或者第三方专业机构及专家参与验收；公共服务项目验收时应当邀请服务对象参与并出具意见，验收结果应当向社会公告。

分期实施的采购项目，应当结合分期考核的情况，明确分期验收要求。货物类项目可以根据需要设置出厂检验、到货检验、安装调试检验、配套服务检验等多重验收环节。工程类项目的验收方案应当符合行业管理部门规定的标准、方法和内容。

9）采购风险研判。采购人应根据采购项目实施要求合理安排采购活动实施时间。对于应当通过调查方式确定采购需求的政府采购项目，要研判采购过程和合同履行过程中风险发生的环节、可能性、影响程度和管控责任，提出有针对性的处置措施和替代方案。

采购过程和合同履约过程中的风险包括国家政策变化、实施环境变化、重大技术变化、预算项目调整、因质疑投诉影响采购进度、采购失败、不按规定签订或者履行合同、出现损害国家利益和社会公共利益情形等。

10）采购实施计划备案。采购实施计划编制完成后，采购人应报财政部门备案。

（3）管控采购风险

采购人应当在采购活动开始前，针对采购需求管理中的重点风险事项，对采购需求和采购实施计划进行审查，审查分为一般性审查和重点审查。

1）一般性审查。一般性审查主要审查是否按照规定程序和内容确定采购需求、编制采购实施计划。审查内容包括：采购需求是否符合预算、资产、财务等管理制度规定；对采购方式、评审规则、合同类型、定价方式的选择是否说明适用理由；属于按规定需要报相关监管部门批准、核准的事项，是否作出相关安排；采购实施计划是否完整。

2）重点审查。重点审查是在一般性审查的基础上，进行以下审查：

①非歧视性审查。主要审查是否指向特定供应商或者特定产品，包括资格条件设置是否合理，要求供应商提供超过两个同类业务合同的，是否具有合理性；技术要求是否指向特定的专利、商标、品牌、技术路线等；评审因素设置是否具有倾向性，将有关履约能力作为评审因素是否适当。

②竞争性审查。主要审查是否确保充分竞争，包括应当以公开方式邀请供应商的，是否依法采用公开竞争方式；采用单一来源采购方式的，是否符合法定情形；采购需求的内容是否完整、明确，是否考虑后续采购竞争性；评审方法、评审因素、价格权重等评审规则是否适当。

③采购政策审查。主要审查进口产品的采购是否必要，是否落实支持创新、绿色发展、中小企业发展等政府采购政策要求。

④履约风险审查。主要审查合同文本是否按规定由法律顾问审定，合同文本运用是否适当，是否围绕采购需求和合同履行设置权利义务，是否明确知识产权等方面的要求，履约验收方案是否完整、标准是否明确，风险处置措施和替代方案是否可行。

⑤采购人或者主管预算单位认为应当审查的其他内容。

对于审查不通过的，应当修改采购需求和采购实施计划的内容并重新进行审查。

3）审查工作机制。采购人应建立采购需求和采购实施计划审查工作机制。审查工作机制成员应当包括本部门、本单位的采购、财务、业务、监督等内部机构。采购人也可以建立相关专家和第三方机构参与审查的工作机制。参与确定采购需求、编制采购实施计划的专家和第三方机构不得参与审查。

采购人可根据实际情况自行确定一般性审查和重点审查的具体采购项目范围。属于应当通过调查方式确定采购需求的采购项目，应当开展重点审查。

采购文件应当按照审核通过的采购需求和采购实施计划编制。采购需求和采购实施计划的调查、确定、编制、审查等工作应当形成书面记录并存档。

（4）采购需求管理监督

各级财政部门是政府采购需求管理监督部门。财政部门发现采购人未按规定建立采购需求管理内控制度、开展采购需求调查和审查工作的，可责令采购人整改，并告知其主管预算单位。对情节严重或拒不改正的，将有关线索移交纪检监察、审计部门处理。

10.2　政府采购方式及采购程序

《政府采购法》第二十六条规定，政府采购采用以下方式：

①公开招标。

②邀请招标。

③竞争性谈判。

④单一来源采购。

⑤询价。

⑥国务院政府采购监督管理部门认定的其他采购方式。

《政府采购法》颁布实施后，财政部又先后颁布了《政府采购竞争性磋商采购方式管理暂行办法》《政府采购框架协议采购方式管理暂行办法》和《政府采购合作创新采购方式管理暂行办法》等文件，依法补充了竞争性磋商、框架协议采购和合作创新采购三种方式。

10.2.1　政府采购方式及其适用情形

截至目前，政府采购共有公开招标、邀请招标、竞争性谈判、竞争性磋商、询价、单一来源采购、框架协议采购和合作创新采购八种采购方式，各有不同的适用情形。

（1）公开招标和邀请招标

公开招标是指采购人依法以招标公告的方式邀请非特定的供应商参加投标的采购方式。邀请招标是指采购人依法从符合相应资格条件的供应商中随机抽取 3 家以上供应商，并以投标邀请书的方式邀请其参加投标的采购方式。

根据《政府采购法》第二十六条的规定，公开招标应作为政府采购的主要采购方式。因此，《政府采购法》没有限定公开招标采购方式的适用情形。

政府采购货物和服务项目拟采用邀请招标方式实施采购的，应当符合下列情形之一：一是具有特殊性，只能从有限范围的供应商处采购的；二是采用公开招标方式的费用占政府采购项目总价值的比例过大的。

（2）竞争性谈判

竞争性谈判是指谈判小组与符合资格条件的供应商就采购货物、工程和服务事宜进行谈判，供应商按照谈判文件的要求提交响应文件和最后报价，采购人从谈判小组提出的成交候选人中确定成交供应商的采购方式。

符合下列情形之一的政府采购项目，可以采用竞争性谈判方式采购：

①招标后没有供应商投标或者没有合格标的，或者重新招标未能成立的。

②技术复杂或者性质特殊，不能确定详细规格或者具体要求的。

③非采购人所能预见的原因或者非采购人拖延造成采用招标所需时间不能满足用户紧急需要的。

④因艺术品采购、专利、专有技术或者服务的时间、数量事先不能确定等原因不能事先计算出价格总额的。

⑤按照《招标投标法》及其实施条例必须进行招标的工程建设项目以外的政府采购工程。

(3) 竞争性磋商

竞争性磋商是指磋商小组与符合资格条件的供应商就采购货物、工程和服务事宜进行磋商，供应商按照磋商文件的要求提交响应文件和最终报价，采购人从磋商小组提出的成交候选人名单中确定成交供应商的采购方式。

符合下列情形之一的政府采购项目，可以采用竞争性磋商方式采购：

①政府购买服务项目。

②技术复杂或者性质特殊，不能确定详细规格或者具体要求的。

③因艺术品采购、专利、专有技术或者服务的时间、数量事先不能确定等原因不能事先计算出价格总额的。

④市场竞争不充分的科研项目，以及需要扶持的科技成果转化项目。

⑤按照《招标投标法》及其实施条例必须进行招标的工程建设项目以外的工程建设项目。

(4) 询价

询价是指询价小组向符合资格条件的供应商发出采购货物询价通知书，要求供应商一次性报出不得更改的价格，采购人从询价小组提出的成交候选人中确定成交供应商的采购方式。

采购的货物规格标准统一、现货货源充足且价格变化幅度小的政府采购项目，可以采用询价方式采购。

(5) 单一来源采购

单一来源采购是指采购人从某一特定供应商处采购货物、工程和服务的采购方式。

符合下列情形之一的政府采购项目，可以采用单一来源方式采购：

①只能从唯一供应商处采购的。

②发生了不可预见的紧急情况不能从其他供应商处采购的。

③必须保证原有采购项目一致性或者服务配套的要求，需要继续从原供应商处添购，且添购资金总额不超过原合同采购金额10%的。

(6) 框架协议采购

框架协议采购是指集中采购机构或者主管预算单位对技术、服务等标准明确、统一，需要多次重复采购的货物和服务，通过公开征集程序，确定第一阶段入围供应商并订立框架协议，采购人或者服务对象按照框架协议约定规则，在入围供应商范围内确定第二阶段成交供应商并订立采购合同的采购方式。

符合下列情形之一的政府采购项目，可以采用框架协议采购方式采购：

①集中采购目录以内品目，以及与之配套的必要耗材、配件等，属于小额零星采购的。

②集中采购目录以外，采购限额标准以上，本部门、本系统行政管理所需的法律、评估、会计、审计等鉴证咨询服务，属于小额零星采购的。

③集中采购目录以外，采购限额标准以上，为本部门、本系统以外的服务对象提供服务的政府购买服务项目，需要确定 2 家以上供应商由服务对象自主选择的。

④国务院财政部门规定的其他情形。

上述适用情形中的小额零星采购是指采购人需要多频次采购，且单笔采购金额未达到政府采购限额标准的采购。

框架协议采购执行中需要注意两点。一是框架协议采购方式不能滥用，以免妨碍市场秩序，冲击项目采购。对符合框架协议采购第一种适用情形的，按规定要实施批量集中采购的，不能实施框架协议采购。对符合框架协议采购第二种适用情形的，主管预算单位能够归集需求形成单一项目采购，通过签订时间、地点、数量不确定的采购合同满足需求的，不能采用框架协议采购方式。二是框架协议采购是为多频次、小额度采购提供的一种可供选择的采购方式。符合其适用情形的采购标的，集中采购机构或者主管预算单位可以实施框架协议采购，也可以按项目采购来执行，并非强制其采用框架协议采购方式。如选择框架协议采购方式，则应当执行《政府采购框架协议采购方式管理暂行办法》的规定。

(7) 合作创新采购

合作创新采购是指采购人邀请供应商合作研发，共担研发风险，并按研发合同约定的数量或者金额购买研发成功的创新产品的采购方式。其适用于创新产品，应当具有实质性的技术创新（包含新的技术原理、技术思想或技术方法）。对现有产品的改型以及对既有技术成果的验证、测试和使用等没有实质性技术创新的，不属于创新产品的范围。

采购项目符合国家科技和相关产业发展规划，有利于落实国家重大战略目标任务，且符合下列情形之一的，可以采用合作创新采购方式采购：

①市场现有产品或者技术不能满足要求，需要进行技术突破的。

②以研发创新产品为基础，形成新范式或者新的解决方案，能够显著改善功能性能，明显提高绩效的。

③国务院财政部门规定的其他情形。

(8) 不公开招标的情形

达到公开招标数额标准的政府采购货物、服务采购项目，符合情形的采购人不公开招标，应当在采购活动开始前，报经主管预算单位同意后，向设区的市、自治州以上人民政府财政部门申请批准。对于未达到公开招标数额标准的货物、服务采购项目，采购人可以依法自行选择采购方式，无须经过审批。

10.2.2 公开招标和邀请招标

公开招标是政府采购的主要采购方式。政府采购项目，达到公开招标数额标准且符合邀请招标的法定情形的，经财政部门批准后可采用邀请招标方式实施采购。

(1) 公开招标

政府采购货物和服务项目公开招标与工程项目公开招标的程序大体相同，分为招标、投标、开标、评标、中标和签约六个环节，资格审查办法也分资格预审和资格后审两种。但由于政府采购货物和服务项目与政府采购工程项目适用法律不同，在招标程序方面也有所不同。两者的主要区别有：

1）信息发布媒体。中央预算单位政府采购信息应当在中国政府采购网发布，地方预算单位政府采购信息应当在所在行政区域的中国政府采购网省级地方分网发布，并推送至中国政府采购网中央主网。政府采购工程项目的招标公告和资格预审公告，应当在国务院发展改革部门指定媒介发布。

2）招标文件发售期。政府采购货物和服务项目招标文件发售期不得少于5个工作日，政府采购工程项目招标文件的发售期不得少于5日。

3）资格预审。政府采购货物和服务项目供应商提交资格预审申请文件的时间是自资格预审文件发布之日起不得少于5个工作日。采购人可自行对资格预审申请文件进行评审。

政府采购工程项目资格预审应发布资格预审公告且编制发售资格预审文件，资格预审文件的发售期不得少于5日。提交资格预审申请文件的时间，自资格预审文件停止发售之日起不得少于5日。采购人应当依法组建资格审查委员会对资格预审申请文件进行评审。

4）资格预审文件和招标文件编制。政府采购货物和服务项目招标，应使用财政部门制定的招标文件示范文本编制招标文件；政府采购工程项目招标，应使用国务院发展改革部门会同有关行政监督部门制定的标准文本编制资格预审文件和招标文件。

5）资格后审。政府采购货物和服务项目，开标后由采购人或其委托的代理机构进行资格审查，资格审查不通过的，不得进入评审环节。政府采购工程项目，由依法组建的评标委员会在评标阶段负责进行资格审查。

6）评标方法。政府采购货物和服务项目与政府采购工程项目在评标方法方面没有本质区别，只是名称有所不同。

政府采购货物和服务项目的评标方法分为最低评标价法和综合评分法。技术、服务等标准统一的货物和服务项目，应当采用最低评标价法。采用综合评分法时，投标人的资格条件不得列为评分因素。货物项目的价格分值占总分值的比重不得低于30%；服务项目的价格分值占总分值的比重不得低于10%。执行国家统一定价标准和采用固定价格采购的项目，其价格不列为评审因素。价格分应统一采用低价优先法计算，即满足招标文件要求且最低的投标报价为评标基准价，其价格分为满分。其他投标人的价格分统一按照下列公式计算：

$$投标报价得分=(评标基准价/投标报价)\times 价格权重\times 100$$

政府采购工程项目的评标方法分为经评审的最低投标价法和综合评估法。

7）评标结果公示与中标公告。政府采购货物和服务项目招标，采购人应当在自确定中标人之日起2个工作日内，在指定媒体上发布中标公告，公告期限为1个工作日。采购人应当在发布中标公告的同时，向中标人发出中标通知书，而不经评标结果公示程序。

政府采购工程项目招标，采购人应当在收到评标报告后3日内公示评标结果，公示期不得少于3日。确定中标人后，应当发布中标结果公示（即中标公告）。

8）投标保证金退还。政府采购货物和服务项目，未中标供应商的投标保证金应当自中标通知书发出之日起5个工作日内退还，中标供应商的投标保证金应当自合同签订之日起5个工作日内退还；采购人或者采购代理机构逾期退还投标保证金的，除应当退还投标保证金本金外，还应当按中国人民银行同期贷款基准利率上浮20%后的利率支付逾期资金占用费，但因投标人自身原因导致无法及时退还的除外。

政府采购工程项目，采购人最迟应当在书面合同签订后5日内向中标人和未中标的投标人退还投标保证金及银行同期存款利息。

9）废标与否决投标。政府采购招标项目中的废标，是指整个招标采购活动无效，即宣告本次招标活动作废。当在政府采购项目招标过程中，出现以下情形之一时，采购人应宣布废标，且应将废标理由通知所有投标人：符合专业条件的供应商或者对招标文件作实质响应的供应商不足 3 家的；出现影响采购公正的违法、违规行为的；投标人的报价均超出了采购预算，采购人不能支付的；因重大变故，采购任务取消的。

政府采购项目的废标规定，是法律为采购人在特殊情况下保护公共利益、维护其合法权益提供的一种保障手段，采购人不得滥用废标权，否则将承担相应的法律责任。除了采购任务取消的情形外，采购人宣布废标后应重新组织招标或依法变更采购方式。

政府采购工程进行招标时适用《招标投标法》。根据《招标投标法》，评标委员会认为所有投标都不符合招标文件要求，或有效投标人不足 3 家明显缺乏竞争性的，可以否决所有投标，否决所有投标与《政府采购法》中的废标作用相同。

10）变更采购方式。达到公开招标数额标准的政府采购货物和服务项目，投标文件递交时间截止后投标人不足 3 家或者通过资格审查或符合性审查的有效投标人不足 3 家的，除采购任务取消情形外，按照以下方式处理：

①招标文件存在不合理条款或者招标程序不符合规定的，采购人、采购代理机构改正后依法重新招标。

②招标文件没有不合理条款、招标程序符合规定，需要采用其他采购方式采购的，采购人应当依法报财政部门批准。

政府采购工程项目投标人不足 3 家或实质性响应的投标人不足 3 家明显缺乏竞争性的，应当重新招标。重新招标后仍不足 3 家的，经项目审批部门批准可以不再招标。不再招标的政府采购工程项目，应按照政府采购相关规定采用非招标方式采购。投标人只有 2 家时，应采用竞争性谈判或竞争性磋商方式采购；投标人只有 1 家时，可采用单一来源方式采购。评标中实质性响应的投标人不足 3 家，但是评标委员会不认为明显缺乏竞争性的，可以继续评审，从符合要求的投标人中推荐中标候选人。

政府采购货物和服务项目与政府采购工程项目在招标程序方面除了以上区别外，在评标委员会组成、投标保证金限额、无效投标的判定条件等方面也有所不同。政府采购公开招标流程如图 10-1所示。

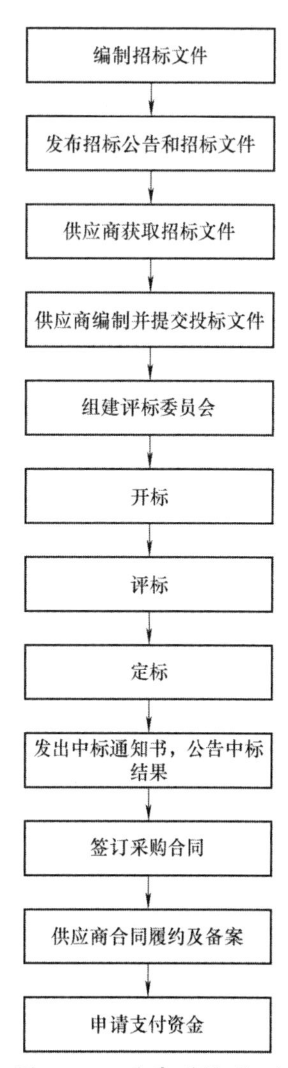

图 10-1　政府采购公开招标流程示意图

（2）邀请招标

政府采购货物和服务项目达到公开招标数额标准，符合法定情形的或因特殊需要需采用邀请招标的，采购人应在采购活动开始前获得设区的市、自治州以上人民政府财政部门的批准。

采用邀请招标方式的，采购人或者采购代理机构应当通过以下方式产生符合资格条件的供应商名单，并从中随机抽取 3 家以上供应商向其发出投标邀请书：

①发布资格预审公告征集。

②从省级以上人民政府财政部门建立的供应商库中选取。

③采购人书面推荐。

采用第①种方式产生符合资格条件供应商名单的，采购人或者采购代理机构应当按照资格预审文件载明的标准和方法，对潜在投标人进行资格预审。采用第②种或第③种方式产生符合资格条件供应商名单的，备选的符合资格条件的供应商的总数不得少于拟随机抽取供应商总数的两倍。

随机抽取是指通过抽签等能够保证所有符合资格条件供应商机会均等的方式选定供应商。随机抽取供应商时，应当有不少于两名采购人工作人员在场监督，并形成书面记录，随采购文件一并存档。

投标邀请书应当同时向所有受邀请的供应商发出。

政府采购邀请招标除邀请供应商的方式与公开招标有所不同外，其余程序和公开招标基本一致。政府采购邀请招标流程如图 10-2 所示。

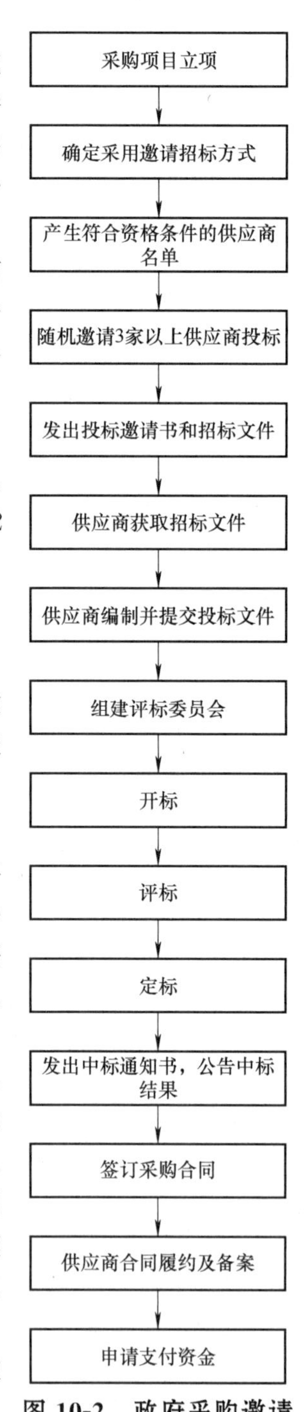

图 10-2 政府采购邀请招标流程示意图

10.2.3 竞争性谈判

竞争性谈判程序包括成立谈判小组、制定谈判文件、确定邀请参加谈判的供应商并发出谈判文件、接收响应文件、评审和谈判、确定成交供应商、公告成交结果。

(1) 成立谈判小组

谈判小组可在开展采购活动前成立，采购人也可以根据具体情况，在邀请谈判供应商之前或响应文件评审之前成立谈判小组。谈判小组负责确认或制定谈判文件、确定邀请参加谈判的供应商、评审响应文件、与供应商进行谈判、推荐成交候选人等。谈判小组的组成有以下规定：

1）谈判小组由采购人代表和评审专家共 3 人以上单数组成，其中评审专家人数不得少于谈判小组成员总数的三分之二。采购人不得以评审专家的身份参加本部门或本单位采购项目的评审。采购代理机构人员不得参加本机构代理的采购项目的评审。达到公开招标数额标准的货物或者服务采购项目，或者达到招标规模标准的政府采购工程采用竞争性谈判的，谈判小组应当由 5 人以上单数组成。

2）评审专家应当从政府采购评审专家库内相关专业的专家名单中随机抽取。技术复杂、专业性强的竞争性谈判采购项目，通过随机方式难以确定合适的评审专家的，经主管预算单位同意，可以自行选定评审专家。技术复杂、专业性强的竞争性谈判采购项目，评审专家中应当包含 1 名法律专家。

（2）制定谈判文件

谈判文件可由谈判小组制定，也可由采购人制定。竞争性谈判文件由采购人或采购代理机构制定的，应由谈判小组确认。谈判文件的制定应符合以下要求：

1）谈判文件应当根据采购项目的特点和采购人的实际需求制定，以满足实际需求为原则，不得提高经费预算和资产配置等采购标准。

2）谈判文件不得要求或者标明供应商名称或者特定货物的品牌，不得含有指向特定供应商的技术、服务等条件。

3）谈判文件应当明确供应商资格条件、采购预算、采购需求、采购程序、价格构成、响应文件编制、评审标准等。

4）谈判文件在谈判过程中可能会实质性变动，谈判文件应当明确可能实质性变动的内容。实质性变动的内容应仅限于采购需求中的技术、服务要求以及合同草案条款。

（3）确定邀请参加谈判的供应商并发出谈判文件

竞争性谈判项目邀请供应商参加谈判和发出谈判文件有以下规定：

1）邀请参加谈判的供应商数量。邀请参加谈判的供应商数量不应少于 3 家。公开招标的货物、服务采购项目，招标过程中提交投标文件或经评审实质性响应招标文件要求的供应商只有两家的，经本级财政部门批准后可以与该两家供应商进行竞争性谈判采购。

2）确定邀请供应商的方式。邀请供应商有公开邀请、从供应商库中选取、书面推荐和直接邀请四种方式。采购人可以采用其中一种方式，也可以采用多种方式确定邀请的供应商。

①公开邀请。采购人应在指定媒体发布竞争性谈判公告，公开邀请符合资格条件的供应商参加谈判。采购人可以对供应商进行资格预审后，向资格预审合格的供应商发出谈判文件；采购人也可以不进行资格预审，向所有有意参加谈判的供应商发出谈判文件，由谈判小组在谈判前对供应商进行资格后审。

②从供应商库中选取。省级以上财政部门建立了供应商库的，采购人可以从供应商库中选取参加谈判的供应商，向被选取的供应商发出谈判文件。选取方式应为随机抽取方式，不得指定。从供应商库中选取供应商时，应当注意供应商库中符合相应资格条件的供应商是否能够满足竞争需要。

③书面推荐。采购人和评审专家分别推荐参加谈判的供应商，向被推荐的供应商发出谈判文件。采购人和评审专家应当各自出具书面推荐意见。采购人推荐供应商的比例不得高于推荐供应商总数的 50%。

④直接邀请。政府采购货物或服务公开招标项目因投标人只有两家或评审中实质性响应的投标人只有两家，经财政部门同意改为竞争性谈判方式采购的，可以直接邀请这两家供应商，向其发出谈判文件。

3）提交响应文件的时间。从谈判文件发出之日起至供应商提交首次响应文件截止之日止不得少于 3 个工作日。

4）谈判文件的澄清和修改。提交首次响应文件截止之日前，采购人可以对已发出的谈判文件进行必要的澄清或者修改，澄清或者修改的内容作为谈判文件的组成部分。澄清或者修改的内容可能影响响应文件编制的，采购人应当在提交首次响应文件截止之日 3 个工作日前，以书面形式通知所有接收谈判文件的供应商，不足 3 个工作日的，应当顺延提交首次响应文件截止之日。

（4）接收响应文件

采购人应按照谈判文件的规定，接收供应商提交的响应文件。在截止时间后送达的响应文件为无效文件，采购人应当拒收。响应文件的撤回和撤销应根据所处的时间段分别处理。

1）提交响应文件截止时间前。供应商在提交响应文件截止时间前，可以对所提交的响应文件进行补充、修改或者撤回。补充、修改的内容作为响应文件的组成部分。补充、修改的内容与响应文件不一致的，以补充、修改的内容为准。

2）提交响应文件截止时间之后到提交最后报价前。该时间段又可细分为两个时间段：一是提交响应文件截止之后到谈判开始之前。供应商提出撤销响应文件的，保证金不予退还；二是谈判开始之后到提交最后报价前。谈判小组对谈判文件技术和服务要求、合同条款草案改变的，供应商可以退出谈判或补充、修改其响应文件。但供应商不得对改变后的谈判文件涉及范围以外的部分进行补充和修改，补充、修改的内容作为响应文件的组成部分，补充、修改的内容与响应文件不一致的，以补充、修改的内容为准。供应商根据谈判情况在提交最后报价之前退出谈判的，已提交的响应文件无效。采购人、采购代理机构应当退还退出谈判的供应商的保证金。

3）提交最后报价后。供应商在提交最后报价后到谈判文件规定的有效期届满前，不得撤销响应文件。

4）响应文件评审中。谈判小组在对响应文件进行审查时，可以要求供应商对响应文件中含义不明确、同类问题表述不一致或者有明显文字和计算错误的内容等作出必要的澄清、说明或者更正。供应商的澄清、说明或者更正不得超出响应文件的范围或者改变响应文件的实质性内容。

（5）评审和谈判

竞争性谈判采购项目关于评审和谈判环节的规定如下：

1）谈判文件由采购人制定时，谈判小组应当在开始谈判和评审前对采购人制定的谈判文件进行确认。如果谈判小组认为谈判文件应当修改的，可以经采购人同意后对谈判文件进行修改，并书面通知参加谈判的供应商。

2）谈判小组应当对首次响应文件进行评审，未实质性响应谈判文件的响应文件按无效处理，不得参加下一阶段的谈判活动。谈判小组应当告知有关供应商。

3）谈判小组应按照谈判文件规定的程序与实质性响应谈判文件要求的供应商进行谈判。谈判小组的所有成员应当集中与单一供应商分别进行谈判，并给予所有参加谈判的供应商平等的谈判机会。

4）在谈判过程中，谈判小组可以根据谈判文件和谈判的实际情况实质性改变采购需求中的技术、服务要求以及合同草案条款，但不得改变谈判文件中的其他内容。实质性变动的内容，须经采购人代表确认。对谈判文件作出的实质性改变内容是谈判文件的有效组成部分，谈判小组应当及时以书面形式同时通知所有参加谈判的供应商。

5）供应商应当按照谈判文件的变动情况和谈判小组的要求重新提交响应文件，并由其法定代表人或授权代表签字或者加盖公章。由授权代表签字的，应当附法定代表人授权书。供应商为自然人的，应当由本人签字并附身份证明。

6）谈判文件能够详细列明采购标的的技术、服务要求的，谈判结束后，谈判小组应当要求所有继续参加谈判的供应商在规定时间内提交最后报价，提交最后报价的供应商不得少于 3 家。公开招标项目由于投标人不足 3 家改为竞争性谈判方式采购的，提交最后报价的供应商可以为 2 家。文件不能详细列明采购标的的技术、服务要求，需要经谈判由供应商提供最终设计方案或解决方案的，谈判结束后，谈判小组应当按照少数服从多数的原则投票推荐 3 家以上供应商的设计方案或者解决方案，并要求其在规定时间内提交最后报价。最后报价是供应商响应文件的有效组成部分。

7）已提交响应文件的供应商，在提交最后报价之前，可以根据谈判情况退出谈判。供应商退出谈判后，其已经提交的响应文件无效，已经提交的保证金应当退还给供应商。

8）谈判小组应当根据评审记录和评审结果编写评审报告，详细记录谈判过程和评审结果。谈判小组应当从质量和服务均能满足谈判文件实质性响应要求的供应商中，按照最后报价由低到高提出 3 名以上成交候选人。

（6）确定成交供应商

采购代理机构应当在评审结束后 2 个工作日内将评审报告送采购人确认。采购人应当在收到评审报告后 5 个工作日内，按照成交候选人的顺序确定排名第一的为成交供应商。

（7）公告成交结果

采购人或采购代理机构应当在确定成交供应商后 2 个工作日内，在指定媒体上公告成交结果，同时向成交供应商发出成交通知书。

（8）终止采购活动

在竞争性谈判采购过程中出现下列情形之一时，采购人应当终止采购，发布项目终止公告并说明原因后采用适当的采购方式重新开展采购活动：

①因情况变化，不再符合规定的竞争性谈判采购方式适用情形的。

②出现影响采购公正的违法、违规行为的。

③符合竞争要求的供应商或者报价未超过采购预算的供应商不足 3 家（不包括公开招标项目由于投标人不足 3 家或评审中实质性响应的投标人不足 3 家，经财政部门同意改为竞争性谈判方式的情形）。

政府采购竞争性谈判流程如图 10-3 所示。

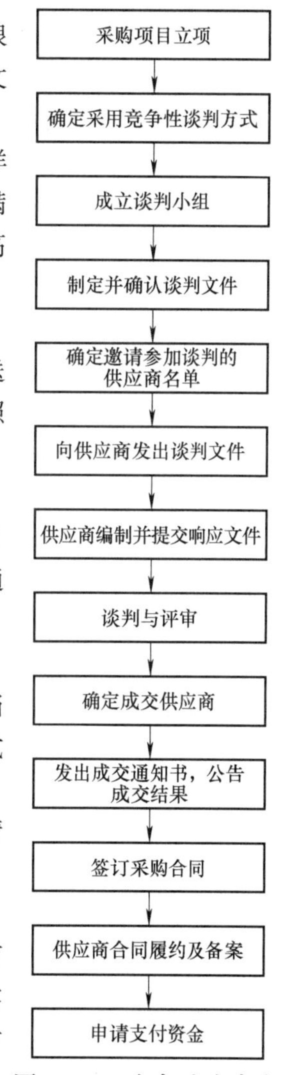

图 10-3　政府采购竞争性谈判流程示意图

10.2.4 竞争性磋商

与竞争性谈判类似，竞争性磋商采购方式也采用先明确采购需求、后竞争报价的采购模式。竞争性磋商与竞争性谈判名称相近，二者在采购程序、供应商确定方式、磋商或谈判公告要求、响应文件要求、磋商或谈判小组组成等方面的要求也基本一致。

由于竞争性磋商与竞争性谈判程序大致相同，本小节不再介绍竞争性磋商的采购程序，只对两种采购方式的不同之处进行比较。

（1）适用情形

竞争性磋商和竞争性谈判的适用情形大体相同。但对于政府购买服务项目、市场竞争不充分的科研项目、需要扶持的科技成果转化项目，以及不采用招标方式采购的政府采购工程项目，竞争性磋商具有较强的适用性。

（2）文件的发售期

竞争性磋商项目，磋商文件自开始发售之日起不得少于 5 个工作日；竞争性谈判项目，法律对谈判文件的发售期未作规定。

（3）提交响应文件截止时间

竞争性磋商项目，从磋商文件发出之日起至供应商提交首次响应文件截止之日止，不得少于 10 日。

竞争性谈判项目，从谈判文件发出之日起至供应商提交首次响应文件截止之日止，不少于 3 个工作日。

（4）文件的澄清和修改

竞争性磋商项目，澄清或者修改的内容可能影响响应文件编制的，采购人应当在提交首次响应文件截止时间至少 5 日前，以书面形式通知所有获取磋商文件的供应商；不足 5 日的，应当顺延提交首次响应文件截止时间。

竞争性谈判项目，澄清或者修改的内容可能影响响应文件编制的，采购人应当在提交首次响应文件截止之日 3 个工作日前，以书面形式通知所有接收谈判文件的供应商，不足 3 个工作日的，应当顺延提交首次响应文件截止日。

（5）供应商数量可以为 2 家时的适用情形

竞争性磋商项目和竞争性谈判项目，在提交最后报价和推荐成交供应商阶段，要求供应商数量一般都应当满足 3 家以上，特殊情况下供应商数量可以为 2 家，但两种采购方式的适用情形不同。

竞争性磋商项目，对于市场竞争不充分的科研项目、需要扶持的科技成果转化项目以及政府购买服务项目，提交最后报价的供应商和磋商小组推荐成交供应商的数量可以为 2 家。

竞争性谈判项目，对于公开招标项目，招标过程中提交投标文件或经评审实质性响应招标文件要求的供应商只有 2 家，经财政部门批准后改为竞争性谈判的，提交最后报价的供应商和谈判小组推荐成交供应商的数量可以为 2 家。

（6）评审小组的要求

竞争性磋商项目，磋商小组由采购人代表和评审专家共 3 人以上单数组成。因艺术品采购、专利、专有技术或者服务的时间、数量事先不能确定等原因不能事先计算出价格总额的项目，以及情况特殊、通过随机方式难以确定合适的评审专家的项目，经主管预算单位同意，可以自行选定评审专家。技术复杂、专业性强的竞争性磋商采购项目，评审专家中应当包含 1 名法律专家。

竞争性谈判项目，竞争性谈判小组由采购人代表和评审专家共 3 人以上单数组成，达到公开招标数额标准的货物或者服务采购项目，或者达到招标规模标准的政府采购工程，竞争性谈判小组应当由 5 人以上单数组成。技术复杂、专业性强的竞争性谈判采购项目，评审专家中应当包含 1 名法律专家；通过随机方式难以确定合适的评审专家的，经主管预算单位同意，可以自行选定评审专家。

（7）评审方法

竞争性磋商项目采用综合评分法，而竞争性谈判项目采用最低价成交法，这是两种采购方式最大的区别。

综合评分法是指响应文件满足磋商文件全部实质性要求，按评审因素的量化指标评审，按照评审得分由高到低推荐 3 名以上成交候选供应商的评审方法。有关竞争性磋商采购方式的评审规定如下：

①经磋商确定最终采购需求和提交最后报价的供应商后，由磋商小组采用综合评分法对提交最后报价的供应商的响应文件和最后报价进行综合评分。

②综合评分法评审标准中的分值设置应当与评审因素的量化指标相对应，磋商文件中没有规定的评审标准不得作为评审依据，磋商小组各成员应当独立对每个有效响应的文件进行评价、打分，然后汇总每个供应商每项评分因素的得分。

③综合评分法货物项目的价格分值占总分值的比重（即权值）为 30％～60％，服务项目的价格分值占总分值的比重（即权值）为 10％～30％。采购项目中含不同采购对象的，以占项目资金比例最高的采购对象确定其项目属性。因艺术品采购、专利、专有技术或者服务时间、数量事先不能确定等原因不能事先计算出价格总额的项目，以及执行统一价格标准的项目，其价格不列为评分因素。有特殊情况需要在上述规定范围外设定价格分权重的，应当经本级人民政府财政部门审核同意。

④综合评分法中的价格分统一采用低价优先法计算，即满足磋商文件要求且最后报价最低的供应商的价格为磋商基准价，其价格分为满分。其他供应商的价格分按照下列公式计算：

磋商报价得分＝(磋商基准价/最后磋商报价)×价格权值×100

在项目评审过程中，不得去掉最后报价中的最高报价和最低报价。

⑤磋商小组应当根据综合评分情况，按照评审得分由高到低的顺序推荐 3 名以上成交候选供应商。评审得分相同的，按照最后报价由低到高的顺序推荐。评审得分且最后报价相同的，按照技术指标优劣顺序推荐。

竞争性谈判项目采用最低价成交法，谈判小组从质量和服务均能满足采购文件实质性响应要求的供应商中，按照最后报价由低到高的顺序提出 3 名以上成交候选人。政府采购竞争性磋商流程如图 10-4 所示。

10.2.5 询价

政府采购询价程序包括成立询价小组、制定询价通知书、确定询价供应商和发出询价通知书、接收响应文件、评审、确定成交供应商、公告成交结果。

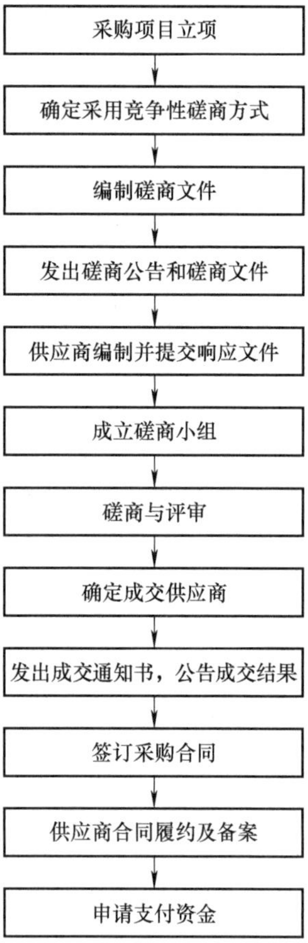

（1）成立询价小组

询价小组可在开展采购活动前成立，采购人也可以根据具体情况，在确定询价供应商或评审响应文件前成立询价小组。询价小组负责确认或制定询价通知书、确定询价供应商、评审响应文件、推荐成交供应商等。组成询价小组的要求与组成竞争性谈判小组的要求基本相同。

（2）制定询价通知书

询价通知书可由询价小组制定，也可由采购人制定。询价通知书由采购人或采购代理机构制定的，应由询价小组确认。制定询价通知书时应注意：

1）询价通知书应当根据采购项目的特点和采购人的实际需求制定，以满足实际需求为原则，不得提高经费预算和资产配置等的采购标准。询价通知书中的技术、服务等要求应当完整、明确，符合相关法律、行政法规和政府采购政策的规定。

2）询价通知书不得要求或者标明供应商名称或者特定货物的品牌，不得含有指向特定供应商的技术、服务等条件。

3）询价通知书应当明确供应商资格条件、采购邀请、采购方式、采购预算、采购需求、采购程序、价格构成或者报价要求、响应文件编制要求、提交响应文件截止时间及地点、保证金缴纳数额和形式、评定成交的标准等。

采购项目立项
↓
确定采用竞争性磋商方式
↓
编制磋商文件
↓
发出磋商公告和磋商文件
↓
供应商编制并提交响应文件
↓
成立磋商小组
↓
磋商与评审
↓
确定成交供应商
↓
发出成交通知书，公告成交结果
↓
签订采购合同
↓
供应商合同履约及备案
↓
申请支付资金

图 10-4 政府采购竞争性磋商流程示意图

（3）确定询价供应商和发出询价通知书

确定询价供应商有公开邀请、从供应商库中选取和推荐三种方式，具体程序和要求与竞争性谈判相同。询价供应商数量不应少于 3 家。

从询价通知书发出之日起至供应商提交响应文件截止之日止不得少于 3 个工作日。

询价通知书的澄清或者修改的要求与竞争性谈判的要求相同。

（4）接收响应文件

采购人应按照询价通知书的规定接收供应商递交的响应文件。具体规定如下：

1）供应商应当在询价通知书规定的截止时间前，将密封的响应文件送达指定地点。在截止时间后送达的响应文件为无效文件，采购人应当拒收。

2）在提交响应文件截止时间前，供应商可以对所提交的响应文件进行补充、修改或者撤回。补充、修改的内容作为响应文件的组成部分。补充、修改的内容与响应文件不一致的，以补充、修改的内容为准。

3）在提交响应文件截止时间之后到询价通知书规定的有效期届满前，供应商不得撤销响应文件。

4）询价小组在对响应文件进行审查时，可以要求供应商对响应文件中含义不明确、同类问题表述不一致或者有明显文字和计算错误的内容等作出必要的澄清、说明。供应商的澄清、说明不得超出响应文件的范围或者改变响应文件的实质性内容。

（5）评审

询价小组应对供应商的响应文件进行全面、细致的评审，审查响应文件对询价通知书的满足程度，并编写评审报告。询价小组不得与供应商进行协商谈判，应当从质量和服务均能满足询价通知书实质性要求的供应商中，按照报价由低到高的顺序提出 3 名以上成交候选人。

（6）确定成交供应商

采购代理机构应当在评审结束后 2 个工作日内将评审报告送采购人确认。采购人应当在收到评审报告后 5 个工作日内，按照询价小组排列的成交候选人顺序确定排名第一的为成交供应商。

（7）公告成交结果

采购人确定成交供应商后 2 个工作日内，在指定媒体上公告成交结果，同时向成交供应商发出成交通知书。成交结果公告内容与竞争性谈判的相同。

（8）终止采购活动

在询价采购过程中出现下列情形之一时，采购人应当终止采购，发布项目终止公告并说明原因后采用适当的采购方式重新开展采购活动：

①因情况变化，不再符合规定的询价采购方式适用情形的。

②出现影响采购公正的违法、违规行为的。

③符合竞争要求的供应商或者报价未超过采购预算的供应商不足 3 家。

政府采购询价流程如图 10-5 所示。

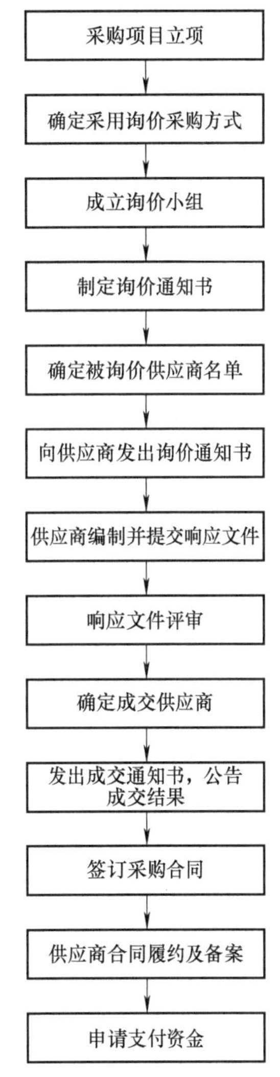

图 10-5　政府采购询价流程示意图

10.2.6　单一来源采购

单一来源采购是指采购人从某一特定供应商处采购工程货物和服务的采购方式。政府采购项目单一来源采购程序一般包括采购方式公示、编制采购文件、成立协商小组、协商准备、协商底线的确定、协商及记录。

（1）采购方式公示

只能从唯一供应商处采购且达到公开招标数额标准的项目，采购人拟采用单一来源采购方式进行采购的，应当在开始采购前在省级以上财政部门指定媒体上公示采购项目，公示期不得少于 5 个工作日，公示内容应当包括：

①采购人、采购项目名称和内容。

②拟采购的货物或者服务的说明。

③采用单一来源采购方式的原因及相关说明。

④拟定的唯一供应商名称、地址。

⑤专业人员对相关供应商因专利、专有技术等原因具有唯一性的具体论证意见，以及专业人员的姓名、工作单位和职称。

⑥公示的期限。

⑦采购人、采购代理机构、财政部门的联系地址、联系人和联系电话。

供应商、单位或者个人对采用单一来源采购方式公示提出异议的，采购人、采购代理机构应当在公示期满后5个工作日内，组织补充论证，论证后认为异议成立的，应当依法采取其他采购方式；论证后认为异议不成立的，应当将异议意见、论证意见与公示情况一并报相关财政部门。财政部门批准后，采购人才可采用单一来源方式进行采购。采购人、采购代理机构应当将补充论证的结论告知提出异议的供应商、单位或者个人。

（2）编制采购文件

采购人是否编制采购文件，法律未作规定。由于采购文件是开展采购活动的依据和基础，采购人通常会编制采购文件。采购文件可由采购人或采购代理机构编制，也可由采购人组建的协商小组编制。采购文件应包括采购需求、技术标准及规格、价格构成或者报价要求、合同条款草案等内容。采购人应当以满足实际需求为原则提出采购需求，不得擅自提高经费预算和资产配置等采购标准。

（3）成立协商小组

采购人可以自行组建协商小组，协商小组成员可从政府采购专家库中聘请或抽取，也可从外单位聘请，还可以由本单位的专业人员组成。协商小组的能力和水平直接影响着单一来源采购活动的效果，采购人应根据项目的特点需要，选择熟悉采购要求、具有谈判经验的技术和经济专家组成协商小组。

（4）协商准备

在协商谈判前，采购人或协商小组应充分了解采购项目的技术经济信息，做到知己知彼。需要掌握的技术经济信息主要包括：

①采购项目的技术要求和特点。

②采购标的物的市场供需情况。

③供应商的技术特点。

④供应商的类似项目情况和采购标的物的生产成本。

⑤供应商的企业实力和运营情况。

⑥供应商的履约记录。

⑦供应商的企业信誉。

⑧供应商对本项目的投入等。

以上信息可以作为协商小组的谈判筹码和决策依据。

（5）协商底线的确定

根据《政府采购法》的规定，单一来源采购的适用情形可归纳为“来源唯一”“紧急情况”和“功能配套”三种。

对于“来源唯一”采购项目，采购人可设法了解到该供应商提供给其他客户的同一货物或服务售价，以制定价格协商底线；对于“紧急情况”和“功能配套”采购项目，采购人可事先从市场上了解近期同类产品或服务的成交价格，以制定价格协商底线，进而确定合理的成交价格。

(6) 协商及记录

在协商过程中，应先确定采购范围、技术要求、合同条款等与价格相关的因素后，再开展价格协商。

价格协商往往先由供应商作出报价，以供应商的报价为要约。由于单一来源采购只有一个供应商，供应商的报价往往偏高。协商小组应根据事先收集的技术经济信息，对供应商的报价进行研判，估测供应商报价中所含的利润，并在此基础上给出合理还价。经多轮协商后，协商小组应在保证采购项目质量的前提下与供应商商定合理的成交价格。

协商结束后，协商小组应当编写协商情况记录，主要内容包括：

①只能从唯一供应商处采购且达到公开招标数额的货物、服务项目采用单一来源采购方式进行公示的，公示情况说明。

②协商日期和地点，采购人员名单。

③供应商提供的采购标的成本、同类项目合同价格以及相关专利、专有技术等情况说明。

④合同主要条款及价格商定情况。

协商情况记录应当由协商小组全体人员签字认可。对协商记录有异议的采购人员，应当签署不同意见并说明理由。拒绝在记录上签字又不书面说明其不同意见和理由的，视为同意协商记录。

(7) 终止采购

在单一来源采购过程中，出现下列情形之一的，采购人应当终止采购活动，发布项目终止公告并说明原因，重新开展采购活动：

①因情况变化，不再符合规定的单一来源采购方式适用情形的。

②出现影响采购公正的违法、违规行为的。

③报价超过采购预算的。

政府采购单一来源采购流程如图 10-6 所示。

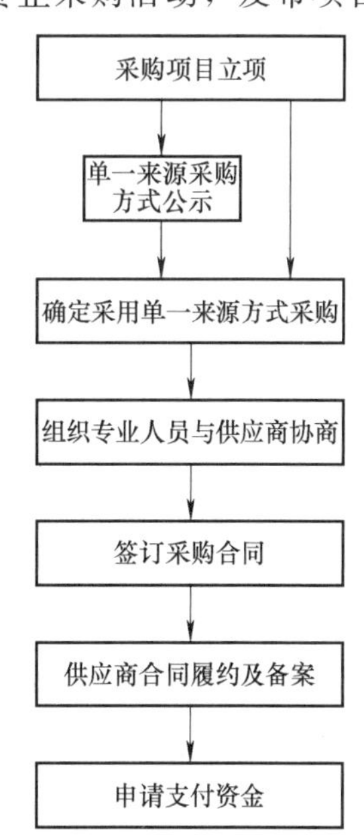

图 10-6 政府采购单一来源采购流程示意图

10.2.7 框架协议采购

框架协议采购是对多频次、小额度采购活动的规范，是政府采购管理体制制度的创新和完善。

(1) 框架协议采购方式的特点

框架协议采购方式与其他采购方式相比，主要有以下三个特点：

①适用范围不同。框架协议采购适用于多频次、小额度货物和服务采购，不适用于单一项目采购。框架协议采购方式适用情形详见本章 10.2.1。

②程序不同。框架协议采购具有明显的两阶段特征，第一阶段由集中采购机构或者主管预算单位通过公开征集程序，确定入围供应商并订立框架协议；第二阶段由采购人或者服务对象按照框架协议约定规则，在入围供应商范围内确定成交供应商并订立采购合同。

③供应商范围不同。采用其他采购方式的，1 个采购包只能确定 1 名中标（成交）供应商，而框架协议采购可以产生 1 名或多名入围供应商。

（2）框架协议采购的两种形式

政府采购框架协议采购分为封闭式框架协议采购和开放式框架协议采购两种形式，以封闭式框架协议采购为主。封闭式框架协议和开放式框架协议都要通过公开征集程序订立，二者的主要区别在于：

1）适用情形不同。框架协议采购原则上应当采用封闭式框架协议采购，只有两种情形可以采用开放式框架协议采购：

①在框架协议采购方式的第一种适用情形中，因执行政府采购政策不适合淘汰供应商的，如疫苗采购；以及受基础设施、行政许可、知识产权等限制，供应商数量在 3 家以下，并且不适合淘汰供应商的，比如在一些地方，电信服务商不足 3 家。

②在框架协议采购方式的第三种适用情形中，能够确定统一付费标准，因地域等服务便利性要求，需要接纳所有愿意接受协议条件的供应商加入框架协议，以供服务对象自主选择的。比如，政府购买职业培训、养老、体检等服务，服务对象可持政府发放的代金券等凭单或其他证明，从入围供应商中自主选择服务机构。

2）入围方式不同。封闭式框架协议采购，确定入围供应商必须有竞争和淘汰，淘汰比例一般不低于 20%，而且至少要淘汰一家供应商。开放式框架协议采购，供应商提出加入申请后，征集人对申请文件进行审核后，如供应商符合资格条件且有效响应了征集公告中的框架协议内容和付费标准可全数入围，无竞争和淘汰比例方面的要求。

3）确定成交供应商的方式不同。封闭式框架协议采购，第二阶段确定成交供应商的方式包括直接选定、二次竞价和顺序轮候。开放式框架协议采购，第二阶段采用直接选定方式确定成交供应商。

4）对入围供应商的约束力不同。在封闭式框架协议有效期内，不能随意增加协议供应商，入围供应商无正当理由不允许退出；而在开放式框架协议有效期内，供应商可以随时申请加入和退出。

（3）封闭式框架协议采购的入围评审

封闭式框架协议采购的入围评审规则是根据框架协议采购的竞争特点来设置的，包括价格优先法和质量优先法。

1）价格优先法。价格优先法是封闭式框架协议采购选择入围供应商的主要方法。如果产品的质量和服务标准明确、统一，就可以在满足这些要求的基础上只围绕价格开展竞争，这是最直接、最公平、使用最普遍的方法，有利于明确产品的需求标准。例如，计算机等产品有明确的标准，采用价格竞争既保障了其基本功能和质量，也有效控制了高价问题。使用价格优先法要注意结合实际需要，细分领域和等次，合理确定需求标准。

需要说明的是，实践中确定会计、审计等服务需求标准有一定的难度，主管预算单位、行业协会和相关企业要共同努力，推进服务标准的研究制定工作，逐步确立针对产品质量并能够开展竞争评判的具体要求，而不仅仅依靠会计准则、审计准则等行业通用规范。在第二阶段确定成交供应商时，采购人可以综合考虑质量、价格因素直接选择，也可以通过顺序轮候或者二次竞价的方式来确定。

采用价格优先法的采购项目，满足实质性要求的供应商应当均不少于 2 家，淘汰比例一般不得低于 20%，且至少淘汰一家供应商。

2）质量优先法。质量优先法仅适用于两类项目：一是有政府定价或者政府指导价，无法进行价格竞争的；二是对功能、性能等质量有特别要求的仪器设备，例如，一些检测、实验设备，主要是为了满足科研需要，鼓励高新技术产品的应用，可以在一定限度内减少对价格因素的考虑。使用质量优先法应当在需求调查的基础上，结合需求标准科学确定最高限制单价和质量竞争因素。在第二阶段确定成交供应商时，可以不再竞争价格。

需要注意的是：采用质量优先法的仪器设备采购，淘汰率不得低于 40%，且至少淘汰一家供应商。

（4）框架协议和采购合同订立主体

框架协议采购分为两个阶段分别订立不同的合同，合同的签订主体也不同。

第一阶段订立框架协议。框架协议主要由集中采购机构、主管预算单位与入围供应商订立。集中采购目录以内品目以及与之配套的必要耗材、配件等，由集中采购机构负责征集程序和订立框架协议；集中采购目录以外品目，由主管预算单位负责征集程序和订立框架协议。其他预算单位，如医院、高校等，确有需要的，经其主管预算单位批准，也可以作为征集人组织实施框架协议采购。

第二阶段订立采购合同。由采购人或服务对象按照框架协议约定的规则确定成交供应商，并与之签订政府采购合同。

（5）框架协议采购流程

框架协议采购应当采用电子化手段实施采购。采购活动开始前，集中采购机构或主管预算单位（统称征集人）应事先确定框架协议采购需求。确定框架协议采购需求时，应开展需求调查，听取采购人、供应商和专家等的意见。面向采购人和供应商开展需求调查时，应当选择具有代表性的调查对象，调查对象一般各不少于 3 个。框架协议采购需求在框架协议有效期内不得变动。

征集人在编制征集公告和征集文件时，应在征集公告和征集文件中确定框架协议采购的最高限制单价（如采用开放式框架协议，付费标准即最高限制单价）。最高限制单价是供应商第一阶段响应报价的最高限价。封闭式框架协议采购，采用二次竞价方式确定成交供应商的，各入围供应商第一阶段的响应报价，是采购人或者服务对象确定第二阶段成交供应商的最高限价。开放式框架协议采购，由采购人或服务对象从第一阶段入围供应商中直接选定成交供应商。

征集人应当根据工作需要和采购标的市场供应及价格变化情况，合理确定框架协议期限。货物项目框架协议有效期一般不超过 1 年，服务项目框架协议有效期一般不超过 2 年。在框架协议有效期内，封闭式框架协议入围供应商无正当理由，不得主动放弃入围资格或者退出框架协议；开放式框架协议入围供应商可以随时申请退出框架协议。

1）封闭式框架协议采购流程。封闭式框架协议采购第一阶段按照政府采购公开招标的规定执行公开征集程序，包括征集人编制并发布征集公告和征集文件、供应商编制并递交响应文件、响应文件评审、确定入围供应商并发布入围结果公告、签订框架协议、补充征集供应商等环节；第二阶段包括确定成交供应商并发布成交结果公告、订立采购合同等环节。

封闭式框架协议采购第一阶段采购流程如下。

①征集人编制并发布征集公告和征集文件。征集公告应当包括以下主要内容：

A. 征集人的名称、地址、联系人和联系方式。

B. 采购项目名称、编号，采购需求以及最高限制单价，适用框架协议的采购人或者服务对象范围，能预估采购数量的，还应当明确预估采购数量。

C. 供应商的资格条件。

D. 框架协议的期限。

E. 获取征集文件的时间、地点和方式。

F. 响应文件的提交方式、提交截止时间和地点，开启方式、时间和地点。

G. 公告期限。

H. 省级以上财政部门规定的其他事项。

征集文件应当包括以下主要内容：

A. 参加征集活动的邀请。

B. 供应商应当提交的资格材料。

C. 资格审查方法和标准。

D. 采购需求以及最高限制单价。

E. 政府采购政策要求以及政策执行措施。

F. 框架协议的期限。

G. 报价要求。

H. 确定第一阶段入围供应商的评审方法、评审标准、确定入围供应商的淘汰率或者入围供应商数量上限和响应文件无效情形。

I. 响应文件的编制要求，提交方式、提交截止时间和地点，开启方式、时间和地点，以及响应文件有效期。

J. 拟签订的框架协议文本和采购合同文本。

K. 确定第二阶段成交供应商的方式。

L. 采购资金的支付方式、时间和条件。

M. 入围产品升级换代规则。

N. 用户反馈和评价机制。

O. 入围供应商的清退和补充规则。

P. 供应商信用信息查询渠道及截止时点、信用信息查询记录和证据留存的具体方式、信用信息的使用规则等。

Q. 采购代理机构代理费用的收取标准和方式。

R. 省级以上财政部门规定的其他事项。

②供应商编制并递交响应文件。供应商应当按照征集文件要求编制响应文件，对响应文件的真实性和合法性承担法律责任。供应商响应的货物和服务的技术、商务等条件不得低于

采购需求，货物原则上应当是市场上已有销售的规格型号，不得是专供政府采购的产品。对货物项目每个采购包只能用一个产品进行响应，征集文件有要求的，应当同时对产品的选配件、耗材进行报价。服务项目包含货物的，响应文件中应当列明货物清单及质量标准。

③响应文件评审。确定第一阶段入围供应商的评审方法包括价格优先法和质量优先法。除有政府定价、政府指导价的项目，以及对质量有特别要求的检测、实验等仪器设备外，应采用价格优先法确定入围供应商。

④确定入围供应商并发布入围结果公告。征集人应当按照征集文件的规定确定入围供应商。确定入围供应商后，征集人应当发布入围结果公告。入围结果公告应当包括以下主要内容：

A. 采购项目名称、编号。

B. 征集人的名称、地址、联系人和联系方式。

C. 入围供应商名称、地址及排序。

D. 最高入围价格或者最低入围分值。

E. 入围产品名称、规格型号或者主要服务内容及服务标准，入围单价。

F. 评审小组成员名单。

G. 采购代理服务收费标准及金额。

H. 公告期限。

I. 省级以上财政部门规定的其他事项。

⑤签订框架协议。征集人应在入围通知书发出之日起 30 日内和入围供应商签订框架协议，并在框架协议签订后 7 个工作日内，将框架协议副本报本级财政部门备案。框架协议不得对征集文件确定的事项以及入围供应商的响应文件作实质性修改。

⑥补充征集供应商。除剩余入围供应商不足入围供应商总数 70％且影响框架协议执行的情形外，在框架协议有效期内，征集人不得补充征集供应商。补充征集规则应当在框架协议中约定，补充征集的条件、程序、评审方法和淘汰比例应当与初次征集相同。补充征集应当遵守原框架协议的有效期。在补充征集期间，原框架协议继续履行。

封闭式框架协议采购第二阶段采购流程如下：

①确定成交供应商并发布成交结果公告。确定第二阶段成交供应商的方式包括直接选定、二次竞价和顺序轮候。

A. 直接选定。直接选定方式是确定第二阶段成交供应商的主要方式。除征集人根据采购项目特点和提高绩效等要求，在征集文件中载明采用二次竞价或者顺序轮候方式外，确定第二阶段成交供应商应当由采购人或者服务对象依据入围产品价格、质量以及服务便利性、用户评价等因素，从第一阶段入围供应商中直接选定。

B. 二次竞价。二次竞价方式是指以框架协议约定的入围产品、采购合同文本等为依据，以协议价格为最高限价，采购人明确第二阶段竞价需求，从入围供应商中选择所有符合竞价需求的供应商参与二次竞价，确定报价最低的为成交供应商的方式。二次竞价一般适用于采用价格优先法的采购项目，进行二次竞价应当给予供应商必要的响应时间。

C. 顺序轮候。顺序轮候方式是指根据征集文件中确定的轮候顺序规则，对所有入围供应商依次授予采购合同的方式。顺序轮候一般适用于服务项目，每个入围供应商在一个顺序轮候期内，只有一次获得合同授予的机会。合同授予顺序确定后，应当书面告知所有入围供应商。除清退入围供应商和补充征集外，在框架协议有效期内不得调整合同授予顺序。

以二次竞价或者顺序轮候方式确定成交供应商的，征集人应当在确定成交供应商后 2 个工作日内逐笔发布成交结果公告。成交结果单笔公告可以在省级以上财政部门指定的媒体上发布，也可以在开展框架协议采购的电子化采购系统发布，发布成交结果公告的渠道应当在征集文件或者框架协议中告知供应商。单笔公告应当包括以下主要内容：

A. 采购人的名称、地址和联系方式；

B. 框架协议采购项目名称、编号。

C. 成交供应商名称、地址和成交金额。

D. 成交标的名称、规格型号或者主要服务内容及服务标准、数量、单价。

E. 公告期限。

征集人应当在框架协议有效期满后 10 个工作日内发布成交结果汇总公告。汇总公告应当包括上述第 A、B 项内容和所有成交供应商的名称、地址及其成交合同总数和总金额。

②订立采购合同。框架协议采购第二阶段应当订立固定价格合同。根据实际采购数量和协议价格确定合同总价的，采购人应当在合同中列明实际采购数量或者计量方式，包括服务项目用于计算合同价的工日数、服务工作量等详细工作量清单。

③合同授予特殊情形。采购人证明能够以更低价格向非入围供应商采购相同货物，且入围供应商不同意将价格降至非入围供应商以下的，可以根据征集文件和框架协议中的约定将合同授予非入围供应商。

采购人将合同授予非入围供应商的，应当在确定成交供应商后 1 个工作日内，将成交结果抄送征集人，由征集人按照单笔公告要求发布成交结果公告。

2）开放式框架协议采购流程

①发布征集公告。订立开放式框架协议的，征集人应发布征集公告，邀请供应商加入框架协议。征集公告应当包括以下主要内容：

A. 封闭式框架协议征集公告第 A、B、C、D 项以及封闭式框架协议征集文件的第 B、C 项，第 M、N、O、P 项内容。

B. 订立开放式框架协议的邀请。

C. 供应商提交加入框架协议申请的方式、地点，以及对申请文件的要求。

D. 履行合同的地域范围、协议方的权利和义务、入围供应商的清退机制等框架协议内容。

E. 采购合同文本。

F. 付费标准，费用结算及支付方式。

G. 省级以上财政部门规定的其他事项。

②供应商申请加入框架协议。征集公告发布后至框架协议期满前，供应商可以按照征集公告要求，随时提交加入框架协议的申请。征集人应当在收到供应商申请后 7 个工作日内完成审核，并将审核结果书面通知申请供应商。

③征集人发布第一阶段入围结果公告。征集人在审核通过后 2 个工作日内，发布入围结果公告，公告入围供应商名称、地址、联系方式及付费标准，并动态更新入围供应商信息。征集人应当确保征集公告和入围结果公告在整个框架协议有效期内随时可供公众查阅。

征集人可以根据采购项目特点，在征集公告中申明是否与供应商另行签订书面框架协议。申明不再签订书面框架协议的，发布入围结果公告，视为签订框架协议。

④确定第二阶段成交供应商。采购人或者服务对象从第一阶段入围供应商中直接选定第二阶段成交供应商。供应商履行合同后，依据框架协议约定的凭单、订单以及结算方式，与采购人进行费用结算。

政府采购框架协议采购流程如图 10-7 所示。

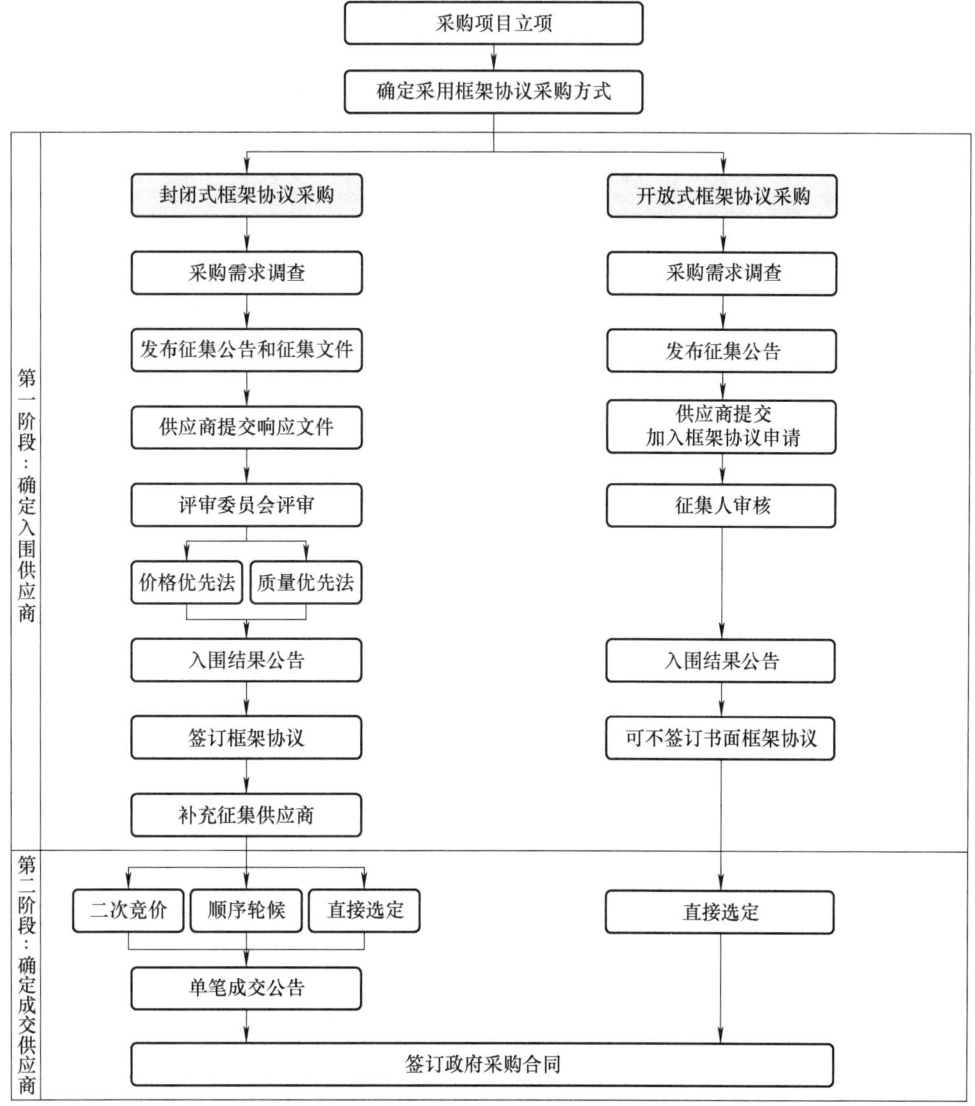

图 10-7　政府采购框架协议采购流程示意图

10.2.8　合作创新采购

合作创新采购方式适用于采购人邀请供应商一并研发并购买研发创新产品的采购活

动，旨在推动政府采购与科技创新的深度融合。《政府采购合作创新采购方式管理暂行办法》规定，合作创新采购应建立合理的风险分担与激励机制，鼓励有研发能力的国有企业、民营企业、外商投资企业，高等院校、科研机构等各类供应商积极参与竞争，发挥财政资金对全社会应用技术研发的辐射效应，促进科技创新。

合作创新采购项目的采购人应为中央、省级（含计划单列市）主管预算单位或其授权的所属预算单位。经省级主管部门批准的设区的市级主管预算单位，也可以采用合作创新采购方式。采购人可以委托采购代理机构代理合作创新采购，采购代理机构应当在委托的范围内依法开展采购活动。

合作创新采购项目应当遵守政府采购信息公开的有关规定，除涉及国家秘密、商业秘密以及依法不得公开的信息外，采购人应当在省级以上人民政府财政部门指定的媒体上及时发布合作创新采购项目信息，包括采购意向、采购公告、研发谈判文件、成交结果、研发合同、首购协议等。

（1）采购需求管理

合作创新采购项目的采购需求管理应遵循《政府采购需求管理办法》的规定，包括研究采购需求、制定和审核采购方案两个环节。

1）研究采购需求。开展合作创新采购前，采购人应开展市场调研和专家论证，科学设定最低研发目标、最高研发费用和研发期限等。最低研发目标包括创新产品的主要功能、性能，主要服务内容、服务标准及其他产出目标。最高研发费用包括该项目用于研发成本补偿的费用和创新产品的首购费用，还可以设定一定的激励费用。

除只能从有限范围或者唯一供应商处采购以外，采购人应当通过公开竞争确定研发供应商。采购人应当按照有利于降低研发风险的要求，围绕供应商需具备的研发能力设定资格条件。合作创新采购项目供应商的资格条件可以包括合作创新项目所必需的已有专利、计算机软件著作权、专有技术类别，同类项目的研发业绩，供应商已具备的研究基础等。

合作创新采购应当落实政府采购支持中小企业发展相关政策。除涉密采购项目外，采购人应当保障内外资企业平等参与合作创新采购活动。

合作创新采购的研发活动应当在中国境内进行。合作创新采购中产生的各类知识产权，除法律另有规定或研发合同另有约定外，原则上属于供应商享有。知识产权涉及国家安全、国家利益或者重大社会公共利益的，应当约定由采购人享有或者约定共同享有。

2）制定和审核采购方案。开展合作创新采购前，采购人应当制定采购方案。采购方案应当包括：

①创新产品的最低研发目标、最高研发费用、应用场景和研发期限。

②供应商邀请方式。

③谈判小组组成，评审专家选取办法，评审方法以及初步的评审标准。

④给予研发成本补偿的成本范围及该项目用于研发成本补偿的费用限额。

⑤是否开展研发中期谈判。

⑥关于知识产权权属、利益分配、使用方式的初步意见。

⑦创新产品的迭代升级服务要求。

⑧研发合同应当包括的主要条款。

⑨研发风险分析和风险管控措施。

⑩需要确定的其他事项。

采购人应当对采购方案的科学性、可行性、合规性等开展咨询论证，并按照《政府采购需求管理办法》有关规定履行内部审查、核准程序后实施。

（2）采购程序

合作创新采购程序分为订购和首购两个阶段：订购是指采购人提出研发目标，与供应商合作研发创新产品并共担研发风险的活动；首购是指采购人对于研发成功的创新产品，按照研发合同约定采购一定数量或者一定金额相应产品的活动。

1）订购程序。订购程序包括组建谈判小组、发布采购公告或发出邀请书、供应商资格审查、创新概念交流、采购人编制并发出研发谈判文件、供应商编制并提交响应文件、谈判与评审、确定研发供应商、研发中期谈判和创新产品验收等环节。

①组建谈判小组。谈判小组由采购人代表和评审专家共 5 人以上单数组成。谈判小组人员组成比例，评审专家的选取及采购过程中的人员调整程序，遵守采购人内部控制管理制度的相关规定。评审专家应来自相应专业领域，还应包含 1 名法律专家和 1 名经济专家。

谈判小组负责供应商资格审查、创新概念交流、研发竞争谈判、研发中期谈判和首购评审等工作。

②发布采购公告或发出邀请书。采购人应当发布合作创新采购公告邀请供应商，但受基础设施、行政许可、确需使用不可替代的知识产权或者专有技术等限制，只能从有限范围或者唯一供应商处采购的，采购人可以直接向所有符合条件的供应商发出合作创新采购邀请书。

以公告形式邀请供应商的，公告期限不得少于 5 个工作日。合作创新采购公告（或邀请书）应当包括采购人和采购项目名称，创新产品的最低研发目标、最高研发费用、应用场景及研发期限，对供应商的资格要求以及供应商提交参与合作创新采购申请文件的时间和地点等。

采购人应当在合作创新采购公告（或邀请书）中明确，最低研发目标、最高研发费用可能根据创新概念交流情况进行实质性调整。

提交参与合作创新采购申请文件的时间自采购公告（或邀请书）发出之日起不得少于 20 个工作日。采购人应当在合作创新采购公告（或邀请书）中载明是否接受联合体参与。如未载明，不得拒绝联合体参与。

③供应商资格审查。谈判小组依法对供应商的资格进行审查。提交申请文件或通过资格审查的供应商只有 2 家或 1 家的，可以按照《政府采购合作创新采购方式管理暂行办法》的相关规定继续开展采购活动。

④创新概念交流。谈判小组集中与所有通过资格审查的供应商共同进行创新概念交流，交流内容包括创新产品的最低研发目标、最高研发费用、应用场景及采购方案的其他相关内容。

创新概念交流中，谈判小组应当全面及时回答供应商提问。必要时，采购人或者其授权的谈判小组可以组织供应商进行集中答疑和现场考察。

采购人根据创新概念交流情况，对采购方案内容进行实质性调整的，应当按照内部控制管理制度有关规定，履行必要的内部审查、核准程序。

⑤采购人编制并发出研发谈判文件。采购人根据创新概念交流结果，形成研发谈判文件。研发谈判文件主要内容包括：

A. 创新产品的最低研发目标、最高研发费用、应用场景、研发期限及有关情况说明。

B. 研发供应商数量。

C. 给予单个研发供应商的研发成本补偿的成本范围和限额，另设激励费用的，明确激励费用的金额。

D. 创新产品首购数量或者金额。

E. 研发竞争谈判的评审方法与评审标准，在谈判过程中不得更改的主要评审因素及其权重，以及是否采用两阶段评审。

F. 对研发进度安排及相应的研发中期谈判阶段划分的响应要求。

G. 各阶段研发成本补偿的成本范围和金额、标志性成果的响应要求。

H. 研发成本补偿费用的支付方式、时间和条件。

I. 创新产品的验收方法与验收标准。

J. 首购产品的评审标准。

K. 关于知识产权权属、利益分配、使用方式等的响应要求。

L. 落实支持中小企业发展等政策的要求。

M. 创新产品的迭代升级服务要求。

N. 研发合同的主要条款。

O. 响应文件编制要求，提交方式、提交截止时间和地点，以及响应文件有效期。

P. 省级以上财政部门规定的其他事项。

研发谈判文件中的研发竞争谈判评审因素应包括供应商研发方案、供应商提出的研发成本补偿金额和首购产品金额的报价、研发完成时间、创新产品的售后服务方案等。其中，供应商研发方案的分值占总分值的比重不得低于50%。

研发谈判文件中的标志性成果，应包括形成创新产品的详细设计方案、技术原理在实验室环境获得验证通过、创新产品的关键部件研制成功、生产出符合要求的模型样机以及创新产品通过采购人试用和履约验收等。

采购人应当向所有参与创新概念交流的供应商提供研发谈判文件，邀请其参与研发竞争谈判。从研发谈判文件发出之日起至供应商提交首次响应文件截止之日止不得少于10个工作日。

采购人可以对已发出的研发谈判文件进行必要的澄清或者修改，但不得改变采购标的和资格条件。澄清或者修改的内容可能影响响应文件编制，导致供应商准备时间不足的，采购人按照研发谈判文件规定，顺延提交响应文件的时间。

⑥供应商编制并提交响应文件。供应商应当根据研发谈判文件编制响应文件，对研发谈判文件的要求作出实质性响应。响应文件包括以下内容：

A. 供应商的研发方案。

B. 研发完成时间。

C. 响应报价，供应商应当对研发成本补偿金额和首购产品金额分别报价，且各自不得高于研发谈判文件规定的给予单个研发供应商的研发成本补偿限额和首购费用；首购产品金额除创新产品本身的购买费用以外，还包括创新产品未来一定期限内的运行维护等费用。

D. 各阶段的研发成本补偿的成本范围和金额。

E. 创新产品的验收方法与验收标准。

F. 创新产品的售后服务方案。

G. 知识产权权属、利益分配、使用方式等。

H. 创新产品的迭代升级服务方案。

I. 落实支持中小企业发展等政策要求的响应内容。

J. 其他需要响应的内容。

供应商的研发方案，应包括研发产品预计能实现的功能、性能，服务内容、服务标准及其他产出目标；研发拟采用的技术路线及其优势；可能出现的影响研发的风险及其管控措施；研发团队组成、团队成员的专业能力和经验；研发进度安排和各阶段标志性成果说明等。

⑦谈判与评审。响应文件截止后，谈判小组集中与单一供应商分别进行谈判，对相关内容进行细化调整。谈判主要内容包括：

A. 创新产品的最低研发目标、验收方法与验收标准。

B. 供应商的研发方案。

C. 研发完成时间。

D. 研发成本补偿的成本范围和金额，及首购产品金额。

E. 研发竞争谈判的评审标准。

F. 各阶段研发成本补偿的成本范围和金额。

G. 首购产品的评审标准。

H. 知识产权权属、利益分配、使用方式等。

I. 创新产品的迭代升级服务方案。

J. 研发合同履行中可能出现的风险及其管控措施。

在谈判中，谈判小组可以根据谈判情况实质性变动谈判文件有关内容，但不得降低最低研发目标、提高最高研发费用，也不得改变谈判文件中的主要评审因素及其权重。谈判结束后，谈判小组根据谈判结果，确定最终的谈判文件，并以书面形式同时通知所有参加谈判的供应商。供应商按要求提交最终响应文件，谈判小组给予供应商的响应时间应当不少于 5 个工作日。提交最终响应文件的供应商只有 2 家或者 1 家的，可以按照《政府采购合作创新采购方式管理暂行办法》规定继续开展采购活动。

谈判小组对响应文件满足研发谈判文件全部实质性要求的供应商开展评审，按照评审得分从高到低排序，推荐成交候选人。

谈判小组根据谈判文件规定，可以对供应商响应文件的研发方案部分和其他部分采取两阶段评审，先评审研发方案部分，对研发方案得分达到规定名次的，再综合评审其他部分，按照总得分从高到低排序，确定成交候选人。

⑧确定研发供应商。采购人根据谈判文件规定的研发供应商数量和谈判小组推荐的成交候选人顺序，确定研发供应商，也可以书面授权谈判小组直接确定研发供应商。研发供

应商数量最多不得超过 3 家。成交候选人数量少于谈判文件规定的研发供应商数量的，采购人可以确定所有成交候选人为研发供应商，也可以重新开展政府采购活动。采购人应依法与研发供应商签订研发合同。

只能从唯一供应商处采购的，采购人与供应商应当根据研发成本和可参照的同类项目合同价格协商确定合理价格，明确创新产品的功能、性能，研发完成时间，研发成本补偿的成本范围和金额，首购产品金额，研发进度安排及相应的研发中期谈判阶段划分等合同条件。

⑨研发中期谈判。采购人根据研发合同约定，组织谈判小组与研发供应商在研发不同阶段就研发进度、标志性成果及其验收方法与标准、研发成本补偿的成本范围和金额等问题进行研发中期谈判，根据研发进展情况对相关内容细化调整，但每个研发供应商各阶段补偿成本范围不得超过研发合同约定的研发成本补偿的成本范围，且各阶段成本补偿金额之和不得超过研发合同约定的研发成本补偿金额。

研发中期谈判应当在每一阶段开始前完成。每一阶段约定期限到期后，研发供应商应当提交成果报告和成本说明，采购人根据研发合同约定和研发中期谈判结果支付研发成本补偿费用。研发供应商提供的标志性成果满足要求的，进入下一研发阶段；研发供应商未按照约定完成标志性成果的，予以淘汰并终止研发合同。

⑩创新产品验收。对于研发供应商提交的最终定型的创新产品和符合条件的样品，采购人应当按照研发合同约定的验收方法与验收标准开展验收，验收时可以邀请谈判小组成员参与。

2）首购程序。首购程序包括确定首购产品和签订首购协议两个环节。

①确定首购产品。采购人应按照研发合同的约定开展创新产品首购。只有 1 家研发供应商研制的创新产品通过验收的，采购人直接确定其为首购产品。有 2 家以上研发供应商研制的创新产品通过验收的，采购人应当组织谈判小组评审，根据研发合同约定的评审标准确定 1 家研发供应商的创新产品为首购产品。

首购评审应综合考虑创新产品的功能、性能、价格、售后服务方案等，按照性价比最优的原则确定首购产品。研发供应商对首购产品金额的报价不得高于研发谈判文件规定的首购费用。

②签订首购协议。采购人应当在确定首购产品后 10 个工作日内在省级以上人民政府财政部门指定的媒体上发布首购产品信息，并按照研发合同约定的首购数量或者金额，与首购产品供应商签订创新产品首购协议，明确首购产品的功能、性能，服务内容和服务标准，首购的数量、单价和总金额，首购产品交付时间，资金支付方式和条件等内容，作为研发合同的补充协议。

研发合同有效期内，供应商应按照研发合同的约定提供首购产品迭代升级服务，用升级后的创新产品替代原首购产品。因采购人调整创新产品功能、性能目标需要调整费用的，增加的费用不得超过首购金额的 10%。

需要注意的是：其他采购人对创新产品有需求的，可以直接采购指定媒体上公布的创新产品，也可以在不降低创新产品核心技术参数的前提下，委托供应商对创新产品进行定制化改造后采购；其他采购人采购创新产品的，应当在该创新产品研发合同终止之日前，以不高于首购价格的价格与供应商平等自愿签订采购合同。

(3) 研发合同管理

采购人应当根据研发谈判文件的所有实质性要求以及研发供应商的响应文件签订研发合同。研发合同应当包括以下内容：

①采购人以及研发供应商的名称、地址和联系方式。

②采购项目名称、编号。

③创新产品的功能、性能，服务内容、服务标准及其他产出目标。

④研发成本补偿的成本范围和金额；另设激励费用的，激励费用的金额。

⑤创新产品首购的数量、单价和总金额。

⑥研发进度安排及相应的研发中期谈判阶段划分。

⑦各阶段研发成本补偿的成本范围和金额、标志性成果。

⑧研发成本补偿费用的支付方式、时间和条件。

⑨创新产品验收方法与验收标准。

⑩首购产品评审标准。

⑪创新产品的售后服务和迭代升级服务方案。

⑫知识产权权属约定、利益分配、使用方式等。

⑬落实支持中小企业发展等政策的要求。

⑭研发合同期限。

⑮合同履行中可能出现的风险及其管控措施。

⑯技术信息和资料的保密。

⑰合同解除情形。

⑱违约责任。

⑲争议解决方式。

⑳需要约定的其他事项。

研发合同为成本补偿合同。成本补偿的范围包括供应商在研发过程中实际投入的设备费、业务费、劳务费以及间接费用等。采购人应当按照研发合同的约定，向研发供应商支付研发成本补偿费用和激励费用。

研发合同约定的各阶段补偿成本范围和金额、标志性成果，在研发中期谈判中作出细化调整的，采购人应当就变更事项与研发供应商签订补充协议。预留份额专门面向中小企业的合作创新采购项目，联合协议或者分包意向协议应当明确按照研发合同成本补偿规定分担风险。

采购人应当向首购产品供应商支付预付款用于创新产品的生产制造。预付款金额不得低于首购协议约定的首购总金额的 30%。

研发合同期限包括创新产品研发、迭代升级以及首购交付的期限，一般不得超过 2 年；属于重大合作创新采购项目的，不得超过 3 年。研发合同履行中，因市场已出现拟研发创新产品的同类产品等情形，采购人认为研发合同继续履行没有意义的，应当及时通知研发供应商终止研发合同，并按研发合同的约定向研发供应商支付相应的研发成本补偿费用。

因出现无法克服的技术困难，致使研发失败或部分失败的，研发供应商应当及时通知采购人终止研发合同，并采取适当的补救措施减少损失；采购人应按研发合同的约定向研发供应商支付相应的研发成本补偿费用。因研发供应商违反合同约定致使研发工作发生重大延误、停滞或者失败的，采购人可以解除研发合同，研发供应商承担相应违约责任。政府采购合作创新采购程序如图 10-8 所示。

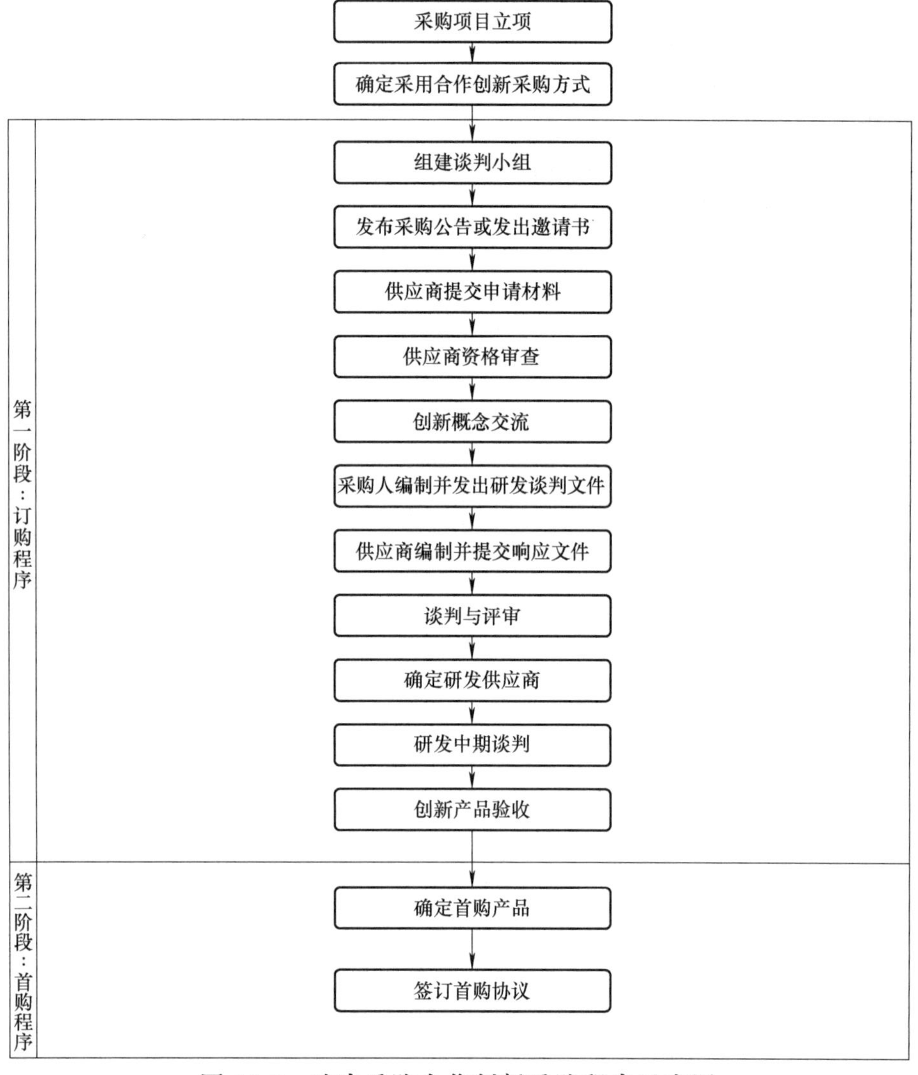

图 10-8　政府采购合作创新采购程序示意图

10.3　政府采购绩效评价

政府采购绩效评价是为了提高财政资金的使用效率和效益，对政府采购活动的组织实施、监督管理等全过程而进行的专项分析和评价，以便于提升和改进政府采购活动，促进采购过程公开透明、公平竞争和采购结果公正。政府采购绩效评价应当遵循独立性、客观性、科学性、公正性的基本原则。目前我国对政府采购绩效评价的理论和实践尚处于探索阶段，通常采用定性分析（如政策落实性、公开透明性等）与定量分析（如资金使用效率、采购时间等）相结合的方式组织评价。

10.3.1　评价方法

常用的评价方法有成本效益分析法、比较法、因素分析法和公众评判法等。

（1）成本效益分析法

将一定时期内的支出与效益进行对比分析，以评价绩效目标的实现程度。

（2）比较法

通过对绩效目标的基期与当期，以及同类指标在不同部门（单位）之间的比较，综合分析绩效目标的实现程度。

（3）因素分析法

通过综合分析影响绩效目标实现的内外因素，客观评定绩效目标的实现程度。

（4）公众评判法

通过专家评估、公众问卷及抽样调查等方式对采购项目的效果进行评判，评价绩效目标的实现程度。

10.3.2　绩效评价指标体系设计

政府采购绩效评价体系的建立和制定，应能够充分体现政府采购工作实绩，对考核对象具有导向作用。政府采购绩效评价体系应满足精确性、完整性、相关性、可用性等方面的要求，绩效评价指标应尽可能量化并切实可行。目前国际上比较流行的绩效评价指标体系侧重于四个方面（4E）：

①经济性（Economy）：资源的节约使用程度，即是否以最低的成本获得所需的产品和服务。

②效率性（Efficiency）：产出与投入的比例，即单位成本下的产出量。

③效益性（Effectiveness）：采购活动是否达到了既定的目标，即采购结果是否满足了采购需求并产生了预期的社会效益。

④公平性（Equity）：采购活动是否符合社会公平价值观，即采购活动是否平等地对待供应商，采购合同中权利义务的设置是否对等均衡。

政府采购绩效评价指标体系通常包括决策类指标、过程类指标、产出类指标以及效益类指标等。

（1）决策类指标

重点关注采购项目的立项过程。在决策类指标下，可设置采购项目立项、采购绩效目标设置和采购预算编制等二级指标。在采购项目立项指标下，可设置立项依据充分性、立项程序规范性等三级指标；在采购绩效目标设置指标下，可设置绩效目标合理性、绩效指标明确性、绩效指标关联性等三级指标；在采购预算编制指标下，可设置预算编制科学性等三级指标。

（2）过程类指标

重点关注采购过程的合法合规。在过程类指标下，通常可设置采购需求管理、采购方案和采购文件编制、采购过程管理和采购档案管理等二级指标。在采购需求管理指标下，可设置采购需求研究方法的合理性、采购需求审查规范性、采购需求准确性等三级指标；

在采购方案和采购文件编制指标下，可设置采购方案完整性、采购计划合理性、采购文件合格率、采购方式合法性等三级指标；在采购过程管理指标下，可设置采购信息公开程度、采购过程规范性、采购投诉发生率等三级指标；在采购档案管理指标下，可设置采购档案完整性、采购档案管理规范性等三级指标。

（3）产出类指标

重点关注采购活动的产出和结果。在产出类指标下，通常可设置采购产出数量、采购产出时效和采购产出成本等二级指标。在采购产出数量指标下，可设置采购计划执行情况、采购数量完成情况等三级指标；在采购产出质量指标下，可设置采购标的准确率、货物附属服务（或服务附属货物）准确性、采购标的验收合格率等三级指标；在采购产出时效指标下，可设置采购活动及时性、配套服务（或货物）及时性等三级指标；在采购产出成本指标下，可设置采购资金节约率、采购成本合理性等三级指标。

（4）效益类指标

重点关注采购结果产生的相关效益。在效益类指标下，可设置供应商管理、经济效益、社会效益和可持续影响等二级指标。政府采购绩效评价指标体系示例见表 10-1。

表 10-1　政府采购绩效评价指标体系示例表

指标名称			指标解释	计算公式	评分标准
一级指标（权重）	二、三级指标	分值			
A 采购决策（%）	A1 采购项目立项				
	A11 立项依据充分性				
	A12 立项程序规范性				
	……				
	A2 采购绩效目标设置				
	A21 绩效目标合理性				
	A22 绩效指标明确性				
	A23 绩效指标关联性				
	……				
	A3 采购预算编制				
	A31 预算编制科学性				
	……				
B 采购过程（%）	B1 采购需求管理				
	B11 采购需求研究方法的合理性				
	B12 采购需求审查规范性				
	B13 采购需求准确性				
	……				
	B2 采购方案和采购文件编制				
	B21 采购方案完整性				
	B22 采购计划合理性				

（续）

指标名称			指标解释	计算公式	评分标准
一级指标（权重）	二、三级指标	分值			
B 采购过程（%）	B23 采购文件合格率				
	B24 采购方式合法性				
	……				
	B3 采购过程管理				
	B31 采购信息公开程度				
	B32 采购过程规范性				
	B33 采购投诉发生率				
	……				
	B4 采购档案管理				
	B41 采购档案完整性				
	B42 采购档案管理规范性				
	……				
C 采购产出（%）	C1 采购产出数量				
	C11 采购计划执行情况				
	C12 采购数量完成情况				
	……				
	C2 采购产出质量				
	C21 采购标的准确率				
	C22 货物附属服务（或服务附属货物）准确性				
	C23 采购标的验收合格率				
	……				
	C3 采购产出时效				
	C31 采购活动及时性				
	C32 配套服务（或货物）及时性				
	……				
	C4 采购产出成本				
	C41 采购资金节约率				
	C42 采购成本合理性				
	……				
D 采购效益（%）	D1 供应商管理				
	……				
	D2 经济效益				
	……				

（续）

指标名称			指标解释	计算公式	评分标准
一级指标（权重）	二、三级指标	分值			
D 采购效益（%）	D3 社会效益				
	……				
	D4 可持续影响				
	……				
合计（100%）					

10.3.3 评价的组织和实施

政府采购绩效评价通常按以下程序实施：

（1）明确评价内容

明确项目评价的具体对象、目标、评价的目的及具体要求。

（2）评价准备

首先，组建评价小组，负责评价工作的指导、审批，组织独立专家小组共同完成评价。其次，制订详细的采购项目评价工作计划，把采购项目评价的流程和工作内容融入计划管理过程，保障评价工作在流程上前后衔接，明确评估实施思路。

（3）收集资料

收集表现采购项目的印象、影响、证据、事实等方面的资料，并在此基础上深入调查并评价。

（4）编制评价报告

识别各个环节中的经验和不足，采用定量和定性分析方法，通过检查、测评、考核、会议等方法进行对比、分析、诊断、评价，并将分析研究结果进行汇总、整理，编制采购项目绩效评价报告。

（5）评价结果运用

结合评价结论，采用 PDCA 循环等管理方法，不断完善政府采购管理，改进政府采购机制。在实践中，可辅以正激励、负激励、报酬、教导、训诫、惩罚等不同手段加以改进和完善。

第 11 章　外资项目招标采购

外资项目是指来自国外资金投资建设的项目。外资项目包括中国政府向外国政府或者组织贷款或者接受赠款建设的项目、中国企业或者组织向外国金融机构贷款或者接受赠款建设的项目、外国企业在中国投资建设的项目，以及各类主体利用其他外国资金在中国投资建设的项目。

11.1　外资贷款

本章主要介绍中国政府向国际金融组织和外国政府贷款或者接受赠款建设项目的招标采购。

11.1.1　国际金融组织贷款

国际金融组织贷款（Loans from International Financial Organizations）是由多个国家或者地区政府共同投资组建并共同管理的国际金融机构提供的贷款。国际金融组织贷款也称为多边贷款，旨在帮助成员方或者地区开发资源、促进经济发展和社会进步、提高生活水平。国际金融组织贷款的贷款期限长、利率低、条件比较优惠，但是使用贷款有严格的程序规定和审查要求。我国从 1980 年开始使用国际金融组织贷款或者赠款，使用资金较多的国际金融组织见表 11-1。

表 11-1　我国使用资金较多的国际金融组织一览表

序号	国际金融组织名称（中文）	国际金融组织名称（英文）	简称（缩写）
1	世界银行	World Bank	世行（WB）
2	亚洲开发银行	Asian Development Bank	亚行（ADB）
3	国际农业发展基金会	International Fund for Agriculture Development	农发基金（IFAD）
4	欧洲投资银行	European Investment Bank	欧投行（EIB）
5	北欧投资银行	Nordic Investment Bank	北投行（NIB）
6	石油输出国组织	Organization of the Petroleum Exporting Countries	欧佩克（OPEC）
7	亚洲基础设施投资银行	Asian Infrastructure Investment Bank	亚投行（AIIB）
8	新开发银行	New Development Bank	新开行（NDB）

11.1.2　外国政府贷款

外国政府贷款（Foreign Government Loans）是指我国政府向外国政府借贷的具有援助和赠予性质的资金。外国政府贷款也称为双边贷款，是我国政府与外国政府之间构成契约性偿还义务的主权外债。外国政府贷款多为贷款国政府专项安排的财政预算资金（也称为软贷款)，其特点是贷款期限期长、贷款利息低。为扩大贷款规模，贷款国通常将财政预算资金与政府的出口信贷或者商业贷款结合起来，组成混合贷款。混合贷款有三种：第一种是赠款加出口信贷（或者商业贷款）；第二种是软贷款加出口信贷（或者商业贷款）；第三种是贷款国政府通过担保方式或者提供其他政策支持的方式，使贷款机构的资金条件低于国际资本市场的优惠贷款。

11.1.3 我国利用外资贷款的情况

(1) 基本情况

1978 年，党的十一届三中全会召开后，我国开始实行对外开放政策。利用外资是对外开放的重要措施之一，也是促进我国更多地参与国际交换和竞争、加速我国经济建设的重大举措。改革开放之初，国家急需资金进口能源、原材料、成套设备和引进先进技术。为了解决资金缺口，1979 年 12 月，我国与日本政府签订了第一笔贷款协议，开启了利用外资的先河。1980 年，我国恢复了在世界银行的成员国地位，并开始接受世界银行的资金援助。1986 年，我国又加入亚洲开发银行，国际金融组织贷款成为我国利用外资的主要来源。随后，西方发达国家也陆续开始向我国提供政府贷款。2015 年，由中国倡导成立的亚洲基础设施投资银行和新开发银行，进一步拓宽了我国利用外资贷款的渠道和加强了我国在国际金融组织的地位和影响力。

截至 2023 年年底，我国先后与世界银行等 8 个国际金融组织，以及日本、德国、法国等 24 个国家政府建立了贷款关系，合计贷款项目 3882 个，贷款金额共计 1841 亿美元。其中国际金融组织贷款项目 1166 个，贷款总金额 1282 亿美元；外国政府贷款项目 2716 个，贷款总金额 559 亿美元。部分利用外资贷款项目见表 11-2。

表 11-2 部分利用外资贷款项目

序号	项目名称	外资贷款来源
1	云南鲁布革水电站引水系统工程项目	世界银行
2	成昆铁路建设项目	亚洲开发银行
3	兰渝铁路建设项目	亚洲开发银行
4	浙江生物多样性保护和发展利用项目	法国政府
5	兰州地铁建设项目	德国政府
6	医院医疗设备建设项目	以色列政府
7	广州地铁建设项目	德国政府
8	中国扶贫基金会医疗建设项目	荷兰政府
9	京津冀低碳能源转型与空气质量改善项目	亚洲投资银行
10	广西崇左市城区生态水系统修复工程项目	新开发银行
11	海南东方感城风电场一期项目	欧洲投资银行
12	河南造林项目	日本政府
13	中日友好医院项目	日本政府
14	京津唐高速公路项目	世界银行
15	首都机场 T3 航站楼项目	欧洲投资银行

我国经济快速发展，目前的经济总量已经跃居世界第二位。外资贷款为我国经济的发展做出了重要贡献。目前，中国对外资贷款的依赖性逐步减弱。但是，世界银行、亚洲开发银行、亚洲投资银行、新开发银行、欧洲投资银行、北欧投资银行、石油输出国组织和亚洲基础设施投资银行等国际金融组织，以及德国、法国、以色列、沙特阿拉伯、科威特、奥地利等外国政府，仍然向我国提供贷款援助。

(2) 历史沿革

我国外资贷款项目管理经历了三个阶段。

第一个阶段是 20 世纪 80 年代初到 20 世纪 90 年代末。这个阶段也是我国利用外资贷款的早期阶段。在这个阶段，外资贷款项目分别由财政部、中国人民银行和原外经贸部三个部门管理。财政部负责管理世界银行贷款项目，中国人民银行负责管理亚洲开发银行贷款项目，原外经贸部负责管理外国政府贷款项目。

1980 年，我国恢复了世界银行成员国地位后，开始利用世界银行贷款进行经济建设。按照世界银行的规定，国际竞争性招标（ICB）是世界银行贷款项目的主要采购方式。我国开始在世界银行贷款项目工程发包和设备采购中进行国际竞争性招标。利用世界银行贷款建设的云南鲁布革水电站引水系统工程项目是我国第一个进行国际竞争性招标的工程项目。该项目于 1982 年进行国际招标，1984 年 11 月正式开工，1988 年竣工。经过项目各级主管部门和项目实施单位的共同努力，创造了著名的“鲁布革工程项目管理经验”，这些经验被广泛宣传和借鉴，其做法和实践被国家主管部门在制定我国工程建设的规章制度和施工导则中采纳。

1984 年 12 月，我国第一家专业招标机构——中技国际招标公司成立，随后主要外贸窗口公司也陆续成立了专业国际招标公司，负责承接国际金融组织贷款项目和外国政府贷款项目的采购代理工作。由此，招标代理在我国成为一个专门的行业，目前我国专业招标代理机构已经达到近 10 万家，从业人员近百万个。

第二个阶段是 20 世纪 90 年代末到 2014 年。1998 年下半年，我国政府外资管理职能调整，外国政府贷款和亚洲开发银行贷款管理职责从原外经贸部和中国人民银行划归财政部，实现了国家对外资贷款项目的统一管理。

外资贷款项目统一管理后，财政部对外资项目国际招标制定了统一规范，要求招标文件备案、招标公告发布、评审专家抽取、评审结果公示、质疑提出、投诉处理等通过“中国国际招标网”进行网上办理。由此，外资贷款项目成为我国最早利用互联网开展招标投标的项目类型。

第三个阶段是从 2014 年至今。财政部进一步完善了外资贷款项目的采购制度，在确定备选外资项目、选择采购代理机构、实施采购、项目验收、项目后评估等方面制定了完善的管理制度。

(3) 外资贷款项目的影响和意义

改革开放 40 多年，在坚持“积极、合理、有效”利用外资的方针的指引下，利用国际金融组织和外国政府贷款为我国经济建设和社会发展提供了源源不断的资金、技术、管理理念和知识支持，取得了丰硕成果，主要体现在以下方面：

1）有效弥补当时国内建设资金和外汇“双缺口”，为经济建设提供了有力的资金支持。

2）有力推动了民生事业发展，在教育、医疗、环境保护，以及低碳发展、绿色发展、清洁能源利用、生态保护、可持续发展等方面做出了贡献。

3）通过对先进技术的消化吸收，增强了企业竞争力，培养了大批高素质人才。

4）逐步建立起外资贷款借、用、还全过程管理的各项规章制度。

5）促进了中外企业的合作和民间友好交流，增强了与有关国家的友谊。

11.2 外资贷款项目采购管理

11.2.1 外资贷款项目的确定

（1）外资贷款项目管理制度

为规范国际金融组织贷款项目和外国政府贷款项目管理，提高外资贷款项目的资金使用效益，防范政府债务风险，国家发展改革委、财政部、商务部以及其他行业主管部门，先后制定了一系列部门规章和政策性文件，主要包括：

《国家发展改革委　财政部关于国际金融组织和外国政府贷款管理改革有关问题的通知》《国际金融组织和外国政府贷款赠款管理办法》《国际金融组织和外国政府贷款项目前期管理规程（试行)》《国际金融组织和外国政府贷款赠款项目采购管理工作指南》《国际金融组织和外国政府贷款赠款项目采购代理机构选聘指南》;《国际金融组织和外国政府贷款项目全生命周期管理暂行办法》《机电产品国际招标投标实施办法（试行)》。

（2）外资贷款项目的确定程序

外资贷款项目的确定一般经过以下程序：

1）外资贷款项目评估。市级或者省级财政部门组织专家或者委托第三方机构对备选外资贷款项目进行评审。评审外资贷款的投入领域、贷款方式、绩效目标、融资安排、偿债机制和执行机构能力等，同时根据地方政府债务风险管理和外债指标监测等相关规定，进行债务风险审核并出具财政评审报告。按照政府承担还款责任的不同，贷款分为政府负有偿还责任贷款和政府负有担保责任贷款两种。对于评审合格的备选外资贷款项目，财政部门会同本级发展改革部门联合向国家发展改革委和财政部报送。

2）外资贷款项目审查。财政部对备选外资贷款项目进行审查，并在中央政府和地方政府债务限额内，根据国家重大战略规划、优先发展的重点领域、贷款方的资金使用政策、可用资金额度，结合有关项目绩效评价结果和项目所在地债务风险情况等，与国家发展改革委研究编制备选外资贷款项目规划。

3）确定备选外资贷款项目规划。财政部定期发布贷款信息公告，公布贷款方提供贷款的规模、领域、条件等，并会同国家发展改革委就备选外资贷款项目规划与国际金融组织、外国贷款机构进行磋商，并按照相关审核程序联合下达年度或跨年度贷款备选外资贷款项目规划。列入备选外资贷款项目规划的项目，一年内未完成可行性研究报告等项目材料，视同自行放弃备选项目资格。

4）贷款机构对备选外资贷款项目评估。国际金融组织和外国政府指定的贷款机构（以下简称贷款机构）收到财政部提交的备选外资贷款项目清单后，对备选外资贷款项目进行评估。评估依据是可行性研究报告、环境和社会影响评价报告、土地使用报告、移民安置计划、资金申请报告等项目材料。与招标采购有关的评估内容一般包括项目和采购范围及投资概算的分析和确定、贷款条件原则、环境和社会影响评价报告、移民安置、采购清单、采购计划（包括采购方式、采购内容、采购预算和周期、标段划分、招标方案、评标方法、资格业绩要求以及支付及提款程序和要求）、评估结论及下一步工作计划。评估通过后签署评估备忘录。评估备忘录是外资贷款项目国内银行转贷和采购代理机构招标采购的重要依据。

5）签订贷款协定。备选贷款项目通过贷款机构评估后，由财政部代表中国政府与贷款机构签订贷款协定。

11.2.2 外资贷款项目的采购执行

（1）选聘采购代理机构

1）选聘采购代理机构的依据。外资贷款项目实施单位应根据财政部《国际金融组织和外国政府贷款赠款项目采购管理工作指南》《国际金融组织和外国政府贷款赠款项目采购代理机构选聘指南》的规定选聘采购代理机构，委托具有资格条件的采购代理机构代理采购。采购代理机构应协助项目实施单位与贷款机构进行沟通、协调并代理招标采购和进口业务等，同时提供相关咨询服务。

对于国际金融组织贷款赠款项目，项目实施单位应当在谈判前完成采购代理机构选聘工作；对于外国政府及欧佩克发展基金、北欧投资银行贷款项目，项目实施单位应当在项目列入备选规划之日起三个月内完成选聘工作。

2）选聘采购代理机构的方式。选聘采购代理机构的方式取决于支付采购代理服务费用的资金来源。支付采购代理服务费用的资金有三种，即财政性资金、非财政性资金和贷款机构资金。

使用财政性资金支付采购代理费用的，项目实施单位应当按照政府采购相关规定选聘采购代理机构；使用非财政性资金支付采购代理费用的，可参照政府采购法律制度规定选聘采购代理机构；使用贷款机构资金支付采购代理费用的，项目实施单位应按照贷款机构采购规则中选聘咨询机构的程序要求进行选聘。

3）采购代理机构的资格要求。《国际金融组织和外国政府贷款赠款项目采购代理机构选聘指南》规定，外资贷款项目的采购代理机构应符合《政府采购法》等法律规定的有关要求；熟悉贷款赠款方和我国采购管理政策及工作程序，具有负责贷款赠款采购代理业务的专业部门和人员。

4）采购代理机构的选聘要求。《国际金融组织和外国政府贷款赠款项目采购代理机构选聘指南》对选聘采购代理机构提出如下要求：

①项目实施单位应当根据贷款项目的特点和需求，本着公开公正、竞争择优的原则，依法依规选聘采购代理机构。

②联合执行的项目可以委托项目协调机构统一选聘一家采购代理机构，也可以分别选聘采购代理机构。

③项目实施单位选聘采购代理机构采用综合评分法评审的，采购代理机构的经验权重为10%～20%、专业能力权重为30%～50%、服务方案权重为20%～30%、代理服务费权重为10%～20%。

5）签订委托代理合同。项目实施单位采购代理机构签订委托代理合同。签订委托代理合同后，项目实施单位需要向财政部门报送选聘结果。

（2）外资贷款项目招标采购的法律依据

1）外资贷款项目招标采购要遵守贷款协定和贷款机构的规定。我国政府与国际金融组织和外国政府签订的贷款协定以及贷款机构的采购规则，对贷款项目采购的规定应得到遵守，包括采购方式、采购程序、投标人资格、评审方法等。

2）外资贷款项目招标受《招标投标法》约束。由于外资贷款项目具有特殊性，《招标投标法》对于外资贷款项目招标作了特殊规定。《招标投标法》第六十七条规定，使用国际组织或者外国政府贷款、援助资金的项目进行招标，贷款方、资金提供方对招标投标的具体条件和程序有不同规定的，可以适用其规定，但违背中华人民共和国的社会公共利益的除外。因此，外资贷款项目的招标采购应优先按照贷款机构与中国政府签订的贷款协定等法律文件，以及贷款机构的采购政策及规则进行采购。贷款机构没有规定而《招标投标法》有规定的，应执行《招标投标法》的规定。例如，世界银行采购规则规定，投标截止时间到达后，招标人应对所收到的所有投标进行公开开标，没有要求投标人数量必须达到三家。因此，世界银行贷款项目无论投标人有几家，都应按时开标，而不是在投标人不足三家时不得开标。世界银行采购规则没有对招标人组建评标委员会作出规定，而《招标投标法》对依法必须招标项目评标委员会的组建作出了专门规定，招标人应按照《招标投标法》规定组建评标委员会进行评标。

（3）外资贷款项目招标采购执行

1）机电产品国际招标项目。《机电产品国际招标投标实施办法（试行）》规定，机电产品国际招标应在中国国际招标网上完成招标项目建档、招标过程文件存档和备案、资格预审公告发布、招标公告发布、评审专家抽取、评标结果公示、异议投诉、中标结果公告等招标投标活动的相关程序，但涉及国家秘密的招标项目除外。

2）工程、货物、服务招标项目。对于不属于机电产品国际招标项目的工程、货物、服务招标项目，项目实施单位应按照当地行政机关的要求，在当地公共资源交易中心或者其他平台开展招标投标活动。

（4）外资贷款项目招标采购行政监督

根据《关于国务院有关部门实施招标投标活动行政监督的职责分工的意见》的规定，商务部负责对外资贷款项目的机电产品国际招标进行监督，工业和信息化、水利、交通、铁道、民航、住房和城乡建设等行业主管部门对外资贷款项目其他招标投标进行监督。

11.2.3 国际金融组织贷款项目招标采购的特殊要求

不同贷款机构对于外资贷款项目采购规则、采购程序的规定各不相同。以下为不同国际金融组织关于招标采购相同的规定。

（1）采购方式

国际金融组织贷款项目的采购方式一般包括招标方式和非招标采购方式。招标方式包括国际竞争性招标、有限国际招标和国内竞争性招标。非招标采购方式包括框架协议、询价、直接签订合同等。接下来重点介绍招标方式。

1）国际竞争性招标（International Competitive Bidding，ICB）。国际竞争性招标是国际金融组织贷款项目首选的采购方式。只有在国际竞争性招标不是最合适采购方式的情况下，才可采用其他采购方式。以世界银行向中国提供贷款项目为例，土建工程单个合同估算金额 4000 万美元以上、货物和非咨询服务采购单个合同估算金额 1000 万美元以上采用国际竞争性招标。亚洲开发银行和亚洲基础设施投资银行国际竞争性招标的适用限额标准基本与世界银行相同。

国际竞争性招标是在全球范围内，所有不特定的投标人都可以参加竞争的采购方式。不同贷款机构对投标人的来源国、地区范围有不同的限制。

世界银行和亚洲基础设施投资银行允许所有国家、地区的投标人参加投标，无论该国是否为成员方。亚洲开发银行要求投标人必须是亚洲开发银行的成员方。受联合国制裁的国家或者地区的投标人不得参加国际竞争性招标的投标。

新开发银行要求投标人必须来自新开发银行的成员方。新开发银行的采购遵循借款国的采购规则。

2）有限国际招标（Limited International Bidding，LIB）。有限国际招标与国际竞争性招标相比，对参加的投标人有一定的限制，项目实施单位可以直接邀请投标人投标，类似于我国的邀请招标方式。

有限国际招标适用于投标人数量有限或者有其他例外的理由的情形。有限国际招标不适用国内优惠政策，其他程序均与国际竞争性招标相同。

3）国内竞争性招标（National Competitive Bidding，NCB）。国内竞争性招标是面向借款国国内市场进行的招标。但是，如果国外投标人希望参加国内竞争性招标，项目实施单位也应允许其按照适用于国内投标人的同等条件参加投标。采用国内竞争性招标需要获得贷款机构的同意，且招标采购的基本原则和程序须符合贷款机构的要求。

（2）标段或者标包划分

国际金融组织贷款项目的标段或者标包一般按工程、货物和非咨询服务进行划分，一个贷款项目的标段或者标包通常可达 10～30 个之多。德国、法国等外国政府贷款项目常常要求将多种产品打包采购，一个招标项目的标段或者标包数量通常不超过 5 个。

（3）招标方法

国际金融组织贷款项目招标按照竞争范围分为国际竞争性招标、有限国际招标和国内竞争性招标。招标程序还可以有以下各种变化，主要包括：

1）一阶段招标。世界银行和亚洲开发银行贷款项目招标大多数采用一阶段招标，包括一阶段单信封和一阶段双信封。

2）两阶段招标。对于交钥匙合同或者大型复杂设施、特殊性质的土建工程或者非咨询服务、复杂的信息与通信技术的项目，如果项目实施单位不能事先编制完整的技术规范，可以采用两阶段招标，即第一阶段先要求投标人提交不带报价的技术建议书。这些建议书根据概念设计或者性能规范编制，可以通过技术与商务的澄清进行调整。在第一阶段中的技术建议书澄清之后，根据需要发布修改后的招标文件。第二阶段要求投标人提交最终的技术建议书和带报价的投标书。一般第一阶段的技术建议书可随附密封的财务建议书，在技术规范定稿后，修改后的技术建议书将和经修订的财务建议书一起提交。

3）多阶段招标。亚洲基础设施投资银行采购规则中包括了多阶段招标程序，项目实施单位首先邀请投标人提交基于概念设计或者性能规格的未定价的技术建议书，根据技术和商务澄清以及调整修改的招标文件，在随后的阶段提交最终技术建议书和最终报价。

4）其他招标方法。招标还可配合采用资格预审、竞争性对话、顺序谈判、最佳及最终报价（BAFO）、综合评估等方法或者程序进行。

（4）采购公告

国际金融组织贷款项目的采购公告包括总采购公告（General Procurement Notice，GPN）和具体采购公告（Specific Procurement Notice，SPN）。

1）总采购公告。世界银行和亚洲基础设施投资银行贷款项目需要在联合国发展商业报网站（UNDB Online）和银行的外部网站上发布总采购公告。总采购公告的内容包含以下内容：

①项目实施单位名称。

②贷款的目的、金额。

③采购计划中采购的范围。

④项目实施单位的联系地址。

⑤刊登具体采购公告的网站地址。

⑥具体采购的日期。

亚洲开发银行贷款项目要求在银行的贷款月报和外部网站上刊登总采购公告。

2）具体采购公告。项目实施单位应在媒体或者网站上发布具体采购公告。具体采购公告就是招标公告。对于国际竞争性招标项目，项目实施单位还应在联合国发展商业报网站上、一份广泛流通的国际报纸上、贷款机构的外部网站上同时发布特定采购通知。

国际金融组织贷款项目采购公告的国内信息发布媒介为中国招标投标公共服务平台（世界银行、亚洲开发银行、亚洲基础设施投资银行专区）。机电产品国际招标项目还应在中国国际招标网发布公告。除中国招标投标公共服务平台外，项目实施单位也可以同时将公告发布在地方平台（即地方电子招标投标公共服务平台、公共资源交易平台）。

（5）招标文件编制

世界银行、亚洲开发银行、亚洲基础设施投资银行均制定了各种标准招标文件（SBD）和标准采购文件（SPD），并在贷款机构外部网站公布。根据贷款机构的采购规则，国际竞争性招标均应使用贷款机构制定的标准招标文件。对于国内竞争性招标项目，项目实施单位可以自行编制招标文件，征得贷款机构“不反对”意见后在具体项目中采用。

（6）招标文件发售

国际金融组织贷款项目只允许收取招标文件工本费，即补偿印刷和邮寄的成本，不允许发售价格过高；发售时不需要事先报名、出示资质证书，不进行资格审查，只需要登记和签名。投标人也可以通过邮寄购买招标文件。项目实施单位不应限制投标人购买招标文件的时间，招标文件发售期从发布招标公告之日起一直到投标截止日期止。

（7）投标截止时间

国际竞争性招标和有限国际招标的投标截止时间，自招标公告发布之日起或者发售招标文件之日起（以时间晚者为准），一般不少于30个工作日，以便投标人能够有充分的时间对项目现场勘察，进行市场调研，充分选择和安排联合体、分包商、制造商、供应商等，以保证项目招标投标的质量。如果项目实施单位对已经发出的招标文件进行修改或者澄清，应当以书面的形式发给所有购买招标文件的潜在投标人。如有必要，提交投标文件的截止时间应适当顺延。

对于国内竞争性招标，经贷款机构出具不反对意见后，一般为 20～30 天。

(8) 开标

开标程序取决于采用的是一阶段还是两阶段，单信封还是双信封的招标程序。

采用一阶段单信封程序时，开标时间需要与接收投标书的截止时间一致或者紧随其后，并在招标文件中作出规定。开标需要公开进行，允许投标人或者其代表现场出席或者采用电子招标时在线出席。开标时，项目实施单位需要宣读投标人的名称、每个投标的总金额、降价函、保证金或者投标保函是否提交等情况，并记录开标过程中的异常情况。开标记录需要报送贷款机构，并应提供给所有投标人。

项目实施单位在截止时间之后收到的投标裁定以及没有在开标时开启并宣读的投标，将不予考虑。项目实施单位可使用贷款机构同意的在线开标网络系统进行电子投标和开标。

采用一阶段双信封程序时，投标书的技术部分和财务部分分别装在不同信封中同时提交。技术标书首先被开启，确定对招标文件的响应性。只有技术标书具有响应性的投标，其财务标书才会被开启并进行评标和比较。技术标书不具有响应性的投标，其财务标书不予开启并立即原封退还。

国际竞争性招标和国内竞争性招标的投标人数量不足 3 个时仍应开标。

(9) 联合体投标

潜在投标人可以独立投标或者组成联合体投标。项目实施单位不能强制要求潜在投标人组成联合体或者限制潜在投标人自由组成联合体进行投标。联合体投标的，联合体的所有成员都应在联合体共同投标协议上签字并共同和分别承担责任。

潜在投标人作为联合体成员，不得再单独投标。

(10) 投标保证金

投标保证金的有效期一般比投标有效期长 28 天。项目实施单位与中标人签订合同、中标人提交履约保证金后，应退还中标人和未中标人的投标保证金。投标保证金可以采用银行或者金融机构出具的投标担保。

如果投标人中标后拒不签订合同，其投标保证金将不予退还。

联合体投标的，投标保证金必须以联合体全部成员的名义提交。投标保证金具体数额应在招标文件中明确。

(11) 标底和投标限价

对于国际金融组织贷款项目，贷款机构不要求项目实施单位设标底，但项目实施单位应编制采购估算。采购估算不作为评标和中标的依据。项目实施单位不得设置最低和最高投标限价，不得限制投标人竞争。对于异常低价的投标，依据贷款机构的相关规定进行处理。

(12) 多标段或者标包投标

国际金融组织贷款项目的招标常常是多个标段或者标包一次性招标。如果一个招标项目包含多个标段或者标包，投标人可以投报的标段或者标包数量不受限制，可以投报一个，也可以投报数个；对于多个标段或者标包的投标，项目实施单位可以规定如果投标人中标多个标段或者标包，需要具备叠加的经验、技术能力、财务资源以及人员和设备要求，以此作为最终中标多个标段或者标包投标的条件和要求。

（13）评标

国际金融组织贷款项目评标方法包括最低评标价法和综合评估法。货物评标可以考虑的因素包括到项目现场的内陆运输和保险费用、付款时间、完成建造或交付的时间、运营和维护成本、设备的效率和兼容性、性能和质量、环境效益、服务和备件的可用性，以及对细微偏差的调整。

评标结束后，项目实施单位应向贷款机构提交评标报告。评标报告为中英文版本，说明评标过程、评标结果以及授予合同的建议。经贷款机构同意后，项目实施单位可向中标人授予合同。

（14）拒绝所有投标

如果项目实施单位认为投标缺乏有效竞争、所有投标未实质性响应招标文件的要求、投标价格大大高于成本估算或者预算、全部技术建议书的得分均低于最低技术合格的分数，项目实施单位可以拒绝全部投标。但是否缺乏竞争性，不应仅仅以投标人的数量来确定。如果招标公告发布后，招标公告发布媒体、投标截止时间、招标内容均符合要求，资格条件不苛刻，投标人所报的价格与市场价格相比合理，即使只有一份投标文件，招标过程也可以被认为有效，可以授予中标书及合同。

（15）处理异常低价的投标

异常低价的投标指的是与招标范围、方法、技术解决方案和时间表相关的价格低至不合理，以至于引起了项目实施单位对投标人履行合同能力的担忧。

项目实施单位应要求投标人进行书面说明，以消除其担忧。在对投标人的书面说明进行评估后，项目实施单位可以经贷款机构同意后作出接受投标、要求增加投标人的履约保证金数额或者拒绝投标的决定。

（16）错误采购的处理

以下情形被贷款机构认为是错误采购：

1）采购不符合贷款协议的规定。

2）因项目实施单位的错误或者延误导致最适合的投标人无法被授予合同。

3）投标被不正当地拒绝。

4）项目实施单位存在腐败和/或欺诈。

贷款机构不对错误采购的合同提供贷款资金。如果在事后审查中发现错误采购，贷款机构将要求项目实施单位退回已经支付的资金。

（17）评标结果公示

项目实施单位应先将评标报告和评标结果报送贷款机构，在收到贷款机构出具的不反对意见函后，在国内指定媒介或者网站进行公示。

项目实施单位应根据贷款机构的要求进行合同授予公示，包括中标合同的描述、中标人的名称和国籍、合同价格等。

（18）贷款机构审核管理要求

贷款机构根据其采购政策和采购规则，对招标过程中的关键环节进行审核，包括采购战略、采购计划、招标文件、招标文件补遗、评标报告、采购合同、合同变更等。对于需要前审的合同，需要经过贷款机构审核并出具不反对意见函后，才可进行下一步程序。

11.2.4　外国政府贷款项目招标采购的特殊规定

（1）采购贷款国货物的规定

外国政府贷款项目通常要求项目实施单位应采购一定比例的贷款国货物。近年来，外国政府贷款项目要求采购贷款国货物的规定逐渐弱化。德国和法国都不再规定采购贷款国货物的具体比例，只要求招标人充分考虑贷款国的技术优势和贸易机会，尽量采购贷款国的技术和产品的原则性规定。

（2）投标人的国籍

德国和法国的贷款项目不限制投标人的国籍，但受到相关制裁和处罚以及国际禁运的国家和地区除外。

（3）税收政策

我国对外国政府贷款项目中的进口产品实行税收减免，免征进口关税和进口环节增值税。但在《外商投资项目不予免税的进口商品目录》中的不予减免。

（4）招标公告发布

外国政府贷款项目的招标公告应在中国国际招标网、中国招标投标公共服务平台，以及地方公共资源交易平台等国家规定的媒介或者网站发布。如果贷款国有要求，招标公告还应在其指定的媒介上发布。德国政府贷款项目的招标公告要求在德国 GTAI 网站发布，法国政府贷款项目的招标公告要求在 dgMarket 网站发布。

（5）招标文件编制

外国政府贷款项目的贷款机构一般都制定标准招标文件。项目实施单位应按照标准招标文件，结合招标项目的特点进行编制，并兼顾好贷款机构和我国招标投标行政监督部门的规定和要求。

以色列政府贷款项目的贷款机构没有制定标准招标文件，项目实施单位可以参照国际金融组织的标准招标文件或者商务部制定的机电产品国际招标标准文本编制招标文件。编制招标文件时应加入中国和以色列政府贷款协定中有关采购的相关条款和要求。

（6）投标截止时间

投标文件提交时间一般是从发布招标公告文件出售时间起 21 天或者 42 天，且在此期间潜在投标人可以随时购买招标文件。

（7）评标价格计算范围

外国政府贷款项目的贷款资金不得用于支付国内有关税费。在计算评标价时，评标价不得包括进口环节费用（进口关税、进口环节增值税等），也不考虑国内中标人的出口退税税费。

（8）评标

外国政府贷款项目的贷款机构对评标委员会的组成没有具体规定，项目实施单位应按照《招标投标法》的规定组建评标委员会。评标委员会评标结束后，按照贷款机构的评标报告格式范本编写评标报告。评标报告需要用中英文编写，评标报告经过贷款机构审查批准后，进行评标结果公示。

(9) 中标候选人公示

对于德国和法国政府贷款项目，在贷款机构出具不反对意见函后，项目实施单位方可在国内相应网站或者平台进行中标候选人公示。以色列政府贷款项目不需要报送评标报告，可以直接进行公示。

中标候选人公示后无异议的，项目实施单位可以向中标人发出中标通知书。

(10) 采购合同签订和生效执行

采购合同需要严格遵守资金申请报告及招标文件等的相关规定，签订的合同需要经贷款机构审批或备案后才能生效执行。

在采购合同执行过程中，贷款机构会进行年度或者中期进度检查；在采购合同完成所有提款后，贷款机构将对项目实地进行最终评价。

(11) 贷款机构对招标采购过程的审核管理

贷款机构对贷款项目招标采购过程的审核管理内容各不相同。贷款机构通常会对贷款项目的采购计划、资格预审文件、招标文件、评标报告、采购合同、合同更改等关键文件进行审核管理。

11.2.5 外资贷款项目咨询服务采购

(1) 咨询服务的概念

咨询服务是指知识性服务，如策划、鉴定、项目准备、尽职调查、评估、政策和技术咨询、财务服务、采购服务、可行性研究、审计、监理、社会和环境影响评价等。提供咨询服务的机构包括咨询公司、工程公司、管理公司、采购代理、审计事务所、大学、研究机构、非政府组织以及个人身份的咨询顾问等。

(2) 咨询服务的采购方式

咨询服务的采购方式为遴选，包括基于质量和成本的选择（QCBS）、基于质量的选择（QBS）、基于资格的选择（CQS）、基于固定费用的选择（FBS）、基于最低费用的选择（LCS）等方法。基于质量和成本的选择是最常用的采购方式。

(3) 基于质量和成本的选择遴选程序

1）项目实施单位提出咨询服务任务大纲。任务大纲应明确需要咨询机构完成的具体工作任务。

2）项目实施单位编制征询文件。项目实施单位根据咨询服务任务大纲编制征询文件。征询文件内容包括咨询服务任务大纲、遴选程序、评审因素和评审方法、咨询服务合同格式等。在评审因素中，技术方案的权重一般应为80%～90%，财务方案的权重一般为10%～20%。

3）项目实施单位发布意向征询公告，邀请贷款机构提供的短名单中的咨询机构参加竞争。

4）项目实施单位向参加竞争的咨询机构发出征询文件。

5）咨询机构向项目实施单位提交技术建议书和财务建议书。

6）评审。咨询服务一般采用两阶段评审。项目实施单位先对技术建议书进行评审。技术建议书评审结束后，公开开启财务建议书，宣布咨询机构名称、技术得分和报价。按照征询文件规定的方法进行评审排序。

11.2.6　外资贷款项目争议处理

(1) 外资贷款项目异议和投诉处理的主体

外资贷款项目的贷款机构对外资贷款项目采购的重要材料，如招标文件、评标报告等采用出具“不反对意见函”的形式进行管控，但是贷款机构不对项目实施单位采购过程是否合法合规承担责任，也不参与对外资贷款项目异议和投诉的处理。当外资贷款项目采购程序不符合贷款机构采购规则时，或者采购程序不符合贷款机构采购规则导致投标人提出异议投诉时，贷款机构可能认定项目实施单位实施了错误采购。对于错误采购的合同，贷款机构不予提供资金。

外资贷款项目招标程序违反《招标投标法》规定的，由国内招标投标行政监督部门进行监督处理。投标人提出的异议由项目实施单位处理，投标人的投诉由招标投标行政监督部门处理。

(2) 外资贷款项目异议处理

项目实施单位在完成外资贷款项目评标工作后，应遵循先外后内的原则，先将评标报告和评标结果报送贷款机构；在收到贷款机构出具的不反对意见函后，再在国内指定媒介或网站进行公示。

投标人认为采购程序不符合贷款机构规则而对评标结果提出异议的，项目实施单位应按照贷款机构的异议处理指南，在规定的时间内客观、及时、公平、透明地解决问题，按要求向贷款机构提供所有相关的信息与文件，并在监测系统中记录。如果异议处理的结果改变了评标结果，需要及时报送贷款机构沟通协商并获得贷款机构的不反对意见后再发出中标通知书。

(3) 外资贷款项目投诉处理

外资贷款项目招标程序违反《招标投标法》规定的，投标人可以向国内招标投标行政监督部门进行投诉。《招标投标法》规定，使用国际组织或者外国政府贷款、援助资金的项目进行招标，贷款方、资金提供方对招标投标的具体条件和程序有不同规定的，可以适用其规定，但违背中华人民共和国的社会公共利益的除外。行政监督部门对于应适用《招标投标法》，但项目实施单位违反规定的行为予以处罚。

(4) 外资贷款项目仲裁和诉讼

投标人与项目实施单位因外资贷款项目招标投标引起的民事争议还可以通过仲裁或者诉讼解决。投标人为外国法人的，仲裁和诉讼的地点应按照贷款规则确定。

11.2.7　外资贷款招标项目与国内资金招标项目的比较

外资贷款招标项目与国内资金招标项目有很多不同之处，见表 11-3。

表 11-3　外资贷款招标项目与国内资金招标项目比较一览表

序号	比较内容	外资贷款招标项目	国内资金招标项目
1	招标依据	贷款机构的采购规则和贷款协议	《招标投标法》及其实施条例
2	采购原则	竞争、公平、透明、道德、经济效率和可持续性原则	公开、公平、公正、诚实信用原则

（续）

序号	比较内容	外资贷款招标项目	国内资金招标项目
3	国内优惠政策	借款国是发展中国家的，评标时可以享受国内优惠条款	无
4	管理要求	采购战略、采购计划、采购方式、招标文件、评标报告、采购合同等需要报贷款机构审批	招标方案需要事先审批或者核准；确定中标人之日起 15 日内上报招标投标情况的书面报告
5	招标文件审批	招标文件经贷款机构批准后才可对外发出	没相关要求
6	是否使用标准招标文件	要求使用标准招标文件	要求使用标准招标文件
7	招标文件语言	英文	中文，或者中英文对照
8	投标货币	美元、欧元，或者人民币	人民币，或者美元、欧元
9	货物工程招标方式	国际竞争性招标、有限国际招标、国内竞争性招标	公开招标、邀请招标
10	咨询服务的采购方式	遴选，包括基于质量和成本的选择（QCBS）、基于质量的选择（QBS）、基于固定费用的选择（FBS）、基于最低费用的选择（LCS）、基于资格的选择（CQS）、单一来源选择和单个专家选择	公开招标、邀请招标
11	发布公告的媒介	贷款机构官网、中国招标投标公共服务平台、中国国际招标网（机电产品国际招标项目）	中国招标投标公共服务平台、省级招标投标公共服务平台
12	出售招标文件的时间	开标前的任何时间均可以购买	可以规定招标文件的出售时间，但发售期不得少于 5 日
13	投标截止时间	国内竞争性招标一般为 20～30 天，国际竞争性招标至少为 30 个工作日	不得少于 20 日
14	投标保证金	一般为预算合同价的 1%～2%	不得超过合同估算价的 2%
15	投标保证金有效期	比投标有效期延长 28 天	与投标有效期相同
16	评标委员会的组成	没有规定	5 人以上的单数，其中技术、经济等方面的专家不得少于成员总数的 2/3
17	投标人不足 3 家时的做法	可以开标、评标	不得开标
18	开标后的澄清	允许对形式偏差的内容，如资质证书、业绩证明等支撑性材料缺失，进行澄清并予以补充	不允许对资格条件和实质性内容进行澄清和补充
19	公示评标结果	在评标结束后完成中英文评标报告，报送贷款机构出具不反对意见函后，在国内网站或者平台公布全部投标人和中标人的名称和价格及未中标原因	招标人应当自收到评标报告之日起 3 日内公示中标候选人，公示期不得少于 3 日；对中标结果进行公示
20	招标代理服务费	招标人支付	招标人支付或者中标人支付

第 12 章　争议与救济

在招标采购活动中，可能有多种内外部原因造成招标采购当事人之间或者其与监督管理部门之间发生采购争议。及时有效地解决采购争议，对招标采购活动的顺利开展具有非常重要的意义。

12.1　争议与救济概述

12.1.1　采购争议与救济的定义

（1）采购争议

采购争议是指在采购活动中，民事主体之间或者民事主体与行政主体之间的权益纠纷。

采购民事主体是指采购活动的参加人，包括采购当事人和其他参加人。采购当事人包括采购人、采购人委托的采购代理机构、供应商；其他参加人包括评审专家、专业咨询人员，以及与采购活动有关的第三人等。

行政主体是指负责采购活动行政监督的行政机关及其授权机构、法律法规授权的具有管理公共事务职能的组织。

（2）救济

救济是指当法律关系主体的合法权益受到侵害时，获得恢复和补救的法律制度。在采购活动中，当采购当事人的权利受到损害时，采购当事人可以按照法律规定的方式和渠道寻求救济。

救济的方式包括异议（或质疑）、投诉、行政复议、行政诉讼、民事仲裁和民事诉讼等。

12.1.2　采购争议的分类

采购争议按采购方式的不同可分为招标方式争议和非招标方式争议两种类型；按发生争议的性质的不同可分为民事争议和行政争议两种类型，其中民事争议是采购民事主体之间的争议，行政争议是采购民事主体与行政主体之间的争议。

（1）民事争议

1）招标方式采购民事争议。鼓励采用专业机构调解方式解决争议。招标属于缔约性、竞争性民事法律行为。招标人与潜在投标人、投标人或者其他利害关系人因没有依法行使权利、履行义务或者对其他当事主体的合法利益造成损害而引发的争议属于民事争议，主要包括针对资格预审文件、招标文件的争议，招标程序的争议，评标结果和中标结果的争议以及其他民事侵权争议。

2）非招标方式供应商民事争议。采购人与供应商等经营主体因在非招标方式采购活动中没有依法行使权利、履行义务或者对其他当事主体的合法利益造成损害而引发的争议也属于民事争议。非招标方式民事争议与招标方式民事争议无本质上的区别，一是二者均是平等民事主体之间的争议；二是二者均是涉及采购文件、采购程序、采购结果或者其他民事侵权的争议。

(2) 行政争议

行政争议是指在采购活动中，民事主体与行政主体之间因权益问题而发生的纠纷。这种争议主要围绕采购活动的合规性、公平性、公正性以及行政监督的合法性等方面展开。

12.1.3 民事争议的救济

民事争议的救济方式主要有异议、投诉、仲裁、民事诉讼以及其他方式。

民事争议因其争议内容不同，救济的程序也有所不同。《招标投标法》《招标投标法实施条例》对招标文件、招标程序、评标结果和中标结果争议的表达和救济程序都有相应规定，争议各方应当遵守这些规定；对于其他采购活动的民事争议，采购当事人可以参考国家标准《电子采购交易规范 非招标方式》（GB/T 43711—2024）的规定，结合项目特点选择方便解决争议的途径，也可以直接提起民事诉讼。

12.1.4 行政争议的救济

行政争议的救济方式主要有行政复议和行政诉讼两种方式。

行政复议和行政诉讼是国家为了保护民事主体的权益而设置的行政和司法救济手段。民事主体可以充分利用行政复议和行政诉讼来保护自身合法权益。

当发生行政争议时，除法律法规规定必须先申请行政复议的以外，民事主体可以自主选择申请行政复议，还是提请行政诉讼。但是，如果民事主体已经向行政复议机关提出行政复议申请，并且行政复议机关已经依法受理，则在法定行政复议期限内不得向人民法院提起行政诉讼。如果民事主体对行政复议机关的决定不服，除法律规定行政复议决定为最终裁决的以外，可以依照《行政诉讼法》的规定向人民法院提起行政诉讼。

民事主体向人民法院提起行政诉讼，人民法院已经依法受理的，不得申请行政复议。

12.2 异议与质疑概述

异议与质疑的法律性质、程序相近，分别适用招标采购和政府采购。

12.2.1 招标方式采购的异议

(1) 异议当事人

异议当事人有异议人和被异议人。异议人是指有权向招标人提出异议的潜在投标人、投标人或者其他利害关系人。被异议人是指招标人。

(2) 异议内容

异议内容包括潜在投标人、投标人和其他利害关系人认为资格预审文件、招标文件、招标程序、评标结果和中标结果等不符合招标投标法律法规的有关规定，使得自己的合法权益受到损害。

(3) 法定异议与答复的时限

1）对资格预审文件或者招标文件的异议与答复。异议人对资格预审文件有异议的，应当在提交资格预审申请文件截止时间 2 日前提出；对招标文件有异议的，应当在投标截止时间 10 日前提出。招标人应当自收到异议之日起 3 日内作出答复；作出答复前，应当暂停招标投标活动。

2）对开标的异议与答复。异议人对开标有异议的，应当在开标现场或者通过开标工具向招标人提出，招标人应当当场或者在线作出答复，并制作记录。

3）对评标结果的异议与答复。异议人对依法必须招标的项目的评标结果有异议的，应当在中标候选人公示期间提出。招标人应当自收到异议之日起 3 日内作出答复；作出答复前，应当暂停招标投标活动。

4）对其他内容的异议与答复。异议人对资格预审文件、招标文件、开标和评标结果以外的内容提出异议的，招标投标有关法律法规没有规定提出异议与答复的时限要求，但为了及时解决争议，提高效率，异议人应尽快向招标人提出，招标人尽快答复。

(4) 异议与答复的形式

对于传统的纸质招标，法律法规未对其异议和答复的形式进行统一要求。为保障异议的可追溯性，国家发展改革委会同国务院有关行政监督部门制定的标准文件规定对资格预审文件、招标文件和评标结果提出异议的，应当采用书面形式。在实务中，除对开标提出异议外，其他异议的提出和答复应尽可能采用书面形式。

采用电子招标的，潜在投标人、投标人或者其他利害关系人依法对资格预审文件、招标文件、开标和评标结果提出异议，或者异议人撤回异议以及招标人答复，均应当通过电子交易平台进行。

(5) 机电产品国际招标项目的特殊规定

1）提出异议。异议人向招标人提出异议的，应当将异议内容上传至中国国际招标网。

2）异议答复。招标人应当将对招标文件、评标结果的异议答复内容上传至中国国际招标网；招标人应当将在开标现场当场对异议作出答复的记录，在开标后 3 个工作日内上传至中国国际招标网存档。

若机电产品国际招标项目采用电子招标，且选用的电子交易平台已与中国国际招标网全面对接，上述异议与答复均通过该电子交易平台进行，视为已上传至中国国际招标网。

12.2.2 非招标方式采购的异议

(1) 异议当事人

异议当事人有异议人和被异议人。法律法规并未对此类采购的异议当事人进行明确。《电子采购交易规范 非招标方式》规定，有权提出异议的主体仅限于参加本项目采购活动的供应商，不包括利害关系人，即异议人为参加本项目采购活动的供应商。被异议人是采购人。

(2) 异议内容和渠道

供应商对采购文件、采购过程及采购结果有异议的，应通过采购文件规定的渠道窗口向采购人提交。采用电子化方式采购的，应采用线上提交。

(3) 异议与答复时限

法律法规和国家标准没有提出明确的时限要求。采购人根据采购项目特点在采购文件中事先规定提出异议和答复异议的时限。

12.2.3 政府采购的质疑

在政府采购活动中，当供应商与采购人（含采购代理机构，下同）之间就采购项目产生争议时，应当先向采购人提出质疑。采购人可以在采购文件中要求供应商在法定质疑期内一次性提出针对同一采购程序环节的质疑。

（1）质疑提出

《政府采购法》第五十二条规定，供应商认为采购文件、采购过程和中标、成交结果使自己的权益受到损害的，可以在知道或者应知其权益受到损害之日起七个工作日内，以书面形式向采购人提出质疑。供应商提出质疑应符合以下要求：

1）主体资格。提出质疑的供应商（以下简称质疑供应商）应当是参与所质疑项目采购活动的供应商。有权对采购文件（包括资格预审文件、招标文件、谈判文件、磋商文件、询价通知书、框架协议采购征集文件、研发谈判文件等）提出质疑的，应该是已经依法获取采购文件的潜在供应商。

2）内容限制。供应商应当是认为采购文件、采购过程和中标、成交结果使自己的权益受到损害的，而不是其他内容。

3）时限要求。质疑供应商应当在知道或者应知其权益受到损害之日起七个工作日内提出质疑。此处的应知其权益受到损害之日是指：对可以质疑的采购文件提出质疑的，为收到采购文件之日或者采购文件公告期限届满之日；对采购过程提出质疑的，为各采购程序环节结束之日；对中标、成交（框架协议采购入围）结果提出质疑的，为中标、成交（框架协议采购入围）结果公告期限届满之日。

4）形式要求。供应商应当以书面形式或者在线电子形式向采购人提出质疑。供应商提出质疑应当提交质疑函和必要的证明材料。质疑函应当包括下列内容：

①供应商的名称、地址、邮编、联系人及联系电话。

②质疑项目的名称、编号。

③具体、明确的质疑事项和与质疑事项相关的请求。

④事实依据。

⑤必要的法律依据。

⑥提出质疑的日期。

供应商为自然人的，应当由本人签字；供应商为法人或者其他组织的，应当由法定代表人、主要负责人，或者其授权代表签字或者盖章，并加盖公章。

（2）质疑处理

采购人不得拒收质疑供应商在法定质疑期内发出的质疑函，应当在收到质疑函后七个工作日内作出答复，并以书面形式或者在线电子形式通知质疑供应商和其他有关供应商。供应商对评审过程、中标或者成交结果提出质疑的，采购人可组织原评审小组协助答复质疑。质疑答复的内容不得涉及商业秘密。

质疑答复应当包括下列内容：

①质疑供应商的姓名或者名称。

②收到质疑函的日期、质疑项目名称及编号。

③质疑事项、质疑答复的具体内容、事实依据和法律依据。

④告知质疑供应商依法投诉的权利。

⑤质疑答复人名称。

⑥答复质疑的日期。

采购人认为供应商质疑不成立，或者成立但未对中标、成交结果构成影响的，继续开展采购活动；认为供应商质疑成立且影响或者可能影响中标、成交结果的，按照下列情况处理：

①对采购文件提出的质疑，依法通过澄清或者修改可以继续开展采购活动的，澄清或者修改采购文件后继续开展采购活动；否则应当修改采购文件后重新开展采购活动。

②对采购过程、中标或者成交结果提出的质疑，合格供应商符合法定数量时，可以从合格的中标或者成交候选人中另行确定中标、成交供应商的，应当依法另行确定中标、成交供应商；否则应当重新开展采购活动。

质疑答复导致中标、成交结果改变的，采购人或者采购代理机构应当将有关情况以法定形式报告本级财政部门。

12.3　投诉概述

投诉是指供应商和其他利害关系人认为采购活动不符合法律、法规和规章的规定，依法向有关行政监督部门提出意见并要求相关主体改正的行为。

12.3.1　工程建设项目招标投标的投诉

工程建设项目招标投标的投诉及其处理主要适用《招标投标法》及其实施条例和《工程建设项目招标投标活动投诉处理办法》的有关规定。

（1）投诉人与投诉受理主体

1）投诉人。有权提起投诉的主体是潜在投标人、投标人或者其他利害关系人。投诉人可以自己提起投诉，也可以委托代理人办理投诉事宜。

2）投诉受理主体。投诉受理主体是招标投标活动的行政监督部门。各级发展改革、工业和信息化、住房城乡建设、水利、交通运输等招标投标活动行政监督部门，依照国务院和地方各级人民政府规定的职责分工，受理投诉并依法作出处理决定。县级以上地方人民政府对其所属部门有关招标投标投诉处理的监督职责分工另有规定的，从其规定。

投诉人就同一事项向两个以上有权受理的行政监督部门投诉的，由最先收到投诉的行政监督部门负责处理。

（2）投诉要求

1）异议前置事项。《招标投标法实施条例》规定，就资格预审文件、招标文件、开标和评标结果提起投诉的，应当先向招标人提出异议。

2）时限。投诉人认为招标投标活动不符合招标投标法律法规有关规定的，可以自知道或者应当知道之日起 10 日内向有关行政监督部门投诉。依照有关规定应当先向招标人提出异议的投诉事项，异议答复期间不计算在内。

3）投诉书。投诉人投诉时，应当提交投诉书。投诉应当有明确的请求和必要的证明材料。投诉书应当包括下列内容：

①投诉人的名称、地址及有效联系方式。

②被投诉人的名称、地址及有效联系方式。

③投诉事项的基本事实。

④相关请求及主张。

⑤有效线索和相关证明材料。

投诉人是法人的，投诉书必须由其法定代表人或者授权代表签字并盖章；其他组织或者自然人投诉的，投诉书必须由其主要负责人或者投诉人本人签字，并附有效身份证明复印件。投诉书有关材料是外文的，投诉人应当同时提供其中文译本。

代理人办理投诉事宜时，应将授权委托书连同投诉书一并提交给行政监督部门。授权委托书应当明确有关委托代理权限和事项。

(3) 投诉的受理

行政监督部门应当自收到投诉之日起3个工作日内决定是否受理投诉，视情况分别作出以下处理决定：

1）不符合投诉处理条件的，决定不予受理，并将不予受理的理由书面告知投诉人。有下列情形之一的投诉，不予受理：

①投诉人不是所投诉招标投标活动的参与者，或者与投诉项目无任何利害关系。

②投诉事项不具体，且未提供有效线索，难以查证的。

③投诉书未署投诉人真实姓名、签字和有效联系方式的；以法人名义投诉的，投诉书未经法定代表人签字并加盖公章的。

④超过投诉时效的。

⑤已经作出处理决定，并且投诉人没有提出新的证据的。

⑥投诉事项应先提出异议而没有提出异议，已进入行政复议或者行政诉讼程序的。

2）对于符合投诉处理条件，但不属于本部门受理的投诉，书面告知投诉人向其他行政监督部门提起投诉。

3）对于符合投诉处理条件并决定受理的，收到投诉书之日即正式受理。

(4) 投诉的处理

1）关于回避的规定。行政监督部门负责投诉处理的工作人员，有下列情形之一的，应当主动回避：

①近亲属是被投诉人、投诉人，或者是被投诉人、投诉人的主要负责人。

②在近三年内本人曾经在被投诉人单位担任高级管理职务。

③与被投诉人、投诉人有其他利害关系，可能影响对投诉事项公正处理的。

2）对投诉进行调查取证。行政监督部门在进行调查取证时，应当正确行使权力。

①调取、查阅有关文件。行政监督部门处理投诉，应当查阅、复制有关文件、资料，调查有关情况。对情况复杂、涉及面广的重大投诉事项，有权受理投诉的行政监督部门可以会同其他有关的行政监督部门进行联合调查，共同研究后由受理部门作出处理决定。必要时，行政监督部门可以责令暂停招标投标活动。

②询问相关人员。行政监督部门可以对相关人员进行询问，但应当由两名以上行政执法人员进行，并做笔录，交被调查人签字确认。

③听取被投诉人的陈述和申辩。在投诉处理过程中，行政监督部门应当听取被投诉人的陈述和申辩，必要时可通知投诉人和被投诉人进行质证。

④应当遵守保密规定。行政监督部门负责处理投诉的人员应当严格遵守保密规定，对于在投诉处理过程中所接触到的国家秘密、商业秘密应当予以保密，也不得将投诉事项透露给与投诉无关的其他单位和个人。

⑤相关人员的配合义务。对于行政监督部门依法进行的调查，投诉人、被投诉人以及评标委员会成员等与投诉事项有关的当事人应当予以配合，如实提供有关资料及情况，不得拒绝、隐匿或者伪报。

3）对要求撤回投诉的处理。投诉处理决定作出前，投诉人要求撤回投诉的，应当以书面形式或者在线电子形式提出并说明理由，由行政监督部门视以下情况，决定是否准予撤回：

①已经查实有明显违法行为的，应当不准撤回，并继续调查直至作出处理决定。

②撤回投诉不损害国家利益、社会公共利益或者其他当事人合法权益的，应当准予撤回，投诉处理过程终止。投诉人不得以同一事实和理由再提起投诉。

4）投诉处理决定的作出。行政监督部门应当依法对投诉作出处理决定。

①投诉处理时限和通知要求。行政监督部门应当自受理投诉之日起 30 个工作日内作出书面或者在线电子形式的处理决定，并以书面或者在线电子形式通知投诉人、被投诉人和其他与投诉处理结果有关的当事人。需要检验、检测、鉴定、专家评审的，所需时间不计算在内。

②投诉处理决定。行政监督部门应当根据调查和取证情况，对投诉事项进行审查，按照下列规定作出处理决定：

A. 投诉缺乏事实根据或者法律依据的，或者投诉人捏造事实、伪造材料或者以非法手段取得证明材料进行投诉的，驳回投诉。

B. 投诉情况属实，招标投标活动确实存在违法行为的，依据招标投标法及其他有关法规、规章作出处罚。

③投诉处理决定的主要内容。投诉处理决定应当包括下列主要内容：

A. 投诉人和被投诉人的名称、住址。

B. 投诉人的投诉事项及主张。

C. 被投诉人的答辩及请求。

D. 调查认定的基本事实。

E. 行政监督部门的处理意见及依据。

④行政复议和行政诉讼。当事人对行政监督部门的投诉处理决定不服或者行政监督部门逾期未做处理的，可以依法申请行政复议或者向人民法院提起行政诉讼。

⑤处理投诉的费用。行政监督部门在处理投诉的过程中，不得向投诉人和被投诉人收取任何费用。

（5）法律责任

1）被投诉人。行政监督部门在处理投诉的过程中，发现被投诉人单位直接负责的主管人员和其他直接责任人员有违法、违规或者违纪行为的，应当建议其行政主管机关、纪检监察部门给予处分；情节严重构成犯罪的，移送司法机关处理。

2）投诉人。投诉人故意捏造事实、伪造证明材料或者以非法手段取得证明材料进行投诉，给他人造成损失的，依法承担赔偿责任。

3）投诉处理的舆论和公众监督。对于性质恶劣、情节严重的投诉事项，行政监督部门可以将投诉处理结果在有关媒体上公布并共享至发布媒介，接受公众监督。

12.3.2 机电产品国际招标的投诉

机电产品国际招标的投诉及投诉处理主要适用《招标投标法》及其实施条例、《机电产品国际招标投标实施办法（试行）》。

（1）投诉时限

机电产品国际招标项目的投标人或者其他利害关系人对资格预审文件或者招标文件进行投诉的，应当在自领购资格预审文件或者招标文件10日内向相应的主管部门提出；对开标进行投诉的，应当在自开标10日内提出；对评标结果进行投诉的，应当在自评标结果公示结束10日内提出。

（2）投诉程序

投诉人应当在投诉期内在中国国际招标网在线填写投诉书。投诉书应由投诉人单位负责人或者单位负责人授权的人签字并盖章，与单位负责人证明文件及相关材料在投诉期内一并送达相应主管部门。境外投诉人所在企业无印章的，以单位负责人或者单位负责人授权的人签字为准。

1）就异议事项进行投诉的，投诉人应当提供异议和异议答复情况及相关证明材料。

2）投诉人应保证其提出的投诉内容及相应证明材料的真实性及来源的合法性，并承担相应的法律责任。

3）就异议事项投诉的，招标人应当在该项目被网上投诉后3日内，将异议相关材料提交相应的主管部门。

（3）不予受理情形

有下列情形之一的投诉，不予受理：

1）对资格预审文件、招标文件、开标和评标结果的投诉，其投诉内容在提起投诉前未按照规定提出异议的。

2）投诉人不是投标人或者其他利害关系人的。

3）投诉书未按规定签字或者盖章，或者未提供单位负责人证明文件的。

4）没有明确请求的，或者未提供相应证明材料的。

5）涉及招标评标过程的具体细节、其他投标人的商业秘密或者其他投标人的投标文件的具体内容，但未能说明内容真实性和来源合法性的。

6）未在规定期限内在中国国际招标网上提出的。

7）未在规定期限内将投诉书及相关证明材料送达相应主管部门的。

（4）投诉处理

主管部门应当自收到书面或者在线电子形式的投诉书之日起3个工作日内决定是否受理投诉，并将是否受理的决定在中国国际招标网上告知投诉人。主管部门应当自受理投诉之日起30个工作日内作出书面处理决定，并将书面处理决定在中国国际招标网上告知投诉人；需要检验、检测、鉴定、专家评审的，以及监察机关依法对与招标投标活动有关的监察对象实施调查并可能影响投诉处理决定的，所需时间不计算在内。使用国外贷款、援助资金的项目，需要征求资金提供方意见的，所需时间不计算在内。

投诉处理决定作出前，经主管部门同意，投诉人可以撤回投诉。投诉人申请撤回投诉的，应当以书面形式提交给主管部门，并同时在中国国际招标网上提出撤回投诉申请。已经查实投诉内容成立的，投诉人撤回投诉的行为不影响投诉处理决定。投诉人撤回投诉的，不得以同一事实和理由再次进行投诉。

12.3.3 非招标方式采购项目的投诉

1）投诉人。根据国家标准《电子采购交易规范 非招标方式》的规定采用非招标方式采购的，有权提起的投诉人为参加采购活动的供应商，不包括利害关系人。需要注意的是，该标准设定了异议是投诉的前置条件，如果需要引用该国家标准中异议前置的要求，需要将此要求在采购文件中明确。供应商对异议事项未能得到满意答复或者未在采购文件规定的时间内得到答复的，方可投诉。

2）投诉受理主体。对于企业采购投诉受理部门，现行法律法规没有明确的管理规定。采购人应设立独立于采购实施人和采购需求人的监督部门，对采购交易全流程实施合规管理。该监督部门根据企业内部管理制度的规定受理和处理投诉事项。

采购人应当在采购文件中明确告知采购项目的监督部门及其联系方式、投诉渠道、投诉相关要求等信息。对于采用电子化方式采购的项目，采购人应在电子采购交易平台设置监督通道和投诉窗口，或者单独建设电子采购交易监督平台，也可以通过电子招标投标公共服务平台提供的监督通道互联共享至行业或综合行政监督平台。

3）时限。投诉时限由采购人根据企业内控制度或者采购项目的具体情况在采购文件中明确。

4）投诉的形式。一般情况下，采购人应在采购文件中明确投诉的形式，并要求供应商以书面形式提起投诉。采用电子化方式采购的，要求供应商在线提起投诉。

12.3.4 政府采购的投诉

提出质疑的供应商对采购人的答复不满意，或者采购人未在规定时间内作出答复的，可以在答复期满后 15 个工作日内向同级财政部门提起投诉。

（1）提起投诉

1）投诉的前提。投诉人提起投诉应当符合下列条件：

①提起投诉前已依法进行质疑。

②投诉书内容符合《政府采购质疑和投诉办法》的规定。

③在投诉有效期内提起投诉。

④同一投诉事项未经财政部门投诉处理。

⑤财政部规定的其他条件。

供应商投诉的事项不得超出已质疑事项的范围，但基于质疑答复内容提出的投诉事项除外。

供应商未向采购人提出质疑的，不得直接向财政部门提起投诉。

2）投诉的受理部门。供应商投诉按照采购人所属预算级次，由本级财政部门处理。

对于跨区域联合采购项目的投诉，采购人所属预算级次相同的，由采购文件事先约定的财政部门负责处理，事先未约定的，由最先收到投诉的财政部门负责处理；采购人所属预算级次不同的，由预算级次最高的财政部门负责处理。

3）投诉书的内容。供应商投诉时，应当向财政部门提交投诉书和必要的证明材料。投诉书应当包括下列内容：

①投诉人和被投诉人的名称、通信地址、邮编、联系人、联系电话及电子邮箱。

②质疑和质疑答复情况说明及相关证明材料。

③具体、明确的投诉事项和与投诉事项相关的投诉请求。

④事实依据。

⑤法律依据。

⑥提起投诉的日期。

投诉人为自然人的，应当由本人签字；投诉人为法人或者其他组织的，应当由法定代表人、主要负责人（或其授权代表）签字或者盖章，并加盖公章。

以联合体形式参加政府采购活动的，其投诉应当由组成联合体的所有供应商共同提出。

（2）投诉处理

财政部门投诉处理过程主要包括投诉书审查、投诉事项查证处理、作出投诉处理决定等环节。

1）投诉书审查。财政部门收到投诉书后，应当在5个工作日内进行审查，审查后按照下列情况处理：

①投诉书内容不符合《政府采购质疑和投诉办法》第十八条规定的，应当在收到投诉书5个工作日内一次性书面通知投诉人补正。未按照补正期限进行补正或者补正后仍不符合规定的，不予受理。

②投诉不符合《政府采购质疑和投诉办法》第十九条规定条件的，应当在3个工作日内书面告知投诉人不予受理，并说明理由。

③投诉不属于本部门管辖的，应当在3个工作日内书面告知投诉人向有管辖权的部门提起投诉。

④投诉符合规定的，自收到投诉书之日起即为受理，并在收到投诉后8个工作日内向被投诉人和其他与投诉事项有关的当事人发出投诉答复通知书及投诉书副本。相对人应当在收到投诉答复通知书及投诉书副本之日起5个工作日内，以书面形式向财政部门作出说明，并提交相关证据、依据和其他有关材料。

财政部门受理投诉后，投诉人书面申请撤回投诉的，财政部门应当终止投诉处理程序，并书面告知相关当事人。

有下列情形之一的，财政部门应当驳回投诉。

①受理后发现投诉不符合法定受理条件。

②投诉事项缺乏事实依据，投诉事项不成立。

③投诉人捏造事实或者提供虚假材料。

④投诉人以非法手段取得证明材料。证据来源的合法性存在明显疑问，投诉人无法证明其取得方式合法的，视为以非法手段取得证明材料。

2）投诉事项查证处理。财政部门处理投诉事项原则上采用书面审查的方式，必要时可进行调查取证或组织质证，也可根据法律规定或职责权限，委托相关单位或第三方开展调查取证、检验、检测、鉴定。应当由投诉人承担举证责任的投诉事项，投诉人未提供相关证据、依据和其他有关材料的，视为该投诉事项不成立；被投诉人未按照投诉答复通知书要求提交相关证据、依据和其他有关材料的，视同其放弃说明权利，依法承担不利后果。

投诉人对采购文件提起的投诉事项，财政部门经查证属实的，应当认定投诉事项成立。经认定成立的投诉事项不影响采购结果的，继续开展采购活动；影响或者可能影响采购结果的，财政部门按照下列情况处理：

①未确定中标或者成交供应商的，责令重新开展采购活动。

②已确定中标或者成交供应商但尚未签订政府采购合同的，认定中标或者成交结果无效，责令重新开展采购活动。

③政府采购合同已经签订但尚未履行的，撤销合同，责令重新开展采购活动。

④政府采购合同已经履行，给他人造成损失的，相关当事人可依法提起诉讼，由责任人承担赔偿责任。

投诉人对采购过程或者采购结果提起的投诉事项，财政部门经查证属实的，应当认定投诉事项成立。经认定成立的投诉事项不影响采购结果的，继续开展采购活动；影响或者可能影响采购结果的，财政部门按照下列情况处理：

①未确定中标或者成交供应商的，责令重新开展采购活动。

②已确定中标或者成交供应商但尚未签订政府采购合同的，认定中标或者成交结果无效。合格供应商符合法定数量时，可以从合格的中标或者成交候选人中另行确定中标或者成交供应商的，应当要求采购人依法另行确定中标、成交供应商；否则责令重新开展采购活动。

③政府采购合同已经签订但尚未履行的，撤销合同。合格供应商符合法定数量时，可以从合格的中标或者成交候选人中另行确定中标或者成交供应商的，应当要求采购人依法另行确定中标、成交供应商；否则责令重新开展采购活动。

④政府采购合同已经履行，给他人造成损失的，相关当事人可依法提起诉讼，由责任人承担赔偿责任。投诉人对废标行为提起的投诉事项成立的，财政部门应当认定废标行为无效。

3）作出投诉处理决定。财政部门应当自收到投诉之日起 30 个工作日内，对投诉事项作出处理决定。财政部门处理投诉事项，需要检验、检测、鉴定、专家评审以及需要投诉人补正材料的，所需时间不计算在投诉处理期限内。财政部门在处理投诉事项期间，可以视具体情况书面通知采购人暂停采购活动，暂停采购活动时间最长不得超过 30 日。采购人收到暂停采购活动通知后应立即中止采购活动。

财政部门作出处理决定，应当制作投诉处理决定书，并加盖公章。投诉处理决定书应当包括下列内容：

①投诉人和被投诉人的姓名或者名称、通信地址等。

②处理决定查明的事实和相关依据，具体处理决定和法律依据。

③告知相关当事人申请行政复议的权利、行政复议机关和行政复议申请期限，以及提起行政诉讼的权利和起诉期限。

④作出处理决定的日期。

财政部门应当将投诉处理决定书送达投诉人和与投诉事项有关的当事人，并及时将投诉处理结果在省级以上财政部门指定的政府采购信息发布媒体上公告。投诉处理决定书的送达，参照《民事诉讼法》关于送达的规定执行。

12.4 其他救济方式

12.4.1 行政复议

行政复议是指公民、法人或者其他组织认为行政机关所做的行政行为侵犯其合法权益，要求有权机关予以审查，有权机关依法对被申请的行政行为进行审查，并最终作出行政决定的一种纠纷解决方式。

采购民事主体对行政机关所作出的投诉处理决定或者行政处罚不满意，认为侵犯其合法权益的，可以自知道或者应当知道该行政行为之日起 60 日内提出行政复议申请；但是法律规定的申请期限超过 60 日的除外。

采购民事主体依法提出行政复议申请，行政复议机关无正当理由不予受理、驳回申请或者受理后超过行政复议期限不作答复的，申请人有权向上级行政机关反映，上级行政机关应当责令其纠正；必要时，上级行政复议机关可以直接受理。

采购民事主体与行政机关在行政复议决定作出前可以自愿达成和解，和解内容不得损害国家利益、社会公共利益和他人合法权益，不得违反法律、法规的强制性规定。当事人达成和解后，由申请人向行政复议机构撤回行政复议申请。

12.4.2 行政诉讼

行政诉讼是公民、法人或者其他组织认为行政机关或者被授权组织及其工作人员的行政行为侵犯其合法权益，向法院提起诉讼，由法院依法行使行政审判权解决行政争议的活动。

采购民事主体不服行政复议决定的，可以在收到行政复议决定书之日起 15 日内向人民法院提起诉讼。行政复议机关逾期不作决定的，申请人可以在复议期满之日起 15 日内向人民法院提起诉讼。法律另有规定的除外。

采购民事主体可以直接向人民法院提起行政诉讼的，应当自知道或者应当知道作出行政行为之日起 6 个月内提起。

在招标采购中，有下列情形之一的，申请人应当先向行政复议机关申请行政复议，对行政复议决定不服或者行政复议机关逾期不作决定的，可以再依法向人民法院提起行政诉讼：

1）对当场作出的行政处罚决定不服。

2）认为行政机关存在《行政复议法》第十一条规定的未履行法定职责情形。

3）申请政府信息公开，行政机关不予公开。

4）法律、行政法规规定应当向行政复议机关申请行政复议的其他情形。

12.4.3 民事诉讼

民事诉讼实行两审终身制，周期较长。民事诉讼的审判程序主要是第一审普通程序和第二审普通程序。招标投标争议进入民事诉讼后，可以进行调解。

案例 12-1　建设工程异议

某市政府投资新建市政道路工程施工招标项目，招标人于 2023 年 12 月 1 日在法定媒介发布招标公告。在招标投标活动中，出现了如下三项异议：

1）潜在投标人 A 公司认为招标文件要求投标人具有市政公用工程施工总承包一级资质过高，向招标人提出异议，要求招标人按照相关标准将资质改为市政公用工程施工总承包三级以上资质，重新招标。招标人书面答复：虽然招标文件设定的投标人资质条件过高，但是市场上满足招标文件规定资质条件的施工企业较多，不会影响投标竞争。

2）在中标候选人公示期间，某联合体投标人（成员为 B 公司和 C 公司）成员 C 公司向招标人提出异议。招标人以 C 公司并非投标人，也不是该联合体的牵头人，不具备提出异议的资格为由拒收。

3）在中标候选人公示期间，投标人 D 公司对评标结果有异议，向招标人提出，认为评标委员会未按照招标文件规定对投标文件进行评审，应认定评标无效。招标人向排名第一的中标候选人 E 公司发出中标通知书后，以书面形式答复投标人 D 公司提出的异议。

【问题】

招标人上述做法是否妥当并说明理由

【参考答案】

1）招标人答复异议及后续处理不妥。招标人设定的投标人资质等级高于招标项目实际需要的资质等级，该异议成立，而且影响了潜在投标人投标和中标结果。根据《招标投标法实施条例》第二十三条规定，招标人应当在修改资格预审文件或者招标文件后重新招标。

2）招标人拒收 C 公司提出的异议不妥。C 公司虽然不是本招标项目投标人，但其为本招标项目某联合体投标人的成员之一，即本招标项目的利害关系人。根据《招标投标法实施条例》第五十四条第二款规定，C 公司有权在法定异议期内对评标结果提出异议，招标人应当接收异议。

3）招标人在发出中标通知书后再答复异议不妥。根据《招标投标法实施条例》第五十四条第二款规定，招标人应当自收到投标人 D 公司在法定异议期内对评标结果提出的异议之日起 3 日内作出答复；未对投标人 D 公司的异议作出答复前，招标人应当暂停招标投标活动，不得发出中标通知书。

案例 12-2 建设工程投诉受理与处理

为加强公共资源交易监督管理，维护公共资源交易市场秩序，N 市人民政府规定，N 市管辖范围内的各类房屋建筑及其附属设施的建造和与其配套的线路、管道、设备的安装项目和市政工程项目的招标投标活动的监督执法，由 N 市住房和城乡建设局负责。

2023 年，该市多起依法必须招标的工程建设项目被投诉，具体情况如下：

1）事件一：某国有企业办公大楼工程施工招标项目。投标人 A 公司向 N 市国有资产监督管理委员会提起投诉，投诉事项为本项目的招标公告仅在该国有企业自建的门户网站发布，未在法定媒介上发布。N 市国有资产监督管理委员会以其不具备建设工程的招标投标行政监督职责和权限为由，不予受理。

2）事件二：某新建市政道路工程施工招标项目。在中标候选人公示期间，投标人 B 公司向招标人 N 市住房和城乡建设局提出异议，异议事项为评标委员会不按照招标文件规定的评标标准和方法进行评审，导致其投标文件被否决。因投标人 B 公司对异议答复不满，向 N 市住房和城乡建设局提起投诉。N 市住房和城乡建设局以其既是招标人，又是行政监督部门，应当遵循回避原则为由，不予受理。

3）事件三：某公立医院新建住院部大楼工程施工招标项目。排名第一的中标候选人 C 公司主动放弃中标资格，招标人认为确定排名第二的中标候选人 D 公司为中标人，与自己的预期差距较大，所以未按照评标委员会提出的中标候选人名单排序依次确定排名第二的中标候选人 D 公司为中标人，而是选择重新招标，为此，投标人 D 公司依法向 N 市住房和城乡建设局提起投诉。N 市住房和城乡建设局受理投诉，并依法作出投诉处理决定，责令招标人确定排名第二的中标候选人 D 公司为中标人。

【问题】

请指出上述投诉受理与处理是否妥当，并分别说明理由。

【参考答案】

1）事件一，N 市国有资产监督管理委员会不予受理投诉妥当。理由：根据 N 市人民政府的规定，N 市国有资产监督管理委员会并非投诉人投诉事项的行政监督部门，投诉人的投诉事项可根据 N 市人民政府的规定向 N 市住房和城乡建设局主张。

2）事件二，N 市住房和城乡建设局以回避事由不予受理投诉不妥。理由：对该项目的行政监督部门是 N 市住房和城乡建设局法定职责，按照法定职责必须为的原则，N 市住房和城乡建设局不得以需要回避为由，不予受理投诉。但需要注意的是，受理和处理投诉的相关人员不得同时是负责招标的相关人员。

3）事件三，N 市住房和城乡建设局投诉处理决定不妥。根据《工程建设项目施工招标投标办法》第五十八条规定，依次确定其他中标候选人与招标人预期差异较大，或者对招标人明显不利的，招标人可以重新招标。

案例 12-3　招标代理服务费民事诉讼

某国有企业投资新建办公大楼施工招标项目，招标人与招标代理机构签订的招标代理服务协议约定招标代理服务费由中标人支付。招标人在招标文件中规定，中标人向招标代理机构支付招标代理服务费，并明示招标代理服务协议约定的招标代理服务费标准。招标工作完成后，招标代理机构因与中标人未就招标代理服务费支付事宜达成一致意见，遂成讼。

【问题】

招标代理服务费的支付主体是哪方？

【参考答案】

招标代理服务费是指招标代理机构受招标人委托办理招标事宜而因此获得的相应的报酬。按照“谁委托，谁付费”原则，对招标代理服务而言，招标代理机构是债权人，招标人是债务人，所以原则上招标代理服务费由招标人支付。

《民法典》第五百二十三条规定：“当事人约定由第三人向债权人履行债务，第三人不履行债务或者履行债务不符合约定的，债务人应当向债权人承担违约责任。”本案中，招标人与招标代理机构约定招标代理服务费由中标人支付，招标人与招标代理机构订立了《民法典》第五百二十三条规定的“由第三人履行的合同”。

《民法典》第五百二十二条第一款规定：“当事人约定由债务人向第三人履行债务，债务人未向第三人履行债务或者履行债务不符合约定的，应当向债权人承担违约责任。”本案中，招标人在招标文件中规定，中标人按照招标文件载明的招标代理服务费标准向招标代理机构支付招标代理服务费，招标人与中标人订立了《民法典》第五百二十二条规定的“向第三人履行的合同”。

综上所述，本案中标人未按照“向第三人履行合同”的约定向招标代理机构支付招标代理服务费，中标人违约，中标人应当向招标人承担违约责任。同时，按照“由第三人履行合同”的约定，因为中标人未向招标代理机构支付招标代理服务费，所以招标人违约，招标人应当向招标代理机构承担违约责任，支付招标代理服务费。

附录　招标采购相关法律政策文件与标准目录

序号	名称	文号	备注
一、法律法规			
1	《中华人民共和国招标投标法》	国家主席令第 21 号（1999 年公布）	2017 年 12 月 27 日修正，国家主席令第 86 号公布
2	《中华人民共和国政府采购法》	国家主席令第 68 号（2002 年公布）	2014 年 8 月 31 日修正，国家主席令第 14 号公布
3	《中华人民共和国民法典》	国家主席令第 45 号（2020 年公布）	
4	《中华人民共和国建筑法》	国家主席令第 91 号（1997 年公布）	2011 年 4 月 22 日第一次修正，国家主席令第 46 号公布 2019 年 4 月 23 日第二次修正，国家主席令第 29 号公布
5	《中华人民共和国仲裁法》	国家主席令第 31 号（1994 年公布）	2009 年 8 月 27 日第一次修正，国家主席令第 18 号公布 2017 年 9 月 1 日第二次修正，国家主席令第 76 号公布
6	《中华人民共和国公司法》	国家主席令第 16 号（1993 年公布）	1999 年 12 月 25 日第一次修正，国家主席令第 29 号公布 2004 年 8 月 28 日第二次修正，国家主席令第 20 号公布 2005 年 10 月 27 日第一次修订，国家主席令第 42 号公布 2013 年 12 月 28 日第三次修正，国家主席令第 8 号公布 2018 年 10 月 26 日第四次修正，国家主席令第 15 号公布 2023 年 12 月 29 日第二次修订，国家主席令第 15 号公布
7	《中华人民共和国行政处罚法》	国家主席令第 63 号（1996 年公布）	2009 年 8 月 27 日第一次修正，国家主席令第 18 号公布 2017 年 9 月 1 日第二次修正，国家主席令第 76 号公布 2021 年 1 月 22 日修订，国家主席令第 70 号公布
8	《中华人民共和国行政复议法》	国家主席令第 16 号（1999 年公布）	2009 年 8 月 27 日第一次修正，国家主席令第 18 号公布 2017 年 9 月 1 日第二次修正，国家主席令第 76 号公布 2023 年 9 月 1 日修订，国家主席令第 9 号公布

（续）

序号	名称	文号	备注
9	《中华人民共和国行政诉讼法》	国家主席令第 16 号（1989 年公布）	2014 年 11 月 1 日第一次修正，国家主席令第 15 号公布 2017 年 6 月 27 日第二次修正，国家主席令第 71 号公布
10	《中华人民共和国民事诉讼法》	国家主席令第 44 号（1991 年公布）	2007 年 10 月 28 日第一次修正，国家主席令第 75 号公布 2012 年 8 月 31 日第二次修正，国家主席令第 59 号公布 2017 年 6 月 27 日第三次修正，国家主席令第 71 号公布 2021 年 12 月 24 日第四次修正，国家主席令第 106 号公布 2023 年 9 月 1 日第五次修正，国家主席令第 11 号公布
11	《中华人民共和国价格法》	国家主席令第 92 号（1997 年公布）	
12	《中华人民共和国数据安全法》	国家主席令第 84 号（2021 年公布）	
13	《中华人民共和国安全生产法》	国家主席令第 70 号（2002 年公布）	2009 年 8 月 27 日第一次修正，国家主席令第 18 号公布 2014 年 8 月 31 日第二次修正，国家主席令第 13 号公布 2021 年 6 月 10 日第三次修正，国家主席令第 88 号公布
14	《中华人民共和国行政许可法》	国家主席令第 7 号（2003 年公布）	2019 年 4 月 23 日修正，国家主席令第 29 号公布
15	《中华人民共和国电子签名法》	国家主席令第 18 号（2004 年公布）	2015 年 4 月 24 日第一次修正，国家主席令第 24 号公布 2019 年 4 月 23 日第二次修正，国家主席令第 29 号公布
16	《中华人民共和国行政强制法》	国家主席令第 49 号（2011 年公布）	
17	《中华人民共和国网络安全法》	国家主席令第 53 号（2016 年公布）	
18	《中华人民共和国审计法》	国家主席令第 32 号（1994 年公布）	2006 年 2 月 28 日第一次修正，国家主席令第 48 号公布 2021 年 10 月 23 日第二次修正，国家主席令第 100 号公布
19	《中华人民共和国对外贸易法》	国家主席令第 22 号（1994 年公布）	2004 年 4 月 6 日修订，国家主席令第 15 号公布 2016 年 11 月 7 日第一次修正，国家主席令第 57 号公布 2022 年 12 月 30 日第二次修正，国家主席令第 128 号公布
20	《中华人民共和国招标投标法实施条例》	国务院令第 613 号（2011 年公布）	2017 年 3 月 1 日国务院令第 676 号第一次修正 2018 年 3 月 19 日国务院令第 698 号第二次修正 2019 年 3 月 2 日国务院令第 709 号第三次修正

（续）

序号	名称	文号	备注
21	《中华人民共和国政府采购法实施条例》	国务院令第 658 号（2015 年公布）	
22	《政府投资条例》	国务院令第 712 号（2019 年公布）	
23	《优化营商环境条例》	国务院令第 722 号（2019 年公布）	
24	《公平竞争审查条例》	国务院令第 783 号（2024 年公布）	
25	《建设工程质量管理条例》	国务院令第 279 号（2000 年公布）	2017 年 10 月 7 日国务院令第 687 号第一次修正 2019 年 4 月 23 日国务院令第 714 号第二次修正
26	《建设工程勘察设计管理条例》	国务院令第 293 号（2000 年公布）	2015 年 6 月 12 日国务院令第 662 号第一次修订 2017 年 10 月 7 日国务院令第 687 号第二次修订
27	《建设工程安全生产管理条例》	国务院令第 393 号（2003 年公布）	
28	《中华人民共和国民营经济促进法》	国家主席令第 46 号（2025 年公布）	
29	《中华人民共和国计量法》	国家主席令第 28 号（1985 年公布）	2009 年 8 月 27 日第一次修正，国家主席令第 18 号公布 2013 年 12 月 28 日第二次修正，国家主席令第 8 号公布 2015 年 4 月 24 日第三次修正，国家主席令第 26 号公布 2017 年 12 月 27 日第四次修正，国家主席令第 86 号公布 2018 年 10 月 26 日第五次修正，国家主席令第 16 号
30	《中华人民共和国保守国家秘密法》	国家主席令第 6 号（1988 年公布）	2010 年 4 月 29 日第一次修订，国家主席令第 28 号公布 2024 年 2 月 27 日第二次修订，国家主席令第 20 号公布
31	《中华人民共和国特种设备安全法》	国家主席令第 4 号（2013 年公布）	
32	《中华人民共和国药品管理法》	国家主席令第 18 号（1984 年公布）	2001 年 2 月 28 日第一次修订，国家主席令第 45 号公布 2013 年 12 月 28 日第一次修正，国家主席令第 8 号公布 2015 年 4 月 24 日第二次修正，国家主席令第 27 号公布 2019 年 8 月 26 日第二次修订，国家主席令第 31 号公布
33	《中华人民共和国个人信息保护法》	国家主席令第 91 号（2021 年公布）	

（续）

序号	名称	文号	备注
34	《工业产品生产许可证管理条例》	国务院令第 440 号（2005 年公布）	2023 年 7 月 20 日国务院令第 764 号修改
35	《网络数据安全管理条例》	国务院令第 790 号（2024 年公布）	
36	《保障中小企业款项支付条例》	国务院令第 802 号（2025 年公布）	
二、政策规章			
37	《中共中央 国务院关于加快建设全国统一大市场的意见》	中发〔2022〕14 号	
38	《国务院办公厅印发国务院有关部门实施招标投标活动行政监督的职责分工意见的通知》	国办发〔2000〕34 号	
39	《国务院办公厅关于印发整合建立统一的公共资源交易平台工作方案的通知》	国办发〔2015〕63 号	
40	《国务院办公厅关于促进建筑业持续健康发展的意见》	国办发〔2017〕19 号	
41	《国务院办公厅关于聚焦企业关切 进一步推动优化营商环境政策落实的通知》	国办发〔2018〕104 号	
42	《国务院办公厅关于进一步完善失信约束制度构建诚信建设长效机制的指导意见》	国办发〔2020〕49 号	
43	《国务院办公厅关于创新完善体制机制推动招标投标市场规范健康发展的意见》	国办发〔2024〕21 号	
44	《国务院办公厅转发国家发展改革委关于深化公共资源交易平台整合共享指导意见的通知》	国办函〔2019〕41 号	
45	《中共中央办公厅 国务院办公厅关于健全社会信用体系的意见》		
46	《国务院办公厅关于建立政府强制采购节能产品制度的通知》	国办发〔2007〕51 号	
47	《工程建设项目申报材料增加招标内容和审批核准招标事项暂行规定》	国家计委令〔2001〕第 9 号	2013 年 3 月 11 日国家发展改革委等九部委令〔2013〕第 23 号修订
48	《评标委员会和评标方法暂行规定》	国家计委等七部委令〔2001〕第 12 号	2013 年 3 月 11 日国家发展改革委等九部委令〔2013〕第 23 号修订

（续）

序号	名称	文号	备注
49	《工程建设项目勘察设计招标投标办法》	国家发展改革委等七部委令〔2003〕第2号	2013年3月11日国家发展改革委等九部委令〔2013〕第23号修订
50	《工程建设项目施工招标投标办法》	国家发展改革委等七部委令〔2003〕第30号	2013年3月11日国家发展改革委等九部委令〔2013〕第23号修订
51	《工程建设项目招标投标活动投诉处理办法》	国家发展改革委等七部委令〔2004〕第11号	2013年3月11日国家发展改革委等九部委令〔2013〕第23号修订
52	《工程建设项目货物招标投标办法》	国家发展改革委等七部委令〔2005〕第27号	2013年3月11日国家发展改革委等九部委令〔2013〕第23号修订
53	《〈标准施工招标资格预审文件〉和〈标准施工招标文件〉试行规定》	国家发展改革委等九部委令〔2007〕第56号	2013年3月11日国家发展改革委等九部委令〔2013〕第23号修订
54	《电子招标投标办法》	国家发展改革委等八部委令〔2013〕第20号	
55	《公共资源交易平台管理暂行办法》	国家发展改革委等十四部委令〔2016〕第39号	
56	《招标公告和公示信息发布管理办法》	国家发展改革委令〔2017〕第10号	
57	《必须招标的工程项目规定》	国家发展改革委令〔2018〕第16号	
58	《招标投标领域公平竞争审查规则》	国家发展改革委等八部委令〔2024〕第16号	
59	《基础设施和公用事业特许经营管理办法》	国家发展改革委等六部委令〔2024〕第17号	
60	《评标专家和评标专家库管理办法》	国家发展改革委令〔2024〕第26号	
61	《通信工程建设项目招标投标管理办法》	工业和信息化部令〔2014〕第27号	
62	《政府采购非招标采购方式管理办法》	财政部令〔2013〕第74号	
63	《政府采购货物和服务招标投标管理办法》	财政部令〔2004〕第18号	2017年7月11日财政部令〔2017〕第87号修订
64	《政府采购质疑和投诉办法》	财政部令〔2017〕第94号	
65	《政府采购信息发布管理办法》	财政部令〔2019〕第101号	

（续）

序号	名称	文号	备注
66	《政府购买服务管理办法》	财政部令〔2020〕第102号	
67	《政府采购框架协议采购方式管理暂行办法》	财政部令〔2022〕第110号	
68	《建设工程监理范围和规模标准规定》	建设部令〔2001〕第86号	
69	《房屋建筑和市政基础设施工程施工招标投标管理办法》	建设部令〔2001〕第89号	2018年9月28日住建部令〔2018〕第43号第一次修正 2019年3月13日住建部令〔2019〕第47号第二次修正
70	《注册建造师管理规定》	建设部〔2006〕令第153号	
71	《工程监理企业资质管理规定》	建设部〔2007〕令第158号	2015年5月4日住建部令〔2015〕第24号第一次修正 2016年9月13日住建部令〔2016〕第32号第二次修正 2018年12月22日住建部令〔2018〕第45号第三次修正
72	《建设工程勘察设计资质管理规定》	建设部〔2007〕令第160号	2015年5月4日住建部令〔2015〕第24号第一次修正 2016年9月13日住建部令〔2016〕第32号第二次修正 2018年12月22日住建部令〔2018〕第45号第三次修正
73	《建筑业企业资质管理规定》	住房和城乡建设部令〔2015〕第22号	2016年9月13日住建部令〔2016〕第32号第一次修正 2018年12月22日住建部令〔2018〕第45号第二次修正
74	《建筑工程设计招标投标管理办法》	住房和城乡建设部令〔2017〕第33号	
75	《公路工程设计施工总承包管理办法》	交通运输部令〔2015〕第10号	
76	《公路工程建设项目招标投标管理办法》	交通运输部令〔2015〕第24号	
77	《水利工程建设项目招标投标管理规定》	水利部令〔2001〕第14号	
78	《机电产品国际招标投标实施办法（试行）》	商务部令〔2014〕第1号	
79	《公平竞争审查条例实施办法》	市场监管总局令〔2025〕第99号	
三、规范性文件和标准			
80	《关于印发简明标准施工招标文件和标准设计施工总承包招标文件的通知》	发改法规〔2011〕3018号	

（续）

序号	名称	文号	备注
81	《关于印发〈标准设备采购招标文件〉等五个标准招标文件的通知》	发改法规〔2017〕1606号	
82	《必须招标的基础设施和公用事业项目范围规定》	发改法规规〔2018〕843号	
83	《关于建立健全招标投标领域优化营商环境长效机制的通知》	发改法规〔2021〕240号	
84	《国家发展改革委等部门关于严格执行招标投标法规制度进一步规范招标投标主体行为的若干意见》	发改法规规〔2022〕1117号	
85	《关于完善招标投标交易担保制度进一步降低招标投标交易成本的通知》	发改法规〔2023〕27号	
86	《关于印发〈工程项目招投标领域营商环境专项整治工作方案〉的通知》	发改办法规〔2019〕862号	
87	《国家发展改革委办公厅印发〈公共资源交易领域基层政务公开标准指引〉的通知》	发改办法规〔2019〕752号	
88	《国家发展改革委办公厅 市场监管总局办公厅关于进一步规范招标投标过程中企业经营资质资格审查工作的通知》	发改办法规〔2020〕727号	
89	《关于进一步做好〈必须招标的工程项目规定〉和〈必须招标的基础设施和公用事业项目范围规定〉实施工作的通知》	发改办法规〔2020〕770号	
90	《国家发展改革委办公厅关于在部分地方公共资源交易平台和企业招标采购平台试运行招标投标领域数字证书跨区域兼容互认功能的通知》	发改办法规〔2023〕54号	
91	《国家发展改革委办公厅等关于开展工程建设招标投标领域突出问题专项治理的通知》	发改办法规〔2023〕567号	
92	《国家发展改革委关于进一步放开建设项目专业服务价格的通知》	发改价格〔2015〕299号	
93	《国家发展改革委关于印发〈全国统一大市场建设指引（试行）〉的通知》	发改体改〔2024〕1742号	

（续）

序号	名称	文号	备注
94	《国家发展改革委 商务部 市场监管总局关于开展市场准入壁垒清理整治行动 促进全国统一大市场建设的通知》	发改体改〔2025〕511号	
95	《国家发展改革委 商务部 市场监管总局关于印发〈市场准入负面清单（2025年版）〉的通知》	发改体改规〔2025〕466号	
96	《国家发展改革委 住房城乡建设部关于推进全过程工程咨询服务发展的指导意见》	发改投资规〔2019〕515号	
97	《国家发展改革委办公厅关于规范招标投标领域信用评价应用的通知》	发改办财金〔2023〕860号	
98	《国家发展改革委 公安部 国家数据局关于全面推行以专项信用报告替代有无违法违规记录证明的通知》	发改财金〔2025〕565号	
99	《工业和信息化部 国家发展改革委 国务院国资委关于支持首台（套）重大技术装备平等参与企业招标投标活动的指导意见》	工信部联重装〔2023〕127号	
100	《关于印发〈国际金融组织和外国政府贷款项目前期管理规程（试行）〉的通知》	财国合〔2017〕5号	
101	《财政部关于印发〈国际金融组织和外国政府贷款项目全生命周期管理暂行办法〉的通知》	财国合〔2023〕22号	
102	《关于印发〈国际金融组织和外国政府贷款赠款项目采购管理工作指南〉 和〈国际金融组织和外国政府贷款赠款项目采购代理机构选聘指南〉的通知》	财办国合〔2017〕25号	
103	《财政部关于印发〈政府采购竞争性磋商采购方式管理暂行办法〉的通知》	财库〔2014〕214号	
104	《财政部关于政府采购竞争性磋商采购方式管理暂行办法有关问题的补充通知》	财库〔2015〕124号	
105	《财政部关于印发〈政府采购评审专家管理办法〉的通知》	财库〔2016〕198号	
106	《关于进一步加强政府采购需求和履约验收管理的指导意见》	财库〔2016〕205号	

（续）

序号	名称	文号	备注
107	《财政部关于印发〈政府采购代理机构管理暂行办法〉的通知》	财库〔2018〕2号	
108	《关于印发环境标志产品政府采购品目清单的通知》	财库〔2019〕18号	
109	《财政部 发展改革委关于印发节能产品政府采购品目清单的通知》	财库〔2019〕19号	
110	《关于促进政府采购公平竞争优化营商环境的通知》	财库〔2019〕38号	
111	《关于开展政府采购意向公开工作的通知》	财库〔2020〕10号	
112	《关于印发〈政府采购促进中小企业发展管理办法〉的通知》	财库〔2020〕46号	
113	《财政部关于印发〈政府采购需求管理办法〉的通知》	财库〔2021〕22号	
114	《关于印发〈政府采购品目分类目录〉的通知》	财库〔2022〕31号	
115	《财政部关于印发〈政府采购合作创新采购方式管理暂行办法〉的通知》	财库〔2024〕13号	
116	《财政部关于印发〈政府采购代理机构监督检查暂行办法〉的通知》	财库〔2024〕27号	
117	《财政部关于印发〈国有金融企业集中采购管理暂行规定〉的通知》	财金〔2018〕9号	
118	《工程设计资质标准》	建市〔2007〕86号	
119	《工程监理企业资质标准》	建市〔2007〕131号	
120	《建筑工程方案设计招标投标管理办法》	建市〔2008〕63号	2019年3月18日住建部建法规〔2019〕3号修正
121	《工程勘察资质标准》	建市〔2013〕9号	
122	《建筑业企业资质标准》	建市〔2014〕159号	
123	《住房和城乡建设部关于印发建设工程企业资质管理制度改革方案的通知》	建市〔2020〕94号	
124	《住房和城乡建设部 国家发展改革委关于印发房屋建筑和市政基础设施项目工程总承包管理办法的通知》	建市规〔2019〕12号	
125	《商务部关于印发〈进一步规范机电产品国际招标投标活动有关规定〉的通知》	商产发〔2007〕395号	

（续）

序号	名称	文号	备注
126	《国务院国资委、国家发展改革委关于印发〈关于规范中央企业采购管理工作的指导意见〉的通知》	国资发改革规〔2024〕53 号	
127	《招标代理服务规范》	GB/T 38357—2019	国家市场监督管理总局 国家标准化管理委员会 2019 年 12 月 31 日发布实施
128	《电子采购交易规范 非招标方式》	GB/T 43711—2024	国家市场监督管理总局 国家标准化管理委员会 2024 年 3 月 15 日发布实施
129	《建设工程工程量清单计价标准》	GB/T 50500—2024	中华人民共和国住房和城乡建设部 国家市场监督管理总局 2024 年 11 月 26 日发布 2025 年 9 月 1 日实施
130	《标准施工招标资格预审文件（2007 年版）》		
131	《标准施工招标文件（2007 年版）》		
132	《简明标准施工招标文件（2012 年版）》		
133	《标准设计施工总承包招标文件（2012 年版）》		
134	《标准设备采购招标文件（2017 年版）》	发改法规〔2017〕1606 号	国家发展和改革委员会法规司组编
135	《标准材料采购招标文件（2017 年版）》		
136	《标准勘察招标文件（2017 年版）》		
137	《标准设计招标文件（2017 年版）》		
138	《标准监理招标文件（2017 年版）》		
139	《机电产品国际招标标准招标文件（试行）》	商产发〔2014〕3 号	商务部制定印发
140	《非招标方式采购代理服务规范》	T/CTBA 001—2019	
141	《非招标方式采购文件示范文本》		中国招标投标协会编著
142	《关于印发〈招标采购人员专业能力评价办法〉〈招标采购人员专业能力评价初级测试细则〉的通知》	中招协评发〔2025〕30 号